工程材料丛书

军队"双重"建设教材

装备材料分析测试技术

李国明 李 曦 主编

科学出版社

北 京

内 容 简 介

本书主要介绍热分析、核磁共振波谱、红外光谱、紫外光谱、X 射线分析技术、电子衍射及显微分析、扫描电子显微镜、其他显微分析技术等现代分析测试技术。本书从分析仪器的结构和工作原理出发，介绍分析方法的原理和适用范围，针对具体分析实例并与实践教学相结合，注重培养学生利用现代分析方法解决实际问题的能力。

本书可作为高等院校材料类和化学类相关专业本科生的教材，也可供研究生及相关专业教师和科技工作者学习参考。

图书在版编目（CIP）数据

装备材料分析测试技术/李国明，李曦主编.—北京:科学出版社，2021.4
（工程材料丛书）
军队"双重"建设教材
ISBN 978-7-03-068002-0

Ⅰ.①装…　Ⅱ.①李…　②李…　Ⅲ.①工程材料–分析方法–教材　Ⅳ.① TB3

中国版本图书馆 CIP 数据核字（2021）第 022777 号

责任编辑：吉正霞　王　晶/责任校对：高　嵘
责任印制：彭　超/封面设计：苏　波

科学出版社 出版
北京东黄城根北街 16 号
邮政编码：100717
http://www.sciencep.com

北京科印技术咨询服务有限公司数码印刷分部印刷
科学出版社发行　各地新华书店经销
*
开本：787×1092　1/16
2021 年 4 月第 一 版　印张：20 1/2
2021 年 4 月第一次印刷　字数：518 000
定价：69.00 元
（如有印装质量问题，我社负责调换）

前　言

　　军队是国家的柱石。中国人民解放军既是中华人民共和国的创造者、建设者，又是中华人民共和国的捍卫者。"没有一个人民的军队，便没有人民的一切。"它的强大与否是中华人民共和国生死存亡的根本所在。

　　人民海军是中国人民解放军的重要组成部分。"历史的经验值得注意，历史的教训更应引以为戒"。回顾中华民族上下五千年的历史，郑和率领中华舰队七下西洋、出南海、横穿印度洋、直达红海，不仅展示了中华先贤独步天下的雄姿，更促进了航路沿线国家与我国的政治、经济、文化交流，带动了他们的文化、科技发展。近代以来，欧洲列强将钢铁材料替代了传统木质材料，建造出铁甲舰船，坚船装上利炮，开始进犯中华，蹂躏我中华儿女，抢掠我华夏财物，又源源不断地将我国宝藏从海路运走。痛定思痛，一位伟人在百废待兴之际发出了"为了反对帝国主义的侵略，我们一定要建立强大的海军"的号召。从此，人民海军建设突飞猛进，如虎添翼，有效地保卫着我国 18 000 多千米的海防线。

　　随着国际风云的变化，中国面临着复杂、严峻的海上安全形势，中国海洋权益面临着前所未有的挑战，这又历史性地给我们提出了必须加快建设一支强大的人民海军的急迫任务。

　　舰船是海军将士的安身之地、立命之所、克敌之器。舰船性能的好坏，取决于构造材料性能的高低优劣。全面了解舰船材料的材质，掌握好舰船材料的性能，使用、发挥好舰船材料的功能，保护好舰船材料的完好性，当舰船材料在各种特殊、复杂、恶劣环境下受到损坏时能得到及时、准确的修理和更换，是保证我海军将士胜利完成战斗任务的先决条件。因此，舰船材料性能与结构的检测就成为海军建设的要务。

　　舰船也是向海洋进军、利用和开发海洋的重要工具。因此，舰船材料性能与结构的检测与分析也是发展中国海洋事业的要务。

　　至今，无论在我人民军队院校教材建设上，还是在国内的海洋教育领域，都没有一套针对性强、实用性好的能用于保障海上舰船在特殊、复杂、恶劣环境中胜利完成任务的教材。中国人民解放军海军工程大学，牢记我军"全心全意为人民服务"的宗旨，继承我海军战斗英雄麦贤德一不怕苦二不怕死的无私奉献精神，发扬西沙保卫战军民一家、团结一致、敢于战斗、善于战斗、战胜一切来犯之敌的大无畏精神，勇敢地承担了这次教材编写任务。

　　在我军优良传统的哺育下，海军工程大学英才辈出。中国工程院院士、八一勋章获得者、国家科技进步一等奖获得者马伟明教授，不为名利所动，不惧艰难困苦，矢志科技强军，紧盯科技前沿，瞄准装备需要，不迷信权威，更不迷信洋人，勇于突破、善于创新。几十年如一日，持之以恒，潜心钻研，从问题中找原因，从原因中析原理，从原理中出思路，从思路中求创新，从创新中获成果，走出了一条中国人自己的科技强军之路。榜样的力量是无穷的。在马院士忘我工作、无私奉献精神的感召下，编者北起渤海，经东海至南海诸岛，走访了二十多个海港码头，四十余支基层单位，拜基层工作人员为师，向千余名实际操作者虚心请教、学习，以各种形式进行了交流探讨，编写了本教材。希望本教材能使施教者和受教者在教与学的过程中，互学相长，夯实基础理论，重视实践应用，在理论联系实际的基础上，有所发现、有所发明、有所创造、有所前进！

本教材由李国明、李曦主编，其中第 1 章由李国明编写，第 2～5 章，9～11 章由李曦编写，第 6 章由李红霞编写，第 7 章由肖玲编写，第 8 章由苏小红编写。特别要感谢中国空间材料科学的创始人王文魁教授，于百忙之中拨冗审阅书稿，并给出建设性意见。

在编写过程中，虽经编者尽力理论联系实际，但由于编者水平有限，书中难免有不妥之处，敬请读者批评指正，以便在今后的教学和教材编写中改进提高，为海军的发展壮大、为国家的海洋建设做出更大的贡献！

编　者

2020 年 10 月

目　　录

第1章 绪 论

"武器是战争的重要因素"。精熟地了解武器，熟练地掌握武器，正确地使用武器，很好地保护武器，灵活机动地发挥武器，是有效地消灭敌人，完好地保存自己，取得战争胜利的重要环节。作为海军最重要的武器装备——船舶，是海军将士的安身之地、立命之所、克敌之器。要想提高船舶的性能，就必须使用性能更加优良的材料来建造。优良船舶材料的选用，依赖材料性能的检测和材料结构的分析。因此，船舶材料性能和结构的检测与分析不仅是海军建设的重要任务，也是海洋工程领域的一项要务。为了使教者条理清晰明了，使学者易于明白接受，编者将所教的主要内容概括在如下的框架体系内。

1.1 装备材料的分类

本教材所称的装备材料主要是指船舶材料。

何谓船舶材料?根据船舶执行的特殊任务，依据设计的要求和目的，在制造和下水服役的过程中装备的一切设备与设施所用的一切材料，均属船舶材料。

船舶材料的分类如下。

按照平台类型可分为：船舶结构材料、动力机电系统材料、水中兵器用材料等。

按照材料类型可分为：结构材料、结构/功能一体化材料、特种功能材料三大类。其中，结构材料又可分为：船体结构钢、轮机及其他结构钢、耐热钢、高温合金、不锈钢、特殊性能钢（防弹、低磁等）、焊接材料、铝合金、铜合金、钛合金等。结构/功能一体化材料可分为：树脂复合材料、金属复合材料、阻尼降噪材料等。特种功能材料可分为：涂料和涂层、阴极保护材料、电解防污材料、隐身材料（吸波、吸声等）、密封材料及胶黏剂、装饰材料、橡胶、耐火及绝缘材料等。

1.2 装备材料的结构与性能

装备材料的最终使用性能是材料在使用状态下表现出的行为，其归根到底取决于材料的化学性质和物理性质。材料的物理性质从根本上又由其化学性质所决定。

在这里需要特别提及的是，确立辩证唯物主义的世界观，是正确地理解结构与性能、化学与物理之间相互依存、相互作用辩证关系的前提。在此基础上，就能很容易理解"构-效"之间的关系，再通过实践应用，不断予以提炼升华。

1.3 装备材料性能的检测方法

1. 力学性能检测

材料力学性能表征主要包括拉伸检测、弯曲检测、压缩检测、冲击检测和硬度检测等。

检测装备材料的机械强度和模量等，是确定各种工程设计参数的主要依据。

材料力学性能的研究涉及很多因素，不仅与材料性质有关，而且与外部加载条件如加载速率、温度、加载的大小、方向有关，甚至和材料的几何结构有关，其中加载应变率、加载应力状态是两个重要的影响因素。不同应变率加载条件下，材料表现出不同的响应特点，在高应变率动载作用下，材料在高应变率载荷下的动态力学行为与准静态有很大不同。

根据施加载荷的速度不同，材料的力学性能可分为准静态力学性能和动态力学性能。材料的准静态力学性能，也就是通常所说的材料力学性能，在"材料力学"和"材料科学基础"等课程中已有较详尽的介绍，本书不再赘述。

材料在高应变率下的动态力学性能对于研究爆炸、高速碰撞、动态断裂、弹塑性应力波传播等动力学响应过程具有重要意义，是结构设计的基础，对船舶材料的研究和应用具有特别重要的作用，因此本书重点介绍材料的动态力学实验技术。

2. 流变性能检测

流变性能是材料在外力作用下发生的应变与其应力之间的定量关系。这种应变（流动或变形）与材料的性质和内部结构有关，也与材料内部质点之间相对运动状态有关。

研究不同材料的流变特性，可为调整材料的配比、控制材料的制备工艺提供依据，从而改善材料的施工性能，提高其理化性能和应用效果。

装备材料的流变性能主要研究材料的流动性（黏度）和动态黏弹性能（动态储能、损耗模量）。

流变性能检测的主要仪器有毛细管流变仪、旋转流变仪和动态力学分析仪等。

3. 热分析

热分析的本质是温度分析。热分析技术是在程序温度（等速升温、等速降温、恒温或阶梯升温等）控制下测量物质的物理性质（P）随温度变化，用于研究物质在某一特定温度（T）时所发生的热学、力学、声学、光学、电学、磁学等物理参数的变化，即 $P=f(T)$。按一定规律设计温度变化，即程序控制温度：$T=f(t)$，故其性质既是温度的函数也是时间（t）的函数：$P=f(T, t)$。

热分析主要包括差热分析、差示扫描量热分析、热重分析、热机械分析和动态热机械分析等。

热分析技术在表征材料的热性能、物理性能、机械性能以及稳定性等方面有着广泛的应用，对于材料的研究开发和生产中的质量控制都具有很重要的实际意义。

1.4 装备材料结构的分析方法

装备材料的成分和结构可分为三个层次：化学成分分析、分子结构分析和聚集态结构分析。

1. 化学成分分析

化学成分是影响材料性能的最基本因素。装备材料不仅受主要化学成分的影响，而且在许多情况下与少量杂质元素的种类、浓度和分布情况等有很大关系。研究少量杂质元素在材料中的存在状态、分布特性等,不仅涉及杂质的作用机理,而且开拓了利用少量杂质元素改善装备材料性能的途径。

装备材料的化学组成分析除了传统的湿化学分析方法外,还包括色谱、元素分析、质谱、紫外-可见吸收光谱、红外光谱、拉曼光谱、核磁共振波谱等。大多数情况下,不仅要检测材料中元素的种类和浓度,而且要确定元素的存在状态和分布特征,可以采用 X 射线荧光光谱、电子探针、光电子能谱、俄歇电子能谱等先进分析方法来得到元素的种类、浓度、价态和分布特征。

2. 分子结构分析

装备材料的分子结构主要是指形成材料的物质的分子结构,包括分子量及其分布、空间构型和构象等。

材料的分子结构分析方法有光散射、凝胶渗透色谱、红外光谱、拉曼光谱、核磁共振波谱和质谱等。

3. 聚集态结构分析

装备材料的聚集态结构主要是指材料的晶态、非晶态、液晶态、取向态和多相态结构等。

在化学成分相同的情况下,晶体结构不同或局部点阵常数的改变同样会引起材料性能的变化。材料的聚集态结构分析有 X 射线分析、小角光散射技术、光学显微技术、电子显微技术、原子力显微技术以及各种能谱等。

此外,通过热分析技术来研究材料的物理变化或化学变化过程,也可以从中获得装备材料微结构变化的重要信息。

第 2 章　力学性能检测

2.1　材料动态力学检测

装备材料的力学性能是指材料在不同环境（温度、介质、湿度）下，承受各种外加载荷（拉伸、压缩、弯曲、扭转、冲击、交变应力等）时所表现出的力学特征。不同应变率加载条件下，材料表现出不同的响应特点。以一定速度缓慢作用时的力学特性（拉伸、压缩、弯曲、直接剪切）称为材料的准静态力学性能，有时也简称为材料的力学性能；在高应变率动态载荷作用下，材料在承受外加载荷时所表现出的力学特征称为材料的动态力学性能。根据准静态载荷的变形方式，材料的准静态力学性能可分为拉伸、压缩、扭转、弯曲和硬度等性能。该部分内容在材料力学和材料科学基础等课程中已有较详尽的介绍，本章不再赘述。

材料动态力学重点研究材料在冲击载荷作用下的运动、变形和破坏的规律。冲击载荷是指外载荷随时间迅速变化的载荷。冲击载荷具有作用时间短（通常只有几到几十微秒甚至纳秒）、冲击强度高（足以引起大变形乃至破坏）的特点。这类载荷在爆炸、高速撞击、金属切削等过程中是普遍存在的。材料在冲击载荷作用下所表现出的力学性能通常称为动态力学性能，它与材料的准静态力学性能有明显的不同，材料的流变形为同时受应变硬化、应变率硬化及热软化共同作用。在船舶、兵器等领域中，很多装备要在高速冲击条件下工作，因此，研究装备材料的动态力学性能，是结构设计的基础，也是开展数值模拟研究的基础，具有重要的工程意义和学术价值。

装备材料动态力学可从三个方面进行研究：理论分析、数值计算和实验研究。其中实验研究占有重要的地位。实验研究不仅可提供第一手资料，还可用来证实理论分析和数值计算的结果。此外，由于材料动力学所涉及的冲击过程都是在瞬间完成的，自然界中的一些撞击现象也大多具有突发性，详细观察这些现象有赖于实验。实验研究还有助于简化冲击问题，便于研究单一因素对冲击过程的影响。

材料动态力学实验技术比准静态力学实验要复杂得多，在冲击试验过程中必须考虑两个重要的效应：惯性效应和应变率效应。惯性效应要求用应力波理论来指导实验装置的设计和数据处理；而应变率效应反映了材料在高速加载条件下的物理本质。进行材料动态力学实验研究需要两个条件：一是建立一系列的实验加载装置，实现对各种速率的冲击过程的模拟；二是为了捕获冲击过程中产生的瞬态信号并进行实时处理，需要配备频率响应高、性能可靠的数据采集与处理系统。

冲击过程是冲击载荷与材料相互作用的过程。冲击载荷的高低，除取决于冲击速度（从每秒几米到每秒几千米）外，还取决于受冲击物体的性质，即取决于 $\rho v^2/\sigma_y$ 的大小，其中 ρ、v、σ_y 分别为材料的密度、质点速度和屈服强度。按照 $\rho v^2/\sigma_y$ 的大小可将冲击载荷分为高、中、低三种。通常用加载速率或材料应变率指标来衡量冲击载荷的性质。加载速率，是指载荷施加于试件或物体的速率，用单位时间内应力增加的数值表示，其单位为 MPa/s；而材料应变率是指单位时间内应变的变化量，其单位为 s^{-1}。对实验加载装置的分类也可按应变率的高低来划分。

2.2 惯性效应与应力波

在冲击加载过程中，材料内质点间的受力是处于非平衡状态的，因而会出现质点运动的加速度，这种加速度带来的效应就称为惯性效应。描述冲击加载条件下材料内部质点的运动特征需要使用运动方程，与准静态下的平衡方程相比，运动方程多了一个惯性项，运动方程如下：

$$\frac{\partial \sigma_x}{\partial x} + \frac{\partial \tau_{yx}}{\partial y} + \frac{\partial \tau_{zx}}{\partial z} + x - \rho \frac{\partial^2 u}{\partial^2 t^2} = 0$$

$$\frac{\partial \sigma_y}{\partial y} + \frac{\partial \tau_{zy}}{\partial z} + \frac{\partial \tau_{xy}}{\partial x} + y - \rho \frac{\partial^2 \upsilon}{\partial^2 t^2} = 0 \qquad (2\text{-}1)$$

$$\frac{\partial \sigma_z}{\partial z} + \frac{\partial \tau_{xz}}{\partial x} + \frac{\partial \tau_{yz}}{\partial y} + z - \rho \frac{\partial^2 \varpi}{\partial^2 t^2} = 0$$

式中：σ_x、σ_y、σ_z 分别为平行于 x、y、z 轴的应力分量；τ_{xy}、τ_{yz}、τ_{zx}、τ_{yx}、τ_{zy}、τ_{xz} 分别为平行于 xy、yz、zx、yx、zy、xz 平面的剪切应力分量；x、y、z 为物质坐标；u、υ、ϖ 分别为平行于 x、y、z 轴的位移分量；ρ、t 分别为材料的密度和时间。

惯性效应会引起材料内部应力波的传播。由于冲击载荷是随时间迅速变化的，当物体局部受到冲击时，就会引起局部状态的改变（称为扰动）。例如，受冲击部位的应力会突然升高，并和周围介质之间产生压力差。这种压力差将导致周围介质质点发生运动，处于运动的质点微团的前进，又进一步把动量传递给后继质点微团，并使后者变形。这样，一点的扰动就由近及远地传播出去，并不断扩大其影响，这种扰动的传播现象就是应力波。通常的声波、超声波、地震波、爆炸产生的冲击波都是应力波的例子。

固体中的应力波通常分为纵波和横波两大类。纵波是指质点的运动方向与波的传播方向相一致的应力波；而横波是指质点的运动方向与波的传播方向相垂直的应力波。纵波包括压缩波和拉伸波。压缩波的传播特点是：扰动引起的介质质点运动方向与波的传播方向一致；而拉伸波波后质点的运动方向与波的传播方向相反。此外，还有质点的运动方向和横向运动结合起来的应力波。例如，弹性介质中的表面波、弹塑性介质中的偶合波等，它们的情况更加复杂。

这里首先介绍波阵面的概念。在介质中已扰动的区域和扰动尚未波及的区域之间存在的界面就是应力波的波阵面。扰动在介质中的传播显示为波阵面的前进。波的传播方向指波阵面的推进方向。研究应力波的传播规律就是分析波阵面前后状态参量的变化。

为简单起见，这里只讨论波阵面为平面的情况。以平面波波阵面为例，存在着两种类型的波：

（1）间断波波阵面。波阵面前方微团和后方微团的状态参量之间有一个有限的差值，使得状态参量沿着波的传播途径上的分布在波阵面上出现一个无限大的陡度，在数学上将这种间断称为强间断。间断波通过介质微团时，这个微团的状态参量发生突然的跳跃，如图 2-1（a）所示。

（2）连续波波阵面。波阵面前后方微团的状态参量的差值为无限小，或者说状态参量沿着波的传播途径上的分布是连续的。波阵面前后这种陡度是有限的，在数学上将这种间断称为弱间断，如图 2-1（b）所示。

间断波和连续波波阵面在表现形式上完全不同，但是它们之间又是相互联系的，在一定条件下可以相互转化。在应力波的传播过程中，间断波会在一定条件下转化为连续波，连续波也会在一定条件下转化为间断波。如果介质的性质使得高应力水平的增量波具有较低的传

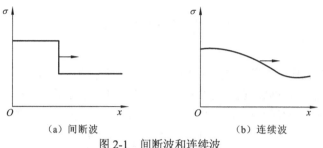

（a）间断波　　　　　　　　　　　　（b）连续波

图 2-1　间断波和连续波

播速度，那么这种连续波的波形就会在传播过程中逐渐拉长、散开，这种类型的连续波称为弥散波。如果介质的性质使得高应力水平的增量波具有较高的传播速度，那么这些原来处于后面的高速波就会不断地追赶前面低速波的增量波，使得整个连续波的波形逐渐缩短，这种类型的连续波称为汇聚波。在一定条件下，后面高波幅的增量波赶上前面低波幅的增量波，形成以统一波速传播的强间断波阵面，于是连续波便转化成冲击波。在间断波中，除了冲击波之外，还有一种等熵间断波——弹性间断波。由于弹性变形是可逆的过程，弹性间断波只是在波形上与连续波不同，二者在本质上没有区别。

下面介绍加载波与卸载波的概念。固体介质不但能承受压力而且能承受拉力的作用，对介质加压，使介质被压密就是加载；对已经受压后的介质减压，使介质稀疏就是卸载。当波阵面通过一个介质微团时，其效果是使微团压密的就是加载波（压缩波），其效果是使微团稀疏的就是卸载波（拉伸波）。

加载波和卸载波的波形如图 2-2 所示。假定在波阵面到达之前，介质是处于静止状态的，质点速度 $v=0$。当加载波通过一个介质微团时，微团两侧所受的应力 σ 是不相等的，波阵面后方的应力 σ_2 大于波阵面前方的应力 σ_1，这种应力差 $\sigma_2-\sigma_1$ 将使微团向加载波传播的方向运动，所以加载波使介质微团加速。对于卸载波而言，卸载波通过介质微团时，应力差 $\sigma_2-\sigma_1$ 将使微团的运动方向与波传播的方向相反，所以卸载波使介质微团减速。

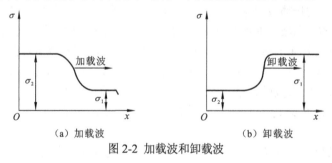

（a）加载波　　　　　　　　　　　　（b）卸载波

图 2-2　加载波和卸载波

加载波和卸载波在一定条件下可以相互转化。例如，加载波在杆中传播到自由端时会反射为卸载波（拉伸波）传回杆中，这在 Hopkinson 压杆试验技术中具有重要应用。

2.3　冲击载荷作用下材料的应变率效应及检测装置

应变率效应是指随应变率的提高，材料性能所产生的变化。1970 年，Lindholm 曾以应变率为参数对各类试验进行了划分，如表 2-1 所示。其中，中低速冲击载荷作用下，材料的应变率效应是十分显著的。下面按应变率的大小，由低到高对各类试验分别介绍。

表 2-1　各种试验的应变率范围

试验类型	蠕变试验		准静态试验		动态试验		冲击试验	超速冲击试验	
特征时间/s	10^6	10^4	10^2	10^0		10^{-2}	10^{-4}	10^{-6}	10^{-8}
应变率/s^{-1}	10^{-8}	10^{-6}	10^{-4}	10^{-2}		10^0	10^2	10^4	10^6
特点	惯性力可忽略				惯性力不可忽略				
	等温过程				绝热过程				

2.3.1　中应变率试验

中应变率试验的应变率范围为 $1\sim100\ \text{s}^{-1}$。这意味着实现 10% 的应变,仅需要 $1\sim100\ \text{ms}$,这是一个相当短的加载过程。因此中应变率试验机不同于常规的材料试验机,它要求加载过程快而平稳,尽量避免惯性效应引起的振荡。试验中对试件的大小无特殊限制,是因为在试验过程中有足够的时间确保试件内的状态均匀。

中应变率试验机有气压(或液压)式和机械式两种。机械式又可分为直接冲击和间接冲击两种。按加载方式可分为压缩和拉伸等多种方式。目前这类装置中以落锤冲击试验机、凸轮试验机等设备为主。

图 2-3 是国内研制成功的旋转盘式间接杆杆型冲击拉伸试验机。该设备基于机械滤波的思想,在输入杆中产生经滤波的、上升陡峭(脉冲最快上升时间小于 $10\ \mu\text{s}$)的、高度和宽度可调的、平滑的拉伸方波脉冲,从而使试验的应变率范围和试验结果的可靠性均优于国外的装置。图 2-4 是国内研制的中应变率拉压试验机,包括自行研制的光学引伸仪和动态应变仪。应变率范围为 $0.1\sim10\ \text{s}^{-1}$。图 2-5 是落锤冲击试验机,可用于对塑料板材、管材、异形材、玻璃、陶瓷等非金属材料进行冲击试验,以评价材料抗冲击性能。图 2-6 是仪器化电子测力冲击试验机。该试验机除可进行缺口冲击试验外,还能进行冲击拉伸性能的检测。通过与主机相连接的计算机,能直接给出冲击过程的应力-应变关系。

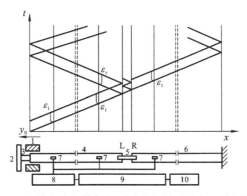

图 2-3　旋转盘式间接杆杆型冲击拉伸试验机及检测原理

1. 锤头；2. 撞块；3. 金属短杆；4. 入射杆；5. 试件；6. 透射杆；7. 半导体应变片；8. 超动态应变仪；9. 瞬态波形存储器；
10. 计算机；ε_i 表示入射波；ε_r 表示反射波；ε_t 表示透射波

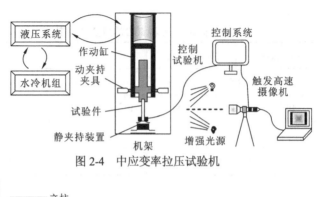

图 2-4 中应变率拉压试验机

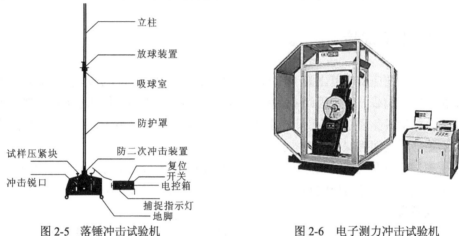

图 2-5 落锤冲击试验机　　　　图 2-6 电子测力冲击试验机

2.3.2 高应变率试验

高应变率试验的应变率范围为 $10^2 \sim 10^4 \, \text{s}^{-1}$。它完成一次试验的时间更短,因此惯性效应对装置和试件的影响都必须加以考虑。这类试验主要包括:膨胀环试验、Hopkinson 压杆试验等。

1. 膨胀环试验

Johnson 等于 1963 年提出了爆炸膨胀环技术,通过分析膨胀环的运动控制方程,结合试验数据,他们得到了膨胀环材料的屈服应力-应变-应变率关系,其加载应变率可高达 $10^4 \, \text{s}^{-1}$ 量级。试验的过程是:控制均匀膨胀环的运动,通过环的运动方程和检测记录的数据计算环材料的应力-应变-应变率响应。当时的方法是记录膨胀环的瞬时位移,为了得到环的应力,需要将位移对时间微分两次,这在当时是非常困难的。随后,Hoggatt 和 Recht 运用爆炸膨胀环技术,获得了大量工程材料的动态拉伸本构参数。他们在试验中也遇到了两次微分的困难,但观察到在相当宽的应变范围内,测量记录的位移-时间曲线很光滑,而且很陡。于是他们提出用一条抛物线来拟合位移-时间曲线,然后两次微分此分析函数。1980 年,Warnes 等把激光速度干涉仪引入爆炸膨胀环系统,直接测量膨胀环的径向速度,避免了对记录数据两次微分的困难,只要一次积分和微分速度-时间数据,就可以推导出不同应变率条件下材料的应力-应变曲线,极大地提高了数据的精度。1965 年,Niordson 首先使用电磁螺线圈加载铜环和铝环,研究其拉伸断裂行为,发展出一种电磁膨胀环技术。相对于爆炸膨胀环,电磁膨胀环更容易在实验室条件下开展，因此其一经提出就被广泛采用。1989 年，Gourdin 等对电磁膨胀环进行了经典的电磁学分析，并进一步完善了电磁驱动技术。此外，他还发展了复合膨胀环电磁加载技术，该技术拓展了电磁膨胀环的研究范围，使钽、锡和铅等低电导率金属，甚至非金属材料也能通过电磁加载技术进行动态拉伸性能研究。

半个多世纪以来，膨胀环技术已发展为一种较成熟的研究材料动态拉伸性能及断裂行为的实验方法。炸药加载（即爆炸膨胀环）和电磁加载（即电磁膨胀环）两种方式各有优缺点。爆炸膨胀环使用炸药加载为膨胀环提供初始动能，其样品中温升小，样品尺寸和材料不受限制，加载应变率高；然而其实验成本较高，爆炸产生的首次冲击波对样品的性能会产生影响。电磁膨胀环利用电磁力驱动环膨胀运动，加载应变率容易控制、轴对称性好、试样环横截面上受力处处均匀且装置可以重复使用；但其加载应变率较低，环的尺寸不能过大，而且大电流会导致膨胀环在极短的时间内产生较大温升。

1）爆炸膨胀环

试验装置如图 2-7 所示，由薄环、驱动器、端部泡沫塑料、中心爆炸装药和雷管组成。薄环，就是所要测量的材料试件。当中心爆炸装药被雷管引爆以后，驱动器在爆炸产物压力作用下向外膨胀变形，一个应力波由驱动器传入薄环，薄环中的应力波到达外边界自由面时反射为拉伸卸载波，质点速度倍增。由于薄环与驱动器材料选择的阻抗不匹配，薄环中的拉伸波返回到驱动器与薄环的界面上时，薄环将脱离驱动器进入自由膨胀阶段，在此阶段薄环中的径向应力 $\sigma_r = 0$，在周向应力 σ_θ 作用下做减速运动。

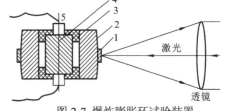

图 2-7 爆炸膨胀环试验装置

1.薄环；2.驱动器；3.端部泡沫塑料；
4.中心爆炸装药；5.雷管

为建立有关方程，首先做如下假设：

（1）薄环没有脱离驱动器之前，受到均匀的内压力作用，处于平面应力状态，轴向应力 $\sigma_x = 0$。薄环脱离驱动器后，径向应力 $\sigma_r = 0$，在自由膨胀过程中只受到周向应力 σ_θ 的作用，因此做减速运动。

（2）忽略驱动器传入薄环的应力波所引起的冲击效应。因为驱动器仅仅处于弹性变形状态或者塑性变形较小，由驱动器传入的应力波在薄环中所产生的压应力，一般与材料的弹性极限在同一数量级，而冲击波引起的温升一般仅为 5～15 ℃，所以均可忽略。

薄环脱离驱动器后，做柱对称运动，其运动方程是

$$\left(\sigma_r + \frac{\partial \sigma_r}{\partial r}\mathrm{d}r\right)(r + \mathrm{d}r)\mathrm{d}z\mathrm{d}\theta - \sigma_r\mathrm{d}r\mathrm{d}z\mathrm{d}\theta - 2\sigma_\theta r\sin\frac{\theta}{2}\mathrm{d}z = \rho_0\left(r + \frac{\mathrm{d}r}{2}\right)\mathrm{d}\theta\mathrm{d}r\mathrm{d}z\frac{\partial v_r}{\partial t} \quad (2-2)$$

式中：ρ_0 为薄环的密度；z 为薄环的厚度方向坐标；v_r 为薄环的径向速度。忽略高阶无穷小量，并经过整理，得

$$\frac{\partial \sigma_r}{\partial r} + \frac{\sigma_r - \sigma_\theta}{r} = \rho_0\frac{\partial v_r}{\partial t} = \rho_0\ddot{r} \quad (2-3)$$

薄环在自由膨胀期间 $\sigma_r = 0$，得到周向应力的运动方程：

$$\sigma_\theta = -\rho_0 r\ddot{r} \quad (2-4)$$

式中：$\ddot{r}$ 为薄环的径向加速度。用自然应变表示薄环的径向变形，并假设薄环在自由膨胀期间体积不变化，那么

$$d\varepsilon_r = \frac{dr}{r} \qquad (2\text{-}5)$$

对式（2-5）积分得

$$\varepsilon_r = \int_{r_0}^{r} \frac{dr}{r} = \ln\frac{r}{r_0} \qquad (2\text{-}6)$$

式中：r_0 为环的初始半径。将式（2-6）对时间 t 求导数，得

$$r_r = \frac{r}{r} \qquad (2\text{-}7)$$

运用速度干涉仪直接测量薄环的瞬时径向膨胀速度，然后通过数值积分可以计算径向位移 $r(t)$，再运用简单的数值微分得到径向加速度 r，于是利用式（2-4）、式（2-6），便可得到各瞬时 t 的应力-应变。

薄环由所要研究的材料制成，并经过压合，套在钢筒驱动器的外面，二者之间要确保很好地接触，使得驱动器和薄环的周向应力预加载到屈服程度，随后的膨胀基本上是全塑性的。在薄环的一侧配置光学系统，一个物镜放在离薄环表面的近焦点长度上，一束激光聚焦在薄环的表面上。而薄环的表面不是很光滑，目的是使激光发生漫反射。由表面反射回来的激光射到速度干涉仪上以达到检测目的。

膨胀环试验具有应力状态简单、波动效应失真较小、动力加载结构简单的优点，很适合材料单轴动力特性的测定。

2）电磁膨胀环

电磁膨胀环试验装置如图 2-8 所示。金属试样环套在一个 n 匝的螺线管外侧，闭合开关 K_1 接通电容器的两端，高强度电流通过螺线管，在螺线管周围产生强大的磁场。磁场的巨大变化在金属试样环内激发高强度的感应电流，该感应电流同时又处在螺线圈所产生的磁场内，试样环受到安培力的作用向外膨胀运动。对于相同的磁通量变化率，试样环内激发的感应电动势为定值，因此感应电流的大小与所用试样环的电阻率成反比。对电阻率低的材料，如铝、铜等，感应电流大，所受到的安培力大，因此金属试样环的应变和应变率也大。在螺线圈内电流的半周期处接通开关 K_2，螺线圈内电流迅速降至零，此后金属试样环将不再受安培力的作用，实现自由飞行。

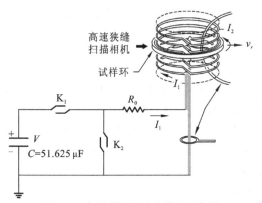

图 2-8　电磁膨胀环试验装置示意图

电磁膨胀环的动作过程包括三个阶段：电磁加载阶段、自由飞行阶段、断裂或回弹振荡阶段。在第一阶段，数千安培的电流流经金属试样环，试样环在安培力的作用下，在几十微秒的时间内获得上百米每秒的初始膨胀速度，同时高强度的电流使试样在短时间内产生较大温升；在第二阶段，开关 K_2 导通，此后螺线圈内电流几乎为零，膨胀环在自身环向拉伸的作用下做减速运动；在第三阶段，膨胀环的变形沿环向不均匀，并迅速在某些区域发生断裂，若膨胀环获得的初始速度较小，则其不会发生断裂，后期会出现反向回弹，之后在膨胀与压缩状态间循环切换，直至速度趋于零。

由于膨胀环技术具有加载应变率高、环向拉伸均匀性好、无边界效应等优点，在材料的动态拉伸力学行为研究中得到广泛应用。膨胀环的传统研究方向为材料的断裂行为、破片的

统计规律、材料的动态拉伸本构等，新的研究方向是材料在冲击拉伸加载下的损伤演化规律、裂纹的扩展速度等。

2. Hopkinson 压杆试验

分离式 Hopkinson 压杆（split Hopkinson pressure bar，SHPB）装置是材料动态力学性能研究中最常用的装置之一，它已成为材料动态性能研究的重要工具。早在 1914 年 Hopkinson 就提出了压杆技术，当时用来研究应力波传播规律。1949 年 Kolsky 提出将压杆分为两段，置试件于其中，从而可用于检测试件在高应变率条件下的应力-应变关系，因此 Hopkinson 压杆也被称为 Kolsky 压杆。

1）Hopkinson 压杆的组成与结构

典型的 Hopkinson 压杆设备如图 2-9 所示，主要由发射系统、杆系与子弹、检测系统、缓冲装置和辅助设备等组成。

发射系统（气枪）：由储气室、发射体、汽缸、活塞、连接体、支承座、枪管、反后座支架等组成。发射压力可达 MPa 级。

杆系与子弹：由热处理弹簧钢和超硬铝等材料制备。

检测系统：传统的 Hopkinson 压杆检测系统包括加载系统、动态应变仪（超动态应变仪）、数据记录与采集系统、数据分析计算系统。

2）检测原理

Hopkinson 压杆装置的核心部分是两段分离的弹性波导杆，即输入杆和输出杆，圆柱形压缩试样夹在两杆之间。子弹在气枪中的高压气体推动作用下，被加速到一定的撞击速度，以此速度撞击输入杆的端部，产生一个持续时间取决于子弹长度的入射压缩弹性脉冲。当初始的压力脉冲经子弹的自由端反射成为一个拉力脉冲并回到撞击面时，子弹就完成了对输入杆的卸载，因而在输入杆中将产生波长为子弹长度两倍的入射应力波（用 ε_i 表示，ε 代表应力波所产生的应变，i 代表入射）并向前传播。当输入杆中的入射应力到达试样时，一部分由于杆和试样横截面积不等与波阻抗不匹配而反射回输入杆形成反射拉伸波（用 ε_r 表示，r 代表反射），其余部分则透过试件进入输出杆成为透射应力波（用 ε_t 表示，t 代表透射）。图 2-10 是 SHPB 试验过程的行波图。试验过程中波导杆表面粘贴有箔式电阻应变片并与超动态应变仪及数据采集与处理系统相连接，通过记录试验过程中波导杆上的应变信号就可按一维应力波理论计算试件材料的应力-应变关系。

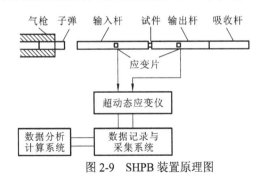

图 2-9　SHPB 装置原理图

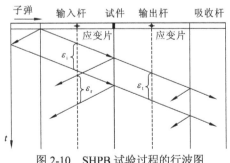

图 2-10　SHPB 试验过程的行波图

SHPB 试验的数据处理需要两个基本假定：一是一维假定，即假定波导杆中的应力波是一维的，忽略压杆质点横向运动引起的弥散效应、试件端面与波导杆端面间的摩擦效应和二维效应；二是假定试件中应力是均匀的，即忽略试件质点惯性运动引起的惯性效应和波在试件中传播引起的波动效应，这要求试件在长度方向的尺寸不能太大。在以上假设的基础上，通过记录的波导杆上的入射波 ε_i、反射波 ε_r 和透射波 ε_t，就可以按式（2-13）计算试件材料的应变率 $\dot{\varepsilon}(t)$、应变 $\varepsilon(t)$ 和应力 $\sigma(t)$。计算方法如下：

根据以上假设，波导杆上的应变片所感知的应变反映了试件前后两个端面的运动特性，只是在时间上存在一个相位差，它的大小取决于应变片的位置到试件端面的距离。将试件前后端面处的应变与应力波的波速 C 相乘得到试件两个端面处的瞬态位移 s_1 和 s_2，即

$$
\begin{aligned}
s_1 &= C(\varepsilon_i - \varepsilon_r) \\
s_2 &= C\varepsilon_t
\end{aligned}
\tag{2-8}
$$

而 s_1 和 s_2 的差值即试件的瞬间变形量 Δl：

$$
\Delta l = s_1 - s_2 = C(\varepsilon_i - \varepsilon_r - \varepsilon_t)
\tag{2-9}
$$

用试件的瞬间变形量 Δl 除以试件的初始长度 l_0，得到试件的瞬态应变率：

$$
\dot{\varepsilon}(t) = \frac{C}{l_0}(\varepsilon_i - \varepsilon_r - \varepsilon_t)
\tag{2-10}
$$

将试件的瞬态应变率对时间积分，得到试件的瞬态应变：

$$
\varepsilon(t) = \frac{C}{l_0} \int_0^l (\varepsilon_i - \varepsilon_r - \varepsilon_t)\mathrm{d}t
\tag{2-11}
$$

由于试件与波导杆间的作用力与反作用力相等，根据式（2-12）即可得到试件上的平均应力值：

$$
\sigma(t) = \frac{A}{2A_0} E(\varepsilon_i + \varepsilon_r + \varepsilon_t)
\tag{2-12}
$$

有了 $\varepsilon(t)$ 和 $\sigma(t)$，消去时间参数就可得到试件材料的应力-应变关系。式中的应力、应变均以受压为正，E、C、A 分别为压杆的弹性模量、波速和横截面积，A_0、l_0 分别为试件的初始横截面积和初始长度。根据均匀假定，则有 $\varepsilon_i+\varepsilon_r=\varepsilon_t$，代入式（2-10）～式（2-12），可得

$$
\begin{cases}
\dot{\varepsilon}(t) = -\dfrac{2C}{l_0}\varepsilon_r \\[2mm]
\varepsilon(t) = -\dfrac{2C}{l_0}\int_0^l \varepsilon_r \mathrm{d}t \\[2mm]
\sigma(t) = \dfrac{A}{A_0}E\varepsilon_t
\end{cases}
\tag{2-13}
$$

图 2-11 是利用 SHPB 装置测得的典型波形和经数据处理后得到的应力-应变曲线。

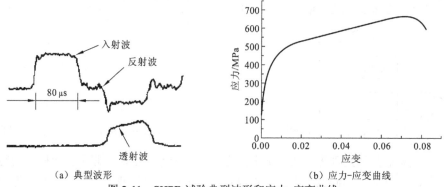

（a）典型波形　　　　　　　　　　　（b）应力-应变曲线

图 2-11　SHPB 试验典型波形和应力-应变曲线

SHPB 装置自 1949 年由 Kolsky 改进以来经久不衰,不断发展,是因为除了结构简单、操作方便等,还具有以下几个优点:

(1)测量方法十分巧妙。在冲击载荷条件下确定材料的应力-应变关系通常需要在试件同一位置上同时测量随时间变化的应力和应变,这是一个技术难题。然而,SHPB 实验避开了这一难题,通过测量两根压杆上的应变来推导试件材料的应力-应变关系,因此是一种间接但又是十分简单的方法。

(2)应变率范围令人关注。SHPB 实验所涉及的应变率范围恰好包括流动应力随应变率变化发生转折的应变率。对于金属材料,发生转折的应变率为 $10^2 \sim 10^4\,\mathrm{s^{-1}}$;对于高聚物材料,发生转折的应变率为 $10^2 \sim 10^3\,\mathrm{s^{-1}}$。利用这一特性,原则上可根据准静态试验结果和 SHPB 试验结果推算出中应变率范围的应力-应变关系。从这个意义上讲,SHPB 试验可替代中应变率试验。

(3)加载波形易测、易控制。在冲击条件下,载荷性质不同于准静态条件,主要表现是载荷为不确定型。作用于试件的冲击载荷不仅取决于加载方式,还取决于受载试件本身的力学性能及其几何形状。然而,在 SHPB 装置上利用输入杆可直接测得入射脉冲 ε_i 和反射脉冲 ε_r,两者之差即作用于试件(板、杆、壳等)上的冲击载荷。另外,改变子弹的撞击速度及形状,即可调节入射脉冲波形,从而也调节了作用于试件上的波形。利用这一优点,在 Hopkinson 压杆上开展了动态断裂以及杆、板、壳等简单构件的冲击响应等问题的研究。

SHPB 装置是研究各类工程材料动态力学性能的最基本实验手段,它不仅可用于测量金属、高聚物等均匀性好、变形量较大材料的冲击压缩(拉伸、剪切、扭转)应力-应变关系,经改进后还可以用于测量质地软、波阻抗小的泡沫介质材料和质地脆、均匀性差的混凝土类材料的冲击压缩应力-应变关系。此外,SHPB 装置因加载方式简单,加载波形易测、易控制,还可以开展混凝土类材料的层裂强度研究,火工品、引信的安全性、可靠性检测,高 G 值加速度传感器的标定以及炸药材料的压剪起爆临界点的测定等。

总之,SHPB 试验技术在诸多工程领域有广阔的应用前景。

2.3.3 更高应变率试验

更高应变率试验的应变率范围为 $10^4 \sim 10^6\,\mathrm{s^{-1}}$。为了实现更高应变率试验,可以有两个途径:一是仍采用杆撞击技术,但需要对 SHPB 装置作某种改进;二是采用板撞击技术,它是实现更高应变率试验的主要途径。

1. 杆撞击技术

利用杆撞击实现更高应变率试验有两种方法:一种是子弹以较高的速度直接撞击试件;另一种是尽量缩短试件的有效长度。Gorham 在 1980 年进行的试验中采用了两种方法的结合,一方面使装置小型化,压杆尺寸仅为 150 mm×ϕ3 mm,从而使试件的有效长度(仅 0.46 mm)大大缩小;另一方面令子弹以很高速度(100 m/s)直接撞击试件。试件材料为钨合金,试验的应变率达到了 $4 \times 10^4\,\mathrm{s^{-1}}$。

2. 板撞击技术

杆撞击属于一维应力问题,试验中的试件处于无约束状态,因此试件的压力不可能很高,其应变率也是有限的。要想获得更高压力、更高应变率，只有采用板撞击技术。板撞击属于一维应变问题，它能够在试件有效部位产生很高的压力和很高的应变率，因此是实现更高应变率试验的主要途径。

板撞击中的第一种方案如图 2-12 所示。它模仿了 SHPB 试验技术，将一块薄板试件（0.1～0.3 mm）夹在两块高阻抗弹性板之间受压，试件的应变率可高达 $10^5\,s^{-1}$ 以上。然而，这种方案有两个缺点：①由于试验为一维应变，载荷中的相当部分（应力球张量或静水压）只引起试件的体积变形，其余部分（应力偏量）引起试件的形状变形远小于纯扭、一维应力等冲击试验；②冲击载荷被局限于应力偏量空间中某个比例加载轨迹上，不可能有别的选择。

鉴于上述原因，人们又设计了第二种方案：压剪冲击试验，即平板的斜撞击试验，如图 2-13 所示。它和第一种方案类似，一个薄试件（0.2～0.4 mm）被夹在两块高阻抗弹性板之间受压，但这些板相对于撞击方向是倾斜的，因此试件既受压力又受剪力。与 SHPB 试验一样，试验感兴趣的时间是在试件内的波从两端几经反射以致试件达到应力状态均匀之后。有人曾利用这种装置获得应变率为 $2.05\times10^5\,s^{-1}$ 的冲击剪切应力-应变曲线。

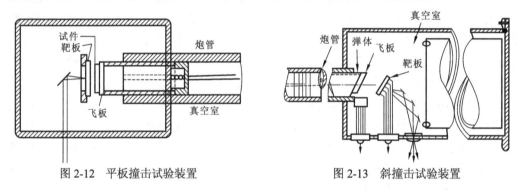

图 2-12　平板撞击试验装置　　　　　图 2-13　斜撞击试验装置

以上两种板撞击试验需要在压气炮上进行，有关压气炮的内容将在 2.4 节介绍。

2.4　高速和超高速冲击载荷试验装置

高速和超高速冲击载荷作用下的材料变形，通常用以内能、比容和压力为参量的固体高压状态方程描述，而不是用包括应变率在内的本构方程描述。事实上，材料在高速冲击载荷作用下应变率这个量不仅存在，而且很大，其数值可达到或超过 $10^6\,s^{-1}$。然而，在这时将材料按可压无黏流体处理，其变形用比容的变化来描述，响应时间为瞬态，即在不同应变率下的效果是相同的。从这个意义上说，材料在高速冲击载荷作用下无应变率效应。

高速冲击载荷的试验技术又称冲击波高压技术或动高压技术。利用动高压技术研究材料的力学性能，必须对所用的试验装置提出两点要求：①压力可调并有较宽范围；②产生的冲击波满足一定的平面度，以便采用一维应变分析。

动高压技术有许多种，其中化爆高压技术和压气炮高压技术最为成熟。另外，电磁轨道炮、电炮等高压技术近年来也取得了很大进展。

平面波发生器是最主要的化爆高压装置，其内部结构及外形尺寸如图 2-14 所示。化爆高压技术中的一种最简单的方法是将试件与炸药直接接触，具体结构如图 2-15 所示。用接触爆炸方法产生的最高压力不超过 80 GPa。

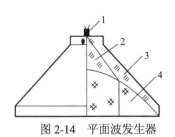

图 2-14 平面波发生器

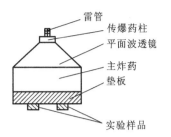

图 2-15 接触爆炸装置示意图

1.雷管；2.传爆药柱；3.高爆速炸药层；4.低爆速炸药层

压气炮又称轻气炮，它分为一级轻气炮和二级轻气炮两种。一级轻气炮达到的最高速度为 1 500 m/s 左右。二级轻气炮是美国新墨西哥矿业技术学院 W.D.Crazier 和 H.Hume 在 1948 年首先研制成功的。经过几十年的发展，在世界各地已建起了许多不同规格的二级轻气炮。

二级轻气炮能达到的最大速度为 11.30 km/s（弹丸质量为 0.0453 g），能加速的最大弹丸质量为 1 251.0 g。目前，在超高速碰撞实验中，广泛使用二级轻气炮。它能将 1 g 弹丸加速到 8 km/s 左右，并且弹丸的尺寸、质量、材料和形状都可按需要选取，弹丸的速度也可精确测定，因此深受广大科研工作者的欢迎。

二级轻气炮的结构形式很多，图 2-16 是其中的一种。在一个高强度的钢筒内装有一个可滑动的活塞。活塞前形成轻气室，其中装有低分子量的气体，如氢气或氦气等，作为第二级推进剂。活塞后为药室，内装化学推进剂，如发射药，作为第一级推进剂。发射管后部的弹丸与活塞间用前隔板隔开。当从炮尾部点燃第一级推进剂时，火药燃烧产生的气体膨胀做功，冲破后隔板，推动活塞向前运动。活塞向前运

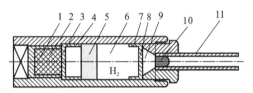

图 2-16 二级轻气炮示意图

1.药室；2.发射药；3.后隔板；4.后缓冲限制器；5.活塞；6.轻气室；7.前缓冲限制器；8.前隔板；9.喷管；

10.弹丸；11.发射管

动将压缩轻气室内的氢气（或氦气等），对其进行等熵压缩加热。改变装药量和活塞的质量，可调节活塞的运动速度。如果活塞的运动速度不大，它对氢气（或氦气等）的压缩过程比较缓慢，可以当作绝热过程处理。在活塞的压缩下，氢气（或氦气等）的压力升高到一定程度后将冲破前隔板，此时弹丸在高温高压氢气（或氦气等）作用下沿发射管向前运动，最后以超高速离开炮口。在轻气室内被压缩的氢气（或氦气等）所获得的声速，将比常规火炮气体工质所获得的声速高得多。轻气室中气体的声速远大于活塞后药室中的声速。但是，轻气室中气体对弹丸做功的能量来自药室火药燃烧所释放的能量。活塞只是传递药室能量的工具。活塞的惯性使它在消耗火药气体内能的同时，把它前面的氢气（或氦气等）压缩到具有极高的内能。

二级轻气炮不仅能加热轻气工作介质，还可能使弹丸保持恒压。如果适当地控制活塞运动规律，使轻气室中的压力以特定的速率随时间增大，就可以获得恒压。二级轻气炮是利用火药产生的高温、高压气体来推动活塞，等熵地压缩和加热轻气室中的气体。无疑，如果氢气（或氦气等）被加热的温度越高，那么它对弹丸做功的能力就越大。因此，除了要选择声惯性小的气体作为工作介质外，还要考虑如何提高轻气工质的温度。目前还在探讨的一种方法是：利用某些可释放热量的化学反应来加热轻气工质。

在二级轻气炮中，从活塞开始向前运动到轻气室压力达到最大值的时间约为 10 ms（取

决于炮的设计尺寸）；从弹丸开始运动到射出炮口的时间大约为 5 ms。

国内外现有二级轻气炮大多采用火药驱动。火药的使用，造成了实验室的环境污染，并且对实验室提出了火工品的安全保障要求，同时也增加了擦炮的难度和工作量，因而提高了试验成本，使研究工作受到一定限制。非火药驱动二级轻气炮，克服了火药驱动二级轻气炮

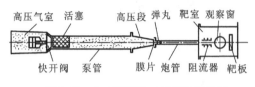

图 2-17　非火药驱动二级轻气炮结构

的上述缺点。它采用高压氮气或氢气驱动，具有安全、清洁、成本低、噪声小等优点。它由高压气室、活塞、泵管、弹丸、炮管及靶室等组成。其结构如图 2-17 所示。发射时，首先由控制系统打开快开阀。此时，高压气室内的压缩氮气或压缩氢气推动活塞在泵管内向前运动并压缩泵管内的轻气（一般是氢气或氦气）。当达到预定压力时，膜片破裂。高压轻气推动弹丸在炮管中前进，在弹丸移动过程中，活塞也同时向前运动来补偿由弹丸运动造成的弹后驱动气体压力下降，使弹后始终保持很高的驱动压力，从而保证了弹丸超高速飞出炮口。

2.5　动态参量测量技术

动态参量测量是指爆炸或撞击过程中有关参量的测量，它不同于常规的力学测量。这里重点介绍与材料动态力学有关的测量技术。由于爆炸或撞击过程具有瞬时、单次脉冲等特点，要求检测元件及测量仪器必须具备频率响应高、记录速度快、性能稳定、数据可靠等特点；由于上述过程经常伴有烟雾、尘粒、光电辐射以及各类高频电磁波的影响，要求整个测量系统具有良好的抗干扰性。

2.5.1　电测系统测量原理

动态电测系统的测量原理如图 2-18 所示。这里，传感器的设计制作是关键。由于冲击试验中各种参量的幅值范围很宽，即使测同一种参量（如压力），也需要配备不同量程的传感器，又由于冲击试验中各种参量的变化大多是以微秒乃至纳秒量级计，传感器的频率响应特性及其安置方式也是十分重要的问题。瞬态波形存储器（即数字示波器）是一种最适于单次脉冲采集的数字化仪器，它把输入的模拟信号数字化，并快速存放在存储器中，之后可根据需要以各种方式输出。与脉冲示波器相比，瞬态波形存储器有很多优点，由于它可以各种方式输出，省去了显影、底片判读等中间环节，简单、方便、精度高，并可与计算机连接进行实时处理。但是瞬态波形存储器也受频率响应的限制，还不能完全替代脉冲示波器，后者的频率响应更高。

图 2-18　动态电测系统原理图

2.5.2　光测系统测量原理

动态光测系统的测量原理如图 2-19 所示。在这里有一个重要步骤——时间分解，即将信

息变成可以进行时间分辨记录的信息，是动态光测系统中最关键的一环。对于一维空间图像，可使用狭缝扫描式相机获得光信息，其极限时间分辨率约为 1 ns。对于二维空间图像，可使用转镜分幅相机获得光信息，其极限幅频约为 10^7 幅/s。更高的时间分解过程采用光电子扫描技术，即变像管。它首先将光子信息利用光电阴极变成光电子信息，之后再利用电子透镜技术将光电子信息成像在记录荧光屏上。斜坡扫描电场将光电子束做快速扫描，以达到高的时间分辨率，目前最高的时间分辨率已达到 10^{-13}s 量级。分幅变像管需要应用阶梯扫描电场，其最高幅频为 6×10^8 幅/s，网络变像管的最高幅频已达到 10^{11} 幅/s。沙汀（Schardin）相机是采用多火花依次闪光的办法将物体成像在方阵型的感光底片上，拍摄速度也可达到 10^6 幅/s，其成像幅数大多为 16。其由于结构简单、操作方便，已广泛用于动态断裂、应力波传播等方面的研究。

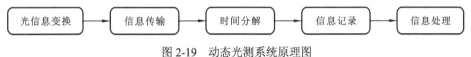

图 2-19　动态光测系统原理图

　　两种测量技术中电测技术成熟，操作简便成本低，因此容易推广。另外，电测技术除能测量位移、速度等运动学量之外，还可以测量物体内部的一些状态量，如压力、温度、冲击波速度等。相比而言，光测技术复杂，操作困难成本高，不易推广。而且，由于光源仅能照射物体的表面，只能测量位移、速度等运动学量。当然，光测技术也有它的优越之处，如不怕电磁干扰，不受测点位置的限制，不存在电测中传感器惯性效应对试验结果的影响，能获得全场的信息等，因此有些试验采用光测技术更好。

2.5.3　各种力和热学量的动态测量技术

1. 位移和速度的测量

　　常用于位移或速度测量的电测方法主要有斜电阻丝法、平行板电容器法、电磁速度计法和裂纹扩展计法。

　　斜电阻丝法可用于测量自由面的位移，它是一种成熟而实用的电测方法。其工作原理如图 2-20 所示。

　　平行板电容器法既可测量位移，又可测量速度，其装置及工作原理如图 2-21 所示。当图中的电阻 R 取大值时，可由输出电压确定自由面的位移；当 R 取小值时，可由输出电压确定自由面的运动速度。

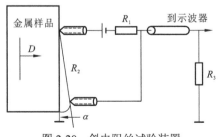

图 2-20　斜电阻丝试验装置

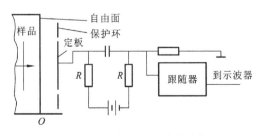

图 2-21　平行板电容器法试验装置

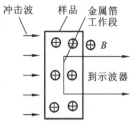

图 2-22 电磁速度传感器

电磁速度计法可用于检测件内部或表面的质点速度，其传感器形状大多采用 π 形，工作原理如图 2-22 所示。当冲击波到达传感器的横向工作段（一截很薄的金属箔）时，该工作段即随波后的质点一起运动，并切割磁力线。根据法拉第电磁感应定律，横向工作段两端将产生与质点速度成正比的电动势。因此，可以通过测量传感器两端的输出电压，确定波后的质点速度。如果在试件内部不同部位平行地设置若干个 π 形传感器，既可以测定冲击波在试件内的传播速度，又可得到一组不同部位上的质点速度波形，利用拉格朗日分析方法，可由这一组质点速度波形计算出对应部位上的应变波形和应力波形，并进而得到试件材料加载、卸载全过程的应力-应变关系。

裂纹扩展计法可用于测量裂纹扩展的速率，其传感器——裂纹扩展计有两种：丝栅式的和箔片式的，如图 2-23 所示。本方法的缺点是：对于脆性材料，裂纹扩展计的栅丝或箔片被拉断或撕开的时间滞后；对于韧性材料，裂纹尖端塑性变形区大，栅丝或箔片被拉断或撕开的时间超前。上述缺点将影响裂纹扩展时间的测量精度，但对裂纹扩展速率的测量影响不大。

（a）丝栅式裂纹扩展计

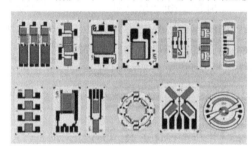

（b）箔片式裂纹扩展计

图 2-23　丝栅式与箔片式裂纹扩展计

光测法也经常用于速度或位移的测量。常用的方法主要有斜镜法、斜棱镜法、光杠杆法、运动象法以及干涉法。

斜镜法是利用某些透明材料在冲击波作用下表面反射率发生明显变化的特性来测量冲击波波速和自由面的运动速度。典型的检测装置如图 2-24 所示。

斜棱镜法的工作原理与斜镜法类似，它是通过破坏各撞击点的全反射特性进行测量的。与斜镜法相比，它的图像清晰、测量精度高，因此得到了广泛应用。

光杠杆法可用于测量自由面的运动速度，其工作原理如图 2-25 所示。它是通过观测虚像点位移对被测表面的运动进行"放大"（光杠杆法由此得名），因此是一种灵敏的、精度高的低速测量法。

运动象法的工作原理与光杠杆法类似，但它避开了光杠杆法要求的斜入射限制，使高速相机镜头斜对自由面。

利用光的干涉原理测量试件表面的位移，这是一种经典的光测技术。20 世纪 60 年代初出现的新型激光光源，因具有单色性好、聚焦性好、功率密度高以及抗干扰性能强等优点，已给干涉法测位移或速度带来新的突破。

位移干涉仪的工作原理如图 2-26 所示。它是利用迈克耳孙（Michelson）原理进行测量的，从试件表面（镜面）反射回来的信号光束因被测表面的运动而发生多普勒频移，它与参

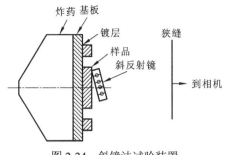

图 2-24　斜镜法试验装置

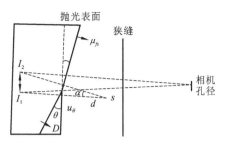

图 2-25　光杠杆法试验装置

考光束汇合,将产生干涉条纹。根据实测到的总条纹数即可确定表面的位移量,再对其取时间的导数即可得到试件表面的运动速度。这种方法由于受记录设备(光电倍增管及示波器等)频率响应的限制,一般只能用于 200 m/s 以下的速度测量。

20 世纪 60 年代末发展起来的速度干涉仪的工作原理与位移干涉仪有很大不同,如图 2-27所示。第一,速度干涉仪的参考光束和信号光束都发生了多普勒频移;第二,速度干涉波增加了光路延迟臂。参考光束经过延迟臂后,再与信号光束发生干涉。分析表明,试件表面速度与干涉条纹数成正比。一般来说,这种干涉仪常用于测量试件表面速度大于 100 m/s 的情况。

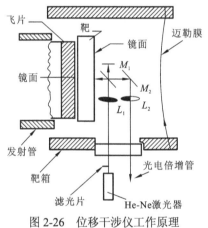

图 2-26　位移干涉仪工作原理

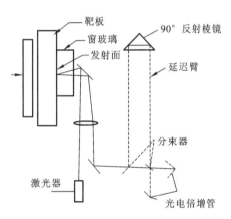

图 2-27　速度干涉仪工作原理

以上两种干涉仪的主要缺点是,被测表面必须为镜面。然而,有相当一部分材料不可能被抛光成光学镜面,有一部分材料即使能抛光成镜面,该镜面也可能在强冲击波作用下遭到破坏。用漫反射面的速度干涉仪(velocity interferometer system for any reflector,VISAR)解决了这一问题,从而扩大了速度干涉仪的使用范围,其工作原理如图 2-28 所示。图中漫反射面的光束被分成三份,一份进入光电倍增管作为参考标尺,另两份为广角迈克耳孙干涉仪的两路光束。这两路光束具有相同的光程,但其中一路光在校准器的作用下相对于另一路光延迟了时间 t。这两路光束重叠将发生干涉,其干涉条纹数与试件表面的运动速度成正比。图中将重叠后的相干光分离为 S 分量和 P 分量,并分别送入光电倍增管 I 和 II 以提高系统的分辨率及判别试件表面运动是加速还是减速。VISAR 一般要求用高功率激光器,数据处理也比较复杂。尽管如此,VISAR 由于用途广泛、适应性强,是一种很受重视的测量方法。

VISAR 主要用于测量正撞击试验的试件表面速度,无法处理斜撞击一类的试验,后者需要同时测量试件表面的正向速度和横向速度。横向位移干涉仪(transverse displacement interferometer,TDI)可解决这一问题,其工作原理如图 2-29 所示。在待测的试件表面安置上垂直于横向运动的衍射光栅，当一束平行的激光垂直入射到这个光栅面时，将产生一束垂直于这一光栅面的反射光和两束对称的、衍射角分别为 $\pm\theta_n$ 的 n 阶衍射光。其中反射光束可用来测量试件表面运动的正向速度，两束对称的衍射光则可用来确定试件表面运动的横向位移，并进而求得横向速度。

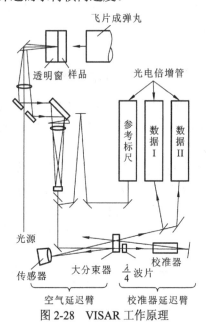

图 2-28　VISAR 工作原理

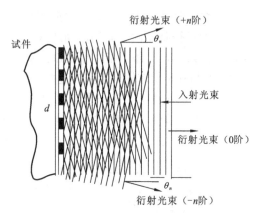

图 2-29　光栅衍射原理图

2. 变形和应变的测量

电阻应变计技术成熟，操作简单，成本低廉，因此在常规的力学电测中占有很重要的位置。而且，由于其惯性小，标长可做得很短，也可用于测量高频应变信号。普通型的电阻应变片只能测量 1.5%以内的应变值，经过特殊处理的大应变片有可能测量 20%左右的应变值。采用电阻应变计法测量动态应变，既要注意应变片的动态（频率响应）特性（选用小标距），又要考虑应变仪的动态（频率响应）特性，即需要配备超动态应变仪，以确保应变信号不失真。

衍射光栅法可测量试件的动态应变，其工作原理如图 2-30 所示。当试件发生变形时，正向入射的平行光束在光栅上发生衍射偏转，利用两侧的光电倍增管测得偏转角，并进而推算出试件的应变值。由于光栅条纹很密，试验区可以很小。该方法的应变测量范围可为 0.002%～15%。

利用光通量的变化确定试件的变形是一种简便而有效的方法，其工作原理如图 2-31 所示。本方法的测量精度主要取决于平行光场的均匀程度。此外，还要用高速相机直接拍摄试件的变形过程。

3. 压力（应力）的测量

压力量是一个十分重要的量，压力测量能提供很多有用的信息。但是在动态测量中，压力传感器的频率响应特性以及动态标定是两个较难解决的问题，因此它比位移、速度、应变等其他几个量的测量更困难一些。

利用某些导电材料的电阻率随压力变化而设计的压力传感器，称为压阻传感器。锰铜合金在 4～30 GPa 压力范围内的电阻率与压力呈线性关系；镱和碳的电阻率尽管与压力呈非线

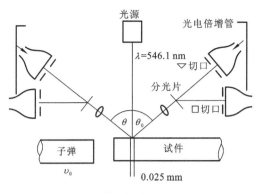

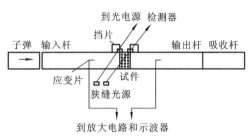

图 2-30　衍射光栅法测量应变原理图　　　　图 2-31　光通量法测量位移原理图

性关系，但是它们的压阻系数均比锰铜合金大一个量级，因此可用于较低压力（小于 5 GPa）的测量。为了确保压阻传感器的频率响应特性，均需将这些材料做成薄膜埋入被检测件内。若被检测件是导电材料，则需要在传感器的上下均垫上很薄的绝缘薄膜。一些半导体材料比金属材料具有更优越的压阻效应。例如：单晶硅晶体，当力作用于硅晶体时，晶体的晶格产生变形，使载流子从一个能谷向另一个能谷散射，引起载流子的迁移率发生变化，扰动了载流子纵向和横向的平均量，从而使硅的电阻率发生变化。这种变化随晶体的取向不同而异，因此硅的压阻效应与晶体的取向有关。1954 年，C.S.史密斯详细研究了硅的压阻效应，从此开始用硅制造压力传感器。早期的硅压力传感器是半导体应变计式的。后来在 N 型硅膜片上定域扩散 P 型杂质形成电阻条，并接成电桥，制成芯片。此芯片仍需粘贴在弹性元件上才能敏感测量压力的变化。采用这种芯片作为敏感元件的传感器称为扩散型压力传感器。这两种传感器都同样采用黏片结构，因而存在固有频率低、滞后和蠕变大、不适于动态测量等缺点，此外难于小型化和集成化、精度不高等弱点也限制了其应用。20 世纪 70 年代以来制成了周边固定支撑的电阻和硅膜片的一体化硅杯式扩散型压力传感器，其工作原理如图 2-32 所示。它不仅克服了黏片结构的固有缺陷，而且能将电阻条、补偿电路和信号调整电路集成在一块硅膜片上，甚至将微型处理器与传感器集成在一起，制成智能传感器（单片微型计算机）。这种新型传感器的优点是：①频率响应高（如有的产品固有频率达 1.5 MHz 以上），适于动态测量；②体积小（如有的产品外径可达 0.25 mm），适于微型化；③ 精度高，可达 0.1%～0.01%；④灵敏度高，比金属应变计高出很多倍，

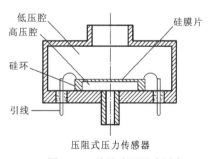

图 2-32　单晶硅压阻式压力
传感器示意图

有些应用场合可不加放大器；⑤无活动部件，可靠性高，能工作于振动、冲击、腐蚀、强干扰等恶劣环境。其缺点是温度影响较大（有时需进行温度补偿）、工艺较复杂和造价高等。

　　当沿着一定方向对某些材料加力而使其变形时，在一定表面上将产生电荷；当外力去掉后，又重新回到正常的不带电状态，这种现象称为压电效应。明显呈现压电效应的敏感功能材料称为压电材料。利用压电材料受力后表面产生电荷，此电荷经电荷放大器和测量电路放大和变换阻抗后，正比于所受外力的电量输出这一特性制成的压力传感器称为压电传感器。石英晶体是一种典型的压电材料，用它制作的压电传感器又称石英（晶体）压电传感器，其

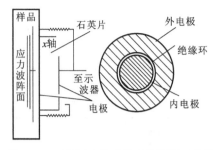

图 2-33　石英压电传感器试验装置示意图

内部结构如图 2-33 所示。将石英压电传感器紧贴于被检测件的表面，即可测量该表面压力随时间的变化过程。石英压电传感器主要用于低压段测量。利用另一种压电材料——聚乙二烯氟化物做成的压力传感器是一种很有发展前途的压电传感器，其薄膜的典型厚度为 25 μm，因此这种传感器可做得很薄，能埋在试件内部进行测量，在做传感器之前，需对这种材料进行极化处理。实验结果表明，当冲击压力达到 20 GPa 时，测量数据仍具有很高的精度，只是当冲击压力升到 35 GPa 时，传感器的输出信号才出现明显的畸变。压电传感器的优点是：频带宽、灵敏度高、信噪比高、结构简单、工作可靠和质量轻等。缺点是：某些压电材料需要防潮措施，而且输出的直流响应差，需要采用高输入阻抗电路或电荷放大器来克服这一缺陷。

4. 温度的测量

在中高速冲击载荷作用下，热效应显著，由此而引起的瞬时温升将明显影响材料的力学性能。测量冲击载荷作用下，试件表面或内部的瞬态温度，对于材料力学性能的研究是十分重要的。然而这又是动态测量中难度最大的实验技术，至今仍处于不断发展、逐步完善的过程。

瞬态温度测量也可分电测和光测两种。电测中选用的检测元件有两种：一种是热电偶，另一种是热敏电阻。然而，采用热电偶或热敏电阻测量固体内部或表面的瞬态温度时，其最大的困难是如何减小这些检测元件的热惯性（即提高其反应灵敏度），此外还需降低或消除应力、应变及应变率等对测量结果的影响。然而，由热电偶测到的温度，与其说是被测物（试件）的温度，还不如说是热电偶材料本身的温度。

光测是一种非接触式的测量方法，它不必接触被测物件，因此不会影响被测物件的温度分布。另外，光测法的动态响应好，其辐射的传播为光速，因此测温响应完全取决于光电探测器的频率响应特性。光测法大多用于测高温，因此又称光测高温法。光测高温法有比色高温法和辐射高温法，它们都是以黑体辐射的某条定律为基础。然而，通常使用的比色高温计、隐丝式光学高温计及辐射高温计都只能用于测量辐射体的恒定高温，若想利用以上方法测量辐射体的瞬时高温，除了需要有一个辐射特性已知的标准光源外，还必须配备一套能够记录瞬时温度辐射信息并予以时间分辨的装置。基于所选装置不同，瞬时高温光测法又可分两类：一类为光电法；另一类为扫描光谱法。光电法是利用光电倍增管或光电二极管作为探测器，将辐射光信号转化为电压信号，随后再用高速示波器记录。扫描光谱法是利用扫描光谱仪（在高速扫描相机前加一个光栅光谱头）记录多条扫描谱线，随后再对数据（底片）进行处理。若改用高速变像管相机加上时间分辨装置，则可实现数据的实时处理。光测高温法常用于测爆轰波阵面温度等。然而在材料动态力学研究中，更多的是需要测几十摄氏度、几百摄氏度的温升，因此作为光测高温法的延拓，红外测温法已得到发展。

任何物体只要温度高于绝对零度都会向外发射红外线，且发射的红外辐射能量与物体的温度有确定的关系。红外测温就是依据这一特性来测量温度的。它不仅可以测量高温（如 3 000 K），而且可以测量中温和摄氏零度以下的低温，为中、低温的非接触测量提供了新的方法。尤其是以红外技术为基础发展起来的红外成像技术，对测量物体表面温度分布，具有比其他测温技术更为显著的优越性。其时间分辨率可以达到 1 μs，空间分辨率可以达到 100 μm。

热像仪是利用红外扫描原理测量物体表面温度分布的。它摄取来自被测物体各部分射向仪器的红外辐射通量的分布，利用红外探测器，依次直接测量物体各部分发射出的红外辐射，综合起来就得到物体发射红外辐射通量的分布图像，这种图像称为热像图。由于热像本身包含被测物体的温度信息，也有人称为温度图。图 2-34 为扫描热像仪原理示意图，它由光学系统、扫描系统、探测器、视频信号处理器等几个主要部分组成。

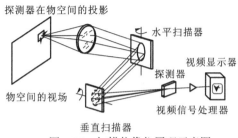

图 2-34　扫描热像仪原理示意图

使用热像仪测量目标温度一般有直接测量和对比测量两种方法。直接测量操作简单，但精度不易保证。在精度要求较高的场合，只要条件允许，而且可以得到外界温度参考体，采用对比测量法更合适。

思考与练习

1. 什么是材料动态力学? 与准静态力学相比，材料动态力学的试验研究有什么特点?

2. 衡量冲击载荷的性质可使用哪些指标?

3. 什么是惯性效应? 它与应力波有什么关系? 什么是间断波? 什么是连续波? 什么是加载波? 什么是卸载波?

4. 中应变率试验主要使用哪些设备? 对试验机有什么要求?

5. 膨胀环试验的原理是什么? 利用膨胀环试验能测得材料的什么参数?

6. 简述 Hopkinson 压杆试验的检测原理和优缺点。在 Hopkinson 压杆上检测动态拉伸性能的精度如何?

7. 高速和超高速冲击加载装置有哪些?

8. 电测法和光测法各有什么特点?

9. 简述 VISAR 的工作原理，利用 VISAR 能检测什么动态参数?

10. 动态应变的测量有哪些方法? 压电传感器的原理是什么? 热电偶测温和光学法测温各有什么特点?

第 3 章 流变性能检测

3.1 流变检测意义

流变检测是观察高分子材料内部结构的窗口，通过高分子材料，诸如塑料、橡胶、树脂中不同尺度分子链的响应，可以表征高分子材料的分子量和分子量分布。流变检测在高聚物的分子量、分子量分布、支化度与加工性能之间构架了一座桥梁，它为原料检验、加工工艺设计和预测产品性能提供了一种直接的联系。

流变检测的目的可以归纳为以下三个方面。

（1）物料的流变学表征。揭示流变性质与体系的组分、结构以及检测条件的关系，为材料设计、配方设计、工艺设计提供基础数据和理论依据。通过控制加工条件达到期望的加工流动性和物理力学性能。

（2）工程的流变学研究与设计。研究聚合反应工程、高聚物加工工程及加工设备、模具设计制造中的流场及温度场分布，研究极限流动条件及其与工艺过程的关系，确定工艺参数，为实现工程优化、完成设备与模具设计提供可靠的定量依据。

（3）检验和指导流变本构方程理论的发展。通过科学的流变检测，获得材料真实的黏弹性变化规律及与材料结构参数间的内在联系，由此检验本构方程的优劣，推动本构方程理论的发展。

动态流变通常是在小应变条件下进行检测，其过程一般不会对材料本身的结构状态造成影响，并且高分子材料呈现的黏弹效应对材料结构形态的变化十分敏感，可同时得到表征材料黏性和弹性的数据，以及由此反映的其他有意义的信息，如储能与损耗、形变能力等，因此，采用动态流变的方法检测材料力学特性的研究日益受到重视。

检测流变性能的仪器有毛细管流变仪、旋转流变仪和拉伸流变仪等。

3.2 流变检测原理

材料在外力的作用下都将发生形变（或流动），按其性质不同，形变可分为弹性变形、黏性流动和塑性流动。但是，在许多情况下，存在着对应力的响应兼有弹性和黏性的双重特性，称为黏弹性。对这类兼有弹性固体和黏性流体双重特性的物质称为黏弹性材料，诸如含某些固体物质的悬浮液、高分子聚合物、黏土泥浆等。

在流变学研究中，用某些理想元件组成的模型，来模拟某些材料的流变特性，并导出其流变方程。流变模型常用两个基本元件来表示：①一个具有完全弹性的弹簧，表示理想弹性固体，其应力与应变关系服从胡克定律，此主件为胡克固体模型，流变方程式为 $\sigma = G\tau$，式中 σ 为剪切应力，τ 为剪切速率，G 为刚性模量；②一个带孔的活塞在充满黏性液体的黏壶内运动，表示理想黏性液体服从牛顿液体定律，此元件为牛顿液体模型，流变方程式为 $\sigma = \eta\gamma$，式中 η 为黏度系数，γ 为速度梯度。若将上述元件串联或并联起来，进行不同的组合，就能模拟出各种物体的流变特性，并导出其流变方程。方程式中的常数就表述某一材料的流变特性。

实际上大部分流体不符合牛顿液体定律，如高分子溶液和熔体、胶体溶液等。因此，根据流体是否符合牛顿液体定律，可将流体分为牛顿流体和非牛顿流体两类。对于非牛顿流体，其流变方程式也可表示为 $\tau=\eta\gamma$，此时式中 η 又称为表观黏度系数。

通常来说，材料的其他特性都可由黏度系数或表观黏度系数（统称黏度）获得。由于黏度比其他性质更易测量，黏度可以作为判断材料特性的工具。

下面以旋转流变仪为例阐释其检测原理。

3.2.1　简单剪切

简单剪切流动又称测黏流动，其定义为在两个平行板之间充满液体，其中一板固定，另一板平行移动，流体在曳引作用下流动，如图 3-1 所示。

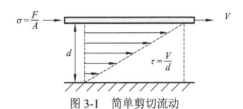

图 3-1　简单剪切流动

剪切应力 $\sigma=F/A$，剪切速率 $\tau=V/d$，剪切黏度 $\eta=\sigma/\gamma$。

3.2.2　小振幅振荡剪切

小振幅振荡剪切流动如图 3-2 所示。图中下板固定，上板来回运动，两板间的流体发生振荡剪切变形。

应变振幅 $\gamma_0=a/b$，实时形变 $\gamma(t)=\gamma_0\sin(\omega t)$（其中 ω 为角频率），如图 3-3 中的实线。

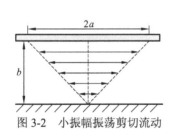

图 3-2　小振幅振荡剪切流动

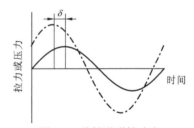

图 3-3　线性黏弹性响应

当振幅比较小时，流体流动呈现线性黏弹特性，即应力响应曲线也为正弦（如图 3-3 中点划线）$\sigma(t)=\sigma_0\sin(\omega t+\delta)$（其中 σ_0 为应力振幅，δ 为相位差）。

由于应力与应变不一定完全同步，可以将应力进行分解（图 3-4），即

$$\begin{aligned}\sigma(t)&=\sigma_0\sin(\omega t+\delta)\\&=\sigma_0\sin(\omega t)\cos\delta+\sigma_0\cos(\omega t)\sin\delta\\&=\underbrace{(\sigma_0\cos\delta)}_{\text{与应变同相}}\sin(\omega t)+\underbrace{(\sigma_0\sin\delta)}_{\text{与应变率同相}}\cos(\omega t)\end{aligned}\qquad(3\text{-}1)$$

动态模量可以按如下形式定义：

$$\frac{\sigma(t)}{\gamma_0}=\left(\frac{\sigma_0\cos\delta}{\gamma_0}\right)\sin(\omega t)+\left(\frac{\sigma_0\sin\delta}{\gamma_0}\right)\cos(\omega t)\qquad(3\text{-}2)$$

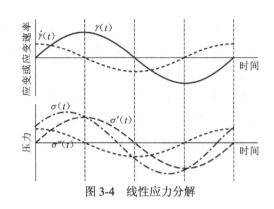

图 3-4　线性应力分解

令

$$\left(\frac{\sigma_0 \cos \delta}{\gamma_0}\right) = G' , \quad \left(\frac{\sigma_0 \sin \delta}{\gamma_0}\right) = G''$$

式中：G'为弹性模量，表示物质在变形过程中由于弹性形变而储存的能量，又称储能模量，反映材料的弹性；G''为黏性模量，表示物质在变形过程中由于内摩擦而损耗的能量，又称损耗模量，反映材料的黏性。损耗模量对储能模量的比值，称为损耗因子或损耗正切，即

$$\tan \delta = \frac{G''}{G'} \tag{3-3}$$

小振幅振荡剪切的各参量如表 3-1 所示。

表 3-1　小振幅振荡剪切的各参量

参量	数学形式
应变	$\gamma(t) = \gamma_0 \sin(\omega t)$
应力	$\sigma(t) = \sigma_0 \sin(\omega t + \delta)$
动态储能模量	$G' = (\sigma_0 / \gamma_0) \cos \delta$
动态损耗模量	$G'' = (\sigma_0 / \gamma_0) \sin \delta$
损耗因子	$\tan \delta = G'' / G'$
复数模量（模）	$\mid G^* \mid = \sigma_0 / \gamma_0 = \sqrt{G'^2 + G''^2}$
复数黏度（模）	$\mid \eta^* \mid = \mid G^* \mid / \omega$

3.3　旋转流变仪

3.3.1　仪器结构

　　旋转流变仪是现代流变仪中的重要组成部分，它们依靠旋转运动来产生简单剪切流动，可以用来快速确定材料的黏性、弹性等各方面的流变性能。

　　旋转流变仪一般是通过一对夹具的相对运动来驱动样品的变形或流动。引入流动的方法有两种（图 3-5）：一种是驱动一个夹具，测量产生的力矩，这种方法最早是由 Couette 在 1888

年提出的，也称应变控制型，即控制施加的应变，测量产生的应力；另一种是施加一定的力矩，测量产生的旋转速度，它最早是由 Searle 于 1912 年提出的，也称应力控制型，即控制施加的应力，测量产生的应变。对于应变控制型流变仪，一般有两种施加应变及测量相应应力的方法：一种是驱动一个夹具，并在同一夹具上测量应力，应用这种方法的流变仪有 Haake、Conraves、Ferranti-Shirley 和 Brookfield 流变仪；而另一种是驱动一个夹具，在另一个夹具上测量应力，应用这种方法的流变仪包括 Weissenberg 和 Rheometrics 流变仪。对于应力控制型流变仪，一般是将力矩施加于一个夹具，并测量同一夹具的旋转速度。在 Searle 最初的设计中，施加力矩是通过重物和滑轮来实现的，现代的设备多采用电子拖曳马达来产生力矩。一般商用应力控制型流变仪的力矩范围为 $10^{-7} \sim 10^{-1}$ N·m，由此产生的可测量的剪切速率范围为 $10^{-6} \sim 10^{3}$ s^{-1}，实际的测量范围取决于夹具结构、物理尺寸和所检测材料的黏度。

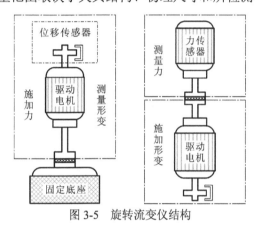

图 3-5　旋转流变仪结构

3.3.2　测量夹具的类型

用于黏度及模量测量的夹具有同轴圆筒、锥板和平行板等，如图 3-6 所示。

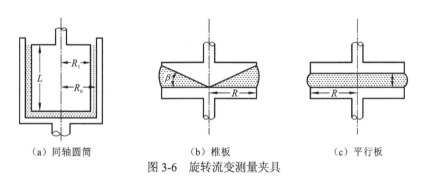

（a）同轴圆筒　　　　　　（b）锥板　　　　　　（c）平行板

图 3-6　旋转流变测量夹具

1. 同轴圆筒

当内、外筒间隙很小时，同轴圆筒间产生的流动可以近似为简单剪切流动，因此，同轴圆筒是测量中、低黏度均匀流体黏度的最佳选择，但它不适用于聚合物熔体、糊剂和含有大颗粒的悬浮液。

2. 锥板

锥板是黏弹性流体流变检测中使用最多的夹具，它的主要优点是：

（1）剪切速率没有径向依赖，即剪切速率在整个检测流场内恒定。在确定流变学性质时不需要对流动动力学做任何假设，不需要流变学模型。

（2）检测时仅需要很少量的样品，这对于样品稀少的情况显得尤为重要，如生物流体和实验室合成的少量聚合物。

（3）体系可以有极好的传热和温度控制。

（4）末端效应可以忽略，特别是在使用少量样品，并且在低速旋转的情况下。

锥板结构也存在一些缺点，主要表现在：

图 3-7 锥板-杯式结构

（1）体系只能局限在很小的剪切速率范围内，因为在高旋转速度下，由于惯性的作用，聚合物熔体不会留在锥板与平板之间。对于低黏度和有轻微弹性的流体，可以使用杯来代替平板（图 3-7），这样可以得到大的剪切速率。

（2）对于含有挥发性溶剂的溶液，很难消除溶剂挥发和自由边界带来的影响。为了减小这些影响的作用，可以在外边界上涂覆非挥发性流体，如硅油或甘油。但是要特别注意所涂覆的物质不能在边界上产生明显的应力。

（3）对于多相体系，如固体悬浮液和聚合物共混物，如果其中分散粒子的大小和板间距相差不大，就会引起很大的误差。对于多相体系的最佳选择是同轴的平行板夹具。

（4）应该避免用锥板结构来进行温度扫描试验，除非仪器本身有自动的热膨胀补偿系统。

3. 平行板

平行板结构也主要用来检测熔体流变性能。许多研究人员更喜欢使用锥板结构，这是因为平行板夹具间流场不均匀，即剪切速率沿着径向方向线性变化。但是，平行板结构也有很多优于锥板结构的特性：

（1）平行板间的距离可以调节到很小。小的间距抑制了二次流动，减少了惯性校正，并通过更好的传热减少了热效应。综合这些因素使得平行板结构可以在更高的剪切速率下使用。

（2）因为平行板上轴向力与第一法向应力差和第二法向应力差（分别为 N_1 和 N_2）的差成正比，而不是像在锥板中仅与第一法向应力差成正比，所以可以结合平行板结构与锥板结构来测量流体的第二法向应力差。

（3）平行板结构可以更方便地安装光学设备和施加电磁场。

（4）在一些研究中，剪切速率是一个重要的独立变量。平行板中剪切速率沿径向的分布可以使剪切速率的作用在同一个样品中得以体现。

（5）对于填充体系，平行板间距可以根据填料的大小进行调整。因此，平行板更适用于测量聚合物共混物和多相聚合物体系（复合物和共混物）的流变性能。

（6）平的表面比锥面更容易进行精度检查。

（7）通过改变间距和半径，可以系统地研究表面和末端效应。

（8）平行板的表面更容易清洗。

平行板结构非常适用于高温测量和多相体系的测量。平行板间距可以很容易地调节：对于直径为 25 mm 的圆盘，经常使用的间距为 1～2 mm；对于特殊用途，也可使用更大的间距。对于高温测量，热膨胀效应被最小化了。间距设置的误差也并不是非常重要，并且在多相体系中，间距可以比分散粒子大很多，并且在大间距下，自由边界上的界面效应可以忽略。

3.3.3　测量夹具的选择

　　同轴圆筒、锥板和平行板这三种不同的测量夹具分别适用于不同的测量场合。但是在某些场合，可能存在多种测量夹具都适用的情况。虽然不同结构的流变仪可以完成类似的试验，但是选择最合适的结构对于得到理想的结果是非常重要的。表 3-2 总结了三种不同结构流变仪的特点以及各自适用的范围。

表 3-2　不同夹具结构旋转流变仪的比较

几何结构	优点	备注
同轴圆筒	(1) 表面积大，应力灵敏度高。 (2) 对不稳定体系的适应性好。 (3) 可产生很大的应变。 (4) 适用于低黏度体系	(1) 可能存在末端效应。 (2) 需要较多的样品。 (3) 高黏度流体清洗困难。 (4) 无法测量第一法向应力差
锥板	(1) 应变和剪切速率恒定。 (2) 第一法向应力测量精确。 (3) 测试时仅需要很少量的样品。 (4) 体系可以得到极好的传热和温度控制。 (5) 在低速旋转的情况下，末端效应可以忽略。 (6) 非线性松弛模量 $G(t, \gamma)$ 测量准确	(1) 间距固定。 (2) 剪切速率范围很小。对于低黏度和有轻微弹性的流体，可以使用杯来代替平板，这样可以得到大的剪切速率。 (3) 对于含有挥发性溶剂的溶液来讲，很难消除溶剂挥发和自由边界带来的影响。可以在外边界上涂覆非挥发性流体以减小这些影响。 (4) 不适用于分散相尺寸较大的多相体系
平行板	(1) 可测量 N_1 和 N_2 的差。 (2) 适用黏度范围宽。 (3) 间距可调节。调小间距可以抑制二次流动，减少惯性校正，并通过更好的传热减少热效应。 (4) 用小间距可产生高剪切速率。 (5) 可作成一次性夹具。 (6) 平的表面比锥面更容易进行精度检查。 (7) 更方便地安装光学设备和施加电磁场。 (8) 可以系统地研究表面和末端效应。 (9) 利用平行板中剪切速率沿径向分布的特点，研究同一个样品在不同剪切速率下的表现。 (10) 夹具表面容易清洗	(1) 应变、剪切速率不恒定。 (2) 适用于测量聚合物共混物和多相聚合物体系（复合物和共混物）的流变性能。要求分散相粒子大小远远小于平行板间距

3.4 旋转流变检测模式

3.4.1 流动检测

流动检测是指对样品施加单向旋转刺激（剪切速率或应力）驱动样品流动，并测量其响应（应力或剪切速率）特征的检测项目。施加的单向刺激（剪切速率或者剪切应力）可以为不恒定的数值，如阶梯函数、线性函数或阶跃函数。

除此之外，还可以对样品施加连续恒定的刺激（剪切速率或剪切应力），改变环境温度来考察样品流动特性（黏度）对温度的依赖关系。

1. 阶梯速率

阶梯速率扫描就是施加阶梯式剪切速率[图 3-8（a）]，记录达到稳态时的剪切应力和黏度。通过速率扫描可以得到剪切应力或剪切黏度对剪切速率的依赖性（流动曲线），如图 3-8（b）所示。

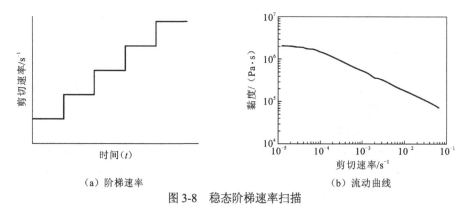

（a）阶梯速率　　　　　　　　　（b）流动曲线

图 3-8　稳态阶梯速率扫描

2. 线性速率

线性速率就是线性升高或降低剪切速率[图 3-9（a）]，记录瞬态应力响应，可用于考察材料的触变性能，如图 3-9（b）所示。相同的检测条件下，曲线包含的面积越大，被检测样品的触变性越大。

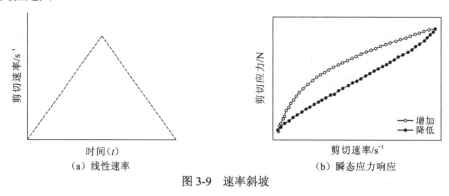

（a）线性速率　　　　　　　　　（b）瞬态应力响应

图 3-9　速率斜坡

3. 阶跃速率（瞬态检测）

阶跃速率就是对样品施加一个阶跃恒定剪切速率，记录剪切应力随时间的变化，如图 3-10 所示。

聚合物熔体和浓溶液对施加的剪切速率有两种不同的响应，这取决于不同的剪切速率。在低剪切速率下，剪切应力随着时间延长逐渐增大，直到达到平衡；在高剪切速率下，剪切应力存在一个"过冲"，然后再降低，直到达到平衡。这种过冲是由于聚合物缠结密度的减小需要一定时间。当剪切应力的施加快于聚合物的自然响应，就会出现这种过冲现象。

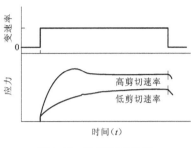

图 3-10　阶跃速率检测

4. 变温流动

变温流动通常采用温度斜坡的方式，就是恒定剪切速率下线性升高或降低温度，记录剪切应力或黏度对温度的变化，可用于考察不同温度下的流动性，如图 3-11 所示。

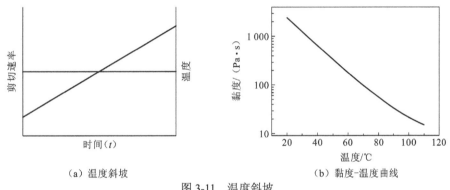

（a）温度斜坡　　　　　　　　（b）黏度-温度曲线

图 3-11　温度斜坡

3.4.2　振荡检测

振荡检测是指对样品施加周期性变化的刺激（应变或应力），并测量其响应（应力或应变）特征的检测项目，即施加周期性应变刺激测量应力响应，或者相反。

施加的周期性刺激一般为正弦函数。根据检测过程中改变的控制参数不同，振荡检测可分为振幅扫描、频率扫描、时间扫描和变温振荡。

1. 振幅扫描

振幅扫描就是在检测过程中固定温度和频率，逐步增加应力或应变的振幅，记录动态模量对振幅的变化，如图 3-12 所示。振幅扫描的主要目的在于获取材料的线性黏弹区。

2. 频率扫描

频率扫描就是在检测过程中固定温度和线性黏弹区的应变或应力的振幅，逐步增加振荡频率，记录动态模量对频率的变化，如图 3-13 所示。

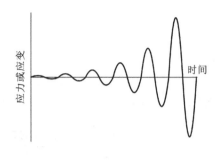

（a）应力应变-时间曲线

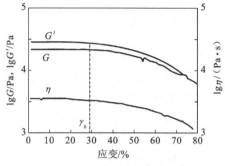

（b）横量-黏度-应变率曲线

图 3-12　振幅扫描

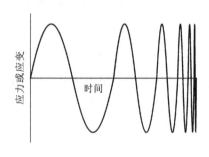

（a）应力应变-时间曲线

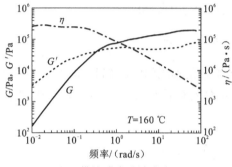

（b）横量-黏度-频率曲线

图 3-13　频率扫描

3. 时间扫描

时间扫描就是在检测过程中固定温度、频率和线性黏弹区的应变或应力的振幅，记录动态模量随时间的变化。时间扫描主要用于交联（固化）、降解等过程的表征，如图 3-14 所示（考察样品热稳定性）。

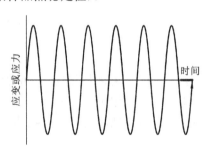

（a）应力应变-时间曲线

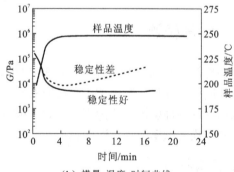

（b）横量-温度-时间曲线

图 3-14　样品稳定性考察

4. 变温振荡

变温振荡就是在检测过程中固定频率和线性黏弹区的应变或应力的振幅，程序控制温度，记录动态模量对温度的变化，如图 3-15 所示。

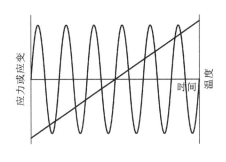
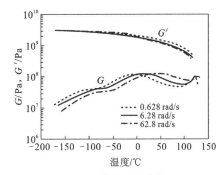

（a）应力应变-温度-时间曲线　　　（b）横量-温度曲线

图 3-15　变温振荡

3.4.3　蠕变与回复

蠕变与回复就是先对样品施加一段时间的阶跃应力然后撤去，记录应变（或柔量）对时间的变化，如图 3-16 所示。

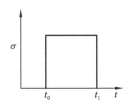
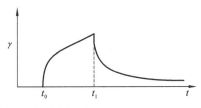

图 3-16　黏弹物质的蠕变与回复

纯弹性和纯黏性材料的蠕变行为特征如图 3-17 所示。

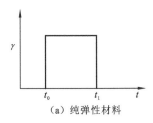
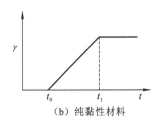

（a）纯弹性材料　　　　　　　（b）纯黏性材料

图 3-17　纯弹性和纯黏性材料的典型蠕变/回复曲线

通过蠕变与回复可以得到零剪切黏度、平衡柔量等，如图 3-18 所示。

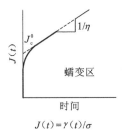
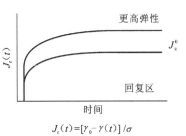

$$J(t)=\gamma(t)/\sigma \qquad J_r(t)=[\gamma_0-\gamma(t)]/\sigma$$

图 3-18　蠕变曲线分析

3.4.4　应力松弛

应力松弛就是对样品施加阶跃恒定应变,记录应力(或模量)对时间的变化,如图 3-19 所示。

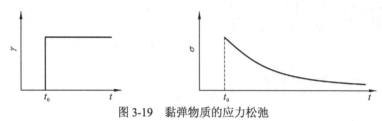

图 3-19　黏弹物质的应力松弛

纯弹性和纯黏性材料在阶跃应变刺激下的应力响应特征如图 3-20 所示。

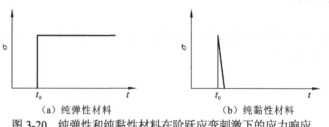

(a) 纯弹性材料　　　　　　(b) 纯黏性材料

图 3-20　纯弹性和纯黏性材料在阶跃应变刺激下的应力响应

3.5　流变检测应用实例

流变检测在聚合物表征中可用测定重均分子量、分子量分布、支链数目、玻璃化转变温度、熔融/结晶温度和相分离温度等。

3.5.1　重均分子量测定

不同分子量的聚苯乙烯(polystyrene,PS)的流动曲线如图 3-21(a)所示,可以看出,PS 的分子量越大,其零剪切黏度越高。

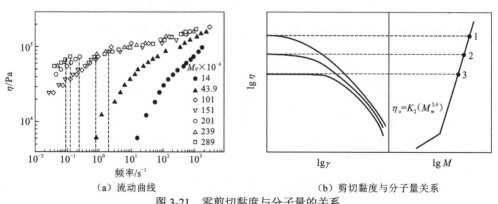

(a) 流动曲线　　　　　　　(b) 剪切黏度与分子量关系

图 3-21　零剪切黏度与分子量的关系

聚合物的零剪切黏度（η_0）与重均分子量（M_w）的关系[图 3-21（b）]可以用如下公式描述，因此通过测量聚合物的零剪切黏度可以得到其重均分子量。

$$\eta_0 = \begin{cases} K_1 M_w & (M_w < M_c) \\ K_2 M_w & (M_w \geqslant M_c) \end{cases} \tag{3-4}$$

式中：K_1、K_2 分别为常数；M_c 为临界分子量。

3.5.2 分子量分布表征

分子量分布对聚苯乙烯动态黏弹性的影响如图 3-22 所示。可以看出，随着分子量分布加宽，动态模量在低频末端明显上翘，即松弛时间更长。

流变学方法测定分子量是通过动态频率得到动态模量与频率的关系，进而计算出松弛时间谱，并在此基础上得到分子量分布。

通过流变检测得到的分子量分布与凝胶渗透色谱法（gel permeation chromatography，GPC）结果的对比如图 3-23 所示，可以看出，通过两种方法得到的分子量分布基本一致。

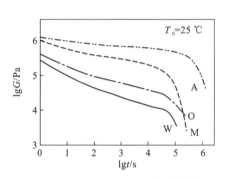

图 3-22　分子量分布对动态黏弹性的影响　　图 3-23　流变学方法得到的分子量分布与 GPC 结果对比

3.5.3 相分离温度测定

部分相容的共混体系经由均相区经过相分离进入两相区的过程中，其动态模量对温度的依赖性会发生变化（图 3-24）。图 3-24 为聚甲基丙烯酸甲酯（polymethyl methacrylate，PMMA）/苯乙烯-马来酸酐共聚物（styrene-maleic anhydride copolymer，SMA）共混体系（质量比 70∶30）

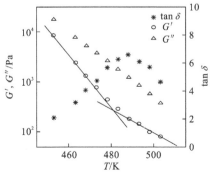

图 3-24　PMMA/SMA 共混体系（质量比 70∶30）相分离温度测定

的动态黏弹性质与温度关系图。从图中可见，随着温度的升高，G'-T 曲线发生了转折，与此对应，$\tan\delta$-T 曲线上出现一个峰。因此可以依据该改变确定相分离温度。

3.5.4 相形态结构表征

相分离的两相（海–岛和双连续）形态结构因其内部结构的特征，其动态黏弹性会表现出不同的特征响应，如图 3-25 所示；反过来，该特征响应也可以用来推测共混体系的相结构。

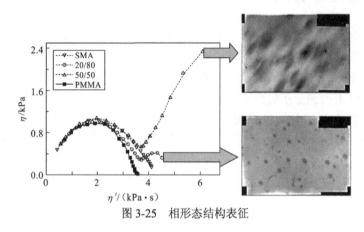

图 3-25 相形态结构表征

思考与练习

1. 什么是牛顿流体？什么是非牛顿流体？
2. 什么是表观黏度？
3. 什么是储能模量？什么是弹性模量？什么是损耗因子？
4. 旋转流变仪有哪几种引入流动的方式？
5. 对于应变控制型流变仪，一般有几种施加应变及测量相应的应力的方法？请分别介绍。
6. 简述旋转流变仪不同夹具的优缺点。
7. 流动检测的模式有哪些？
8. 振荡检测的模式有哪些？
9. 通过蠕变与回复可以得到什么动态参数？
10. 流变检测可以测定和表征聚合物的哪些性能与参数？

第4章 热 分 析

4.1 热分析的分类

热分析（thermal analysis，TA）是指在程序控温和一定气氛下，测量物质的物理、化学性质随温度或时间变化的函数关系的分析技术。热分析技术的基础是物质在加热或冷却过程中，随着其物理或化学状态的变化（如熔融、升华、凝固、脱水、结晶、相变、氧化及其他化学反应等），通常伴随有相应的热力学性质（如热焓、比热容、导热系数等）或其他性质（如质量、力学性质、电阻等）的变化。因而通过对这些性质（参数）的测定，就可以分析、研究物质的物理变化或化学变化过程。这里所说的温度程序可包括一系列的程序段，在这些程序段中可对样品进行线性速率的加热、冷却或在某一温度下进行恒温。在这些实验中，实验的气氛也常常起着很重要的作用，最常使用的气体是惰性和氧化气体。根据所测物性的不同，广义的热分析方法根据测量物理性质的不同可分为九类十九种。

1. 物理性质：质量

热重分析（thermogravimetric analysis，TGA）：是指在程序控制温度和一定气氛下，测量物质的质量与温度关系的技术。通常，横轴为温度或时间，从左到右逐渐增加；纵轴为质量，自上向下逐渐减少。

微商热重法（derivative thermogravimetry，DTG）：是指将热重法得到的热重曲线对时间或温度一阶微商的方法。通常，横轴为温度或时间；纵轴为质量变化速率。

逸出气检测（evolved gas detection，EGD）：是指在程序控制温度和规定的气氛下，定性检测从物质中逸出挥发性产物与温度关系的技术（指明检测气体的方法）。

逸出气分析（evolved gas analysis，EGA）：是指在程序控制温度和规定的气氛下，测量从物质中释放出的挥发性产物的性质和（或）数量与温度关系的技术（指分析方法）。

2. 物理性质：温度

差热分析（differential thermal analysis，DTA）：是指在程序控制温度和规定的气氛下，测量物质和参比物之间的温差与温度关系的技术。通常，横轴为温度或时间，从左到右逐渐增加；纵轴为温差，向上表示放热，向下表示吸热。

3. 物理性质：焓（热量）

差示扫描量热法（differential scanning calorimetry，DSC）：是指在程序控制温度和规定的气氛下，测量输入到物质和参比物之间的功率差与温度关系的技术。通常，横轴为温度或时间；纵轴为热流率。差示扫描量热分析有两种：功率补偿差示扫描量热分析（power-compensation DSC）；热流差示扫描量热分析（heat-flux DSC）。

4. 物理性质：尺寸

热膨胀分析法（thermodilatometry，TD）：是指在程序控制温度和规定的气氛下，测量物质在可忽略负荷时的尺寸与温度关系的技术。其中有线热膨胀分析和体热膨胀分析。

5. 物理性质：力学性质

热机械分析（thermomechanical analysis，TMA）：是指在程序控制温度和规定的气氛下，测量物质在非振动负荷下的形变与温度关系的技术。负荷方式有拉伸、压缩、弯曲、扭、针入等。

动态热机械法（dynamic mechanical thermal analysis，DMTA）：是指在程序控制温度和规定的气氛下，测量物质在振动负荷下的动态模量和（或）力学损耗与温度关系的技术。其方法有悬臂梁法、振簧法、扭摆法、扭辫法和黏弹谱法等。

6. 物理性质：电学性质

热电学分析（thermoelectronmetry analysis）：是指在程序控制温度和规定的气氛下，测量物质的电学特性与温度关系的技术。常用测量电学特性有电阻、电导和电容。

热介电分析（thermodielectric analysis），又称动态介电分析（dynamic dielectric analysis，DDA）：是指在程序控制温度和规定的气氛下，测量物质在交变电场下的介电常数和（或）损耗与温度关系的技术。

7. 物理性质：光学性质

热光学分析（thermophotometry analysis）：是指在程序控制温度和规定的气氛下，测量物质的光学特性与温度关系的技术。

热光谱分析（thermospectrometry analysis）：是指在程序控制温度和规定的气氛下，测量物质在一定特征波长下透过率和吸光系数与温度关系的技术。

热折光分析（thermorefractometry analysis）：是指在程序控制温度和规定的气氛下，测量物质折光指数与温度关系的技术。

热释光分析（thermoluminescence analysis）：是指在程序控制温度和规定的气氛下，测量物质发光强度与温度关系的技术。

热显微镜分析（thermomicroscopy analysis）：是指在程序控制温度和规定的气氛下，用显微镜观察物质形态变化与温度关系的技术。

8. 物理性质：声学性质

热发声分析（thermosonimetry analysis）：是指在程序控制温度和规定的气氛下，测量物质发出的声音与温度关系的技术。

热传声分析（thermoacoustimetry analysis）：是指在程序控制温度和规定的气氛下，测量通过物质后的声波特性与温度关系的技术。

9. 物理性质：磁学性质

热磁分析（thermomagnetometry analysis）：是指在程序控制温度和规定的气氛下，测量物质的磁化率与温度关系的技术。

此外，还可以将上述热分析方法相互配合使用或与其他检测方法联合使用，通称联用技术。根据联用方式的不同，可以分为三类。

一是同时联用技术（simultaneous techniques）：是指在程序控制温度和规定的气氛下，对一个试样同时采用两种或多种热分析技术。例如，热重法和差热分析联用，即以 TG-DTA 表示。

二是耦合联用技术（coupled simultaneous technique）：是指在程序控制温度和规定的气氛下，对一个试样同时采用两种或多种分析技术，而所用的这两种仪器是通过一个接口（interface）相连接。例如，差热分析或热重法与质谱（mass spectroscopy，MS）联用，并按测量时间上的次序，以 DTA-MS 或 TG-MS（GC）表示。

三是非连续联用分析（discontinuous simultaneous technique）：是指在程序控制温度和规定的气氛下，对同一试样采用两种分析技术，而对第二分析技术的取样是不连续的。例如，差热分析和气相色谱的间歇联用。

狭义的热分析技术只限于差热分析、差示扫描量热分析、热重分析、热机械分析和动态热机械分析等。

4.2 差 热 分 析

4.2.1 差热分析的基本原理

在热分析技术中，差热分析是使用最早和最为广泛的一种技术。它是在试样与参比物（即基准物，是在测量温度范围内不发生任何热效应的物质，如 α-Al_2O_3）的温差随时间或温差变化的一种技术。当试样发生任何物理或化学变化时，所释放或吸收的热量使试样温度高于或低于参比物的温度，从而相应地在差热曲线上得到放热峰或吸热峰。图 4-1 是材料典型的 DTA 曲线。

差热分析对于加热或冷却过程中物质的失水、分解、相变、氧化、还原、升华、熔融、晶格破坏及重建等物理、化学现象能精确地测定，所以被广泛地应用于材料科学各个领域的科研及生产中。

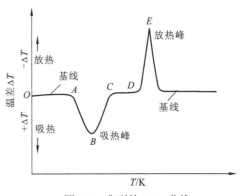

图 4-1 典型的 DTA 曲线

4.2.2 差热分析的仪器装置

差热分析的装置称为差热分析仪，其结构示意图如图 4-2 所示。差热分析仪主要由加热炉、试样台（加热金属块）、温差检测器、温度程序控制仪、信号放大器、量程控制器、记录仪和气氛控制设备等组成。在差热分析仪中，试样和参比物分别装在两个坩埚内，放入处于加热器中的样品台上，两个热电偶分别放在试样和参比物坩埚下，两个热电偶反向串联（同极相连，产生的热电势正好相反）。试样和参比物在相同的条件下加热或冷却，炉温由温度程序控制仪控制。当试样未发生物理或化学状态变化时，试样温度（T_S）和参比物温度（T_R）相同，温差 $\Delta T = T_S - T_R = 0$，相应的温差电势为 0。当试样发生物理或化学变化而发生放热或吸热时，试样温度（T_S）高于或低于参比物温度（T_R），产生温差 $\Delta T \neq 0$。相应的温差热电势信号经微伏放大器和量程控制器放大后送记录仪。与此同时，记录仪也记录下试样的温度 T（或时间 t），从而可以得到以 ΔT 为纵坐标，温度（或时间）为横坐标的 DTA 曲线，即 ΔT-$T(t)$ 曲线，如图 4-1 所示。其中基线相当于 $\Delta T=0$，试样无热效应发生。向上或向下的峰反映了试样的放热或吸热过程。

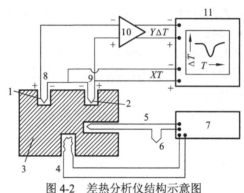

图 4-2　差热分析仪结构示意图

1.参比物；2.试样；3.加热块；4.加热器；5.加热块热电偶；6.冰冷联结；

7.温度程序控制仪；8.参比热电偶；9.试样热电偶；10.放大器；11.记录仪

目前的差热分析仪器均配备计算机及相应的软件，可进行自动控制、实时数据显示、曲线校正、优化及程序化计算和储存等，因而大大提高了分析精度和效率。

4.2.3　差热分析方法

依据 DTA 曲线特征，如各种吸热峰与放热峰的个数、形状及位置等，可定性分析物质的物理或化学变化过程，还可依据峰面积半定量地测定反应热。

1. 差热分析曲线

差热分析得到的图谱（即 DTA 曲线）是以温度为横坐标，以试样与参比物的温差 ΔT 为

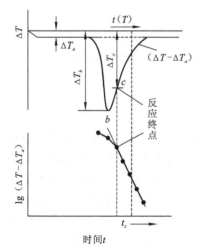

图 4-3　DTA 吸热转变曲线及
反应终点的确定

纵坐标，不同的吸热峰和放热峰显示了样品受热（冷却）时的不同热转变状态。图 4-3 为 DTA 吸热转变曲线及反应终点的确定。

由于试样和参比物的热容不同，在等速升温情况下测出的基线并非 $\Delta T=0$ 的线，而是接近 $\Delta T=0$ 的线。设试样和参比物的热容 C_S、C_R 不随温度而改变，并且假定它们与金属块间的热传递与温差成比例，比例常数 K（传热系数）与温度无关。基线位置 ΔT_a 为

$$\Delta T_a = \frac{C_R - C_S}{K} \cdot \beta \qquad (4\text{-}1)$$

式中：β 为升温速率，$\beta = dT_W / dT$，T_W 为炉温。

由式（4-1）可知，基线偏离仪器零点的原因是：试样和参比物之间的热容不同，两者的热容越相近，ΔT_0 越小，因此参比物最好采用与试样在化学结构上相似的

物质。如果试样在升温过程中，热容有变化，则基线 ΔT_a 就要移动，因此从 DTA 曲线便可知比热容发生急剧变化的温度。这一方法被用于测定玻璃化转变温度。此外，程序升温速率 β 恒定，才能获得稳定的基线，程序升温速率 β 值越小，ΔT_a 也越小。

在 DTA 曲线的基线形成之后，如果试样发生吸热效应，此时试样所得的热量为

$$C_{\mathrm{S}}\frac{\mathrm{d}T_{\mathrm{S}}}{\mathrm{d}t}=K(T_{\mathrm{W}}-T_{\mathrm{S}})+\frac{\mathrm{d}\Delta H}{\mathrm{d}t} \tag{4-2}$$

式中：$\mathrm{d}\Delta H/\mathrm{d}t$ 为试样的吸热速度；T_{S} 为试样的温度；T_{W} 为炉温。

参比物所得热量为

$$C_{\mathrm{R}}\frac{\mathrm{d}T_{\mathrm{R}}}{\mathrm{d}t}=K(T_{\mathrm{W}}-T_{\mathrm{R}}) \tag{4-3}$$

式中：T_{R} 为参比物的温度。

将式（4-2）与式（4-3）相减，利用式（4-1），并认为 $\mathrm{d}T_{\mathrm{R}}/\mathrm{d}t=\mathrm{d}T_{\mathrm{W}}/\mathrm{d}t$，可得

$$C_{\mathrm{S}}\frac{\mathrm{d}\Delta T}{\mathrm{d}t}=\frac{\mathrm{d}\Delta H}{\mathrm{d}t}-K(\Delta T-\Delta T_a) \tag{4-4}$$

式中：ΔT 为试样与参比物之间的温差，$\Delta T=T_{\mathrm{S}}-T_{\mathrm{R}}$。

由式（4-4）可知，试样发生吸热效应在升温的同时，ΔT 变大，因而曲线会出现一个峰。在峰顶（图 4-3 中的 b 点）处，$\mathrm{d}\Delta T/\mathrm{d}t=0$，则由式（4-4）得到：

$$\Delta T_b-\Delta T_a=\frac{1}{K}\frac{\mathrm{d}\Delta H}{\mathrm{d}t} \tag{4-5}$$

从式（4-5）可清楚地看出，K 值越小，峰越高。因此，可通过降低 K 值来提高差热分析的灵敏度。为了使 K 值减小，常在试样与金属块之间设法留一个气隙，这样就可以得到尖锐的峰。

在反应终点 c 处，$\mathrm{d}\Delta H/\mathrm{d}t=0$，式（4-4）右边第一项将消失，即得

$$C_{\mathrm{S}}\frac{\mathrm{d}\Delta T}{\mathrm{d}t}=-K(\Delta T-\Delta T_a) \tag{4-6}$$

式（4-6）积分后得

$$\Delta T_c-\Delta T=\exp\left(-\frac{Kt}{C_{\mathrm{S}}}\right) \tag{4-7}$$

式（4-7）表明，从反应终点以后，ΔT 将按指数衰减返回基线。

反应终点 c 的确定是十分必要的，可以得到反应终止温度。为了确定 c 点，通常可作图（图 4-3），它应是一条直线。当从峰的高温侧的底部逆向取点时，就可以找到开始偏离直线的那个点，即反应终点 c。

将式（4-4）从 a 点到 c 点进行积分，便可得到反应热 ΔH：

$$\Delta H=C_{\mathrm{S}}(\Delta T_c-\Delta T_a)+K\int_a^c(\Delta T-\Delta T_a)\mathrm{d}t \tag{4-8}$$

为了简化式（4-8），可以假设 c 点偏离基线不远，即 $\Delta T_c\approx\Delta T_a$，则式（4-8）可写成

$$\Delta H=K\int_0^\infty(\Delta T-\Delta T_a)\mathrm{d}t=KS \tag{4-9}$$

式中：S 为峰面积。

式（4-9）表明，反应热与 DTA 曲线的峰面积成正比，传热系数 K 值越小，对于相同的反应热效应来讲，峰面积 A 越大，灵敏度越高。式（4-9）称为斯伯勒（Speil）公式。

应该指出,从 DTA 曲线上可以看到物质在不同温度下所发生的吸热和放热反应,但并不能得到热量的定量数据。因为不论是试样还是参比物,都通过其容器与外界有热量的交换,这就产生一定的偏差,虽然已经有可用于定量分析的 DTA,但还不能令人十分满意。

根据国际热分析及量热学联合会对大量试样测定结果的分析,认为曲线开始偏离基线那

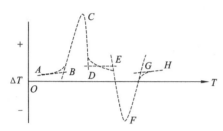

图 4-4 差热分析曲线上各特征点

点的切线与曲线最大斜率切线的交点(图 4-4 中 B 点)最接近于热力学的平衡温度。因此用外推法确定此点为 DTA 曲线上反应温度的起始点或转变点。外推法既可以确定反应始点,也可以确定反应终点。

图中 C 点对应于峰顶温度,该点既不表示反应的最大速率,也不表示放热过程的结束。通常峰顶温度测量较易准确,但其数值易受加热速度和其他因素的影响,较起始温度变化大。

DTA 曲线的峰形与试样性质、实验条件等密切相关。同一试样在给定的升温速率下,峰形可表征其热反应速率的变化:峰形陡峭,热反应速率快;峰形平缓,热反应速率慢。

2. 定性分析

根据 DTA 曲线特征,如各种吸热峰与放热峰的个数、形状及相应的温度等,可定性分析物质的物理或化学变化过程。这是差热分析的主要应用。

表 4-1 所列为物质差热分析中吸热和放热的原因(相应的物理或化学变化),可供分析 DTA 曲线时参考。

表4-1 差热分析中产生放热峰和吸热峰的大致原因

物理的原因			化学的原因		
现象	吸热	放热	现象	吸热	放热
结晶转变	√	√	化学吸附		√
熔融	√		析出	√	
气化	√		脱水	√	
升华	√		分解	√	√
吸附		√	氧化度降低		√
脱附	√		氧化(气体中)		√
吸收	√		还原(气体中)	√	
			氧化还原反应	√	√

差热分析法可用于部分化合物的鉴定。简单的方法是:事先将各种化合物的 DTA 曲线制成卡片,然后通过试样实测 DTA 曲线与卡片对照,实现化合物鉴定。已有萨特勒研究实验室出版的卡片约 2 000 张和麦肯齐制作的卡片 1 662 张(分为矿物、无机物与有机物三部分)。

3. 定量分析

定量差热分析工作大约始于 1935 年。差热定量的方法虽很多,但绝大多数是采用精确测定物质的热反应产生的峰面积的方法,然后以各种方式确定物质在混合物中的含量。

按照差热分析原理式（4-9），反应峰的面积 A 与试样的热效应 ΔH 成比例，而热效应与试样的质量 M 成比例：

$$\Delta H = M \cdot q \qquad (4\text{-}10)$$

式中：q 为单位质量物质的热效应。

因此，测出仪器常数 K 和反应峰面积 A，代入式（4-9）即可求出反应热。如果已知单位质量物质的热效应，代入式（4-10），就可确定反应物质的含量。

利用差热分析法测定混合物中某物质的含量通常有下列几种方法。

1）定标曲线法

具体做法如下。

（1）配制一系列人工混合物，如在中性物质中掺入 5%、10%、15%等单一纯净的测试物质的标准样品。

（2）在同一条件下，测出人工混合物系列的 DTA 曲线，并求出各种混合比例试样的反应峰的面积。

（3）制作定标曲线，横坐标为混合物中测试物质的质量，纵坐标为反应峰面积。

（4）在完全相同的实验条件下，测定测试物质的 DTA 曲线，求出反应峰面积，将此值对照定标曲线，即可在横坐标上得到测试物质的质量，从而计算出混合物中该物质的含量。

2）单物质标准法

具体做法如下。

（1）测定单一纯净物质的 DTA 曲线，并求出其反应峰面积 A_a。

（2）在相同条件下测定混合试样的 DTA 曲线，求出反应峰面积 A_i。

（3）将上述测定结果代入下式：

$$M_i = M_a \left(\frac{A_i}{A_a} \right) \qquad (4\text{-}11)$$

式中：M_i 为混合物中测试物质的质量；M_a 为纯物质的质量。

这种方法的优点是简单、迅速。缺点是难以做到实验条件完全相同。

3）面积比法

根据式（4-9），可对两种或三种物质的混合物进行定量。

如果 A、B 两种物质组成混合物，加热过程中每一种物质热反应的热量分别为 ΔH_A 和 ΔH_B。设 A 的质量含量为 x，B 的质量含量为 $1-x$，因此

$$\Delta H_A = xq_A ; \qquad \Delta H_B = (1-x)q_B \qquad (4\text{-}12)$$

式中：q_A、q_B 为 A、B 单位质量物质的转变热。

令二者比 $q_A / q_B = K$，则

$$\frac{\Delta H_A}{\Delta H_B} = \frac{xq_A}{(1-x)q_B} = K\frac{x}{1-x} \qquad (4\text{-}13)$$

因为物质在加热或冷却过程中吸收或放出的热量与其 DTA 曲线上形成相应的反应峰面积 A 成正比，于是

$$\frac{\Delta H_A}{\Delta H_B} = \frac{A_A}{A_B} = K\frac{x}{1-x} \qquad (4\text{-}14)$$

分别测量 DTA 曲线上两种物质相应反应峰面积，利用式（4-14）对两种物质混合物做定量计算。

4. 微分差热分析

如果在一定的温度条件下测得的某一热分解反应的 DTA 曲线没有一个很陡的吸热或放热峰，那么要做定性和定量分析就十分困难。在这种情况下，可采用微分差热分析

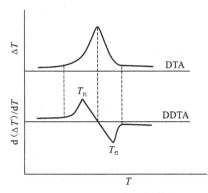

图 4-5　典型的 DTA 和 DDTA 曲线

（DDTA）曲线。对 DTA 曲线取一级微分，得到的是一条曲线（图 4-5）。它不仅可精确提供相变温度和反应温度，而且可使原来变化不显著的 DTA 曲线变得更明显。

DDTA 曲线可更精确地测定基线。基线的精确测定对定量分析和动力学研究都是极为重要的。从图 4-5 可以看到，DDTA 曲线上的正、负双峰相当于单一的 DTA 峰，DTA 峰顶与 DDTA 曲线和零线相交点相对应，而 DDTA 曲线上的最大或最小值与 DTA 曲线上的拐点相对应。

在分辨率低和出现部分重叠效应时，微分差热分析是很有用的，因为 DDTA 曲线可清楚地把分辨率低和重叠的峰分辨开。

在动力学研究中，微分差热分析的优势显得更为突出。Marotta 等提出根据单一的 DDTA 曲线上的两个峰温测定固相反应的活化能。Marotta 在差热分析中 ΔT 与反应速率成正比的基础上，建立了 DDTA 曲线上两个转折点温度 T_{f1} 和 T_{f2} 与活化能 E 之间的关系式：

$$\frac{E}{R}\left(\frac{1}{T_{f1}} - \frac{1}{T_{f2}}\right) = \frac{1.92}{n} \tag{4-15}$$

式中：R 为摩尔气体常量；n 为反应级数。

微分差热分析法的优点是：只需测定一条曲线，就可以很容易地测得反应活化能的数据。为此，在研究固相热反应动力学方面，它是一种很有用的工具。

采用微分差热分析，可测定焊接、轧制等过程中在连续、快速冷却条件下，金属材料的相变点。

4.2.4　影响差热曲线形态的因素

差热分析的原理和操作比较简单，但由于影响热分析的因素比较多，要取得精确的结果并不容易。影响因素有仪器因素、试样因素、气氛、加热速度等。这些因素都可能影响峰的形状、位置甚至峰的数目。因此，在检测时不仅要严格控制实验条件，还要研究实验条件对所测数据的影响，并且在发表数据时，应明确注明所采用的实验条件。

1. 实验条件的影响

（1）升温速率的影响：程序升温速率主要影响曲线的峰位置和峰形。一般升温速率增大，峰位置向高温方向迁移而且峰形变陡。

（2）气氛的影响：不同性质的气氛如氧化性、还原性和惰性气氛，对 DTA 曲线的影响很大，有些场合可能会得到截然不同的结果。

（3）参比物的影响：参比物与试样在装填方式、用量、密度、粒度、比热容及热传导等方面应尽可能相近，否则可能出现基线偏移、弯曲甚至造成缓慢变化的假峰。

2. 仪器因素的影响

仪器因素是指与热分析有关的影响因素，主要包括：加热器的结构与尺寸、坩埚材料与形状、热电偶性能及位置等。

3. 试样的影响

（1）试样用量的影响：试样用量是一个不可忽视的因素。通常用量不宜过多，因为过多会使试样内部传热慢、温度梯度大，导致峰形扩大和分辨率下降。

（2）试样形状及装填的影响：试样形状不同，所得热效应的峰，其面积不同，以采用小颗粒试样为宜，通常试样应磨细过筛，并在坩埚中装填均匀。

（3）试样热历史的影响：许多材料往往由于热历史的不同，而产生不同的晶型或相态，以致对 DTA 曲线有较大的影响。因此，在测定时控制好试样的热历史条件是十分重要的。

总之，差热分析的影响因素是多方面的、复杂的，有的因素是难以控制的。因此，要用差热分析进行定量分析比较困难，一般误差很大。若只做定性分析，则很多影响因素可以忽略，只有试样量和升温速率是主要因素。

4.2.5 差热分析的应用

凡是在加热或冷却过程中，因物理-化学变化而产生热效应的物质，均可利用差热分析法加以研究。下面是几个应用的实例。

1. 合金相图的建立

合金相图的建立，可依据实验测定一系列合金状态变化温度（临界点）的数据，给出相图中所有的转变线，包括液相线、固相线、共晶线和包晶线等。合金状态变化的临界点及固态相变点都可用差热分析法测定。下面以建立简单二元合金相图为例说明，如图 4-6 所示。图 4-6（a）为升温过程中测定的各试样的 DTA 曲线。试样①的 DTA 曲线只有一个尖锐吸热峰，相应于 A 的熔化（熔点）；试样②～⑤的 DTA 曲线均在同一温度出现尖锐吸热峰，相应

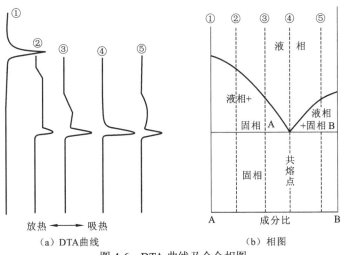

（a）DTA曲线　　　　　　（b）相图

图 4-6　DTA 曲线及合金相图

于各试样共同开始熔化（共熔点）；试样②、③、⑤的 DTA 曲线随共熔峰后出现很宽的吸热峰，相应于各试样的整个熔化过程。图 4-6（b）是由各试样的 DTA 曲线分析获得的相图。按规定，测定相图所用的加热或冷却速度应小于 5 ℃/min，并在保护气氛中进行测量。

2. 非晶晶化动力学的研究

随着热分析理论的逐步完善和热分析技术的进一步发展，差热分析被广泛地用于包括非晶在内的固体相变动力学研究。非晶在其再加热过程中，会放出能量而析晶，在 DTA 曲线上有相应的放热峰。研究表明：放热峰峰顶温度 T_C 依赖于升温速率 u，当 u 增加时，T_C 向高温移动，如找出其函数关系，就能算出非晶的析晶活化能 E，了解其析晶的机理。

方法一：在非等温条件下的固态相变反应动力学方程为

$$\frac{\mathrm{d}x}{\mathrm{d}t} = k(1-x)^n \tag{4-16}$$

式中：k 为反应速率常数；n 为反应级数，与晶体生长机理有关；x 为相变分数（晶化率）；$\mathrm{d}x/\mathrm{d}t$ 为相变速度。

Kinssinger 证明 k 服从阿伦尼乌斯（Arrhenius）关系：

$$k = k_0 \exp\left(-\frac{E}{RT}\right) \tag{4-17}$$

式中：k_0 为频率因子；R 为摩尔气体常量；T 为温度。

当转变速率达到最大时，$\mathrm{d}(\mathrm{d}x/\mathrm{d}t)/\mathrm{d}t = 0$，此时对应 DTA 曲线上的析晶放热峰峰顶温度 T_C。将式（4-17）代入式（4-16），并对式（4-16）求导，整理可得

$$\ln\frac{u}{T_C^2} = -\frac{E}{RT_C} + C \tag{4-18}$$

式中：u 为 DTA 升温速率；C 为常数。

如果将不同的升温速率下得到的 $\ln u/T_C^2$ 对 $1/T_C$ 作图，可得到斜率为 E/R 的直线关系。

方法二：研究非晶析晶活化能，大多依据 JMA（Johnson-Mehi-Avrami）提出的，在等温条件下的转变动力学方程：

$$x = 1 - \exp[-(kt)^n] \tag{4-19}$$

式中，除 t 是时间外，其他各参量的意义同前。在变温情况下，JMA 方程不能直接使用，需稍做数学处理，即对式（4-19）先微分后积分（k、t 均作变量），通过整理可得

$$\frac{\ln u}{T_C} = -\frac{E}{RT_C} + \ln k_0 + C \tag{4-20}$$

方法三：若式（4-19）中 k 不随时间而变，则对 JMA 方程二次微分，并取对应 DTA 曲线上的析晶放热峰峰顶温度时 $\mathrm{d}(\mathrm{d}x/\mathrm{d}t)/\mathrm{d}t = 0$，通过整理得

$$\ln u = -\frac{E}{RT_C} + \frac{1}{n}\ln\frac{n-1}{n} + \ln k_0 + C \tag{4-21}$$

析晶活化能的测定步骤：作不同升温速率的 DTA 曲线，得到不同的 u 对应的 T_C 值；作出 $\ln u/T_C^2$ 或 $\ln u/T_C$ 或 $\ln u$ 与 $1/T_C$ 的关系直线；由直线的斜率 E/R，算出各试样的析晶活化能 E。

4.3 差示扫描量热法

4.3.1 差示扫描量热基本原理

差示扫描量热法（DSC）是在程序控制温度下，测量输入给试样和参比物的功率差与温度之间关系的一种热分析方法。记录的曲线称为差示扫描量热曲线（即 DSC 曲线）。鉴于差热分析法是间接以温差（ΔT）变化表达物质物理或化学变化过程中热量的变化（吸热和放热），而且 DTA 曲线影响因素很多，难以定量分析的问题，发展了差示扫描量热法。差示扫描量热法的主要特点是：分辨能力和灵敏度高。差示扫描量热法不仅可涵盖差热分析法的一般功能，还可定量地测定各种热力学参数（如热焓、熵和比热容等），所以在材料应用科学和理论研究中获得广泛应用。

4.3.2 差示扫描量热仪

根据测量方法的不同，目前有两种差示扫描量热法，即功率补偿差示扫描量热法和热流差示量热法。这里，主要介绍功率补偿差示扫描量热法。

图 4-7 所示为功率补偿差示扫描量热仪示意图。其主要特点是：试样和参比物分别具有独立的加热器和传感器。整个仪器由两条控制电路进行监控，其中一条控制温度，使试样和参比物在预定的速率下升温或降温，另一条用于补偿试样和参比物之间所产生的温差。通过功率补偿电路，使试样与参比物的温度保持相同。当试样发生热效应时，如放热，试样温度高于参比物温度，放置于它们下面的一组差示热电偶产生温差电势 $U_{\Delta T}$，经差热放大器放大后，送入功率补偿放大器。功率补偿放大器自动调节补偿加热丝的电流，使通过试样加热器的电流 I_S 减小，通过参比物加热器的电流 I_R 增大，从而降低试样温度，升高参比物温度，使试样与参比物之间的温差 ΔT 趋于零，维持试样与参比物的温度始终相同。因此，只要记录试样放热速度（或者吸热速度），即补偿给试样和参比物的功率之差随 T（或 t）的变化，就可以获得 DSC 曲线。

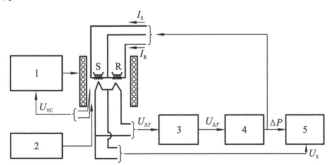

图 4-7 功率补偿差示扫描量热仪示意图

S. 试样；U_{TC}. 控温热电偶信号；R. 参比物；U_S. 试样下热电偶信号；$U_{\Delta T}$. 差示热电偶信号；I_S. 通过试样加热器的电流

1. 温度程序控制器；2. 气氛控制；3. 差热放大器；4. 功率补偿放大器；5. 记录仪

DSC 曲线的纵坐标代表试样放热或吸热的速度，即热流率（$\mathrm{d}\Delta H/\mathrm{d}t$），单位是 mJ/s，横坐标是温度 T（或时间 t），如图 4-8 所示。曲线离开基线的位移代表试样吸热或放热的速率，

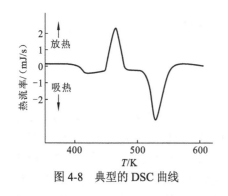

图 4-8　典型的 DSC 曲线

而曲线中峰或谷包围的面积代表热量的变化，因而差示扫描量热法可以直接测量试样在发生物理或化学变化时的热效应。

可以从补偿的功率直接计算热流率：

$$\Delta P = \frac{\mathrm{d}Q_S}{\mathrm{d}t} - \frac{\mathrm{d}Q_R}{\mathrm{d}t} = \frac{\mathrm{d}\Delta H}{\mathrm{d}t} \qquad (4\text{-}22)$$

式中：ΔP 为所补偿的功率；$\mathrm{d}Q_S / \mathrm{d}t$ 为单位时间给试样的热量；$\mathrm{d}Q_R / \mathrm{d}t$ 为单位时间给参比物的热量；$\mathrm{d}\Delta H/\mathrm{d}t$ 为单位时间试样的热焓变化，又称热流率，就是 DSC 曲线的纵坐标。

也就是说，差示扫描量热法就是通过测定试样与参比物吸收的功率来代表试样的热焓变化的。试样放热或吸热的热量 ΔH 为

$$\Delta H = \int_{t_1}^{t_2} \Delta P \mathrm{d}t \qquad (4\text{-}23)$$

式（4-23）右侧的积分就是峰的面积，峰面积 A 是热量的直接度量。不过试样和参比物与补偿加热丝之间总是存在热阻，致使补偿的热量或多或少产生损耗，因此试样热效应真实的热量与曲线面积的关系为

$$\Delta H = m \cdot \Delta H_m = K \cdot A \qquad (4\text{-}24)$$

式中：m 为试样质量；ΔH_m 为单位质量试样的焓变；K 为修正系数，也称仪器常数。

仪器常数 K 可由标准物质实验确定。对于已知 ΔH 的试样，测量与 ΔH 相应的 A，则可按式（4-24）求得 K。这里的 K 不随温度、操作条件而变，因此差示扫描量热分析比差热分析定量性能好。同时，试样和参比物与热电偶之间的热阻可做得尽可能小，使得差示扫描量热分析对热效应的响应更快，灵敏度更高，峰的分辨率更好。

4.3.3　影响差示扫描量热分析的因素

影响差示扫描量热分析的因素和差热分析基本相似。由于差示扫描量热分析主要用于定量测定，某些实验因素的影响显得更为重要。其主要的影响因素大致有下列几个方面。

1. 实验条件的影响

1）升温速率

程序升温速率主要影响 DSC 曲线的峰温和峰形。一般来说，随着升温速率的增加，熔化峰起始温度变化不大，而峰顶和峰结束温度升高，峰形变宽，并且基线漂移增大。升温速率越快，灵敏度越高，分辨率越小。灵敏度和分辨率是一对矛盾的参数，人们一般选择较慢的升温速率以保持高的分辨率，而适当增加试样量来提高灵敏度。通常升温速率范围为 5～20 ℃/min。

2）气体性质

在实验中，一般使用惰性气体，如氮气、氩气、氦气等，这些气体不会产生氧化反应峰，同时又可以减少试样挥发物对监测器的腐蚀。

容易忽视的一个问题是：不同气体对 DSC 峰温和热焓值的影响。实际上，气体性质对差示扫描量热定量分析中峰温和热焓值的影响是很大的。在氦气中，所测定的起始温度和峰温

都比较低。这是由于氢气的热导性近于空气的五倍，温度响应就比较慢。相反，在真空中，温度响应就快得多。同样，不同的气氛对热焓值的影响也存在着明显的差别，如在氢气中所确定的热焓值只相当于其他气氛的40%左右。

气体流速必须恒定（如 10 mL/min），否则会引起基线波动。

3）参比物特性

参比物的影响与差热分析相同。

2. 试样特性的影响

1）试样用量

试样用量是一个不可忽视的因素，通常用量不宜过多，因为过多会使试样内部传热慢、温度梯度大，导致峰形扩大和分辨率下降。当采用较少试样时，用较高的扫描速率，可得到较高的分辨率和较规则的峰形，可使试样和所控制的气氛更好地接触，更好地除去分解产物，但灵敏度下降；当采用较多试样时，可观察到细微的转变峰，可获得较精确的定量分析结果，但峰顶温度升高，峰结束温度也升高。一般根据试样热效应大小调节试样用量，通常为3～5 mg。

2）试样粒度

粒度的影响比较复杂。通常由于大颗粒的热阻较大，试样的熔融温度和熔融热焓偏低。但是当结晶的试样研磨成细颗粒时，往往晶体结构的歪曲和结晶度的下降，也可导致相类似的结果。对于带静电的粉状试样，由于粉末颗粒间的静电引力，粉状试样形成聚集体，也会引起熔融热焓变大。

3）试样的几何形状

在研究中发现，试样的几何形状对 DSC 曲线影响十分明显。为了获得比较精确的峰温值，应该增大试样与试样盘的接触面积，减小试样的厚度，并采用比较缓慢的升温速率。

4.3.4 差示扫描量热法的应用

差示扫描量热法与差热分析法的功能应用有许多相同之处，但由于差示扫描量热法克服了差热分析法以 ΔT 间接表达物质热效应的缺陷，具有分辨率高、灵敏度高等优点，能定量测定多种热力学和动力学参数，且可进行晶体微细结构分析等工作，因此差示扫描量热法已成为材料研究十分有效的方法。下面是几个应用的例子。

1. 试样焓变的测定

若已测定仪器常数 K，按测定 K 时相同的条件测定试样 DSC 曲线上峰面积，则按式（4-24）可求得其焓变 $\Delta H(\Delta H_m)$。

2. 试样比热容的测定

在差示扫描量热分析中，采用线性程序控温，升（降）温速率（dT/dt）为定值，而试样的热流率（dΔH/dt）是连续测定的，所测定的热流率与试样瞬间比热成正比：

$$\frac{\mathrm{d}\Delta H}{\mathrm{d}t} = mc_p \frac{\mathrm{d}T}{\mathrm{d}t} \qquad (4\text{-}25)$$

式中：m 为试样的质量；c_p 为定压比热容。

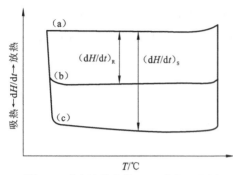

图 4-9 确定比热容的 DSC 曲线示意图

(a) 空白；(b) 蓝宝石；(c) 试样

试样的比热容即可通过式（4-25）测定。在比热容的测定中通常是以蓝宝石为标准物质，其数据已精确测定，可从手册查到不同温度下的比热容值。测定试样比热容的具体方法如下：首先测定空白基线，即空试样盘的扫描曲线。然后在相同条件下，使用同一个试样盘，依次测定蓝宝石和试样的 DSC 曲线，所得结果如图 4-9 所示。

因 dT/dt 相同，按式（4-25），在任意温度 T 时，都有

$$\frac{\left(\dfrac{d\Delta H}{dt}\right)_S}{\left(\dfrac{d\Delta H}{dt}\right)_R} = \frac{m_S(c_p)_S}{m_R(c_p)_R} \tag{4-26}$$

式中：角标 S 和 R 分别指试样和蓝宝石。

由图 4-9 中测得$(d\Delta H/dt)_S$ 和$(d\Delta H/dt)_R$，可通过式（4-26）求出试样在任意温度 T 下的比热容。

3. 合金的有序-无序转变

合金在低温时为有序态，随着温度的升高，便逐渐转变为无序态。这种转变为吸热过程，属于二级相变。可以用比热容 c_p 的测量来进行研究。例如，当 Cu-Zn 合金的成分接近 CuZn 时，形成体心立方点阵的固溶体。用比热容 c_p 的测量研究 CuZn 合金的有序-无序转变，测得的比热容曲线如图 4-10 所示。如果合金在加热过程中不发生相变，那么比热容随温度变化的情况是沿着虚线 AE 呈直线增大。但是由于合金在加热时发生了有序-无序转变，发生吸热效应，故其真实比热容沿着 AB 曲线增大，在 470℃有序化温度附近达到最大值，随后再沿 BC 下降到 C 点；温度再升高，CD 曲线则沿着稍高于 AE 的平行线增大。这说明高温保留了短程有序。比热容沿着 AB 线上升的过程是有序减小和无序增大的共存状态。随着有序状态转变为无序状态的程度增加，曲线上升也更加剧烈。

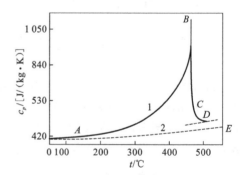

图 4-10　CuZn 合金加热过程中

比热容的变化曲线

1. 有转变；2. 无转变

4. 玻璃化转变温度测定

从分子结构上讲，玻璃化转变温度（T_g）是高聚物无定形部分从冻结状态到解冻状态的一种松弛现象，而不像相转变那样有相变热，所以它既不是一级相变也不是二级相变（高分子动态力学中称为主转变）。在玻璃化转变温度以下，高聚物处于玻璃态，分子链和链段都不能运动，只是构成分子的原子（或基团）在其平衡位置振动；而在玻璃化转变温度时，分子

链虽不能移动，但是链段开始运动，表现出高弹性质，温度再升高，就使整个分子链运动而表现出黏流性质。以玻璃化转变温度为界，高分子聚合物的物理性质随高分子链段运动自由度的变化而呈现显著的变化。其中，热容的变化使热分析方法成为测定高分子材料玻璃化转变温度的一种有效手段。当温度逐渐升高，通过高分子聚合物的玻璃化转变温度时，DSC 曲线上的基线向吸热方向移动（图 4-11）。DSC 曲线中基线的移动对应于玻璃化转变，确定玻璃化转变温度时有两种习惯方法：①基线与变动曲线切线的交点，如图 4-11（a）所示；②变动曲线的拐点，将转变前后的基线延长，两线之间的距离为阶差 σ，在 $\sigma/2$ 处作切线与基线相交于一点，此点所对应的温度值即为玻璃化转变温度，如图 4-11（b）所示。

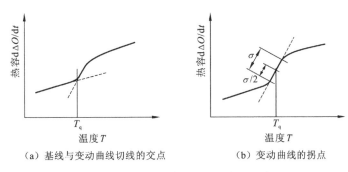

（a）基线与变动曲线切线的交点　　　　（b）变动曲线的拐点

图 4-11　玻璃化转变温度的确定方法

　　测定玻璃化转变温度还可以扩展到聚合物的其他表征应用中，如判断共混体系的相分离等。如果共混体系两组分的玻璃化转变相差比较大（30 ℃以上），则可以用测定共混体系玻璃化转变温度的方法来判断共混体系的相容性。

　　相容形成的均相体系只有一个玻璃化转变温度且介于纯组分之间，不相容形成的非均相体系通常会有分别接近纯组分的两个玻璃化转变温度。

4.4　热重分析

4.4.1　热重分析原理及仪器

　　热重分析（TG）是在程序控制温度条件下，测量物质的质量与温度关系的热分析法。热重法通常有下列两种类型：等温热重法——在恒温下测定物质质量变化与时间的关系；非等温热重法——在程序升温下测定物质质量变化与温度的关系。

　　用于热重法的仪器是热天平（或热重分析仪）。热天平由天平、加热炉、温度程序控制系统和记录仪等几部分组成（图 4-12）。热天平测定试样质量变化的方法有变位法和零位法。变位法是利用质量变化与天平梁的倾斜呈正比的关系，用直接差动变压器控制检测。零位法是靠电磁作用力使因质量变化而倾斜的天平梁恢复到原来的平衡位（即零位），施加的电磁力与质量变化成正比，而电磁力的大小与方向是通过调节转换机构中线圈中的电流实现的，因此检测此电流值即可知质量变化。通过热天平连续记录质量与温度（或时间）的关系，即可获得热重曲线。

　　热重法记录的热重曲线，以质量 m 为纵坐标，以温度 T 或时间 t 为横坐标，即 $m\text{-}T$(或 t)

曲线。它表示过程的失重积累量，属积分型。从热重曲线可得到试样组成、热稳定性、热分解温度、热分解产物和热分解动力学等有关数据。热重曲线中质量 m 对时间 t 进行一次微商，从而得到 $dm/dt\text{-}T$（或 t）曲线，称为微商热重（DTG）曲线。它表示质量随时间的变化与温度（或时间）的关系。目前，新型的热重天平都有质量微商单元，可直接记录和显示微商热重曲线。微商热重分析主要用于研究不同温度下试样质量的变化速率，因此它对确定分解的开始温度和最大分解速率时的温度是特别有用的。

图 4-13 比较了热重和微分热重的两种失重曲线。在热重曲线中，水平部分表示质量是恒定的。从热重曲线可求算出微分热重曲线。微商热重曲线与热重曲线的对应关系：微商热重曲线上的峰顶点（$d^2m/dt^2 = 0$，失重速率最大值点）与热重曲线的拐点相对应。微商热重曲线上的峰数与热重曲线的台阶数相等，微商热重曲线峰面积则与失重量成正比。

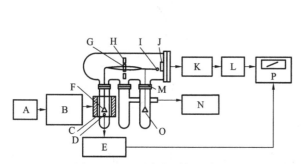

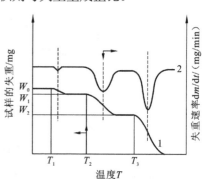

图 4-12 TG 分析仪结构示意图

A.电源；B.温度程序控制；C.加热炉；D.感温元件；E.测温装置；F.试样盘；

G.线圈；H.磁铁；I.灯；J.光电管；K.平衡记录；L.平衡控制；M.法兰盘；

N.气氛控制；O.平衡质量盘；P.X-Y 记录仪

图 4-13 典型的热重和微商热重曲线

1.热重曲线；2.微商热重曲线

图 4-14 所示为钙、锶、钡三种元素水合草酸盐的热重曲线与微商热重曲线。热重曲线上，从上到下的 5 个失重过程分别为：3 种草酸盐的一水合物失水、3 种无水草酸盐分解、碳酸钙分解、碳酸锶分解和碳酸钡分解，而曲线平台则分别对应于 3 种水合草酸盐、3 种无水草酸盐、3 种碳酸盐等的稳定状态。与之相对应的微商热重曲线具有以下特点：能更清楚地区分相继发生的热重变化反应，精确提供起始反应温度、最大反应速率温度和反应终止温度（如在 140 ℃、180 ℃ 和 205 ℃ 出现 3 个峰，表明了钡、锶、钙的一水合草酸盐是在不同温度下

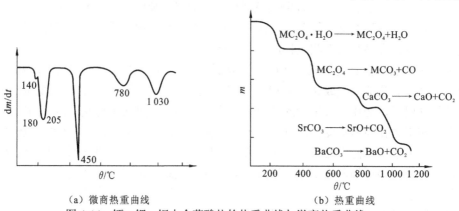

（a）微商热重曲线 （b）热重曲线

图 4-14 钙、锶、钡水合草酸盐的热重曲线与微商热重曲线

失水的,而在热重曲线上难于区分这 3 个失水反应及检测相应温度);能方便地为反应动力学计算提供反应速率数据;能更精确地进行定量分析。而热重曲线表达失重过程则具有形象、直观的特点。

4.4.2 影响热重分析的因素

1. 实验条件的影响

1)试样盘的影响

在热重分析时,试样盘应是惰性材料制作的,如铂或陶瓷等。需要注意:对碱性试样,不能使用石英和陶瓷试样盘,这是因为它们都和碱性试样发生反应而改变热重曲线。使用铂制试样盘时必须注意,铂对许多有机物和某些无机物有催化作用,所以在分析时选用合适的试样盘十分重要。

2)挥发物冷凝的影响

试样受热分解或升华,溢出的挥发物往往在热重分析仪的低温区冷凝。这不仅污染仪器,而且使实验结果产生严重偏差。对于冷凝问题,可从两方面来解决:一方面从仪器上采取措施,在试样盘的周围安装一个耐热的屏蔽套管或者采用水平结构的热天平;另一方面可从实验条件着手,尽量减少试样用量和选用合适的净化气体流量。

3)升温速率的影响

升温速率对热重法的影响比较大。升温速率越大,所产生的热滞后现象越严重,往往导致热重曲线上的起始温度 T_i 和终止温度 T_f 偏高。另外,升温速率过快往往不利于中间产物的检出,在热重曲线上呈现出的拐点很不明显。升温速率慢,可得到明确的实验结果。改变升温速率,可以分离相邻反应,例如:快速升温时,曲线表现为转折;而慢速升温时,可呈平台状。为此,在热重法中选择合适的升温速率至关重要。在报道的文献中,热重实验的升温速率以 5 ℃/min 或 10 ℃/min 的居多。

4)气氛的影响

热重法通常可在静态气氛或动态气氛下进行测定。在静态气氛下,如果测定的是一个可逆的分解反应,虽然随着升温,分解速率增大,但是由于试样周围的气体浓度增大,又会使分解速率减小。另外,炉内气体的对流可造成试样周围气体浓度不断变化,这些因素会严重影响实验结果,所以通常不采用静态气氛。为了获得重复性好的实验结果,一般在严格控制的条件下采用动态气氛,使气流通过炉子或直接通过试样。不过当试样支持器的形状比较复杂时,如欲观察试样在氮气下的热解等,则需预先抽空,而后在较稳定的氮气气流下进行实验。控制气氛,有助于深入了解反应过程的本质,使用动态气氛更易于识别反应类型和释放的气体,以及对数据进行定量处理。

2. 试样特性的影响

1)试样用量的影响

试样用量大,会导致热传导差而影响分析结果。通常,试样用量越大,由试样的吸热或放热反应引起的试样温差偏差也越大。试样用量大,对溢出气体扩散和热传导都是不利的;试样用量大,会使其内部温度梯度增大。因此在热重法中,试样用量应在热重分析仪灵敏度范围内，尽量小。

2）试样粒度的影响

试样粒度同样对热传导和气体扩散有较大的影响。粒度越小，反应速率越快，使热重曲线上的起始温度和终止温度降低，反应区间变窄。试样颗粒大，往往得不到较好的热重曲线。

4.4.3 热重分析的应用

热重分析主要研究在空气中或惰性气体中材料的热稳定性、热分解作用和氧化降解等化学变化，还广泛用于研究涉及质量变化的所有物理过程，如测定水分、挥发物和残渣的含量，吸附、吸收和解吸过程，气化速度和汽化热，升华速度和升华热。除此之外，还可以研究固

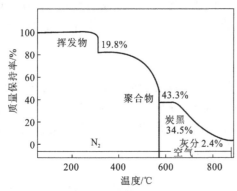

图 4-15 聚合物的热重曲线

相反应，缩聚聚合物的固化程度，有填料的聚合物或共混物的组成，以及利用特征热谱图做鉴定等。

热重法早已用于材料成分的分析研究中。图 4-15 是在氮气中用等速升温法测定高分子材料（一种橡胶护舷）中挥发物的含量，结果表明挥发物的质量分数为 19.8%。同时还可测定聚合物质量分数为 43.3%，炭黑（填料）质量分数为 34.5%以及灰分质量分数为 2.4%。因此热重法与其他近代分析方法相配合，有利于精确地对各种原材料加以鉴别。

由热重曲线可以求得热分解反应的活化能和反应级数。假定反应产物之一是挥发性物质，其固体的热分解反应为

$$A_{(固)} \longrightarrow B_{(固)} + C_{(气)}$$

热失重速率 k 可用下式表示：

$$k = \frac{\mathrm{d}m}{\mathrm{d}t} = Am^n \mathrm{e}^{-\frac{E}{RT}} \tag{4-27}$$

式中：A 为频率因子；m 为剩余试样的质量；n 为反应级数；$\mathrm{d}m/\mathrm{d}t$ 为反应速率；E 为反应活化能；R 为摩尔气体常量；T 为热力学温度。

可将式（4-27）以对数形式表示为

$$\ln\left(\frac{\mathrm{d}m}{\mathrm{d}t}\right) = \ln A + n\ln m - \frac{E}{RT} \tag{4-28}$$

有几种方法可用来测定反应级数 n 和活化能 E。

1. 示差法

此法中，将两个不同温度的实验值代入式（4-28），把得到的两式相减，即可得到以差值形式表示的方程：

$$\Delta\ln\left(\frac{\mathrm{d}m}{\mathrm{d}t}\right) = n \cdot \Delta\ln m - \frac{E}{R} \cdot \Delta\frac{1}{T} \tag{4-29}$$

作 $\Delta\ln(\mathrm{d}m/\mathrm{d}t)/\Delta(1/T)$-$\Delta\ln m/\Delta(1/T)$ 图，得一直线，如图 4-16 所示，从图中可以计算出 n

及 E/R 值。该图在纵坐标上的截距为 E/R，斜率为 n。

用这种方法求动力学参数的优点是：只需要一条热重曲线，而且可以在一个完整的温度范围内连续研究动力学。这对于研究热分解时动力学参数随转化率而改变的场合特别重要。但是，该方法最大的缺点是：必须对热重曲线很陡的部位求出它的斜率，其结果会使作图时数据点分散，给精确计算动力学参数带来困难。

2. 多种加热速率法

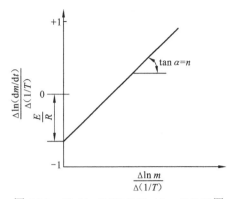

图 4-16　$\Delta\ln(\mathrm{d}m/\mathrm{d}t)/\Delta(1/T)$-$\Delta\ln m/\Delta(1/T)$图

此法中，改变每次实验的等速升温速率，而其他条件不变，可得一组不同的热重曲线（图 4-17），当 m 取某些定值时，可用式（4-28）作 $\ln(\mathrm{d}m/\mathrm{d}t)$-$(1/T)$图，如图 4-18 所示，该图的斜率为 E/R，求出活化能 E。为了评价反应级数 n，可将 $\ln(\mathrm{d}m/\mathrm{d}t)=0$ 值代入式（4-28），即

$$\frac{E}{RT_0} = \ln A + n\ln m \tag{4-30}$$

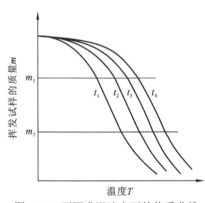

图 4-17　不同升温速率下的热重曲线

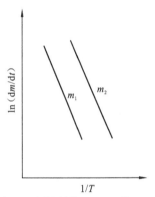

图 4-18　从图 4-17 中得到的 m_1、m_2 的 $\ln(\mathrm{d}m/\mathrm{d}t)$-$(1/T)$图

这里 T_0 是反应速率对数为零$[\ln(\mathrm{d}m/\mathrm{d}t)=0$，即 $\mathrm{d}m/\mathrm{d}t=1]$时对应的温度。在这种情况下，$1/T_0$ 对 $\ln m$ 作图，可得一直线，由其斜率可求得 n。

这种方法虽然需要多作几条热重曲线，然而计算结果比较可靠。除了用升温的热重曲线计算动力学参数外，还可以用恒温的热重曲线求出动力学参数，计算方法与前者类似。利用式（4-28），对每一种恒定的温度可以作出 $\ln(\mathrm{d}m/\mathrm{d}t)$-$\ln m$ 直线，其斜率为 n，再从几条线的截距中求出 E。

4.5　热机械分析

热机械分析（TMA）是指在加热过程中对试样进行力学测定的方法，称为热-力法或热机械分析。根据载荷类型分为：在近于零负荷下的测定，即热膨胀法；在静态负荷下的测定，即静态热机械分析；在振动负荷下的测定，即动态热机械分析。

通常，静态热机械分析也简称为热机械分析，测量的是试样的线性尺寸或体积随温度、时间或外力的变化。这些数据提供了如热膨胀系数（CTE）、黏度、材料的软化和流动以及玻璃化转变温度等非常有用的信息。动态热机械分析用于测定材料在一定条件下（温度、频率、应力或应变水平、气氛与湿度等）的刚度与阻尼，通过测定材料的刚度与阻尼随温度、频率或时间的变化，获得与材料的结构、分子运动、加工和应用有关的特征参数。

4.5.1 热膨胀法

1. 热膨胀法基本原理

在程序控制温度下，测量物质在可忽略负荷时的尺寸与温度关系的技术。根据测量的内容，分为线热膨胀法和体热膨胀法两种技术。用线膨胀仪和体膨胀仪就可分别测出物体的线膨胀系数和体膨胀系数。

2. 线膨胀系数

线膨胀系数定义为温度升高1℃时，沿试样某一方向上的相对伸长（或收缩）量，即

$$\alpha = \frac{\Delta L}{L_0 \Delta T} \tag{4-31}$$

式中：α 为线膨胀系数（K^{-1}）；L_0 为试样在起始温度下的原始长度（mm）；ΔL 为试样在温差 ΔT 下的长度的变化量（mm）；ΔT 为实验温差（℃）。测定时，若试样长度随温度升高而增大，则 α 为正值；若长度随温度升高而减小，则 α 为负值。随着温度的变化，物质若有相变，则 α 值发生变化，故需要连续升温，测定不同温区下试样的相对伸长量（或收缩量），确定不同温区的线膨胀系数。如果在某温区内没有相变，就可用两个温度端的伸长量（或收缩量）计算线膨胀系数。其方法是先将试样放在某一温度下的介质中，若干时间后测出其长度，然后再放入另一温度下的同种介质中，若干时间后再测出其长度，两个温度下的长度差即试样的绝对膨胀量（或收缩量）。两个温度点的选择，各国不一，美国采用-30～30℃，日本采用室温和80℃，我国采用0～40℃。必须指出，选择温度标准，最好根据试样是否有相变而定。

经典的线膨胀系数测定仪——立式石英膨胀计如图4-19所示。

为了使仪器本身的热膨胀系数尽可能减小，一般采用熔融石英材料（其线膨胀系数为 $0.5 \times 10^{-6} K^{-1}$）。测定试样变化的装置有机械千分表、光学测微计和位移换能器。图4-20是位移换能器膨胀仪示意图，线膨胀系数测定仪采用位移换能器（差动变压器）测量试样的形变值，配上温度控制单元和记录单元，就是热膨胀系数测定仪结构组成的一种简单的形式。

3. 体膨胀系数

体膨胀系数定义为温度升高1℃时，试样体积膨胀（或收缩）的相对量，即

$$\gamma = \frac{\Delta V}{V_0 \Delta T} \tag{4-32}$$

式中：γ 为体膨胀系数（K^{-1}）；V_0 为试样在起始温度下的原始体积（mm^3）；ΔV 为试样在温差 ΔT 下的体积变化量（mm^3）；ΔT 为实验温差（℃）。

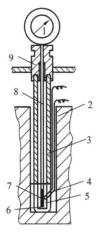

图 4-19　立式石英膨胀计

1.千分表；2.程序控制加热炉；3.石英外套管；4.测温电偶；

5.窗口；6.石英底座；7.试样；8.石英棒；9.导向管

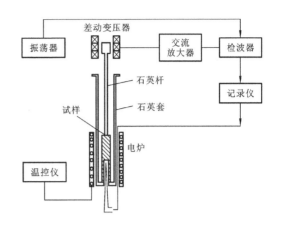

图 4-20　位移换能器膨胀仪

4.5.2　静态热机械分析

1. 静态热机械分析原理与仪器结构组成

静态热机械分析是在程序控制温度和加载静态载荷（压或拉）下测量试样尺寸对温度的变化。负载方式有拉伸、压缩、弯曲、扭转和针入等。

静态热机械分析基本装置如图 4-21 所示。

目前，静态热机械分析仪有两种类型，一是浮筒式，二是天平式。

（1）浮筒式热机械分析仪：用浮筒抵消试样压杆（石英测量杆、铁芯连接杆和砝码盘）等引起的重力，测定恒定负荷下物体的线膨胀系数与温度的关系。如此，砝码盘不加砝码时，试样所受的负荷为零。这样在实验过程中试样所承受的负荷始终一致。必须指出，在测量物体的线膨胀系数时，需要先对仪器作空白实验，求出各温区的测量杆的膨胀值，试验结果中扣除相应的测量

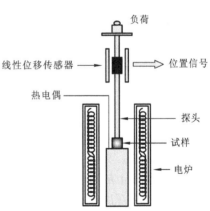

图 4-21　静态热机械分析基本装置

杆的膨胀值，才是试样本身的膨胀量。常用探头有：膨胀（压缩法）探头，应用最广，可测量线膨胀系数；压缩（针入法）探头，可测量维卡软化点（窄端探头），或软橡胶材料的压缩模量（钝圆顶探头）；挠曲（弯曲法）探头，可测量马丁耐热温度；伸长（拉伸法）探头，可测量纤维、膜等的伸、缩特性；体膨胀探头，可测量体膨胀（收缩）特性。

（2）天平式热机械分析仪：采用天平横梁把负荷传到试样上。采用两个精度相等的天平，每个天平的一端各连接一根测量杆，其中一根接到差动变压器的线圈上，另一端接到铁芯上。

天平的另一端是砝码盘。因为采用差示法，两根石英测量杆的膨胀量大致相等，所以实验中石英测量杆的膨胀值使差动变压器的铁芯和线圈产生相等的位移。因此，实验结果中石英测量杆膨胀的那一部分量得以排除，从而提高了精确度。此外，因试样和炉子都在天平之上，所以炉子的热量对天平的影响较小。天平分下皿式与上皿式两种，而以后者精确度高。但此法试样所承受的负荷值在实验过程中随试样形变，致使天平横梁端做弧线运动而逐渐改变。如此，试样尺寸变化越大，负荷值的变化量就越大，这对膨胀系数大的材料是不可忽视的。

2. 静态热机械分析的应用实例

各种物质随温度的变化，其力学性能相应地发生变化。静态热机械分析技术对研究和测定材料的使用温度范围、加工条件、力学性能等都具有重要意义。其涉及对象非常广泛，包括金属、陶瓷、无机材料、有机材料等，特别是用来研究高分子材料的膨胀系数、玻璃化转变温度、软化点、热变形温度、熔点、杨氏模量、蠕变、应力松弛、抗弯强度、剪切模量和溶胀度等具有特殊的意义。

1）压缩法

压缩法也称膨胀法，采用膨胀探头（也称压缩探头）。一般用于工程塑料、复合材料、橡胶等材料的线膨胀系数、玻璃化转变温度等测定。高分子材料在玻璃化转变区，由于分子链段的松弛，其膨胀系数出现突变，即高分子在玻璃化转变温度以下时，链段运动被冻结，热膨胀主要克服分子间的次价力，膨胀系数很小；当温度升到玻璃化转变温度时，链段开始运动，同时分子链本身链段的扩散运动也发生膨胀，因而膨胀系数较大。如此，在玻璃化转变温度前后，热膨胀曲线斜率发生转折突变，其拐点就是玻璃化转变温度。根据式（4-31）计算某一温度范围内的线膨胀系数值。图4-22为采用膨胀探头测定温度-形变曲线确定高分子材料玻璃化转变温度的示意图。

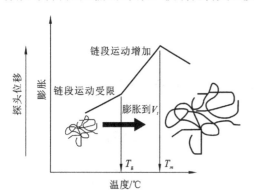

图4-22　TMA曲线测定T_g示意图

2）针入法

采用压缩探头，典型应用是测定维卡氏软化温度。按规定，采用直径为1 mm的圆头针状的探头，在其顶上加上1 kg重的砝码，升温速率为（50±5）℃/h或（120±12）℃/h条件下，探头刺入试样深度1 mm时的温度被定义为软化温度。必须指出，此实验由于方法、条件、升温速率以及加载质量等不同，其结果有较大差别，应予说明，以便参考。图4-23为采用压缩探头测定温度-形变曲线确定高分子材料维卡软化温度的示意图。

3）弯曲法

采用挠曲探头。根据美国材料与试验协会ASTM D648标准，将矩形试样在中心处施加负荷进行弯曲实验，测定高分子材料在荷重下的弯曲形变温度，这是一个很有用的标准数据。图4-24示出四种高分子材料的温度-弯曲形变曲线，施加应力为1.857 MPa，升温速率为5℃/min，试样弯曲变形到0.254 mm时所对应的温度为弯曲形变温度。聚碳酸酯（polycarbonate，PC）的弯曲形变温度最高，几乎接近于它的玻璃化转变温度143℃。高密度聚乙烯（high density polyethylene，HDPE）和低密度聚乙烯（low density polyethylene，LDPE）由于熔化而逐渐变形，弯曲变形温度分别为 108 ℃和 70 ℃。聚氯乙烯（polyvinylchloride，PVC）的弯曲形变温度最低，为 63 ℃，接近其玻璃化转变温度，迅速变形下降。

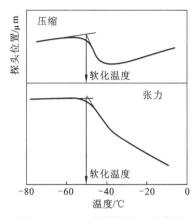 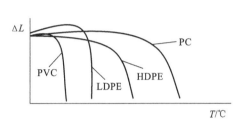

图 4-23 TMA 曲线测定 T_f 示意图 　　图 4-24 几种高分子材料的温度-弯曲形变曲线

4）拉伸法

采用拉伸探头，将纤维或薄膜试样装在专用夹具上，然后放在内外套管之间。外套管固定在主机架上，内套管上端施加荷重，测定试样在程控温度下的温度-形变曲线。此法定义软化温度是形变达到 2%或 1%时的对应温度。

5）膨胀法

采用体膨胀探头，可测量固体或液体的体膨胀系数，特别是各向异性的物质更为合适。

6）机械分析仪的温度标准

采用线膨胀探头，用铟（In）或锌（Zn）的熔点进行温度校准。将铟或锌的上、下用铝薄片相隔，放在试样架上，荷重 5 g，升温速率 10 ℃/min，当温度到达其熔点时，形变立即发生，拐点对应的温度即铟的熔点。

4.5.3 　动态热机械分析

动态热机械分析（DMTA）或称动态力学分析（dynamic mechanical analysis, DMA）是指在程序控温和加载周期变化载荷下测量动态模量、力学损耗等对温度、频率等的变化，广泛应用于热塑性与热固性塑料、橡胶、涂料、金属与合金、无机材料、复合材料等领域。

1. 动态热机械分析原理

试样受周期性（正弦）变化的机械振动应力的作用发生相应的振动应变。测得的应变往往滞后于所施加的应力，除非试样是完全弹性的。这种滞后称为相位差即相角 δ 差，如图 4-25 所示。应力和应变分别由式（4-33）和式（4-34）表示。

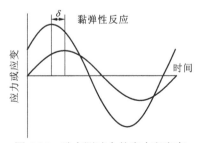

$$\varepsilon = \varepsilon_0 \sin(\omega t) \qquad (4\text{-}33)$$
$$\sigma = \sigma_0 \sin(\omega t + \delta) \qquad (4\text{-}34)$$

图 4-25 　动态测试中的应力和应变

式中：ω 为角频率；δ 为滞后相角或相位角。相位：相是材料对施加应力应答时间的量，相位是输入（应力）和输出（应变）之间的时间差。ε_0 和 σ_0 分别为应变 ε 和应力 σ 的峰值。

将应力展开：

$$\sigma = \sigma_0 \sin(\omega t)\cos\delta + \sigma_0 \cos(\omega t)\sin\delta \qquad (4\text{-}35)$$

可见应力由两部分组成：与应变同相位，大小为 $\sigma_0\cos\delta$；与应变相差 90°，大小为 $\sigma_0\sin\delta$。

既然应力和应变不一定完全同步，那么模量不能再像静态载荷那样定义。将式（4-35）两边同时除以应变峰值 ε_0，得

$$\frac{\sigma}{\varepsilon_0} = \left[\frac{\sigma_0}{\varepsilon_0}\cos\delta\right]\sin(\omega t) + \left[\frac{\sigma_0}{\varepsilon_0}\sin\delta\right]\cos(\omega t) \qquad (4\text{-}36)$$

这样应力-应变关系就可以用一个与应变同相位的量 E' 和一个与应变相差 90° 的量 E'' 表示，即得

$$E^* = E'\sin(\omega t) + E''\cos(\omega t) \qquad (4\text{-}37)$$

式中，

$$E^* = \frac{\sigma}{\varepsilon_0} \qquad (4\text{-}38)$$

$$E' = \frac{\sigma_0}{\varepsilon_0}\cos\delta \qquad (4\text{-}39)$$

$$E'' = \frac{\sigma_0}{\varepsilon_0}\sin\delta \qquad (4\text{-}40)$$

复数形式的表达式为

$$E^* = E' + \mathrm{i}E'' \qquad (4\text{-}41)$$

E^* 称为动态模量。与应变同相的实数部分模量 E' 通常称为储能模量，表示材料在形变过程中由于弹性形变而储存的能量，即材料存储弹性变形能量的能力，是材料刚性（坚韧性）的量度。与应变相位差为 90° 的虚数部分模量 E'' 通常称为损耗模量，表示材料产生形变时能量散失（转变）为热而损耗的能量，即材料耗散能量的能力，是能量损失的量度，为阻尼衰减项，反映材料黏性的大小。一般 E'' 比 E' 小得多，因此 $|E^*|$ 近似等于 E'，不严格地将 $|E^*|$ 称为 E，习惯上采用模量 $E \approx E'$ 和相位角 δ 的正切 $\tan\delta = E''/E'$ 表征动态力学行为。损耗因子（loss factor）$\tan\delta$ 是损耗模量与弹性模量之比，又称阻尼因数（damping factor）或内耗（internal friction）或损耗角，表示材料储能和耗能的能力的相对强度。

对于理想的胡克弹性体[纯弹性材料，图 4-26（a）]，应变与应力同相位，即 $\delta = 0$，每一周期中能量没有损耗。对于理想的黏性液体[纯黏性材料，图 4-26（b）]，应变落后于应力 90°，即 $\delta = 90°$，每一周期中外力对体系做的功全部以热的形式损耗掉。对于黏弹性材

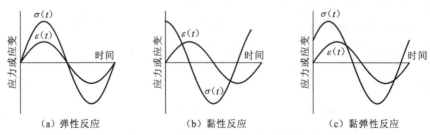

图 4-26　各种材料对正弦应力的反应

料[图 4-26（c）]，应变与应力的相位角介于 0°～90°，即 0°<δ<90°，这时外力对体系做的功中有一部分以热的形式损耗掉。损耗因子 tan δ 可以用来表征材料的状态：高的 tan δ 表征黏性行为；低的 tan δ 表征弹性行为。

DMA 测试通常记录的是动态（储能、损耗）模量对应力、温度、频率和时间等的变化。

2. DMA 仪器结构组成

根据仪器结构的不同，DMA 可分为应力控制型和应变控制型两大类。前者施加的刺激是力，测量的响应是变形[图 4-27（a）]；后者施加的刺激是变形，测量的响应是力[图 4-27（b）]。两种 DMA 的结构设计如图 4-27 所示。

常用的 DMA 周期性载荷加载模式如图 4-28 所示。

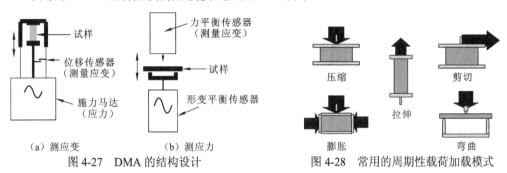

图 4-27　DMA 的结构设计　　　　图 4-28　常用的周期性载荷加载模式

3. DMA 测试模式

DMA 的测试模式有应力或应变振幅扫描、频率扫描、变温振荡、时间扫描等。

1）振幅扫描

振幅扫描是在测试过程中固定温度和频率，逐步增加应力或应变的振幅，记录动态模量对振幅的变化，如图 4-29 所示。振幅扫描的主要目的在于获取材料的线性黏弹区。

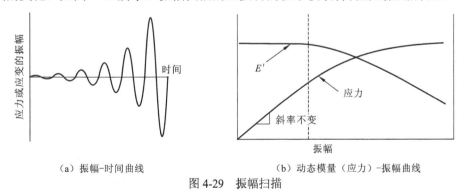

（a）振幅-时间曲线　　　　（b）动态模量（应力）-振幅曲线

图 4-29　振幅扫描

2）频率扫描

频率扫描就是在测试过程中固定温度和线性黏弹区的应变或应力的振幅，逐步增加振荡频率，记录动态模量对频率的变化，如图 4-30 所示。

3）变温振荡

变温振荡就是在测试过程中固定频率和线性黏弹区的应变或应力的振幅，程序控制温度，记录动态模量对温度的变化，如图 4-31 所示。

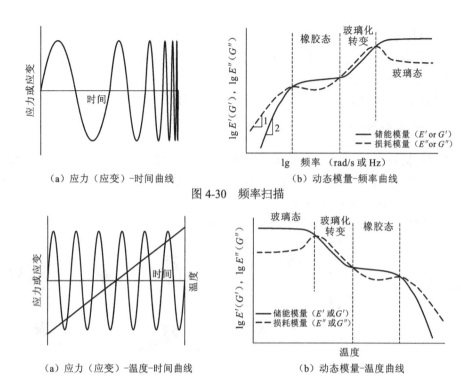

（a）应力（应变）-时间曲线   （b）动态模量-频率曲线

图 4-30　频率扫描

（a）应力（应变）-温度-时间曲线   （b）动态模量-温度曲线

图 4-31　变温振荡

4）时间扫描

时间扫描就是在测试过程中固定温度、频率和线性黏弹区的应变或应力的振幅，记录动态模量随时间的变化。时间扫描主要用于交联（固化）和降解等过程的表征。

4. DMA 应用实例

DMA 在聚合物表征中可用于测定聚合物材料的模量、强度、力学损耗、玻璃化转变温度、固化和老化等。

1）玻璃化转变温度测定

玻璃化转变温度 T_g 是度量高聚物链段运动的特征温度。在 T_g 以下，高聚物处于玻璃态，储能模量大于 1 GPa；在 T_g 以上，非晶态高聚物进入橡胶态，E'' 和 $\tan\delta$ 在转变区达到最大值。玻璃化转变温度及各级转变可用动态温度斜坡测试模式测定。图 4-32 是 PE 的 DMA 动态温度斜坡测试结果，损耗峰代表着各级转变，松弛峰对应的温度即玻璃化转变温度。通常从 DMA 温度谱上，以内耗峰或损耗模量峰对应的温度来定义 T_g，如图 4-33 所示。

由于玻璃化转变的松弛特性，T_g 强烈地依赖于测试作用力的频率及升温速率。DMA 测得的 T_g 一般应高于静态法（如膨胀计法、温度-形变曲线法）所得的 T_g；测试频率改变或升温速率变化，T_g 也会相应地移向高温或低温，如图 4-34 所示。

2）评价高分子材料的耐热性

表征材料耐热性的指标应该根据实际使用条件选择合适的内容，如模量、强度、介电常数等。对于结构用高分子材料，在高温下保持某种水平的强度、刚度、形状稳定性是十分重要的。但由于强度测试是破坏性的，要想得到强度随温度变化的全面信息，需要制备大量的试样。因此，采用模量等非破坏性的物理性质作为"性能"的代表来评价材料的耐热性就简便得多。

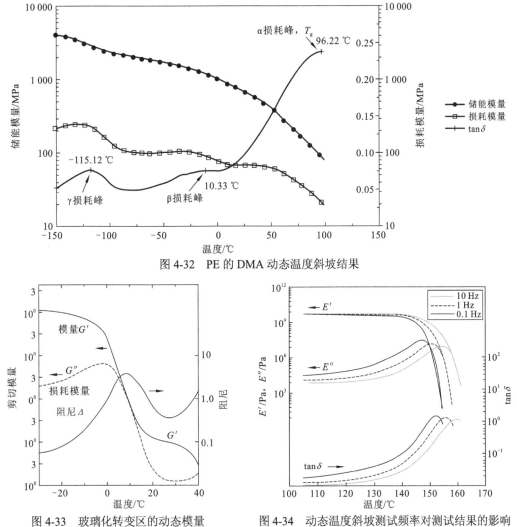

图 4-32　PE 的 DMA 动态温度斜坡结果

图 4-33　玻璃化转变区的动态模量　　　图 4-34　动态温度斜坡测试频率对测试结果的影响

　　从物理意义上考虑，就聚合物材料的短期耐热性而言，耐热温度上限应该是 T_g（非晶聚合物）或 T_m（熔解温度，结晶聚合物）。对于复合材料而言，短期耐热的温度上限也是 T_g，因为一切高分子材料的一切物理-力学性能在 T_g 或 T_m 附近都发生急剧的甚至不连续的变化。为了保持制件性能的稳定性，使用温度不得超过 T_g 或 T_m。

　　从 DMA 温度谱可以看出，除了能得到 T_g 外，还可以得到关于被测试样耐热性的下列信息：材料在每一温度下储能模量值或模量的保留百分数；材料在各温度区域内所处的物理状态；材料在某一温度附近，性能是否稳定。显然，只有把工程设计的要求和材料随温度的变化结合起来考虑，才能确切地评价材料的耐热性。设计人员可以利用 DMA 温度谱获得的上述几种信息来决定高分子材料的最高使用温度或选择适用的材料。简言之，DMA 温度谱可以对高分子材料在一个很宽温度范围内（且连续变化）的短期耐热性给出较全面且定量的信息。

　　目前工业部门常用热变形温度和维卡软化点来评价高分子材料的耐热性。

　　热变形温度是标准试样在规定载荷作用下弯曲变形到规定量时的温度，其本质是材料的杨氏模量变化到 0.9 GPa 时的温度。维卡软化点是标准压头在规定载荷作用下在片状试样上压入规定深度时的温度，其本质是材料的杨氏模量变化到 6.47 MPa 时的温度。因此，可以从

DMA 温度谱中纵坐标分别为 0.9 GPa 和 6.47 MPa 处作两条水平线，再从它们与储能模量曲线的交点作两条垂线，两垂线与温度坐标的交点分别为该材料的热变形温度和维卡软化点。所得温度会比资料值偏高些，这是由 DMA 测试时的升温速率（5 ℃/min）比热变形、维卡测试规定的升温速率（2 ℃/min）高，而且 DMA 是在较小的动态应力下测试所致。

需要强调指出，热变形温度和维卡软化点缺乏明确的物理意义，它们与高分子材料的特征温度 T_g 及 T_m 之间的关系不仅不明确，而且随材料品种而异。在实际使用中，对材料模量的最低要求与 0.9～6.47 MPa 的关系也不清楚，因此从热变形温度和维卡软化点这两个孤立的指标都不足以推断材料真正能承受的高温及其在高温下的性能。这类测试除了能对同类产品做相对比较外，不能对不同材料的耐热性给出较为确切的评价，有时还可能导致错误的结论。例如，测得某种尼龙的热变形温度为 65 ℃，测得一种硬聚氯乙烯的热变形温度为 80 ℃，

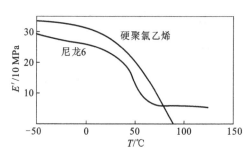

图 4-35　尼龙 6 和硬聚氯乙烯的 E'-T 关系

如果因而得出结论"后者的耐热性优于前者"，显然是不能被接受的。这个问题用 DMA 技术得到的 E'-T 图（图 4-35）就不难解决。由图可见，虽然硬聚氯乙烯在 80 ℃ 与尼龙 6 在 65 ℃ 时的模量均约为 0.9 GPa，但对硬聚氯乙烯来说，80 ℃ 意味着玻璃化转变区的温度，在该温度附近，模量急剧下降几个数量级；而对于尼龙 6 而言，65 ℃ 意味着非晶区的玻璃化转变，晶区部分仍保持晶态，这时尼龙 6 处于韧性塑料区，不仅仍有承载能力，而且即使温度继续升高，模量变化也不大，一直到 220 ℃ 附近，尼龙 6 才失去承载能力。

3）提供减振器设计参数

在机械结构中，橡胶材料广泛应用于各种减振器和弹性联轴中。

减振器的减振效果一般用运动响应系数 X_m 表征。X_m 定义为：弹性支承系统在交变扰动力作用下，支承体系（即减振器）的位移振幅与扰动力静位移振幅之比。X_m 与减振器的自振频率和临界阻尼比之间的关系为

$$X_m = \frac{x_0}{x_s} = \frac{1}{\sqrt{\left(1 - \frac{f^2}{f_n^2}\right) + 4\left(\frac{c}{c_c}\right)^2 \frac{f^2}{f_n^2}}} \tag{4-42}$$

式中：x_0 为在扰动力作用下支承体系的位移振幅；x_s 为扰动力的静位移振幅；f 为扰动频率；f_n 为支承体系的自振频率；c/c_c 为支承体系的临界阻尼比。

$T_m \geqslant 1$ 时，减振器无减振作用；$T_m < 1$ 时，有减振作用，其值越小，减振效率越高。

减振器的自振频率与减振材料的动态储能模量之间的关系为

$$f_n = 4.98 \sqrt{\frac{AE'}{W}} \tag{4-43}$$

式中：E' 为材料的动态储能模量；A 为与减振器几何形状有关的常数；W 为被支承物体的质量；$AE' = K_d$，K_d 称为减振器的动刚度。

临界阻尼比 c/c_c 与橡胶材料力学内耗 $\tan\delta$ 之间的关系为

$$\frac{c}{c_c} = \frac{\tan\delta}{\sqrt{4 + \tan\delta}} \tag{4-44}$$

由式（4-42）～式（4-44）可以看到，橡胶材料的动态储能模量 E' 和力学内耗 $\tan\delta$ 是橡胶减振器的重要设计参数。

过去在缺乏动态力学参数的情况下，一般用材料的静态模量进行设计计算。计算结果偏差较大，往往不得不根据产品的试验结果再反复修改产品的尺寸，造成人力、财力和时间的极大浪费。有了动态力学参数之后，便大大提高了设计的准确性。例如，用乙丙橡胶 8341 设计船舶仪表橡胶减振器时，使用该橡胶材料在 20℃ 下的动态弹性模量 E'，计算出减振器的自振频率应为 22 Hz。实际制件（JP-1-3 型仪表橡胶减振器）的自振频率为 20.5 Hz。用乙丙橡胶 8341 在 20℃ 下的力学内耗 $\tan\delta$ 值，算出该减振器的临界阻尼比应为 0.10，制件的实测临界阻尼比确定为 0.10。

如果要预测橡胶减振器在一定工作温度范围内的减振特性，那么可以利用所用材料的 DMA 温度谱和式（4-42）～式（4-44），就能算出在有关温度范围内运动响应系数 T_m 随温度的变化曲线。

4）固化凝胶点测定

复合材料构件的制造，大部分是采用预浸料成型的。一旦选定预浸料的类型和铺层方法后，预浸料的固化过程便是整个生产工艺中最关键的部分，因为其中的树脂和纤维正是在这一过程中形成复合材料的。同样的预浸料在不同的条件下固化，可以形成性能相差极大的不同复合材料。固化工艺对复合材料高温力学性能的影响更加明显。

传统上用一些化学手段来研究固化反应，但其灵敏度在固化的最后阶段急剧下降。而通常交联高聚物的最佳性能，很大程度上是由固化阶段决定的。研究固化的物理手段在理论上的缺点就是不甚了解被测体系物理性能和化学性能之间的联系，以及难于应用一个单独的实验在整个固化过程中进行连续的监测。

然而 DMA 技术却可以用一个试样来监测和研究聚合物的整个固化历程，其灵敏度并不随固化反应转入凝固相内而下降。它还揭示了固化体系的力学性能和化学转变间的某些联系，特别是用来选择固化条件十分简便。

未固化的预浸料在升温过程中要经历"软化"阶段，预浸料太软，给 DMA 测试带来困难。因此，要通过将预浸料粘到刚性载体上制成双层梁试样或减小试样长厚比这两条途径来提高试样刚度。图 4-36 是用双层梁试样在等速升温时得到的 DMA 温度谱。纵坐标 E'_r 表示双层梁试样未固化时的模量 E'_0 与温度 T 时的模量 E'_t 之比，称为相对模量。从图上可以看出体系的模量经历短暂的缓慢下降后随温度升高急剧下降，这是分子量还不高的树脂的软化引起的，此时内耗曲线出现第一个驼峰，对应的温度称为软化温度 T_s，随后模量曲线变得平坦，这是由于温升既会使树脂的黏度及模量继续下降，又会导致聚合物的链生长和支化，从而使树脂的模量增大。当温度再升高到某一数值时，线型和支化的分子开始转向网络型分子，此时树脂中不溶性凝胶物开始大量产生，使模量曲线上拐，内耗曲线上出现一肩状峰，对应的温度可称为凝胶化温度 T_{gel}。温度继续升高，固化反应进一步进行，网络型分子转变为体型分子，因此模量急剧提高，并且在内耗曲线出现第二个驼峰的温区，模量的增长速率经历一个最大值，它标志着树脂的交联达到相当高的程度，可以称这时的树脂硬化了，相应的温度称为硬化温度 T_h。在 T_h 以上，随交联密度增加，分子运动受到的抑制也增加，已形成的体型大分子将未反应的官能团包围在交联结构中，使它们相互作用的可能性大为减小，并且随着固化反应的进行，活性官能团的浓度也逐渐降低，所以在高于 T_h 时，模量的增长速度逐渐减小。

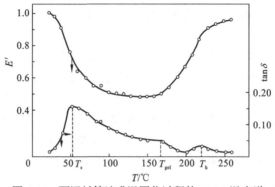

图 4-36　预浸料等速升温固化过程的 DMA 温度谱

从图 4-36 的 DMA 温度扫描得到的预浸料的 T_s、T_{gel}、T_h 可以作为确定预浸料固化温度的参考温度。例如，固化温度应取在 T_{gel} 附近，但为了使固化比较完整并为了提高生产效率，固化温度也可选择比 T_{gel} 高；后处理温度可取在 T_h 附近或略高于 T_h；为了通过链生长和支化从而使树脂增黏，可以选择 T_s 以上数十度至 T_{gel} 某个温度恒温预固化一段时间，同时在此时间内加压（如加压温度选在 T_s 以下或 T_{gel} 以上，树脂太硬，压力加不上，造成孔隙率大；如加压温度选在 T_s 附近，又会导致流胶和贫胶）。

在初选的几个固化温度下，恒温固化时间的确定原则应该是固化比较完全，又要缩短周期以提高效率，在制造厚壁复合材料时还要考虑内外层的固化程度的一致性，因而固化速率还不能太快，以免造成外层硬化而内层加不上压。用恒温条件下的 DMA 时间扫描图很容易进一步优化固化工艺，筛选出较佳的固化温度；而且通过确定预浸料体系模量不再随时间变化的时刻，可以用来判断固化所需的时间。

此外，DMA 技术还可以用来评价固化完全与否。对固化反应已进行得比较完全的热固性树脂及其复合材料进行 DMA 温度扫描时，储能模量应该是随温度上升而单调下降的。但若固化反应不够完全，则会发现，E'-T 曲线在 T_g 以上，随温度上升，E' 反而增大，这只能解释为在高温下，树脂体系发生了进一步的固化（交联）反应。

4.6　热分析仪器的发展趋势及应用

4.6.1　热分析仪器的发展趋势

热分析，虽然已有百年的发展历程，但随着科学技术的发展，尤其是热分析在材料领域中的广泛应用，使热分析技术展现出新的生机和活力，为此介绍热分析仪器的发展趋势。

热分析仪器小型化和高性能是今后发展的普遍趋势，如通过整体设计将电子仓和加热仓分开，大大提高仪器的稳定性，还采用了热保护、空气屏蔽和深冷等技术，可获得卓越的基线再现性，显著改善仪器的低温性能和热精度。目前 TG 和 DTA 的使用温度范围广，可达到 $-160\sim3\,000\,℃$，测温精度 $0.1\,℃$，天平灵敏度 $0.1\,μg$，压力范围为 $1.33×10^{-2}\sim25\,MPa$，动态热机械位移传感器的灵敏度或精度可达到 $≤1\,nm$，宽的频率为 $1.6×10^{-6}\sim318\,Hz$，负荷范围为 $10^{-4}\sim10^{8}\,N$，模量范围为 $10^{3}\sim10^{12}\,Pa$，可以获取损耗、相角、模量、应力、应变等几十个参数。

热分析仪器发展的另一个趋势是将不同仪器的优势和功能相结合，实现联用分析，扩大分析范围。近年来，除已有 TG、DTA、DSC 联用外，热分析还能与质谱（MS）、傅里叶变换红外光谱（Fourier transform infrared spectroscopy，FTIR）、X 射线衍射仪（XRD）等联用。

热分析仪器发展的另一个趋势是许多公司相继推出带有机械手的自动分析测量系统，并配有相应的软件包，能检测多达 60 个试样，还能自动设定测量条件和存储测试结果。目前许多公司还配备有多功能软件包，软件功能不断丰富与改进，使仪器操作更简便，结果更精确，重复性和工作效率更高。

4.6.2　综合热分析仪的应用

1. 综合热图谱在材料研究中的作用

材料科学的发展，要求能更精细地判断材料制备过程中细微变化产生的原因。热谱分析法对材料加热过程中变化机理的解释提供了数据依据。但是，只根据各种单个功能的仪器取得的热谱图，很难做出正确的判断。这是因为它们的实验条件很难相同，因而对于热效应的解释也难于一致。综合热分析仪，可以提供相同的实验条件，同时获得不同的热谱曲线（如差热、失重、膨胀、收缩等），因而利用对于取得的热谱曲线的综合分析，就能比较顺利地得出符合实际的判断。

利用综合热谱图可以做出下列分析。

当有吸热效应并伴有质量损失时，可能是物质脱水或分解；当有放热效应，伴有质量增加时，为氧化过程。

当有吸热效应而无质量变化时，为晶型转变所致；当有吸热效应，并有体积收缩时，也可能是晶型转变。

当有放热效应并伴有收缩时，可能有新物质产生。

当没有明显的热效应，开始收缩或从膨胀转为收缩时，表示烧结开始。收缩越大，表示烧结进行得越剧烈。

上述分析为正确判断热谱图提供了根据。为了验证判断的正确与否，还可以结合高温 X 射线分析、高温显微镜等仪器的分析观察加以验证，积累更多的实验资料，这样便可以正确地推断热效应产生的实质，阐明热变化过程中产生的物理-化学变化。

综合热谱图为材料加热过程中的变化机理提供了可靠的根据，因此综合热分析仪已成为科研、生产中不可缺少的重要仪器。

2. 综合热分析仪在材料研究中应用

（1）以 50%焦煤和 50%软木以及软木为试样，经过退火并研磨、干燥。以 40 ℃为初始温度，以 10 ℃/min 升温至 850 ℃，动态载气流速为 60 mL/min，于 850 ℃恒温（保持 1 h）时通入水蒸气，水蒸气流速为 2 g/h。由图 4-37（a）可见，质量有小的变化，主要为失水，通入水蒸气后，有明显的失重过程，图 4-37（b）在失水阶段失水较多。

（2）利用 DSC-TMA 分析 PTFE 同质多晶现象。图 4-38 为 PTFE 的 DSC-TMA 曲线。在第一次加热到 50 ℃时，试样可以装入圆盘/坩埚内。在自然冷却至起始温度，以 5 ℃/min 的

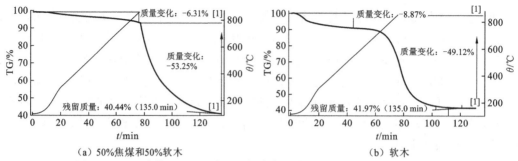

（a）50%焦煤和50%软木 （b）软木

图 4-37　50%焦煤和50%软木以及软木在水蒸气气氛下的 TG-DSC 曲线图

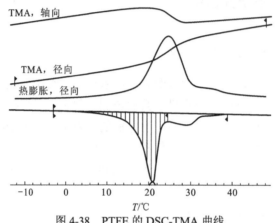

图 4-38　PTFE 的 DSC-TMA 曲线

速率从-20 ℃加热至 50 ℃进行实际测试。测试条件分别是：DSC（N₂，50 mL/min，表示通氮气保护，流速 50 mL/min，下同），TMA（He，200 mL/min）。负载 0.05 N。PTFE 的结晶区域以三斜晶体 II 的形式存在于 19 ℃以下，在 19 ℃与 30 ℃之间，六边形 IV 是稳定的。加热时，它转变成六边形 I，转变热分别为 13.4 J/g 和 2 J/g 左右。由于生产过程的影响，PTFE 棒是各向异性的，从两个方向测到的膨胀曲线很好地表明了这点。在 TMA 曲线上 30 ℃处只有一条模糊的肩峰，在膨胀曲线上可以清晰地看到 IV-I 转变。由于热惰性，该曲线比 DSC 曲线要宽。两个转变的热量分别为 5.0 J/g 和 1.0 J/g，明显低于上述值。试样的结晶性解释了该差异，这是因为无定形区域是惰性的。II-IV 转变计算的结晶度为 5.0/13.4 = 37%。

（3）利用 TG-DSC-FTIR 分析橡胶类产品在热裂解下反应温度和产物。图 4-39 和图 4-40 为两种橡胶的 TG-DSC-FTIR 谱图，动态载气流量 60 mL/min。以 20 ℃/min 速率升温至 900 ℃。图 4-39 为橡胶 a 热解的谱图，由图 4-39（b）可见，最大吸收处在 1600 s，图 4.39（c）中 3 000～2 600 cm⁻¹针状峰为析出的 HCl，1 865 cm⁻¹、1 805 cm⁻¹为 C=O 伸缩振动，1 343 cm⁻¹、1 253 cm⁻¹为 C—H 弯曲振动，908 cm⁻¹、709 cm⁻¹为 C—H 面内摇摆振动，产物可能为卤酰和烷烃。由图 4-39（a）可见，橡胶 a 在 100 ℃左右有吸热峰，表示有相变，300 ℃开始有大的失重，伴随有气体逸出。图 4-40 为橡胶 b 热解的谱图，在 300 ℃开始失重，由图 4-40（b）可见，产物和橡胶 a 不一样，主要是 C—H 振动和 C=O 振动，并在 2 000 s 以后有水峰产生，没有 HCl。

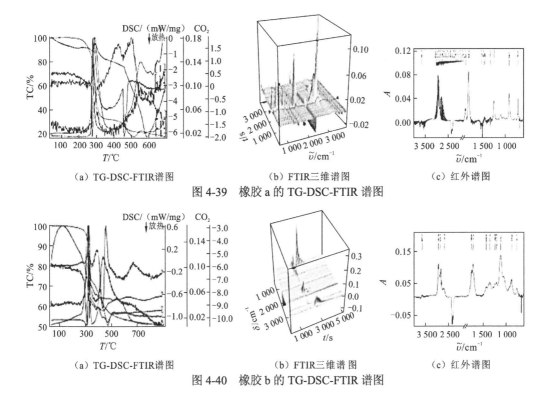

（a）TG-DSC-FTIR谱图　　　（b）FTIR三维谱图　　　（c）红外谱图

图 4-39　橡胶 a 的 TG-DSC-FTIR 谱图

（a）TG-DSC-FTIR谱图　　　（b）FTIR三维谱图　　　（c）红外谱图

图 4-40　橡胶 b 的 TG-DSC-FTIR 谱图

思考与练习

1. 简述热分析定义。
2. 简述 DTA（DSC）发展简史。
3. 简述 DTA（DSC）方法原理。
4. 简述 DTA（DSC）结构组成。
5. 请写出 DTA（DSC）曲线方程。
6. 影响 DTA（DSC）曲线的因素有哪些?
7. DSC 功率补偿形式有哪些?
8. DSC 加热方式有哪些?
9. DTA（DSC）测定 T_g 的方法是什么?
10. DSC 测定物质比热容、纯度、结晶度、固化度的方法是什么?
11. 什么是静态热机械分析?
12. 什么是线膨胀系数和体膨胀系数?
13. 静态热机械分析仪的类型、结构组成有哪些?
14. 简述静态热机械仪各种探头的应用。
15. 简述静态热机械仪的温度校正。
16. 什么是动态热机械分析?
17. 什么是材料的黏弹性?
18. 简述动态力学性能基本概念及其测试原理。
19. 简述动态力学性能测试仪器分类及应用范围。
20. DMA（TMA）测定 T_g 的方法是什么?
21. 如何用 DMA 表征材料的阻尼特性?

第5章 核磁共振波谱

5.1 电磁波谱概述

从本章开始，将介绍各种光谱分析方法。所有的光谱分析方法都依赖于所研究的样品对电磁波的吸收或发射。下面将简单介绍相关基础知识与理论。

5.1.1 电磁波与光谱学

电磁波（又称电磁辐射），是由同向且互相垂直的电场与磁场在空间中衍生发射的振荡粒子波，是以波动的形式传播的电磁场，具有波粒二象性，其传播方向垂直于电场与磁场构成的平面，有效地传递能量和动量。只要是本身温度大于热力学零度的物体，都可以发射电磁波，而世界上并不存在温度等于或低于热力学零度的物体。因此，人们周边所有的物体时刻都在发射电磁波。

电磁波不需要依靠介质传播，各种电磁波在真空中速率固定，速度为光速 c（3×10^8 m/s）。电磁波伴随的电场方向、磁场方向、传播方向三者互相垂直，因此电磁波是横波。在空间传播的电磁波，距离最近的电场（或磁场）强度方向相同，其相邻两强度值最大点之间的距离就是电磁波的波长 λ，电磁每秒钟变动的次数便是频率 υ。三者之间的关系可用式（5-1）表示：

$$c = \lambda\upsilon \qquad\qquad (5\text{-}1)$$

电磁波（广义光）通过不同介质时会发生折射、反射、衍射、散射及吸收等。电磁波能发生折射、反射、衍射、干涉，因为所有的波都具有波粒二象性。折射、反射属于粒子性；衍射、干涉为波动性。

电磁波包括的范围很广。实验证明，无线电波、微波、红外线、可见光、紫外线、X射线、γ射线等都是电磁波。它们的区别仅在于频率或波长有很大差别。依照波长的长短以及波源的不同，电磁波谱（光谱）按照波长从长到短可大致分为：无线电波（$30\sim3.0\times10^5$ cm）、微波（$30\sim0.1$ cm）、红外线（$0.1\sim7.6\times10^{-5}$ cm）、可见光（$7.6\times10^{-5}\sim3.8\times10^{-5}$ cm）、紫外线（$3.8\times10^{-5}\sim10^{-6}$ cm）、X射线（$10^{-6}\sim10^{-8}$ cm）、γ射线（$10^{-8}\sim10^{-12}$ cm）。

当人们把一束多频的电磁波（广义光）用适当的仪器如光谱仪将各频率成分分开，使其按频率高低展开，或按波长长短排列，这种按频率高低或波长长短的排列就是光谱。

人们利用光谱仪对被分析的物质所发射、吸收或散射的光的光谱进行研究，从而分析物质结构并获取物质物理的和化学的各种信息，这种获取物质结构和有关信息的方法称为光谱分析。

自1666年牛顿（Newton）观察到太阳的连续谱开始，人们逐渐认识到：光谱是与物质微观粒子（原子、分子）的结构相联系的。1913年玻尔（Bohr）把量子的概念引入光谱研究，随着量子力学的发展，光谱研究获得了坚实的理论基础，成为研究物质结构强有力的工具，对人类认识微观世界起到极为重要的作用。

5.1.2　电磁波与分子的相互作用

所有光谱的测量都取决于粒子（即所研究的体系）和电磁波的某种类型的相互作用。为了和电磁波的电场相互作用，所研究的体系必须有一定的电荷分布，当体系从始态跃迁到终态时，这种电荷分布应发生变化。这样的跃迁是由体系中的原子或分子中变化着的偶极矩与光波的电场或磁场相互作用所产生的，这些跃迁称为电偶极子或磁偶极子跃迁。

对于给定的跃迁，电磁波和样品变化着的偶极矩之间相互作用称为跃迁矩，由 $\boldsymbol{R}^{kn}$ 表示。跃迁矩是一个矢量，由下式定义：

$$\boldsymbol{R}^{kn} = (\psi_k^* \mid \hat{\mu} \mid \psi_n) \tag{5-2}$$

式中：$\hat{\mu}$ 是适于所研究体系的偶极矩算符；ψ_k^* 是跃迁之前状态的波函数；ψ_n 是终态的波函数。只有当跃迁矩不为零时，体系才从电磁波中吸收能量。设 P_{kn} 为把体系暴露在电磁波下，一秒钟时间里从始态 ψ_k^* 激发到终态 ψ_n 的概率，可表达为

$$P_{kn} = B_{kn}\rho(\upsilon_{kn}) \tag{5-3}$$

式中：B_{kn} 表示跃迁的一个性质，称为诱导吸收系数；$\rho(\upsilon_{kn})$ 为辐射的能量密度，υ_{kn} 为电磁波的频率。诱导吸收系数与跃迁矩有下列关系：

$$B_{kn} = \frac{8\pi^3}{3h^2} \mid R^{kn} \mid^2 \tag{5-4}$$

式中：h 为普朗克（Planck）常量。这就是理论计算的吸收强度。

包含在吸收强度中的第二个因素是状态 ψ_k^* 和 ψ_n 的集居数的差别。在分子能够从状态 ψ_k^* 激发之前，这个状态的集居数必须不为零。如果两个状态的集居数是相等的，也观察不到吸收现象。

5.1.3　电磁波的能量单位

一个体系吸收的电磁波的能量，总是等于体系的两个允许状态之间的能量差。若用 ΔE 表示这两个状态之间的能量差，与之相匹配的辐射波长 λ 可由下式表示：

$$\Delta E = \frac{hc}{\lambda} \quad 或 \quad \lambda = \frac{hc}{\Delta E} \tag{5-5}$$

式中能量以电子伏特（eV）表示，1 eV=1.602 3×10^{-19} J；h 是普朗克常量，h=6.625×10^{-34} J·s；c 为光速，c=3×10^8 m·s^{-1}；λ 为波长。式（5-5）将辐射的波动模型和粒子模型联系起来。吸收一个量子的能量 hc/λ，将使一个分子升到较高的能量状态。

普朗克关系式允许吸收辐射的能量用波长单位来表示。最常用的波长单位是埃（Å）、纳米（nm）和微米（μm），它们各自为 10^{-8}cm、10^{-7}cm 和 10^{-4}cm。

波长的倒数 $1/\lambda$ 与能量成正比，就是波数，用 $\tilde{\upsilon}$ 来表示，它的因次是 cm^{-1}。以 μm 为单位的波长及以 cm^{-1} 为单位的波数，都是红外光谱中常用的单位，它们的转换关系是

$$\tilde{\upsilon}(\mathrm{cm}^{-1}) = \frac{1}{\lambda(\mathrm{cm})} = \frac{1}{\lambda \times 10^{-4}(\mu m)} \tag{5-6}$$

5.1.4　对应于各类辐射的光谱技术

图 5-1 表示各类辐射的波数以及分子或原子吸收或反射电磁波后,相应的状态变化区域。例如,分子吸收可见光或紫外线后,引起价电子的变化。又如,样品吸收红外辐射后,引起振动及转动能级的跃迁。

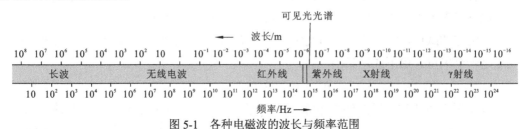

图 5-1　各种电磁波的波长与频率范围

图 5-1 表明,可见光部分在整个光谱中仅占极小的区域。

辐射的能量越高,则波长越短,频率越高而波数越大。

对应于不同能量的电磁波,人们创造了不同的光谱技术。将各种类型的光谱按照所用辐射的量子能量由低到高的顺序列出来,并给予简要的描述。

(1)核磁和核四极共振波谱。

这种类型的波谱使用电磁波谱中无线电频率区域的一部分(即射频区),通常是 5~100 MHz,核磁共振(nuclear magnetic resonance,NMR)波谱检测出在外加磁场中核自旋状态之间的跃迁。四极共振波谱检测出核自旋能级的分裂,这种分裂是由于某些核中不对称的电荷分布与一个电场梯度相互作用而产生的。

(2)电子自旋共振(electron spin resonance,ESR)波谱。

如果把包含未成对电子(如有机物的自由基或某些过渡金属离子)的样品放在外加磁场中,就可以用微波区域内的辐射诱导出不同的电子自旋状态之间的跃迁。微波的特征在于它是速调管和磁子所产生的,而不是由 LC 回路产生的。通常用波导(圆形或矩形截面的空心管)传输,而不是用导线传输。实验一般在 9 500 MHz 或 12 000 MHz 下操作。

(3)纯转动光谱。

在这类光谱中,观察到的是分子不同转动状态之间的跃迁。大多数这种跃迁也存在于微波区域,而那些较轻的分子,如 HCl、HF 等则发生在远红外区。

(4)振动(红外)和振动-转动光谱。

分子中振动状态之间的跃迁是在电磁波谱的红外区内吸收能量。常规的红外光谱仪通常扫描范围在 200~4 000 cm^{-1},这些能量对应于范围 50~2.5 μm 的波长。振动光谱的基本原理及傅里叶变换红外光谱在分子结构研究中的应用将在第 6 章中介绍。

(5)拉曼光谱。

用拉曼(Raman)光谱来测定振动跃迁能级,是观察散射光的频率而不是吸收光的频率。一般是用光谱的可见区域中的一束强单色光照射样品,并且在与入射光束成直角的方向上观察散射光的强度。大部分的散射光与入射光具有相同的频率,但是有一小部分的散射光具有与入射光不同的频率。这些弱谱线之间、弱谱线和主要谱线之间的能量差就相当于所研究体系中的振动和转动跃迁。激光拉曼光谱在分子结构研究中的应用,将在 6.7 节中介绍。

（6）电子光谱。

在电子光谱中，观察到的是原子和分子的允许电子状态之间的跃迁。这种跃迁发生在一个广泛的能量范围内，包括可见、紫外和真空紫外区域。它们分别对应于 $8\,000\sim4\,000$ Å、$4\,000\sim1\,800$ Å 和 $1\,800\sim50$ Å 的极限范围。紫外-可见光谱在分子结构研究中的应用，将在第 7 章中介绍。

（7）X 射线及与 X 射线有关的谱学方法。

当一个电子从原子内层被移开而使原子处于受激态时，通常将使该原子某一外层的一个电子转移到该内层，并以 X 射线形式发射出能量。所谓 X 射线即高能、短波的光子，其波长为十分之几埃到几埃。最终，该离子将捕获一个电子。

X 射线在材料分析中的应用可以用以下几种方法。

第一种方法是：X 射线发射光谱。当受激元素发出 X 射线时，其波长即该元素的特征，而其强度则正比例于受激原子的数目。因此，这种发射法可用于定性及定量分析工作，可用电子直接轰击物质（直接发射分析法和电子探针微分析法），或者用波长较短的 X 射线辐照物质（荧光分析法）的方法来激发。

第二种方法是：利用不同材料对 X 射线的不同吸收作用，即 X 射线的吸收光谱。

第三种方法是：利用 X 射线在晶体平面的衍射（衍射分析法）。这一方法取决于 X 射线的波动特征和晶体内晶面的有规律的间距，虽然衍射法也能用于定量分析，但在实际上常用于晶相的定性鉴定。X 射线衍射法可用来研究结晶物的结晶度、晶粒的大小、取向及原子在晶胞中的位置等。

如前所述，当 X 射线作用于物体上时，可能逐出电子。如果所用 X 射线为单能射线，那么被逐出电子的动能取决于电子结合能和 X 射线光子能量之差。若测出了被逐出电子的动能，则可算出电子的结合能。因为在原子外层区域里，电子的结合能依赖于其化学环境，故这种方法能用于分析元素的氧化态和化学结合情况，通常被称为 X 射线光电子能谱法（X-ray photoelectron spectroscopy，XPS），或化学分析电子能谱法（electron spectroscopy for chemical analysis，ESCA）。这种分析方法主要适用于表面分析，因为被逐出的电子易被薄层固体阻挡。它在材料表面、界面结构研究中有重要作用。

以上内容将在第 8 章中予以详细讨论。

（8）γ 射线或穆斯堡尔（Mössbauer）波谱。

γ 射线涉及原子核内部的能级变化。人们发现，γ 射线的发射和吸收能够以无反冲方式发生，主要是 ^{57}Fe 和 ^{119}Sn 化合物的 γ 射线发射具有极狭窄的特征，可以用来构成一种极其灵敏的时间测量仪。这种仪器近来已用于验证广义相对论。实验室中，穆斯堡尔波谱主要用于含铁化合物的研究。在 γ 射线区域中，能量是很大的，范围为 $8\times10^3\sim1\times10^6$ eV。

虽然不同光谱区中的电磁波与分子（原子）中不同的内部物理过程相对应。但是，上面按不同物理过程所划分的光谱区并不是严格的，而是互有重叠的。

依据被研究的物质与光波相互作用的方式，是吸收、发射，还是散射，对光谱分类，可以分为发射光谱、吸收光谱、荧光光谱和散射光谱等。这些不同种类的光谱，从不同方面提供物质微观结构知识及不同的材料分析方法。

（1）发射光谱。

把被研究的物质原子或分子激发到较高能级，记录已被激发的系统向低能级跃迁所发射的光谱，这种光谱是在暗背景的基底上的亮线，这就是发射光谱，如图 5-2 所示。

当被激发的物质是单原子气体时,它的辐射只是一些有确定波长的光,光谱是由很窄的、离散的谱线组成,这种光谱被称为线状光谱或原子光谱;不同元素的光谱的谱线数量、谱线的相对位置、相对强度各不相同。因此,通过光谱分析可以判定样品所含元素的种类和含量。

如果被激发的不是单原子气体,而是由分子组成的样品时,所得到的光谱是由许多带组成的,而每个带实际上又是由许多靠得很近的谱线组成的。这种光谱被称为带状光谱或分子光谱。

发射光谱主要用于原子光谱分析。

(2)吸收光谱。

当光束通过样品时,入射光中与样品的原子和分子特征谱线相应的成分将被吸收。把通过样品的光展成光谱时,在亮的基底上的一系列暗线,称为吸收谱线,如图 5-3 所示。

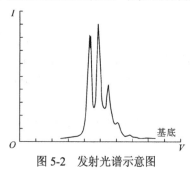

图 5-2　发射光谱示意图

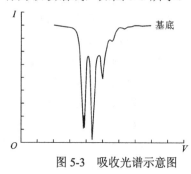

图 5-3　吸收光谱示意图

吸收光谱主要用于红外部分,有时也在可见光和紫外部分采用。当样品不可能激发或很难激发时,如有机物,只能采用吸收光谱进行光谱分析。

(3)荧光光谱

在采用 X 射线、紫外光、可见光或电子束激发固态、液态有机物或无机物的过程中,会产生持续时间只有 10^{-8} s 左右就停止的辐射,称为荧光。很多物质可以发射荧光,而且每种发射荧光的物质都有自己的特征荧光光谱。荧光光谱是带状光谱。人们可以从荧光光谱线的数量、位置、强度辨别出是由什么物质发射出来的。

(4)拉曼光谱。

拉曼光谱是一种散射光谱。当频率为 υ 的单色光通过某种介质时,可以在任何方向上看到频率不同于入射光的散射光。散射光与入射光的频率差与散射体分子的振动、转动能量差相对应,这种光谱就是拉曼光谱。

拉曼光谱的重要意义在于它能提供无电偶极辐射跃迁的能级间的信息,并能把本属于红外光谱范围的问题变为可见光的问题,使其变得简单。因为在可见光部分有灵敏的光电探测器可供使用。

对于装备材料,特别是船舶材料来说,常用的光谱技术有:微波区的核磁共振波谱,红外光区的红外光谱及拉曼光谱,可见紫外光区的紫外-可见吸收光谱,以及 X 射线光谱。

5.2　核磁共振波谱基本原理

5.2.1　核磁共振概述

核磁共振波谱实际上也是一种吸收光谱。紫外-可见吸收光谱来源于分子电子能级间的跃迁,红外光谱来源于分子振动-转动能级间的跃迁,而核磁共振波谱来源于原子核能级间的跃迁。测定核磁共振波谱的根据是某些原子核在磁场中产生能量分裂，形成能级。用一定频率的电磁波对样品进行照射，就可使特定结构环境中的原子核实现共振跃迁，在照射扫描中记录发生共振时的信号位置和强度，就得到核磁共振波谱。核磁共振分析能够提供三种结构信息：化学位移 δ、耦合常数 J 和多种核的信号强度。波谱上的 NMR 信号位置反映样品分子的局部结构（如官能团、分子构象等）；信号强度则往往与相关原子核在样品中存在的量有关。在目前通常选用的磁场强度（1.4～14 T）下，测量核磁共振所需的照射电磁波落在射频区（60～600 MHz）。

核磁共振波谱可按照测定的对象分类，测定氢核的称为氢谱，常用 ^{1}H NMR 表示，测定碳-13 核的称为碳谱，常用 ^{13}C NMR 表示。原则上，凡是自旋量子数（I）不等于零的原子核都可以测得 NMR 信号。在高分子结构研究中，有实用价值的有 ^{1}H、^{13}C、^{19}F、^{29}Si、^{15}N 及 ^{31}P 等 NMR 信号，其中以氢谱和碳谱应用最为广泛。

核磁共振也可按样品的状态分类，测定溶解于溶剂中的溶质的分子结构称为溶液核磁共振；测定固体状态样品的称为固体核磁共振。在高分子结构研究中，固体 NMR 发挥了特殊的作用。

核磁共振现象是 1946 年由布洛赫（Bloch）和珀塞尔（Purcell）等发现的，这一发现引起了科学界很大的兴趣。布洛赫及珀塞尔同时获 1952 年诺贝尔物理学奖。70 多年来，核磁共振波谱在技术和应用方面都有了迅速的发展。高强磁场超导核磁共振波谱仪的发展，大大提高了仪器的灵敏度。超导核磁共振在生物学领域的研究和应用正在发挥着广泛的作用，从生物大分子到细胞、组织器官，甚至人的大脑都得到应用。

脉冲傅里叶变换（pulse Fourier transform）核磁共振波谱仪（Pulse FT-NMR）的问世，极大地推动了核磁共振技术，特别是使 ^{13}C、^{15}N、^{29}Si 等核磁共振及固体核磁共振得以广泛应用。发明者理查德·恩斯特（R.Ernst）因此获 1991 年诺贝尔化学奖。

在过去 30 年中，核磁共振波谱在研究溶液及固体状态的材料结构中取得了巨大的进展。库尔特·维特里希（Kurt Wüthrich），由于用多维核磁共振技术在测定溶液中蛋白质结构的三维构象方面的开创性研究，而获 2002 年诺贝尔化学奖。在高分辨率固体核磁共振技术方面，通过综合利用魔角旋转、交叉极化及偶极去耦等措施，再加上适当的脉冲程序，已经可以方便地用来研究固体高分子的化学组成、形态、构型、构象及动力学。核磁共振成像技术可以直接观察材料内部的缺陷，指导高分子加工过程。因此，固体高分辨率核磁共振已发展成研究高分子结构与性质的有力工具。

5.2.2 核磁共振基本概念

某些原子核与电子一样，也有自旋现象，因而具有一定的自旋角动量。因为原子核是带电粒子，犹如电流流过线圈产生磁场一样，原子核自旋运动也会产生磁场，因而具有磁偶极矩，简称磁矩，以符号 μ 表示。

原子核的自旋角动量与原子核的自旋量子数 I 有关。I 数值取决于原子核的质量数和原子序数。I 数值分三类：$I = 0$，$I = 1/2$，$I > 1/2$。$I=0$ 的原子核没有自旋现象。自旋为 1/2 的原子核，其核电荷呈球形对称分布，它们具有各向同性的性质，在适当的条件下产生 NMR 信号。属这类性质的原子核有 ^{1}H、^{13}C、^{19}F、^{15}N、^{29}Si、^{31}P 等。$I > 1/2$ 的原子核，核电荷呈椭球形，这类原子核具有各向异性，核电荷的性质用电四极矩来描述。它们能对邻近磁核的 NMR 信

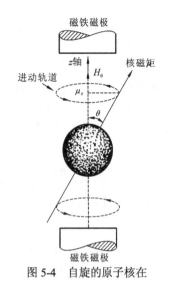

图 5-4 自旋的原子核在
外磁场中的进动

号产生影响，在分析谱图时必须加以考虑。

1. 核磁共振现象

一个自旋的原子核放在静止的外磁场（H_0）中，核磁矩受到 H_0 的作用力，围绕 H_0 产生类似于陀螺一样的进动，如图 5-4 所示。设 H_0 的方向与 z 轴方向重合，核磁矩 μ 与 H_0 的夹角为 θ，则 μ 与 H_0 相互作用的能量为

$$E = -|\mu| \cdot |H_0| \cdot \cos\theta = -\mu_z \cdot H_0 \qquad (5\text{-}7)$$

能量 E 也可表示为

$$E = -\gamma m \hbar H_0 \qquad (5\text{-}8)$$

式中：比例常数 γ 称为磁旋比，它是物理常数之一，特定的原子核的 γ 是恒定值。不同种类的原子核，其旋磁比 γ 都不相同。例如，质子 H 的 γ 值为 26.752，磷 ^{31}P 的 γ 值为 10.829。m 称为磁量子数，对于自旋量子数为 I 的原子核，m 有（$2I+1$）个值。$\hbar$ 为普朗克常数除以 2π。由式（5-8）可知，原子核在外磁场中有（$2I+1$）个能级。这表明在静止磁场中原子核的能量是量子化的。例如：$I = 1/2$ 的磁核，当 $m = +1/2$ 时，μ_z 与 H_0 取向相同，E 值为负，原子核处于低能态 E_1；当 $m = -1/2$ 时，μ_z 取向与 H_0 相反，E 值为正，原子核处于高能态 E_2。原子核吸收或放出能量时，就能在磁能级之间跃迁，跃迁所遵从的选律为 $\Delta m = \pm 1$。这就是说，原子核只能在相邻磁能级间发生跃迁。根据式（5-8）可得出相邻两磁能级间的能差：

$$\Delta E = \gamma \hbar H_0 \qquad (5\text{-}9)$$

在外磁场 H_0 中，原子核的磁矩 μ 绕 H_0 进动的频率 ω_0 为

$$\omega_0 = \gamma \cdot H_0 = 2\pi\gamma_0 \qquad (5\text{-}10)$$

式（5-10）称为拉莫尔（Larmor）方程，式中 ω_0（rad/s）或 γ_0（Hz）称为拉莫尔频率。

对一个周期运动体系施加一周期变化的外力，若要使运动体系有效地从外界吸收能量，运动体系的频率与外力的变化频率必须相同，这就是所谓"共振条件"。核磁共振也是这样，若用频率为 ω 的射频去照射在 H_0 中进动的磁核，只有 ω 等于磁核的拉莫尔频率（ω_0）时，原子核才能有效地吸收射频辐射的能量（$\Delta E = \gamma \hbar H_0$），从低能态跃迁到高能态，实现核磁共振。

在实验中，照射样品的射频场是由 x 轴上的振荡线圈提供的（图 5-5）。线圈发射出来的射频线偏振磁场 $2H_1\cos\omega t$，在 xy 平面上分解成两个强度相等、方向相反的旋转磁场（图 5-6）。这两个旋转磁场仅在 x 轴上的合成分量作周期变化，而在 y 轴上的合成分量始终等于零。当旋转磁场 H_1 的频率和方向与磁核的拉莫尔频率和进动方向相同时，磁核从 H_1 吸收能量发生跃迁，在 y 轴上的接收线圈就感应出 NMR 信号。

2. 弛豫过程

把 ^{1}H、^{13}C 等自旋量子数 $I=1/2$ 的原子核放在外磁场 H_0 中，原子核的磁能级分裂成（$2I+1$）个。磁核优先分布在低能级上，但是高、低能级间能量差很小，磁核在热运动中仍有机会从低能级向高能级跃迁，整个体系处在高、低能级的动态平衡之中。平衡状态各能级的粒子集居数遵从玻尔兹曼（Boltzmann）分布定律，即

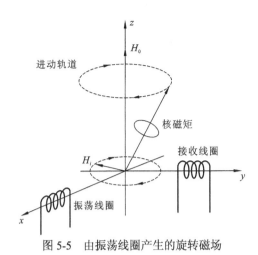

图 5-5　由振荡线圈产生的旋转磁场

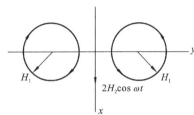

图 5-6　线偏振波分解两个旋转分量

$$\frac{N_2}{N_1} = e^{\frac{\Delta E}{kT}} \tag{5-11}$$

式中：N_1、N_2 分别为磁核在低、高能级上分布总数；ΔE 为高、低两能级间的能量差；k 为玻尔兹曼常量；T 为热力学温度。

因为核磁能级间的能量相差很小，所以 $\Delta E \ll kT$，式（5-11）可以改写为

$$\frac{N_2}{N_1} = 1 - \frac{\gamma \hbar H_0}{kT} \tag{5-12}$$

当 $T = 300\text{ K}$，$H_0 = 10\,000\text{ G}$ 时，^1H 处于两种能态的数目比为

$$\frac{\Delta E}{kT} = 6.80 \times 10^{-6} \qquad \frac{N_2}{N_1} = \frac{1\,000\,000}{1\,000\,007}$$

即在室温下，处于低能态的核数目 N_1 比处于高能态的核数目 N_2 只多百万分之七。

当选用射频场去照射样品时，在单位时间内从低能级向高能级跃迁的粒子数，将多于从高能级向低能级跃迁的粒子数，玻尔兹曼分布失去平衡，核体系呈激发态，实验中就有净的能量吸收，表现为可测得的 NMR 信号。低能态粒子数越多，信号越强烈。若仅仅只有上述跃迁过程，随着时间的推移，低能级上过量的粒子数越来越少，最后高、低能级上分布的粒子数相等，核体系就没有净的能量吸收，NMR 信号也随之消失。但实际上只要合理地选用照射强度 H_1，就可以连续地观察到 NMR 信号，说明存在着磁核从受激态高能级失去能量跳回低能级的过程，即"弛豫"过程。在普通核磁共振中，弛豫过程分为两类，一类是自旋-晶格弛豫，另一类是自旋-自旋弛豫。

在自旋-晶格弛豫过程中，一些核的能量转移到周围粒子中，由高能态回到低能态。这一过程也称为"纵向弛豫"。通过纵向弛豫达到热平衡需要一定的时间，通常用半衰期 T_1 表示。T_1 是处于高能态核寿命的一个量度。T_1 越小，表示弛豫效率越高。T_1 值与核的种类、样品所处的状态和温度有关。固体的振动和转动频率比较小，难以有效地产生纵向弛豫，所以 T_1 值很大，有时可达几小时。气体及液体的 T_1 值则很小，一般为 $10^{-2} \sim 100\text{ s}$。

自旋-自旋弛豫过程就是一个核的能量被转移至另一个核，而各种取向的核总数并未改变的过程，也称为"横向弛豫"。当同一类的两个相邻的核，具有相同的进动频率而处于不同的自旋状态时，每一个核的磁场就能相互作用而引起能态的互相变换，处于高能态的核回到低能态，而同时处于低能态的核被激发到高能态。显然，横向弛豫与体系保持共振吸收条件

无关。横向弛豫过程用半衰期 T_2 表示，它给出关于共振频率分布及磁核所处的局部磁场的信息。固体和黏稠液体的 T_2 一般很小，气体及液体样品的 T_2 为 1 s 左右。

弛豫时间虽有 T_1 和 T_2 之分，但对每一个核来说，它在较高能级所停留的时间只取决于 T_1 和 T_2 中最小者。例如，固体样品的 T_1 虽然很长，但它的 T_2 特别短，T_2 使每一磁核高速往返于高低能级之间。

弛豫时间对谱线宽度影响很大。谱线的宽度与弛豫时间 T 成反比。固体样品 T_2 很小，所以谱线很宽。有电四极矩的磁核或受电四极矩影响的磁核，由于有很高的弛豫效率而吸收峰很宽，实际上常检测不到 NMR 信号。所以研究自旋量子数大于 1/2 的原子核的 NMR 信号难度较大。

与高分子有关的一些常见元素原子核的特性列于表 5-1 中。

表 5-1 常见磁核的 NMR 性质

同位素	自然丰度/%	在 10kG 磁场中的共振频率/MHz	在固定磁场中相对灵敏度	自旋量子数 I
^{1}H	99.98	42.577	1.000	1/2
^{2}H（D）	0.016	6.536	0.009 64	1
^{13}C	1.108	10.705	0.015 9	1/2
^{14}N	99.64	3.076	0.001 01	1
^{15}N	0.365	4.315	0.001 04	1/2
^{17}O	0.037	5.772	0.029 1	5/2
^{19}F	100.0	40.055	0.834	1/2
^{28}Si	4.70	8.400	0.078 5	1/2
^{31}P	100.0	17.235	0.066 4	1/2
^{35}Cl	75.4	4.172	0.004 71	3/2
^{37}Cl	24.6	2.472	0.002 72	3/2

在表 5-1 中，只有 I=1/2 的一些核的共振信号有实际用途。其中最常见的有 ^{1}H、^{13}C、^{15}N、^{19}F、^{31}P 等核。但是在一般条件下，只有 ^{1}H 及 ^{19}F 的 NMR 信号容易得到，因为它们的自然丰度和灵敏度都很高。I = 1/2 的其他磁核，由于自然丰度或灵敏度低，在应用上受到限制。例如 ^{13}C 的自然丰度为 1.108%，相对灵敏度仅是质子的 0.015 9%，总的灵敏度只有质子的 1.7×10^{-4}。脉冲傅里叶变换技术应用于核磁共振后，才比较方便地获得有价值的碳谱。由于高分子材料多数由 C—C 链构成主链，^{13}C 谱的核磁共振研究有着特殊的重要意义。

3. 化学位移

对孤立磁核来说，共振频率只取决于外磁场的强度，当磁场强度一定时，其共振频率是一定的。但是在分子体系中，由于各种磁核所处的化学环境不同，而产生不同的共振频率。这种共振频率的位移现象称为化学位移。化学位移来源于核外电子云的磁屏蔽效应。

化学位移是很小的数值，且与磁场强度有关。为了统一标定化学位移的数值，文献中定义无量纲的 δ 值为化学位移的值；

$$\delta = \frac{\upsilon_{样} - \upsilon_{标}}{\upsilon_{标}} \times 10^6 \text{ ppm} \tag{5-13}$$

式中：$\upsilon_{样}$ 为被测磁核的共振频率；$\upsilon_{标}$ 为标准物磁核频率。δ 值单位为 ppm（1 ppm=1×10^{-6}），

与磁场强度无关。样品中特定磁核在不同磁场强度的仪器上测得的 δ 值相同。

文献中有时用 τ 值表示化学位移，τ 与 δ 的换算关系为

$$\tau = (10.00 - \delta)\ \text{ppm} \tag{5-14}$$

在 ^1H 及 ^{13}C 的核磁共振波谱中，最常用的标准物为四甲基硅烷（TMS）。以 TMS 的化学位移为零点。标准物一般混在待测样品的溶液中，即所谓"内标法"。内标法的优点是可以抵消由溶剂等测试环境引起的误差。

TMS 易溶于有机溶剂，所以是一种理想的内标试剂，但它不溶于水。在测水溶性样品 ^1H 谱时，以叔丁醇等化合物作内标。叔丁醇相对于 TMS 的 δ_{H} 为 1.231 ppm。通过简单换算，可求得水溶性样品以 TMS 为标准物时的 δ 值。^{13}C 谱研究中常用的水溶性内标物是二噁烷（$\delta_{\text{C}} = 67.4\ \text{ppm}$）或叔丁醇（$\delta_{\text{C}} = 31.9\ \text{ppm}$）。

4. 自旋耦合

从化学位移的讨论可以推论：样品中有几种化学环境不同的磁核，核磁共振波谱上就应该有几个吸收峰。但在采用高分辨核磁共振波谱仪进行测定时，有些核的共振吸收峰会出现分裂。例如，用低分辨的核磁共振波谱仪测定 1，1，2-三氯乙烷，得出的谱中有两条谱线，—CH_2— 质子在 $\delta = 3.95\ \text{ppm}$，质子在 $\delta = 5.77\ \text{ppm}$ 处。采用高分辨核磁共振波谱仪测定得到的谱线是两组多重峰，即以 $\delta = 3.95\ \text{ppm}$ 为中心的二重峰和以 $\delta = 5.77\ \text{ppm}$ 为中心的三重峰。多重峰的谱线间距为 6 Hz，如图 5-7 所示。

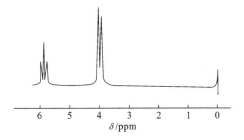

图 5-7　1，1，2-三氯乙烷的 ^1H NMR 谱

多重峰的出现是由分子中相邻氢核自旋互相耦合造成的。

质子能自旋，相当于一个小磁铁，产生局部磁场。在外磁场中，氢核有两种取向，与外磁场同向的起增强外场的作用，与外磁场反向的起减弱外场的作用。质子在外磁场中两种取向的比例近于 1。在 1，1，2-三氯乙烷分子中，—CH_2— 的两个质子的自旋组合方式可以有四种，如表 5-2 所示。

表 5-2　1，1，2-三氯乙烷中—CH_2—质子的自旋组合

取向组合		氢核局部磁场	$-\overset{\mid}{\text{CH}}-$ 上质子实受磁场
H 取向	H' 取向		
↑	↑	$2H$	$H_0 + 2H$
↑	↓	0	H_0
↓	↑	0	H_0
↓	↓	$-2H$	$H_0 - 2H$

注：外磁场 H_0 的方向为 ↑；H 及 H' 分别代表—CH_2—上的两个质子磁场。

—CH_2—的自旋组合结果产生三种不同的局部磁场：H_0+2H、H_0、H_0-2H，使—CH_2—上的质子实际上受三种磁场作用，因而核磁共振波谱中呈三重峰。这三个峰是对称分布的，各峰的面积比是 1：2：1。

同样，—$\overset{|}{\underset{|}{CH}}$—质子也出现两种取向，产生 H_0+H 及 H_0-H 两种不同的磁场，使—CH_2—的质子峰发生分裂，呈现面积比为 1：1 的二重峰，如图 5-7 所示。

在同一分子中，这种核自旋与核自旋间相互作用的现象称为"自旋-自旋耦合"。由自旋-自旋耦合产生谱线分裂的现象称为"自旋-自旋裂分"。

由自旋耦合产生的分裂的谱线间距称为耦合常数，用 J 表示，单位为 Hz。耦合常数是核自旋裂分强度的量度。它只是化合物分子结构的属性，即只随磁核的环境不同而有不同的数值。耦合常数与分子结构关系的理论尚不完善。同化学位移一样，它们之间的经验关系和经验数据，在化合物结构的鉴定研究中是非常有用的。

耦合作用是通过成键电子对间接传递的，不是通过空间磁场传递的，因此耦合的传递程度是有限的。在饱和烃化合物中，自旋-自旋耦合效应一般只传递到第三个单键。在共轭体系化合物中，耦合作用可沿共轭链传递到第四个键以上。

耦合常数一般分三类：同碳耦合常数，$\overset{H}{\underset{C}{\diagdown}}\overset{H}{\diagup}$ 用 ^2J 或 J_{gem} 表示；邻碳耦合常数，H—C—C—H，用 ^3J 或 J_{vic} 表示；远程耦合常数，^1H 谱及 ^{13}C 谱中的耦合现象，将分别在 5.3 节和 5.4 节中详细讨论。

5. 核磁共振的信号强度

核磁共振波谱上信号峰的强度正比于峰的面积，也是提供结构信息的重要参数。核磁共振波谱上可以用积分线高度反映信号强度。各信号峰强度之比，应等于相应的质子数之比。图 5-8 是用质子峰积分线高度计算聚乙烯分子量的实例。未知分子量的聚乙烯结构式为 $CH_3(CH_2)_nCH_3$。图 5-8 中，化学位移 1.2 ppm 的峰为—CH_2—上质子峰，化学位移 0.9 ppm 的峰为端基—CH_3 上的质子峰。图中两种质子峰积分线高度比为 8：1。因每一个分子链含有两个—CH_3 端基，即每一个链含有 6 个甲基质子，所以每个分子链含有 48 个亚甲基质子。因此该分子式可写为 $CH_3(CH_2)_{24}CH_3$。

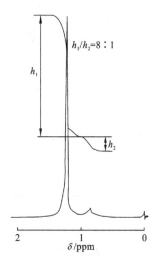

图 5-8 ^{1}H NMR 积分线高度测定
低分子聚乙烯分子量

6. 溶液核磁共振实验技术简介

目前，高分辨核磁共振波谱仪的类型很多，这里仅以连续波谱仪上所常用的扫场（field sweep）法为例，来说明仪器的主要部件和测定的一般原理。关于脉冲傅里叶变换波谱仪，将留在碳谱中介绍。

图 5-9 是连续波核磁共振波谱仪的示意图。仪器主要由以下部件组成：磁铁、射频振荡器、样品管、射频接收器和记录器。

实验时样品管放在磁极中心，磁铁应该对样品提供强而均匀的磁场。但实际上磁铁的磁场不可能很均匀，因此需使样品管以一定速度旋转，以克服磁场不均匀所引起的信号峰加宽。射频振荡器不断地提供能量给振荡线圈，向样品发送固定频率的电磁波，该频率与外磁场之间的关系为 $\upsilon=\gamma H_0/2\pi$，如表 5-3 所示。

表 5-3　核磁共振波谱仪上外磁场与质子共振频率的关系

频率/MHz	磁场强度/T	频率/MHz	磁场强度/T
60	1.409	200	4.697
80	1.879	300	8.455
100	2.349	500	11.75

绕在磁铁凸缘上的扫场线圈，由扫描发生器提供变化的直流电流，使样品除接受磁铁所提供的强磁场之外，再加一个可变的附加磁场。这个小的附加磁场由弱到强地连续变化，称为扫场（即场扫描）。在扫描过程中，样品中不同化学环境的磁核，相继满足共振条件，在接收线圈中就会感应出共振信号，并将它送入射频接收器，经放大后输入记录器，自动记录下核磁共振波谱。另一种扫频方法，采用固定磁场，用变化的射频扫描，也可得到完全一样的核磁共振波谱。

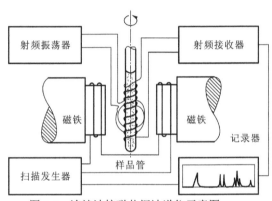

图 5-9　连续波核磁共振波谱仪示意图

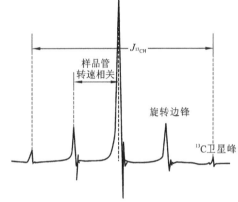

图 5-10　纯氯仿的质子信号、旋转边峰
及同位素边峰

测定时将样品配成溶液。作 ^1H NMR 谱时，常用外径为 6 mm 的薄壁玻璃管。作 ^{13}C NMR 谱时，因 ^{13}C 的灵敏度低，样品管外径可加大到 18 mm。

在配制样品时，溶剂的选择很重要。要求采用不产生干扰信号、溶解性能好、稳定的氘代溶剂。这些溶剂中残留未氘代的含 ^1H 物质，在核磁共振波谱中出现溶剂小峰。由于溶剂的相对量很大，若使用含质子的溶剂（如氯仿、丙酮），除了产生极强的质子峰之外，还可观察到两组对称的小峰。一组称为旋转边峰，当样品管转速加快时，旋转边峰的间距加宽，强度减小，所以容易识别。离主峰较远的两个对称小峰，称为同位素边峰，是由氯仿分子中 ^{13}C 与氢之间耦合引起的质子信号分裂。这对小峰的间距，就是两个耦合磁核的耦合常数 $J_{^{13}CH}$，它与样品管的转速无关。同位素边峰也称 ^{13}C 卫星峰，如图 5-10 所示。

5.3　质子核磁共振波谱

在核磁共振波谱中，氢谱的研究最早，积累的资料也最丰富，多年来在有机化学的结构测定、样品鉴定及动力学研究方面，是最有效的工具之一。氢谱也是研究高分子键化学结构的有效检测手段。

5.3.1　质子的化学位移与分子结构的关系

样品分子中质子的化学位移，是利用核磁共振波谱推断分子结构的重要参数，影响质子化学位移的结构因素主要有下述几个方面。

（1）取代基的诱导效应和共轭效应：取代基的电负性，直接影响与它相连的碳原子上质子的化学位移，并且通过诱导方式传递给邻近碳上的质子。这主要是电负性较高的基团或原子，使质子周围的电子云密度降低（去屏蔽），导致该质子的共振信号向低场移动（δ_H 值增大）。取代基的电负性越大，质子的 δ 值越大。

（2）碳原子的杂化状态：在碳-氢键的成键轨道中，若 s 成分越高，则成键电子云越靠近碳原子核，质子的 δ 值增大。烯碳（sp^2 杂化）和炔碳（sp 杂化）上的质子化学位移 δ 值都大于饱和碳（sp^3 杂化）上质子的化学位移。

（3）邻近基团磁各向异性效应——远程屏蔽：芳环 π 电子云在外磁场 H_0 的作用下，产生垂直于 H_0 的环形电流。环流电子所产生的感应磁场与 H_0 的方向相反，因此在苯环附近出现屏蔽区和去屏蔽区。苯的质子处于去屏蔽区，信号位置出现在低场（$\delta_H = 7.27$ ppm），如果分子中有质子处于苯环的屏蔽区，那么其共振信号向高场移动，即 δ_H 值变小。

（4）氢键和溶剂效应：除了以上讨论的影响质子位移的主要因素之外，由于核磁共振实验样品配成溶液或采用纯液体，溶质和溶剂分子之间的相互作用（溶剂效应）和氢键的生成，对化学位移的影响有时也很明显。

关于氢键的理论目前仍在发展之中。一般认为在 ^{1}H NMR 中，活泼质子的化学位移对氢键是非常敏感的，如乙醇在 CCl_4 中，当浓度分别为 10%、5% 和 0.5% 时，羟基（—OH）的化学位移分别为 4.4 ppm、3.7 ppm 和 1.1 ppm，但乙醇分子中—CH_2—、—CH_3 峰的化学位移却随着浓度的变化而变化很小。浓度减小，羟基形成的氢键也减弱，羟基峰向高场方向移动。但分子内氢键对活泼氢化学位移的影响，几乎与溶液的浓度无关。

进入 21 世纪以来，关于氢键在高聚物中作用的研究取得了较大发展，如氢键促进高分子共混物相容作用已被大量实验所证实。在高分子共混物中引入质子给予体和质子接受体，则能显著地改善高分子共混物的相容性。另外，氢键在改善材料的聚集态结构及性能方面的作用也是很显著的。例如，在聚氨酯弹性体中，如果硬段与软段之间可形成氢键，材料的扩张强度将有明显的提高。

研究氢键的有效方法是核磁共振波谱和红外光谱。许多学者用红外光谱对聚氨酯及聚酰胺中的氢键作了详细、广泛的研究。红外光谱中氢键的特征是 X—H···Y 伸缩振动谱带变宽，频率降低，峰面积增大，无法区别同时存在的多种氢键。在核磁共振波谱中，核磁共振参数如化学位移、线宽、耦合常数及弛豫时间取决于局部的磁环境，同时化学位移还由化学结构及分子链的构型所决定。因此在聚氨酯溶液的 ^{1}H NMR 谱中，出现的多个—NH—峰，其不同的化学位移可作为判断—NH—形成的氢键的种类的依据。

除氢键作用外，采用不同的溶剂，化学位移也会发生变化，强极性溶剂的作用更加明显。溶剂也有磁各向异性效应或范德华引力效应。此外，温度、pH、同位素效应等因素也会影响化学位移的改变。

样品分子中质子的化学位移，是利用 ^{1}H NMR 谱推断分子结构的重要参数。一些典型基团的化学位移 δ 值列于表 5-4 中。

表 5-4　一些典型基团的质子化学位移

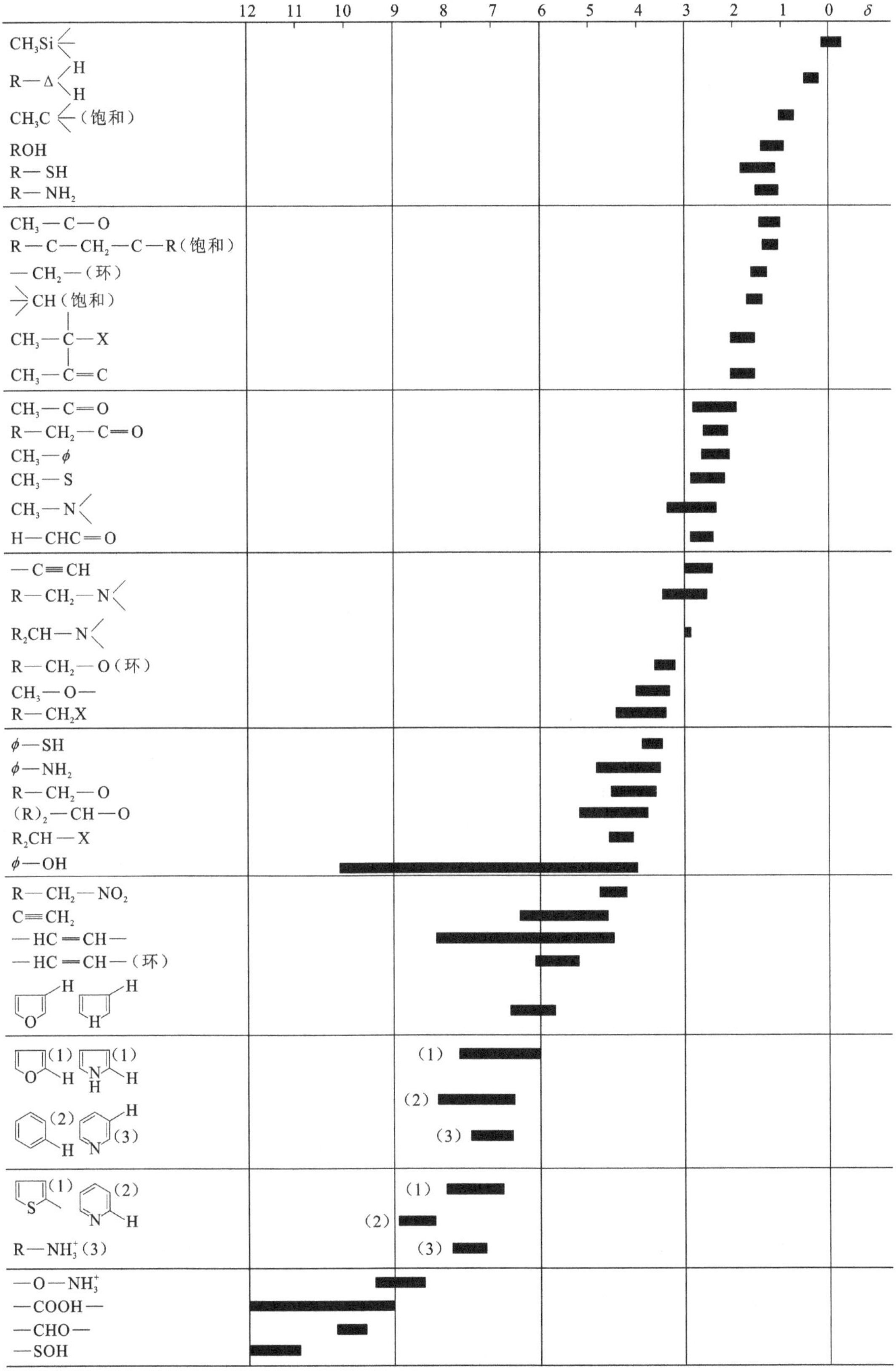

基团	12	11	10	9	8	7	6	5	4	3	2	1	0	δ

CH_3Si⟨

$R—\triangle$⟨^H_H

CH_3C⟨（饱和）

ROH

$R—SH$

$R—NH_2$

$CH_3—C—O$

$R—C—CH_2—C—R$（饱和）

$—CH_2—$（环）

⟩CH（饱和）

$CH_3—\underset{|}{C}—X$

$CH_3—\underset{|}{C}=C$

$CH_3—C=O$

$R—CH_2—C=O$

$CH_3—\phi$

$CH_3—S$

$CH_3—N$⟨

$H—CHC=O$

$—C≡CH$

$R—CH_2—N$⟨

$R_2CH—N$⟨

$R—CH_2—O$（环）

$CH_3—O—$

$R—CH_2X$

$\phi—SH$

$\phi—NH_2$

$R—CH_2—O$

$(R)_2—CH—O$

$R_2CH—X$

$\phi—OH$

$R—CH_2—NO_2$

$C=CH_2$

$—HC=CH—$

$—HC=CH—$（环）

（呋喃/吡咯环）H

（呋喃(1)/吡咯(1)）H

（苯(2)/吡啶(3)）H

（噻吩(1)/吡啶(2)）H

$R—NH_3^+$（3）

$—O—NH_3^+$

$—COOH—$

$—CHO—$

$—SOH$

5.3.2　质子耦合常数与分子结构的关系

质子与邻近磁核耦合，在氢谱上出现分裂信号，裂分的数目和耦合常数可以提供非常有用的结构信息。在很多情况下，判断分子中某些结构单元是否存在，就是通过分裂模型来辨认的。例如，在一些简单的图谱中，信号裂分为三重峰，说明质子与亚甲基相邻；四重峰分裂表明它与甲基相连；等等。

在脂肪族化合物中，相隔两个键（H—C—H）的质子间耦合，称为"同碳耦合"，耦合常数用符号 $^2J_{HH}$ 表示。相隔三个键（H—C—C—H 或者 H—C≡C—H）质子间的耦合称为"邻碳耦合"，耦合常数用 $^3J_{HH}$，表示。在芳环体系中，质子相隔三个键的"邻位耦合"，相隔四个键的"间位耦合"，甚至相隔五个键的"对位耦合"都能观察到。

耦合常数与分子的许多物理因素有关，其中最重要的是碳原子的杂化状态，传递耦合的两个碳氢键所在平面的夹角，以及取代基的电负性等。

在有机物的氢谱中，除了质子间的耦合之外，质子与 ^{13}C、^{19}F 及 ^{31}P 等磁核的耦合也常常出现，其耦合机理与质子-质子耦合相似，所不同的是它们（^{13}C、^{19}F、^{31}P）与质子间的耦合常数比 J_{HH} 大得多。

耦合系统的命名在谱图解析时是很重要的。现在普遍采用的命名法是用英文字母代表系统中各个磁核。26 个英文字母分成三组：A、B、C、…为第一组；M、N、O、…为第二组；X、Y、Z 为第三组。磁等价磁核用同一字母代表，磁核数目注在字母的右下角。如 CH_4，可命名为 A_4 系统（M_4 或 X_4 也可以）。如果耦合磁核间的化学位移相差很小（$\Delta v/J<6$），那么这些化学位移不同的磁核用同一组中的不同字母代表。如 CH_2＝CHR，可命名为 A_2B_1 系统。如果耦合磁核间的化学位移相差较大（$\Delta v/J>6$），则用不同组的字母来命名。例如，CH_2F_2 属于 A_2X_2 系统；$^{13}CH_2F_2$ 属于 AM_2X_2 系统；CH_3CH_2OH 属于 A_3M_2X 系统。

自旋-自旋裂分现象对结构分析是非常有用的，它可以鉴定分子中的基团及其排列次序。大多数化合物的核磁共振波谱都比较复杂，需要进行计算才能解析，但对于一级光谱，可以通过自旋-自旋裂分直接进行解析。所谓一级光谱，即相互耦合的质子的化学位移差 Δv 至少是耦合常数 J 的 6 倍，即 $\Delta v/J \geqslant 6$。例如，乙醇的甲基质子和亚甲基质子的化学位移差为 146 Hz（用 60 MHz 仪器测量），其耦合常数 J 为 7 Hz，即属此类。对复杂的光谱可用一些辅助实验手段进行简化，常用的方法如下。

（1）双照射去耦技术：所谓双照射去耦技术，就是在核磁共振"扫频法"实验中除了使用一个连续变化的射频场扫描样品之外，还同时使用第二个较强的固定射频场照射样品。若要观察分子内特定质子与哪些磁核耦合，就调整固定射频场的频率，使之等于特定质子的共振频率。由于固定射频场比较强，特定质子受其照射后迅速跃迁达到饱和，将不再与其他磁核耦合，得到的是消除该种质子与其他磁核耦合的去耦谱。对照去耦前后的谱图，就能找出与该质子有耦合关系的全部质子。在双照射技术中，去耦磁核与测定磁核相同时，称为同核去耦，质子-质子去耦就属于这一类；去耦磁核与测定磁核不同时，称为异核去耦。

（2）位移试剂：位移试剂主要用于分开重叠的谱线，常用的位移试剂为铕的配合物或镨的配合物。它们具有磁各向异性，对样品分子内的各个基团具有不同的磁场作用，使各基团化学位移发生变化，因而使本来重叠的谱线分开。

（3）采用不同强度的磁场测定：当耦合裂分和化学位移相差不大，谱线难以分析时，采用不同磁场强度的仪器测定，会有助于谱图解析，特别是高磁场测定，更能使谱图简单化。

由于耦合常数不随磁场变化，而化学位移（v）却随着磁场强度提高而变大，因而有可能确定各峰的归属。

（4）重氢交换：当样品溶液中加入几滴重水（D_2O），振摇数次之后，分子中与杂原子连接的活泼氢就能与重氢发生交换。交换后的氢谱不再出现活泼氢的信号，不过在 $\delta = 4.5 \sim 5.0$ ppm 时，却可看到 HOD 中质子所产生的单峰。倘若活泼氢与相邻的质子耦合，交换后的谱图中，上述耦合裂分现象将消失，使谱图得以简化。

（5）核 Overhauser 效应：在双照射实验中，如果用干扰固定射频场对分子中的 A 核进行照射，那么分子内距离 A 核很近的 B 核的共振信号峰面积将增加。这种现象称为磁核的核欧沃豪斯效应（nuclear Overhauser effect，NOE），常用 NOE 符号表示。若两磁核的空间距离为 r，则 NOE 与 r^{-6} 呈线性关系。对于质子来说，只有 $r < 3.5$ Å 时才能明显地观察到 NOE。观察磁核的信号峰面积最大可以增加到原来的 1.5 倍，因此 NOE 可以提供分子内磁核间的几何关系，在高分子构型及构象分析中非常有用。

NOE 还可以用来认指核磁共振波谱图中有关基团的共振信号。图 5-11 是某化合物（a）的 ^{1}H NMR 谱，利用 NOE 可以认指谱图中两个 N—CH_3 的归属。当双照射实验中干扰固定射频场的频率是低场甲基（A）信号频率时，处于最低场的烯碳质子（H_c）信号强度增加了 15%；若干扰固定射频场频率等于高场甲基（B）信号频率时，H_c 信号强度仅增加 3%，从而很容易得出结论：甲基（A）是与烯碳质子处于顺位，甲基（B）和 H_c 处于反位，相距较远，信号强度几乎不变。

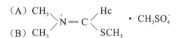

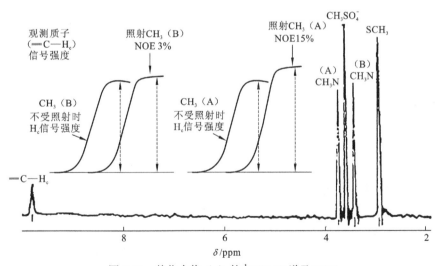

图 5-11　某化合物（a）的 ^{1}H NMR 谱及 NOE

（6）INDOR 实验：核间双共振（internuclear double resonance，INDOR）实验属于广义的核 Overhauser 效应。

INDOR 实验使用的干扰场强度较低，相应辐照的频谱宽度很窄，小于谱线的半高宽。它只使有关能级上的粒子集居数发生一些不大的变化。作此实验时，v_1 一直对准某一待监测的共振频率，扫描 v_2，同时观察所监测的谱线强度的变化。若信号较原来增强，则出一正峰；

若信号较原来减弱，则出一负峰；若信号强度不变化，则无峰。所记录的始终是某一待监测的信号强度随 v_2 扫描的变化。

INDOR 实验可找出相互耦合的核（它们形成一个自旋体系，有共同能级，有 INDOR 信号），这些都可以通过和自旋去耦的对比而得到理解。INDOR 还可以测定耦合常数的相对符号。

（7）自旋微扰：自旋微扰（spin tickling）是 INDOR 实验之一。当干扰场强度较 INDOR 实验稍有增加时，辐照宽度约为谱线半高宽，不仅需要考虑到干扰场引起的各能级上粒子数分布的变化，还要考虑到能级的分裂。与 INDOR 实验类似，与干扰的谱线无共同能级的谱线不发生变化，与干扰的谱线有共同能级的谱线才有变化——谱线发生分裂并有谱线强度的变化。被观察的谱线与被干扰的谱线构成接力跃迁时，谱线分裂不明显，但强度升高；若二者构成歧路跃迁，谱线分裂明显，但强度降低。

自旋微扰的作用和 INDOR 实验类似，可以用来确定耦合常数的相对符号，发现隐藏的信号等。但自旋微扰比 INDOR 实验有较好的灵敏度，易于显示出实验结果。

5.4 碳-13 核磁共振波谱

自然界中存在着两种碳的同位素：^{12}C 和 ^{13}C。^{12}C（$I=0$）没有核磁共振现象，^{13}C（$I=1/2$）同氢核一样有核磁共振现象，并可提供有用的核磁共振信息。但 ^{13}C 在自然界的丰度仅 1.1%，磁旋比只有 ^1H 的 1/4，在核磁共振波谱中，^{13}C 的信号强度还不到 ^1H 的 1/5 700，所以长时间以来，无法用测定氢谱的方法满意地测定和利用碳谱。到 20 世纪 60 年代后期，自从用傅里叶变换技术测定 ^{13}C 的核磁共振信号以来，碳谱的研究和应用才迅速发展起来。脉冲傅里叶变换技术以其本身所独具的优点，扩大了核磁共振的应用范围。如今，碳谱已成为有机高分子化合物结构分析中最常用的工具之一。尤其在检测无氢官能团如羰基、氰基、季碳等方面，以及在研究高分子链结构、形态、构象与构型等方面，碳谱更具有氢谱所无法比拟的优点。

5.4.1 碳谱的测定技术及其特点

在有机高聚物分子中，同位素 ^{13}C 存在的量虽然很少，但它们的分布是均匀的；换句话说，在无数个有机分子中，或在很长的高分子碳链中，^{13}C 出现在碳骨架任何位置上的概率是相等的。因此化合物的碳谱可以完整地反映分子内部各种碳核的信息。

^{13}C 核磁共振的原理与 ^1H 基本相同；但在碳谱的测量和应用方面又有一定的特点。

由于 ^{13}C 共振信号弱，用一般的连续波扫场法（continuous wave，CW）测定得不到所需要的信号。但若利用信号累积，计算机把许多次 CW 扫描信号累加起来，就可得到所需要的碳谱。理论和实践证明，信噪比（S/N）与信号累加次数 n 的平方根成正比：

$$S/N = \sqrt{n} \tag{5-15}$$

但是这一方法在实用上受到很大的限制。因为一次 CW 扫描通常需要 500 s，在碳谱测定中，有时要多达上万次扫描信息的累加，耗费很长的时间，才能得到较理想的碳谱，这在实际工作中是难以接受的。碳谱测定问题的真正解决，靠的是现在采用的傅里叶变换技术。

FT-NMR 技术的特点是把 CW 法中对样品进行的单频连续扫场（或固定磁场连续扫频），

改成对样品进行宽频带（包含被测谱范围以内全部的频率）强脉冲照射。图 5-12 说明采用脉冲技术的一次测定的全过程。其中图 5-12（a）是照射脉冲的信号强度-时间曲线。信号强度是时间的函数，用 $F(t)$ 代表。选定的宽频带射频从 t_1 开始，对样品骤然进行照射，持续时间 t_p 后，又在时间 t_2 骤然停止。因为 t_p 大约只有 0.1 ms，所以这种照射称为"脉冲照射"。图 5-12（b）是受照射后，被激发磁核纷纷向环境发射信号时的信号强度[$F'(t)$]-时间曲线。图 5-12（a）和（b）采用同一个时间坐标，所以图 5-12 同时反映两种信号变化与时间的对应关系。t_1 以前，样品磁核在磁场中处于热平衡条件下，没有信号输出；从 t_1 到 t_2，样品接受照射，所有被测磁核受激发，体系能量升高，同时发射信号，在 t_2 时达到最大值。t_1 以后，照射停止，处于激发态的体系一边弛豫一边发射信号，经过一定时间后恢复到 t_1 前的热平衡状态。

脉冲在 t_2 停止后，磁核继续发射的信号称为自由感应衰减信号（free induction decay，FID）。它是时间的函数[图 5-12 中的 $F'(t)$]，同时也是被测样品中各磁核的化学位移、耦合常数和弛豫时间等参数的函数，由仪器加以记录，如图 5-12 所示。以上就是一次脉冲照射测量的基本过程。

样品受脉冲照射后绘出的 FID 信号虽然包含磁核在 NMR 中各种参数的特征，但不能直接反映这些特征。例如，图 5-13（a）是环己烯在脉冲照射后得到的 ^{13}C 的 FID 信号-时间曲线。它经过傅里叶变换后，转变成图 5-13（b）的 ^{13}C 信号-频率曲线。

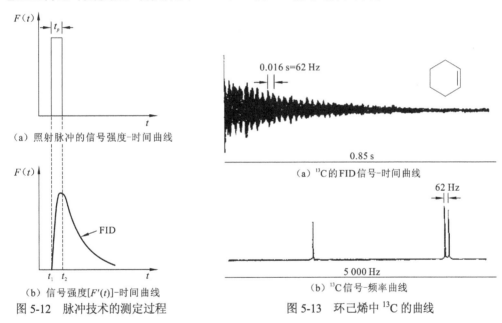

（a）照射脉冲的信号强度-时间曲线

（b）信号强度[$F'(t)$]-时间曲线

图 5-12 脉冲技术的测定过程

（a）^{13}C 的 FID 信号-时间曲线

（b）^{13}C 信号-频率曲线

图 5-13 环己烯中 ^{13}C 的曲线

每个脉冲时间 t_p 仅 0.1 ms，FID 的时间也只有 1 s 左右。所以在 CW 一次扫描时间（约 5 500 s）内，FT 可完成 500 个测定周期。FT 技术累加次数越多，灵敏度越高。FT 脉冲技术测定 NMR 的灵敏度比 CW 法高好几十倍。

由于 ^{13}C 的核外有 p 电子，它的核外电子云以顺磁屏蔽为主。在这种情况下，各类化合物化学位移的变化范围很宽，大约是氢谱的 20 倍。换句话说，结构上的微小变化就能引起化学位移的明显差别，所以分辨率很高。常规碳谱的扫描宽度为 200 ppm，而常规氢谱的扫描宽度只有 10 ppm。

在高分子化合物中，大多数碳都直接或间接地与质子相连。这些 ^{13}C—^{1}H 之间有标量耦合，并且耦合常数又比较大，使得谱图上的每个碳信号都发生严重分裂。这不仅降低了灵敏度，而且容易出现信号重叠，难于分辨，限制了碳谱的实用价值。为了克服这一缺点，在碳谱中采用质子噪声去耦技术[或称为标量去耦（scalar decoupling）]等照射技术可以达到这一目的。

类似于氢谱中的自旋-自旋耦合，^{13}C 谱中应该有 ^{13}C—^{13}C 耦合现象。但是由于 ^{13}C 的自然丰度很低，高分子链中大部分 ^{13}C 核被 ^{12}C 包围，每个 C—C 出现 ^{13}C—^{13}C 对的概率还不到 10^{-4}。因而 ^{13}C—^{13}C 标量耦合的信号在 ^{13}C-NMR 谱中是很微弱的。只有同位素 ^{13}C 合成的高分子的核磁共振波谱中可以观察到 ^{13}C—^{13}C 耦合现象。

在碳谱中还可能出现 ^{13}C 与其他原子的耦合，如 J_{C-F} 等。图 5-14 说明了双照射技术将 ^{13}C—^{1}H 及 ^{13}C—^{19}F 的耦合分别去耦合的核磁共振波谱。

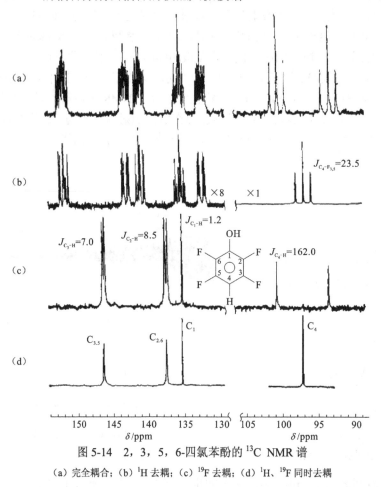

图 5-14   2，3，5，6-四氯苯酚的 ^{13}C NMR 谱

（a）完全耦合；（b）^{1}H 去耦；（c）^{19}F 去耦；（d）^{1}H、^{19}F 同时去耦

由于碳谱都采用 FT-NMR 技术，用这种方法测定时，^{13}C 的灵敏度与各碳的弛豫时间有关。在不同的结构环境中，由于 ^{13}C 的弛豫时间差别很大，加之质子去耦引起的 NOE 对不同碳的增强效果也不同，使碳谱上的信号强度不能正确地反映有关碳核在分子中的数目。所以常规碳谱都不能定量。

5.4.2　碳-13 的化学位移

影响 ^{1}H 化学位移的各种结构因素，基本上也影响 ^{13}C 的化学位移。但因为 ^{13}C 核外有 p

电子，p 电子云的非球状对称性质，使 ^{13}C 的化学位移主要受顺磁屏蔽的影响。顺磁屏蔽的强弱取决于碳的最低电子激发态与电子基态的能量差，差值越小，顺磁屏蔽项越大，^{13}C 的化学位移值也越大。例如，乙烷、乙炔、苯和丙酮的紫外吸收（λ_{max}）分别是 135 nm、180 nm、254 nm 和 275 nm，^{13}C 化学位移依次为 8 ppm、75 ppm、128 ppm 和 205 ppm。此外，就取代基的影响而言，任何取代基对 ^{13}C 化学位移的影响并不只限于与之直接相连的碳原子，而要延伸好几个碳原子。顺磁屏蔽的存在，使得理论上解释化学位移更趋复杂。但从应用的角度来看，各种类型的 ^{1}H 和 ^{13}C 的化学位移值，从高场到低场的次序基本上是平行的（卤代烃除外）。图 5-15 为各类含碳官能团中 ^{13}C 信号可能出现的范围。

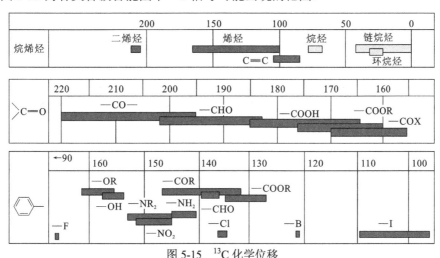

图 5-15 ^{13}C 化学位移

5.4.3 碳-13 化学位移计算的经验公式

在实验数据的基础上，Grant 和 Paul 提出了直链及支链聚烯烃中 ^{13}C 化学位移的经验公式：

$$\overset{\kappa}{\diagup}\text{CH}_m\overset{\alpha}{-}\text{CH}_n\overset{\beta}{-}\text{C}\overset{\gamma}{-}\text{C}\overset{\delta}{-}\text{C}-$$

$$\delta_{C_\kappa} = (-2.3) + 9.1n_\alpha + 9.4n_\beta - 2.5n_\gamma + 0.3n_\delta + \sum_i A_i n_i \tag{5-16}$$

式中：κ 是待计算碳；(-2.3) 是甲烷的 ^{13}C 化学位移值；n_α、n_β、n_γ、n_δ 分别是处在 α、β、γ、δ 位上的碳数；A_i 是 κ 碳及 α 碳取代程度校正值（表 5-5）；n_i 是同类 α 碳的数目。

表 5-5 κ 碳及 α 碳取代程度校正值 A_i（$\Delta\delta$）

κ 碳类型	α 碳（CH_n）的类型			
	伯，（1°）（CH_3）	仲，（2°）（CH_2R）	叔，（3°）（CHR_2）	季，（4°）（CR_3）
伯，（1°）（CH_3）	0	0	−1.1	−3.4
仲，（2°）（CH_2R）	0	0	−2.5	−7.2
叔，（3°）（CHR_2）	0	−3.7	−9.5	—
季，（4°）（CR_3）	−1.5	−8.4	—	—

以 $H_3\overset{1}{C}-\overset{2}{C}-\overset{3}{CH_2}-\overset{4}{CH_3}$ 为例，可以计算出各碳的化学位移。（结构含上方 CH_3 和下方 CH_3 取代在 C-2 上）

	C-1：	基数	-2.3		C-2：	基数	-2.3
		1α C	9.1			4α C	36.4
		3β C	28.2			1β C	9.4
		1γ C	-2.5			$3×4°$（$1°$）	-4.5
		$1°$（$4°$）	-3.4			$4°$（$2°$）	-8.4
		计算值	29.1			计算值	30.6
		实测值	28.9			实测值	30.4

C-3 及 C-4 的计算值分别是 36.9 ppm 及 8.7 ppm，而它们的实测值分别为 36.7 ppm 及 8.7 ppm。由此可见，经验公式（5-16）计算的 ^{13}C 化学位移与实测数据是相当吻合的（表 5-6）。如果已知化合物结构，并测得其 ^{13}C NMR 谱，可以通过经验公式的计算，找出每个信号峰的归属。

表 5-6　观察到的化学位移及归属

碳	H-T	H-H	T-T
CH	28.5	37.0	—
CH$_2$	46.0	—	31.3
CH$_3$	20.5	15.0	—

聚丙烯是结晶度较高的等规聚合物。主链通过"头-尾"加成聚合而成，但是当"头-头"或"尾-尾"加成出现时，其规整度下降。用 ^{13}C NMR 可以测得各种结构的 ^{13}C 的化学位移。通过经验公式的计算，便可得出各个共振峰的归属。聚丙烯"头-尾"加成物（H-T）：

$$-\overset{\overset{\textstyle C}{|}}{C}-C-\overset{\overset{\textstyle C}{|}}{C}-C-\overset{\overset{\textstyle C}{|}}{C}-C-\overset{\overset{\textstyle C}{|}}{C}-C$$

聚丙烯"头-头"及"尾-尾"加成物［（H-H）及（T-T）］：

$$-C-\overset{\overset{\textstyle C}{|}}{C}-\overset{\overset{\textstyle C}{|}}{C}-C-C-\overset{\overset{\textstyle C}{|}}{C}-\overset{\overset{\textstyle C}{|}}{C}-C-$$

此外，分子中各种类型的取代基的影响，主链含双键或三键的烃，以及苯环或羰基 ^{13}C 的化学位移都可以由经验式加以计算。

5.4.4　碳-13 与质子的耦合

碳谱中最重要的是 ^{13}C 与 ^{1}H 之间的耦合，这种耦合根据所通过的键数分成 $^1J_{CH}$、$^2J_{CH}$ 和 $^3J_{CH}$。通过一个键的 ^{13}C—^{1}H 耦合常数最大，通常为 120～320 Hz。分裂的 ^{13}C 的信号峰有足够的强度，在碳谱中都可以直接观察到。但是在氢谱中，由 ^{13}C—^{1}H 的耦合引起的质子信号分裂只是在强峰的两侧，对称地出现很弱的卫星峰。

5.4.5 碳-13 与杂原子的耦合

当碳与某些杂原子相连时，因为碳与杂原子的耦合不受 ^1H 去耦的影响，所以在碳谱上可以看到这种耦合。其中比较重要的是与 ^{19}F、^{31}P、D 等磁核的耦合。碳与多种原子的耦合使谱线变得十分复杂，通过双照射去耦技术，可使谱线简单化。如 5.4.1 节的图 5-14 所示，十分复杂的 2，3，5，6-四氟苯酚的耦合的 ^{13}C 谱经去耦后，可逐步变成相对较简单的谱图。

5.4.6 碳-13 的弛豫时间和分子结构

关于磁核激发后的弛豫过程，5.2 节中已作了初步介绍。一般来说，^1H 弛豫时间较短（约 1 s），而且彼此间的差别很小，所以很少讨论质子弛豫时间问题。但 ^{13}C 不同，在各种结构中，它们的弛豫时间差别很大，短的只有几毫秒，长的可以到几百秒。用 FT 技术测定碳谱时，^{13}C 弛豫时间的长短，影响到信号的强弱。^{13}C 的弛豫时间同化学位移、耦合常数一样，与它所在的结构环境有关，是一种可利用的参数。例如，核磁共振的各种弛豫参数可用来鉴别多相体系的结构。在半结晶态聚乙烯相组分研究中，发现无定形区 T_1 仅为 0.17 s，而结晶区 T_1 可达 995 s。介于结晶区与无定形区的过渡相，T_1 为 25 s。高分子相结构研究中常用的弛豫参数有自旋-晶格弛豫（T_1）、自旋-自旋弛豫（T_2）及旋转坐标中的自旋-晶格弛豫（T_{1p}）。

自旋-晶格弛豫也称纵向弛豫。它有几种机制：偶极-偶极弛豫及自旋-旋转弛豫。作用较大的是偶极-偶极弛豫和 NOE。在纵向弛豫中，通过核磁矩的相互作用而引起的弛豫，称为偶极-偶极弛豫（dipole-dipole relaxation，简称 D-D 弛豫）。在有机高分子中，大多数 ^{13}C 核主要是通过偶极-偶极弛豫机制弛豫的。

磁核与磁核直接连接时，由于核间距小，彼此可通过核磁矩相互发生作用。在外磁场 H_0 中，这种作用的大小因化合键与外磁场磁力线交角的不同而不同。^{13}C 与 ^1H 直接连接时，由于分子无规则的热运动，^{13}C 和 ^1H 的连线与 H_0 的交角不断改变，^{13}C 受到 ^1H 的作用是一个取决于无规则热运动的波动场。在这种波动场中，必定存在一种谐波组分，它的频率接近 ^{13}C 核的拉莫尔频率，从而构成了磁核与波动场之间共振响应的条件，使激发磁核可以通过波动场把能量传递给环境，转变成分子的热运动。

偶极-偶极弛豫的效率可用弛豫时间（T_1^{DD}）的倒数表示，即

$$\frac{1}{T_1^{DD}} = N_H \gamma_C^2 \gamma_H^2 \hbar r_{CH}^{-6} \tau_c \qquad (5-17)$$

式中：N_H 是 ^{13}C 核连接的氢数目；γ_C 是 ^{13}C 的磁旋比；γ_C 是 ^1H 的磁旋比；$\hbar$ 是普朗克常量除以 2π；r_{CH} 是 C—H 键的键长；τ_c 是与分子运动速度有关的相关时间。

由于 ^{13}C 和 ^1H 的偶极-偶极弛豫，在质子噪声去耦碳谱中普遍出现 NOE。在 ^{13}C 及 ^1H 这样一对具有偶极弛豫的磁核中，如果采用双照射去耦实验方法，^1H 受共振照射所扰动，会破坏 ^{13}C 的玻尔兹曼分布，使低能态粒子数增加，高能态粒子数减少，结果就使 ^{13}C 信号显著增强。在碳谱中，这种增强值可达原来信号的 3 倍。因此在质子噪声去耦碳谱中，NOE 可用来推断有机分子中碳的类型。例如，在 1，2，4-氯苯的质子噪声去耦碳谱中，C-1、C-2、C-4 的信号特别弱，C-3、C-5、C-6 的信号特别强，这是因为 C-1、C-2、C-4 上的氢被氯原子取代，偶极弛豫小，NOE 弱，而 C-3、C-5、C-6 直接与氢相连，在质子噪声去耦照射中，

NOE 特别强，如图 5-16 所示。

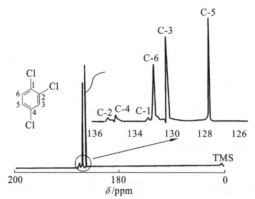

图 5-16 1，2，4-氯苯的质子噪声去耦谱（25 MHz）

在有机高分子化合物中，各种不与氢相接的碳，若没有偶极弛豫，不出现 NOE，弛豫时间较长，则碳谱上信号很弱。

横向弛豫在碳谱中的重要性，比纵向弛豫差。在高分子样品中横向弛豫效率特别高，^{13}C 共振峰谱带严重变宽，造成测定的难度加大，所以它仍是碳谱测定中的一项不可忽视的因素。

5.4.7 分子运动速度和弛豫时间

分子运动过程中，改变了核与核之间的相对位置及取向。分子运动时也就改变了磁场的相互作用，并且形成弛豫。

大多数溶液 ^{13}C NMR 测量是借助于质子去耦来完成的。在此条件下，^{13}C 自旋-晶格弛豫时间 T_1 主要取决于相对 ^{13}C 拉莫尔进动的分子运动速度。液体中的分子综合运动不可能简单地分解为转动、振动或平动等分量形式。为了推导一个与自旋-晶格弛豫有关的实用关系式，把分子两种重新取向之间所需的平均时间取作分子运动的度量。这个时间指单元周期，即除以 2π 并被称为分子相关时间 τ_c（correlation time），若分子在旋转或振动，那么每秒钟转动或振动一次（1 Hz）就等于 2π（rad/s）。τ_c 相当于分子旋转经过 1 rad 所需要的平均时间。

只有"频率"位于 ^{13}C 拉莫尔进动范围内的那些分子运动才能引起快速的 ^{13}C 偶极弛豫。已知在 $H_0 \approx 2.1$ T 场强下，^{13}C 以 $v_0 \approx 2.26 \times 10^7$ Hz 或 $\omega_0 = 2\pi v_0 = 1.42 \times 10^8$ rad/s 的频率进动。由于分子运动有如下式的相关时间：

$$\tau_c = 1/(1.42 \times 10^8) \approx 7 \times 10^{-9} \text{ s/rad}$$

所以只有上述相关时间的分子运动才能引起有效的偶极弛豫。弛豫时间 T_1 及 T_2 与相关时间的关系可用图 5-17 加以描述。

图 5-17 反映的规律如下：

（1）^{13}C 在不同的磁场强度中有不同的 T_1 曲线。

（2）每条 T_1 曲线有极小值。它相当于分子的平均振动或转动频率与拉莫尔频率相等时弛豫效率最高的情况。T_1 极小值所对应的 τ_c 值，随磁场强度的变化而不同。磁场强度越大，T_1 极小值对应的 τ_c 值越小，因为此时磁核的拉莫尔频率提高了。

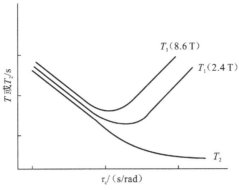

图 5-17　弛豫时 T_1 和 T_2 与相关时间 τ_c 的关系

（3）无规则运动的平均振动或转动频率大于拉莫尔频率的各种分子，如分子量不大，热运动速度比较快的有机分子，都符合极小值左边那段曲线的变化规律。也就是说随着分子量的增加（热运动的平均速度减小）或分子内基团的运动速度的降低（τ_c 值增加），T_1 和 T_2 值一起减小，并接近相等。此时 ^{13}C 核的偶极-偶极弛豫时间 T_1^{DD} 与连接的质子数（N）和相关时间 τ_c 成反比。这些是讨论分子结构和弛豫时间相互关系中的重要依据。

（4）无规则运动的平均转动频率小于拉莫尔频率的分子，如高聚物和生物大分子或黏滞样品中的有机分子，应符合极小值右边曲线的变化规律。T_1 将随分子运动速度的减低（τ_c 值增加）而增大，而 T_2 则随 τ_c 值的增加而继续减小。T_2 的减小造成信号峰的严重加宽。

5.5　溶液核磁共振波谱的应用

在有机结构分析中，核磁共振波谱是鉴定有机物结构的有效方法。除此之外，核磁共振波谱也被广泛应用于其他方面的研究，如鉴别高分子材料、测定共聚物的组成、研究动力学过程等，特别是在研究共聚物序列分布和高聚物的立构规整性方面有其突出的特点。只要核磁有足够的分辨率，可以不用已知标样，直接从谱峰面积得出定量计算的结果。但需注意，在一般的核磁测定中，要求试样配成溶液，这在高分子材料的研究中受到一定的限制。同时高分子溶液的黏度较大，也给测定带来一定的困难，因此，需要选择适当的溶剂和在一定的温度下进行测定。当然，若能采用固体高分辨核磁共振波谱法，也可直接测定高分子固体试样。

溶液核磁共振波谱研究高分子结构已有较长的历史，也积累了相当丰富的经验与知识。将高分子样品溶解在合适的溶剂中，测定其核磁共振波谱，可以得到样品的化学位移，共振峰的积分强度，耦合现象及耦合常数，弛豫时间 T_1 及 T_2，以及旋转坐标系中的弛豫时间 T_{1p} 等重要信息。分析这些波谱信息，便可推断出有关的化学组分、分子量、支化度、几何异构体和分子链序列结构等知识。溶液核磁共振波谱在高分子结构研究中发挥了重要作用。

高分子样品的 ^{13}C NMR 谱通常在专用 NMR 试样管中测定。溶液的浓度一般配成 10%～20%（质量或体积）。在测试过程中可以对试管适当地加热。溶剂通常用氘代有机物，也可以用混合溶剂。例如，在测试聚乙烯核磁共振波谱时，采用 1，2，4-三氯苯及氘代二噁烷的混合溶剂，测试时将样品管升至 110℃。

如前所述，在配制样品时，溶剂的选择很重要。要求采用不产生干扰信号、溶解性能好、稳定的氘代溶剂。常用的研究高分子的 NMR 溶剂如表 5-7 所示。

表 5-7 常用溶剂的 δ_C 和 δ_H 值

分子式	δ_H/ppm	δ_C/ppm
CCl₄	—	96.0
CS₂	—	192.8
CDCl₃	7.28	77
CD₃OCD₂	2.07	29.8
CD₃SOCD₃	2.50	39.5
CD₃OD	3.34（4.11）	49.0
C₅D₅N	7.2～8.6	123.5
C₆D₆	7.24	128.0
C₆D₅CD₃	2.3；7.1	21.3；125～137
CD₃CO₂H	2.06（12）	20.0；178.4
CF₃CO₂H	（12）	115.0；163.0
D₂O	（4.61）	—

注：δ_C 和 δ_H 表示残留质子的化学位移。括号中数值表示与浓度及氢键有重要关系。

溶液法测定核磁共振波谱的浓度通常为 10%～20%（质量或体积）。近年来发现，高分子浓溶液的核磁共振波谱可以提供分子间或链段间相互作用的信息，这里所谓"浓溶液"是指浓度为 30%（质量或体积）以上的高分子溶液。

Bovey 等利用二维 NOE 谱讨论了聚苯乙烯-聚乙烯甲基醚在氘代甲苯浓溶液中的相互作用，发现聚苯乙烯中苯环质子与聚乙烯基甲氧基中的甲氧基之间有磁化矢量的交换，此结果与固体核磁共振波谱的信息是一致的。在固体 2D-NOE 谱中，用甲苯作溶剂进行均相成膜，甲氧基与苯环质子也有磁化矢量的交换。于是 Bovey 得出如下结论：可用二维核磁共振波谱来研究高分子在浓溶液中的相互作用，而且其分辨率要比固体核磁共振波谱高得多，可以准确地研究高分子中的相互作用。

溶液核磁共振波谱可以提供丰富的关于高聚物的结构与组分的信息，下面具体举例说明。

5.5.1 高聚物分子量的测定

如 5.2 节中图 5-8 所示，比较核磁共振波谱中主链与端基 ¹H 共振峰强度，便可算出高分子的平均分子量。

5.5.2 高聚物混合物的化学组分

核磁共振波谱可用来计算样品中各组分含量。以聚乙烯与硬脂酸混合物为例，其 ¹H NMR 谱如图 5-18 所示。

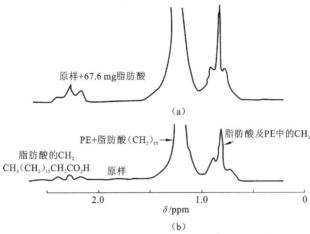

图 5-18　聚乙烯与硬脂酸混合物的 ^{1}H NMR 谱

图 5-18（a）为 120 mg 原样的 ^{1}H NMR 谱。与羧酸相连的亚甲基质子化学位移为 2.2 ppm，图 5-18 积分强度远小于主链中的亚甲基质子。因此，若采用积分强度相比的直接计算法，误差较大。在样品中加入一系列已知量的纯脂肪酸，用化学位移 2.2 ppm 的共振峰强度对加入的脂肪酸量作图，通过外推法算出原样中含脂肪酸 36%。

5.5.3　共聚物端基分布的测定

氧化乙烯与氧化丙烯可以分别聚合成聚丙二醇（poly propylene glycol，PPG）和聚乙二醇（polyethylene glycol，PEG）。其端基可能是伯醇，也可能是仲醇：

伯醇端基　　　　　　　　　　　　　　　　　仲醇端基

它们可以生成嵌段共聚物：

在共聚物核磁共振波谱中，端基共振峰与主链共振峰叠合在一起，无法通过积分强度来计算端基的分布。所以，^{1}H NMR 无法用来分析端基的浓度。伯醇与仲醇很容易与三氟乙酐反应，生成三氟乙酯：

聚醚聚醇的两种三氟乙酸乙酯（伯酯及仲酯）可以用 ^{19}F NMR 谱加以区别，如图 5-19 所示。

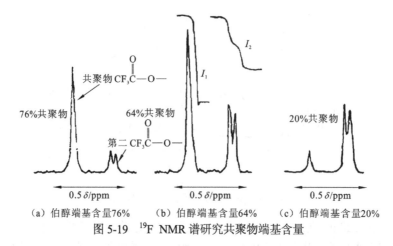

（a）伯醇端基含量76%　（b）伯醇端基含量64%　（c）伯醇端基含量20%

图 5-19　^{19}F NMR 谱研究共聚物端基含量

由图 5-19 可知，与伯醇及仲醇反应后的三氟甲基的 ^{19}F 共振峰被分裂成间隔为 0.5 ppm 的两部分。根据它们的积分强度比，可以算出原来共聚物中伯醇端基占整个端基的比例为

$$伯醇\% = \frac{[I_1]}{[I_1]+[I_2]} \qquad (5\text{-}18)$$

式中：$[I_1]$ 及 $[I_2]$ 分别为与伯醇及仲醇反应的三氟乙酸酯中 ^{19}F 的积分强度。图 5-19 中三种不同的共聚样品的伯醇端基含量分别为 76%、64% 和 20%。在上述样品测试中发现，共聚分子量可以在很宽的范围内得到准确的端基分布计算值。

仔细观察图 5-19 发现，与伯醇反应的三氟甲基 ^{19}F 为单峰，而与仲醇反应的三氟甲基的 ^{19}F 共振峰分裂成两个小峰，这是因为与仲醇反应后的三氟乙酸脂有空间异构现象：

空间异构引起的 ^{19}F 原子核的屏蔽效应，使其共振峰分裂成两个小峰。而此空间异构的位置离 F 原子相隔 8 个键，由此可见 ^{19}F NMR 谱对区域环境是非常敏感的。

5.5.4　乙烯基聚合物支化度分析

不管出现长链支化或短链支化，都会引起聚合物形态及性质的变化。例如聚乙烯，高分子链上存在的短链支化明显地降低了熔点和结晶度。用红外光谱法可以测得高压聚乙烯中存在许多短的支化链。通过核磁共振分析，则可进一步得出支链的类型及出现的次数，如图 5-20 所示。图中 $\delta = 30$ ppm 的主峰对应于聚乙烯分子中的亚甲基。支链上受屏蔽效应较大的是 C-1 及 C-2，而其余的支链 ^{13}C 屏蔽效应则不明显。β 碳比 α 碳受屏蔽的影响要大些。分析有关峰的相对强度，便可得出各种支链的分布。图中没有发现甲基或丙基支链，从而推出短支链是聚合过程中的"回咬"现象引起的，而长支链则是由于分子内链转移所引起的。

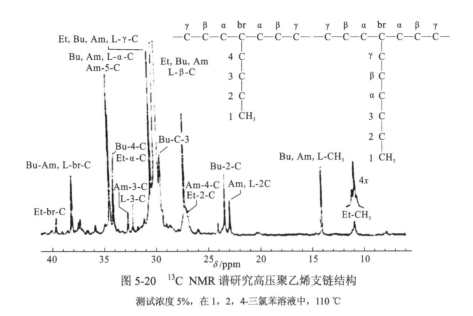

图 5-20　^{13}C NMR 谱研究高压聚乙烯支链结构

测试浓度 5%，在 1，2，4-三氯苯溶液中，110 ℃

5.5.5　二烯烃聚合物的几何异构体

图 5-21 为聚异戊二烯（天然橡胶）的两种几何异构体的 ^{13}C NMR 谱。由图可见，甲基碳及亚甲基 C-1（—CH_2—）的共振峰对几何异构是非常敏感的，而 C-4（—CH_2—）对双键取代基的异构体很不敏感。

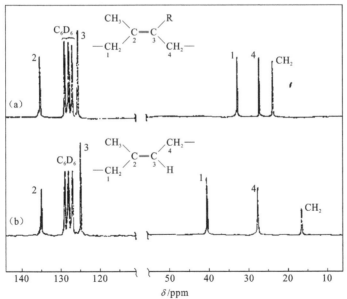

图 5-21　聚异戊二烯（天然橡胶）的两种几何异构体的 ^{13}C NMR 谱

（a）顺式聚异戊二烯；（b）反式聚异戊二烯（测试条件：H_0=50.3 MHz，溶剂 C_6D_6，浓度 10%，温度 60 ℃）

5.5.6 头–尾及头–头加成异构体

以聚1，2-二氟乙烯为例，在加成聚合中可由头–尾（H-T）及头–头（H-H）加成而得

$$\cdots—CH_2\overset{A}{—}CF_2\overset{C}{—}CH_2\overset{D}{—}CF_2—CF_2—CH_2—CH_2\overset{B}{—}CF_2—CH_2—\cdots$$

其 ^{19}F NMR 谱如图 5-22 所示。

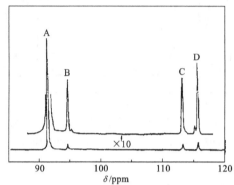

图 5-22 聚偏二氟乙烯 188 MHz ^{19}F NMR 谱

^{19}F NMR 数据可以算出，该聚合物中含 3%～6%的 H-H 加成单元。

5.5.7 聚烯烃立构规整度及序列结构的研究

取代烯烃在聚合时，由于所用引发剂类型及其他条件的不同，可以生成不同的立构规整度。图 5-23 为聚甲基丙烯酸甲酯的 ^1H NMR 谱。

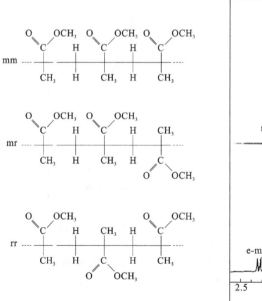

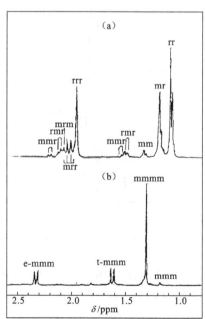

图 5-23 三种立构异构体的排列方式和间规立构

（a）等规立构；（b）聚甲基丙烯酸甲酯的 ^1H NMR 谱

等规立构的排列以 m(meso)表示，其相邻的两个链节排列次序如下：

meso（m）

间规立构的排列以 r(racemic)表示，其相邻两个链节的排列序列如下：

racemic（r）

在间规立构体中，亚甲基上的质子 H_A 与 H_B 所处化学环境完全相同，在 ^1H NMR 谱上成为单一的共振峰。在等规立构体中，H_A 与 H_B 所处环境不同，在 ^1H NMR 谱上出现分裂的峰。

图 5-23 左边的分子式表示在三元序列中的不同的排列方式，右边的核磁共振波谱中表示各种序列结构中 ^1H 的化学位移。化学位移在 1.1～1.4 ppm 的峰对应于 α-甲基。间规立构的三元序列的亚甲基为一位于 2 ppm 附近的单峰[图 5-23（a）]，而等规立构体的亚甲基分裂成位于 1.6 ppm 附近及位于 2.3 ppm 附近的四重峰[图 5-23（b）]。

思考与练习

1. 哪些类型的原子核能产生核磁共振信号？哪些原子核不能？举例说明。

2. 某核的自旋量子数为 5/2，试指出该核在磁场中有多少个磁能级，并指出每种磁能级的磁量子数。

3. 为什么强射频波照射样品，会使 NMR 信号消失，而紫外光谱法与红外光谱法则不消失？

4. 在核磁共振波谱测定样品时，为什么要配成溶液？

5. 什么是化学位移？影响化学位移的因素有哪些？简述自旋裂分和自旋耦合的原理。如何区分耦合常数和化学位移？

6. 某化合物的核磁共振波谱上有三个单峰，δ 值分别是 7.27 ppm、3.07 ppm 和 1.57 ppm，它的分子式是 $C_{10}H_{13}Cl$，试推出结构。

7. HF 的质子核磁共振波谱中可以看到质子和 ^{19}F 的两个双峰，而 HCl 的质子核磁共振波谱中只能看到质子单峰。为什么？

8. 氢谱与碳谱各能提供哪些信息？为什么说碳谱的灵敏度约相当于氢谱的 1/5 800？

9. 磁等价与化学等价有什么区别？说明下述化合物中哪些氢是磁等价或化学等价及其峰形（单峰、二重峰……）。计算化学位移。

（1）Cl—CH=CH—Cl （2）$\underset{H_b}{\overset{H_a}{>}}C=C\underset{Cl}{\overset{H_c}{<}}$ （3）$\underset{H_b}{\overset{H_a}{>}}C=C\underset{Cl}{\overset{Cl}{<}}$ （4）$CH_3CH=CCl_2$

10. 计算顺式与反式桂皮酸 H_a 与 H_b 的化学位移。

$$\text{—CH=CHCOOH}$$
$$\quad\quad b\quad\quad a$$

11. 根据下列核磁共振数据，绘出核磁共振图，并给出化合物的结构式。

（1）$C_{14}H_{14}$ （2）C_7H_9N （3）C_3H_7Cl （4）$C_4H_8O_2$ （5）$C_{10}H_{12}O_2$ （6）$C_9H_{10}O$

第 6 章 红 外 光 谱

6.1 红外光谱简介

分子光谱是分子内部运动状态的反映，与分子的能级密切相关。分子内的运动有：分子间的平动、转动，原子间的相对振动，电子跃迁，核的自旋跃迁等形式。每种运动都有一定的能级。除了平动以外，其他运动的能级都是量子化的。从基态吸收特定能量的电磁波跃迁到高能级，可得到对应的分子光谱。表 6-1 列出了分子光谱波长与能级的对应关系。

表 6-1　分子光谱波长与能级的对应关系

X 射线	远紫外	紫外	可见	近红外	红外	远红外	微波	无线电波
内层电子跃迁	外层电子跃迁			分子振动			转动光谱	核磁共振波谱

纯粹的转动光谱只涉及分子转动能级的改变，不产生振动和电子状态的改变。分子转动能级跃迁的能量变化很小，一般为 $10^{-4}\sim10^{-2}$ eV，所吸收或辐射电磁波的波长较长，一般为 $10^{-4}\sim10^{-2}$ m，它们落在微波和远红外线区，称为微波谱或远红外光谱，通称为分子的转动光谱。转动能级跃迁时需要的能量很小，不会引起振动和电子能级的跃迁，所以转动光谱最简单，是线状光谱。

振动光谱源于分子振动能级间的跃迁，分子振动能级跃迁时能量变化为 0.05~1 eV，由于振动能级的间距大于转动能级，在每一振动能级改变时，还伴有转动能级改变，谱线密集，显示出转动能级改变的细微结构，吸收峰加宽，称为"振动-转动"吸收带或"振动"吸收，出现在波长较短、频率较高的红外线光区，称为红外光谱，又称振动-转动光谱。

红外光谱主要用于鉴定化合物的官能团及异构体分析，是定性鉴定化合物及其结构的重要方法之一。20 世纪 70 年代后期，干涉型傅里叶变换红外光谱仪投入使用，由于其光通量大、分辨率高、偏振特性小以及可累积多次扫描后再进行记录，并可以与气相色谱联用等，一些原来无法研究的反应动力学课题有了解决的途径。

红外光谱是检测有机高分子材料组成与结构的最重要方法之一，同时可用来检测无机非金属材料及其与有机高分子形成的复合材料的组成与结构。近年来，随着光学及计算机技术的不断发展与应用，红外光谱在材料研究中的应用不断扩展，已成为研究材料结构的重要手段。虽然量子理论的应用为红外光谱提供了理论基础，但对于复杂分子来说，理论分析仍存在一定的困难，大量光谱的解析还依赖于经验方法。尽管如此，红外光谱仍然是材料表征的非常有力的手段之一。

6.2 红外光谱基本原理

红外光谱的产生来源于分子对入射光子能量的吸收而产生的振动能级的跃迁。最基本的原理是：当红外区辐射光子所具有的能量与分子振动跃迁所需的能量相当时，分子振动从基态跃迁至高能态，在振动时伴随有偶极矩的改变，就吸收红外光子，形成红外光谱。

6.2.1 分子中基团特性与共振频率的关系

对于有机高分子材料而言，一种分子往往含有多种基团。为什么可以用红外光谱鉴别这些基团？原因就在于不同的基团对应不同的共振频率。

先考虑一个简单的例子。对双原子分子，用经典力学的谐振子模型来描述。把两个原子看作由弹簧连接的两个质点，如图 6-1 所示。根据这样的模型，双原子分子的振动方式就是在两个原子的键轴方向上做简谐振动。

图 6-1 由弹簧连接的两个质点的简谐振动

按照经典力学，简谐振动服从胡克定律，即振动时恢复到平衡位置的力 F 与位移 x 成正比，力的方向与位移相反。用公式表示就是

$$F = -kx \tag{6-1}$$

k 是弹簧力常数，对分子来说，就是化学键力常数。根据牛顿第二定律：

$$F = ma = m\frac{\mathrm{d}^2 x}{\mathrm{d}t^2} \tag{6-2}$$

可得

$$m\frac{\mathrm{d}^2 x}{\mathrm{d}t^2} = -kx \tag{6-3}$$

式（6-3）的解为

$$x = A\cos(2\pi \upsilon t + \phi) \tag{6-4}$$

式中：A 为振幅；υ 为振动频率；t 为时间；ϕ 为相位常数。

将式（6-4）对 t 求二阶导数，再代入式（6-3），化简即得

$$\upsilon = \frac{1}{2\pi}\sqrt{\frac{k}{m}} \tag{6-5}$$

用波数表示时，则

$$\tilde{\upsilon} = \frac{1}{2\pi c}\sqrt{\frac{k}{m}} \tag{6-6}$$

对于原子质量分别为 m_1、m_2 的双原子分子来说，用折合质量 $\mu = \dfrac{m_1 \cdot m_2}{m_1 + m_2}$ 代替 m，则

$$\tilde{\upsilon} = \frac{1}{2\pi c}\sqrt{\frac{k}{\mu}} \tag{6-7}$$

双原子分子的振动行为用上述模型描述，分子的共振频率可用式（6-7）计算。由该式可知，化学键越强，原子量越小，共振频率越高。

以上式计算有机分子中 C—H 键伸缩振动频率，μ 以原子质量单位为单位。可计算得出

$$\mu = \frac{1 \times 12}{1 + 12} \times \frac{1}{N} = 0.92 \times \frac{1}{6.023 \times 10^{23}} \, \mathrm{g}$$

$$k_{\mathrm{C-H}} = 5 \, \mathrm{N/cm}$$

$$\tilde{\upsilon} = 1303\sqrt{\frac{5}{0.92}} = 3\,000 \, \mathrm{cm}^{-1}$$

一般 C—H 键伸缩振动频率为 2 980～2 850 cm^{-1}，理论值与实验值基本一致。为简便，将上述双原子分子的势能描述为

$$V = \frac{1}{2}kx^2 \qquad (6-8)$$

根据量子力学，求解体系的薛定谔方程为

$$\left[\frac{-h}{8\pi^2} \frac{d^2}{dx^2} + \frac{1}{2}kx^2 \right] \psi = E\psi \qquad (6-9)$$

$$E = \left(\upsilon + \frac{1}{2} \right) kc\tilde{\upsilon} = \left(\upsilon + \frac{1}{2} \right) \frac{h}{2\pi c} \sqrt{\frac{k}{\mu}} \qquad (6-10)$$

6.2.2　多原子分子的简正振动和红外对称性选择定则

分子振动涉及微观粒子体系中的原子核运动，因此其运动规律应该遵守量子力学法则，原则上应该用量子力学方法来处理。实际上目前已进行了小分子振动问题的从头计算研究，并取得了一定的进展。但经典力学处理中引入的简正坐标和简正振动，可以使经典力学处理与量子力学处理同样简化。在处理振动光谱的选择定则时，经典力学中的坐标和量子力学中的本征函数的对称性是平行的。此外，经典力学所计算的频率与量子力学中由振动能级之间的跃迁所得到的频率完全相等，而且经典力学处理简单、直观，容易理解，因此常用经典力学中简正坐标来描述多原子分子的振动。

多原子分子振动比双原子分子要复杂得多。要描述多原子分子各种可能的振动方式，必须确定各原子的相对位置。在分子中，N 个原子的位置可以用一组笛卡儿坐标来描述，而每个原子的一般运动可以用三个位移坐标来表达。因此，该分子被认为有 $3N$ 个自由度。但是，这些原子是由化学键构成的一个整体分子，因此还必须从分子整体来考虑自由度。分子作为整体，有三个平动自由度和三个转动自由度，剩下 $3N$-6 才是分子的振动自由度（直线形分子有 $3N$-5 个振动自由度）。每个振动自由度相应于一个基本振动，N 个原子组成一个分子时，共有 $3N$-6 个基本振动，这些基本振动称为分子的简正振动。

简正振动的特点是，分子质心在振动过程中保持不变，所有的原子都在同一瞬间通过各自的平衡位置。每个正则振动代表一种振动方式，有它自己的特征振动频率。

例如，水分子由 3 个原子组成，共有 3×3-6 = 3 个简正振动。它们分别是对称伸缩振动、反对称伸缩振动和弯曲振动，如图 6-2 所示。

又如，二氧化碳是三原子线形分子，它有 $3N$-5=4 个简正振动，如图 6-3 所示。图中 III、IV 两种弯曲振动方式相同，只是方向互相垂直而已。两者的振动频率相同，称为简并振动。

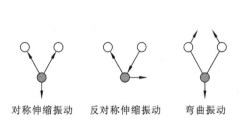

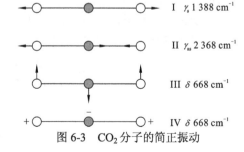

图 6-2　水分子的简正振动

图 6-3　CO$_2$ 分子的简正振动

对称伸缩振动　反对称伸缩振动　弯曲振动

在红外光谱中，并不是所有分子的简正振动均可以产生红外吸收。根据红外光谱的基本原理，只有当振动时有偶极矩改变者才可吸收红外光子，并产生红外吸收。如果在振动时，分子振动没有偶极矩的变化，那么不会产生红外光谱。这就是红外光谱的选择性定则。如图6-3中，I 为对称伸缩振动，在振动时无偶极矩的变化，所以显示红外非活性。因此在 CO_2 的振动光谱中，仅在 2368 cm^{-1}（反对称伸缩振动）及 668 cm^{-1}（弯曲振动）附近观察到两个吸收带。

对于振动过程中无偶极矩变化的分子，其振动往往具有极化率的改变，且具有拉曼活性，可以用拉曼光谱进行表征，这将在 6.7 节进行讨论。

6.3 基团频率和红外光谱区域的关系

6.3.1 基团振动和红外光谱区域的关系

按照光谱与分子结构的特征，红外光谱大致可分为官能团区及指纹区。官能团区（4000～1330 cm^{-1}）即化学键和基团的特征振动频率部分，它的吸收光谱主要反映分子中特征基团的振动，基团的鉴定工作主要在这一光谱区域进行。指纹区（1330～400 cm^{-1}）的吸收光谱较复杂，但是能反映分子结构的细微变化。每一种化合物在该区的谱带位置、强度和形状都不同，相当于人的指纹，用于认证有机化合物是很可靠的。此外，在指纹区也有一些特征吸收带，对于鉴定官能团也是很有帮助的。

利用红外光谱鉴定化合物的结构，需要熟悉重要的红外光谱区域基团和频率的关系。下面对中红外区的基团振动简要介绍。

1. X—H 伸缩振动区域（X 代表 C、O、N、S 等原子）

若存在氢键，则会使谱峰展宽。频率范围为4000～2500 cm^{-1}，该区主要包括O—H、N—H、C—H 等伸缩振动。

O—H 伸缩振动区域在 3700～3100 cm^{-1}，氢键的存在使频率降低，谱峰变宽，积分强度增加，它是判断有无醇、酚和有机酸的重要依据。当无氢键存在时，O—H 或 N—H 呈一尖锐的单峰，出现在频率较高的部分。N—H 伸缩振动区域在 3500～3300 cm^{-1}，它和O—H 谱带重叠。但峰形略比 O—H 尖锐。伯、仲酰胺和伯、仲胺类在该区都有吸收谱带。

2. 三键和累积双键区域

三键和累积双键区域的频率范围在 2500～2000 cm^{-1}。该区红外谱带较少，主要包括—C≡C—、—C≡N—等三键的伸缩振动和—C＝C＝C—、—C＝C＝O 等累积双键的反对称伸缩振动。

3. 双键伸缩振动区域

双键伸缩振动区域在 2000～1500 cm^{-1}。该区主要包括C＝O、C＝C、C＝N、N＝O 等的伸缩振动以及苯环的骨架振动，芳香族化合物的倍频或组频谱带。

羰基的伸缩振动区域在 1900～1600 cm^{-1}。所有的羰基化合物，如醛、酮、羧酸、酯、酰卤、酸酐等在该区均有非常强的吸收带，而且往往是谱图中的第一强峰，特征非常明显，因此 C＝O 伸缩振动吸收谱带是判断有无羰基化合物的主要依据。C＝O 伸缩振动谱带的位置还和邻接基团有密切关系，因此对判断羰基化合物的类型有重要价值。

C＝C 伸缩振动区域在 $1660\sim1600$ cm^{-1}，一般情况下强度较弱，但当各邻接基团差别比较大时，强度增大，例如：正己烯 $CH_2＝CH—CH_2—CH_2—CH_2—CH_3$ 的 C＝C 吸收带就很强。单核芳烃的 C＝C 伸缩振动出现在 $1500\sim1480$ cm^{-1} 和 $1610\sim1590$ cm^{-1} 两个区域。这两处峰是鉴别有无芳核存在的重要标志之一。一般前者较强，后者较弱。

苯的衍生物区域在 $2000\sim1667$ cm^{-1} 出现面外弯曲振动的倍频和组频谱带，它们的强度较弱，但该区吸收峰的数目和形状与芳核的取代类型有直接关系，在判别苯环取代类型上非常有用。为此常常采用加大样品浓度的办法给出该区的吸收峰。利用这些倍频和组频谱带及区域 $900\sim600$ cm^{-1} 苯环 C—H 面外弯曲振动吸收带共同确定苯环的取代类型是很可靠的。

4. 部分单键振动及指纹区域

部分单键振动及指纹区域的频率在 $1500\sim600$ cm^{-1}。该区域的光谱比较复杂，出现的振动形式很多，除了极少数较强的特征谱带外，一般较难找到它们的归属。对鉴定有用的特征谱带主要有 C—H、O—H 的变形振动，C—O、C—N、C—X 等的伸缩振动，以及芳环的 C—H 弯曲振动。

饱和的 C—H 弯曲振动包括甲基和亚甲基两种。甲基的弯曲振动有对称弯曲振动、反对称弯曲振动和平面摇摆振动。其中以对称弯曲振动特征较为明显，吸收谱带在 $1380\sim1370$ cm^{-1}，可以作为判断有无甲基存在的依据。当甲基与羰基相连时，该谱带强度显著增加，例如：在聚乙酸乙烯酯的红外光谱中就有这一现象。亚甲基在 $1470\sim1460$ cm^{-1} 区域有变形振动的谱带。亚甲基的面内摇摆振动谱带在结构分析中很有用，当四个或四个以上的—CH_2—直接相连时，谱带位于 720 cm^{-1}。随着 CH_2 个数的减少，吸收谱带向高波数方向位移，由此可推断分子链的长短。

在烯烃的—C—H 弯曲振动中，以面外摇摆振动的吸收谱带最为有用，该谱带位于 $1000\sim800$ cm^{-1} 的区域。可借助这些谱带鉴别各种取代烯烃的类型，详见附表1。

芳烃的 C—H 弯曲振动中，主要是在 $900\sim650$ cm^{-1} 的面外弯曲振动，对确定苯环的取代类型很有用，还可以用这些谱带对苯环的邻、间、对位异构体混合物进行定量分析，详见附表1。

C—O 伸缩振动常常是该区域最强的峰，比较容易识别。一般醇的 C—O 伸缩振动在 $1200\sim1000$ cm^{-1}，酚的 C—O 伸缩振动在 $1300\sim1200$ cm^{-1}。在醚键中，有 C—O—C 的反对称伸缩振动和对称伸缩振动，前者的吸收谱带较强。

C—Cl、C—F 伸缩振动都有强吸收。前者出现在 $800\sim600$ cm^{-1}，后者出现在 $1400\sim1000$ cm^{-1}。

6.3.2 影响基团频率的因素

同一种化学键或基团的特征吸收频率在不同的分子和外界环境中只是大致相同，即有一定的频率范围。分子中总存在不同程度的各种耦合，从而使谱带发生位移。这种谱带的位移反过来又为我们提供了关于分子邻接基团的情况。例如：C＝O 的伸缩振动频率在不同的羰基化合物中有一定的差别，酰氯在 1790 cm^{-1}，酰胺在 1680 cm^{-1}，因此根据 C＝O 伸缩振动频率的差别和谱带形状可以确定羰基化合物的类型。同样，处于不同环境中的分子，其振动谱带的位移、强度和峰宽也可能会有不同，这为分子间相互作用研究提供了判据，详见 6.4 节。

影响频率位移的因素可分为两类：一是内部因素，二是外部因素，大体上可以归纳为以下几个方面，如图 6-4 所示。

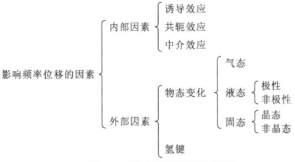

图 6-4　影响频率位移的因素

1. 外部因素

红外光谱可以在样品的各种物理状态（气态、液态、固态、溶液或悬浮液）下进行测量，由于状态的不同，它们的光谱往往有不同程度的变化。

气态分子由于分子间相互作用较弱，往往给出振动-转动光谱，在振动吸收带两侧，可以看到精细的转动吸收谱带。对于大多数有机化合物来说，分子惯性矩很大，分子转动带距离很小，以致分不清。它们的光谱仅是转动带端的包迹，若样品以液态或固态进行测量，分子间的自由转动受到阻碍，此时转动带的包迹轮廓消失，合并成一个宽的吸收谱带。高聚物样品，不存在气态高分子样品谱图的解析问题，但测量中常遇到气态 CO_2 或气态水的干扰。前者在 2 300 cm^{-1} 附近，比较容易辨识，且干扰不大。后者在 1 620 cm^{-1} 附近区域，对微量样品或较弱的谱带的测量有较大的干扰。因此，在测量微量样品或测量金属表面超薄涂层的反射吸收光谱及高分子材料表面的漫反射光谱时，需要用干燥空气或氮气对样品室里的空气进行充分的吹燥，然后再收集红外光谱图。真空红外装置可避免水汽的干扰。

在液态，分子间相互作用较强，有的化合物存在很强的氢键作用。例如，多数羧酸类化合物由于强的氢键作用而生成二聚体，因而使它的羰基和羟基谱带的频率比气态时要下降 500～50 cm^{-1}。

在溶液状态下进行测试，除了发生氢键效应之外，溶剂改变所产生的频率位移一般不大。在极性溶剂中，N—H、O—H、C＝O、C≡N 等极性官能团的伸缩振动频率，随溶剂极性的增加向低频方向移动。在非极性溶剂中，极性基团的伸缩振动的频率位移可以用 Kirkwood-Bauer-Magat 的方程式近似计算：

$$\frac{\upsilon_g - \upsilon_l}{\upsilon_g} = c\frac{\varepsilon - 1}{2\varepsilon + 1}$$

式中：υ_g 和 υ_l 分别为在气态和溶液中的频率；ε 为溶剂的介电常数。

在极性溶剂中，这个关系不成立。一般情况下，C—C 振动受溶剂极性影响很小，C—H 振动可能位移 20～10 cm^{-1}。

在结晶的固体中，分子在晶格中有序排列，加强了分子间的相互作用。一个晶胞中含有若干个分子，分子中某种振动的跃迁矩的矢量和，便是这个晶胞的跃迁矩。所以某种振动在单个分子中是红外活性的，在晶胞中不一定是活性的。例如，化合物 $Br(CH_2)_8Br$，液态的红外光谱图在 980 cm^{-1} 处有一条中等强度的吸收带，但是它在该化合物结晶态的红外光谱中完全消失了。与此同时，一条新的谱带出现在 580 cm^{-1} 处，归属于 CH_2 有序排列引起的新的跃迁矩。

结晶态分子红外光谱的另一特征是谱带分裂。例如，聚乙烯的 CH_2 面内摇摆振动在非晶态时只有一条谱带，位于 720 cm^{-1} 处，而在结晶态时分裂为 720cm^{-1} 和 731 cm^{-1} 两条谱带。

在一些有旋转异构体的化合物中，结晶态时只有一种异构体存在，而在液态时则可能有两种以上的异构体存在，因此谱带反而增多。相反，长链脂肪酸结晶中的亚甲基是全反式排列。由于振动相互耦合，在 1 350～1 180 cm^{-1} 区域出现一系列间距相等的吸收带，而在液体的光谱中仅是一条很宽的谱带。还有一些具有不同晶型的化合物，常由于原子周围环境的变化而引起吸收谱带的变化，这种现象在低频区域特别敏感。

2. 内部因素

1）诱导效应（I）

在具有一定极性的共价键中，随着取代基的电负性不同而产生不同程度的静电诱导作用，引起分子中电荷分布的变化，从而改变了键力常数，使振动的频率发生变化，这就是诱导效应。这种效应只沿着键发生作用，故与分子的几何形状无关，主要随取代原子的电负性或取代基的总的电负性而变化。例如，下面几个取代的丙酮化合物，随着取代基电负性增强而使其羰基伸缩振动频率向高频方向位移：

$$R{-}\overset{\overset{\displaystyle O}{\|}}{C}{-}R \quad,\quad R{-}O{-}\overset{\overset{\displaystyle O}{\|}}{C}{-}R \quad,\quad CH_3{-}\overset{\overset{\displaystyle O}{\|}}{C}{-}Cl \quad,\quad Cl{-}\overset{\overset{\displaystyle O}{\|}}{C}{-}Cl \quad,\quad F{-}\overset{\overset{\displaystyle O}{\|}}{C}{-}F$$

1 715 cm^{-1} 1 735 cm^{-1} 1 800 cm^{-1} 1 827 cm^{-1} 1 928 cm^{-1}

这种现象是由诱导效应引起的。在丙酮分子中的羰基略有极性，其氧原子具有一定的电负性，意味着成键的电子云离开键的几何中心而偏向氧原子。如果分子中的甲基被电负性强得多的氧原子或卤素原子所取代，由于对电子的吸引力增加，电子云更接近于键的几何中心，因而降低了羰基键的极性，使其双键性增加，从而使振动频率增大。取代基的电负性越大，诱导效应越显著，因此振动频率向高频位移也越大。

2）共轭效应

在类似 1，3-丁二烯的化合物中，所有的碳原子都在一个平面上。由于电子云的可流动性，分子中间的 C—C 单键具有一定程度的双键性，同时原来的双键的键能稍有减弱，这就是共轭效应。

因共轭效应，C—C 伸缩振动频率向低频方向位移，同时吸收强度增加。正常的孤立的 C—C 伸缩振动频率在 1650 cm^{-1} 附近，在 1，3-丁二烯中位移到 1597 cm^{-1}。当双键与苯环共轭时，因为苯环本身的双键较弱，所以位移较小，出现在 1 625 cm^{-1} 附近。

羰基与苯环相连时，因共轭效应，C═O 伸缩振动的频率向低频位移，在 1 680 cm^{-1} 处产生吸收。另外，苯环的骨架伸缩振动在 1 600 cm^{-1} 和 1 580 cm^{-1} 处有两条谱带。正常情况下，前者稍强，后者较弱，有时甚至察觉不出来。但是当苯环与羰基或其他不饱和基团直接相连时，则后一谱带明显增强，在光谱中很明显。

由于共轭效应引起的羰基伸缩振动频率的降低，从而由下面几个取代丙酮类化合物的吸收频率来加以证实：

$$-CH_2-\overset{\displaystyle O}{\overset{\|}{C}}-CH_2- \quad, \quad -CH=CH-\overset{\displaystyle O}{\overset{\|}{C}}-CH_2- \quad, \quad -CH=CH-\overset{\displaystyle O}{\overset{\|}{C}}-CH=CH-$$

$$1\,725\sim1\,705\ cm^{-1} \qquad\qquad 1\,685\sim1\,665\ cm^{-1} \qquad\qquad 1\,670\sim1\,660\ cm^{-1}$$

$$CH_2-\overset{\displaystyle O}{\overset{\|}{C}}-CH_2 \quad, \qquad R-\overset{\displaystyle O}{\overset{\|}{C}}-\phi \qquad\qquad \phi-\overset{\displaystyle O}{\overset{\|}{C}}-\phi$$

$$1\,715\ cm^{-1} \qquad\qquad 1\,700\sim1\,680\ cm^{-1} \qquad\qquad 1\,670\sim1\,660\ cm^{-1}$$

3）中介效应（M）

酰氯（1800 cm^{-1}）、酯（1740 cm^{-1}）、酰胺（1670 cm^{-1}）的羰基频率连续下降，这里频率的移动不能由诱导效应单一作用来解释，尤其在酰胺分子中氮原子的电负性比碳原子强，但是酰胺的羰基频率比丙酮低。这是由于在酰胺分子中同时存在诱导效应（I）和中介效应（M），从而中介效应起了主要作用：

$$-\overset{\displaystyle O}{\overset{\|}{C}}-\ddot{N}\diagup \longrightarrow -\overset{\displaystyle O\delta^-}{\overset{\|}{C}}=N\overset{\delta^+}{\diagup}$$

如果原子含有易极化的电子，以未共用电子对的形式存在而且与多重键连接，那么可出现类似于共轭的效应。如上图中，氮原子上未共用电子对部分地通过 C—N 键向氧原子转移，结果削弱了碳氧双键，增强了碳氮键。

在一个分子中，诱导效应（I）和中介效应（M）往往同时存在，因此振动频率的位移方向将取决于哪一个效应占优势。如果诱导效应比中介效应强，那么谱带向高频位移。反之，若诱导效应比中介效应弱，谱带则向低频位移。这可以由下面几组羰基化合物为例加以说明（丙酮 $\tilde{v}_{C=C}$ 为 1715 cm^{-1}）。

$$R-\overset{\displaystyle O}{\overset{\|}{C}}\rightarrow\ddot{S}-R \quad \tilde{v}_{C=O}\ 1690\ cm^{-1}$$

I<M

$$R-\overset{\displaystyle O}{\overset{\|}{C}}\rightarrow\ddot{O}-R \quad \tilde{v}_{C=O}\ 1735\ cm^{-1}$$

I>M

$$\phi-\overset{\displaystyle O}{\overset{\|}{C}}\rightarrow\ddot{S}-R \quad \tilde{v}_{C=O}\ 1665\ cm^{-1}$$

I<M

$$\phi-\overset{\displaystyle O}{\overset{\|}{C}}\rightarrow\ddot{O}-R \quad \tilde{v}_{C=O}\ 1725\ cm^{-1}$$

I>M

氢键可以影响羰基频率，但是当氢键与中介效应同时作用时，会产生最大的化学位移。因为此时产生如下的共振体系：

$$(C-O\cdots H-X \longrightarrow C-O\cdots H-X^+=)$$

例如，羧酸在 CCl$_4$ 溶液中形成二聚体：

$$R-C\overset{\displaystyle O\cdots H-O}{\underset{O-H\cdots O}{}}C-R \longleftrightarrow R-C\overset{\displaystyle {}^-O-H-{}^+O}{\underset{O-H-O}{}}C-R$$

当把二聚体作为一整体考虑时，会出现两个羰基伸缩振动：对称和反对称。二聚体中存在一个对称中心，因而反对称伸缩振动是红外活性的，出现在 1 720～1 680 cm^{-1} 区域，而对称伸缩振动是拉曼活性的，出现在 1680～1640 cm⁻¹ 区域。

4）键应力的影响

在甲烷分子中，碳原子位于正四面体的中心，它的键角为 109°28′，有时由于结合条件的改变，键角、键能发生变化，从而使振动频率发生位移。

键应力的影响在含有双键的振动中最为显著。例如，C＝C 伸缩振动的频率在正常情况下为 1650 cm⁻¹ 左右，在环状结构的烯烃中，当环变小时，谱带向低频位移，这是键角改变使双键性减弱的原因。另外，双键上 CH 基团键能增加，其伸缩振动频率向高频区移动。

环状结构也能使 C＝O 伸缩振动的频率发生变化。羰基在七元环和六元环上，其振动频率和直链分子的差不多。当羰基处在五元环或四元环上时，其振动频率随环的原子个数减少而增加。这种现象可以在环状酮、内酯以及内酰胺等化合物中看到。

3. 氢键的影响

一个含电负性较强的原子 X 的分子 R—X—H 与另一个含有未共用电子对的原子 Y 的分子 R′—Y 相互作用时，生成 R—XH⋯Y—R′ 形式的氢键。对于伸缩振动，生成氢键后谱带发生三个变化，即谱带加宽，吸收强度加大，而且向低频方向位移。但是对于弯曲振动来说，氢键则引起谱带变窄，同时向高频方向位移。

氢键对异丙醇羟基伸缩振动的影响如图 6-5 所示。图 6-5（a）中 O—H 伸缩振动频率和强度的变化是由异丙醇分子间形成氢键引起的。在很稀的浓度时，游离的醇羟基的伸缩振动以一个尖锐的小峰形式出现在 3640 cm⁻¹。随着浓度的增加，分子间相互作用增强，因此自由

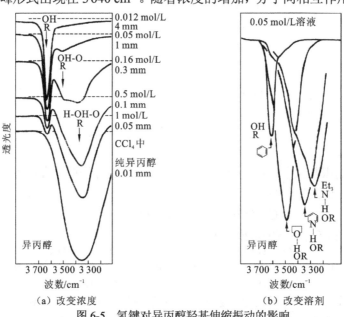

图 6-5　氢键对异丙醇羟基伸缩振动的影响

的 O—H 逐渐减少，而缔合的 O—H 则不断增多。图 6-5（b）则显示了改变溶剂后，氢键引起的谱带变化。

在图 6-6 的异构体中，邻位取代的官能团生成分子内氢键；对位取代异构体生成分子间氢键，对位异构体在稀溶液中的光谱在这一区域呈现一个尖锐的单峰。虽然图中并未给出浓度增加时对位异构体的谱图，但可以想象其变化趋势与图 6-5（a）是一致的。邻位异构体生成分子内氢键，因此不受浓度的影响。图 6-6 中，当增加其浓度时，谱带位置、形状均无变化，只是吸收强度随浓度增加而增强。因此用红外光谱谱带的变化方式，可以区别化合物的分子内氢键和分子间氢键。从本质上讲，分子内氢键是溶质分子本身的氢键。分子外氢键在这个例子中是溶质分子与溶剂分子间的氢键。

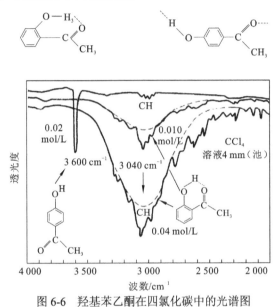

图 6-6　羟基苯乙酮在四氯化碳中的光谱图

4. 倍频、组频、振动耦合与费米共振

在正常情况下，分子大多位于基态（$n=0$）振动。分子吸收电磁波后，由基态跃迁到第一激发态（$n=1$），这种跃迁所产生的吸收称为基频吸收。除了基频跃迁外，由基态到第二激发态（$n=2$）之间的跃迁也是可能的，其对应的谱带称为倍频吸收。倍频的波数是基频波数的两倍或稍小一些，它的吸收强度要比基频弱得多。若光子的能量等于两种基频跃迁能量的和，则有可能同时发生从两种基频到激发态的跃迁，光谱中所产生的谱带频率是两个基频频率之和，这种吸收称为和频。和频的强度比倍频还稍弱一些。若光子能量等于两个基频跃迁能量之差，在吸收过程中一个振动模式由基态跃迁到激发态，同时另一个振动模式由激发态回到基态，此时产生差频谱带，其强度比和频的更弱。和频与差频统称为合成频或组合频。

如果一个分子中两个基团位置很靠近，它们的振动频率几乎相同，一个振子的振动可以通过分子的传递去干扰另一个振子的振动，这就是所说的振动耦合。其结果在高频和低频各出现一条谱带。例如：在乙烷中，C—C 键的伸缩振动频率是 992 cm⁻¹。但在丙烷中，由于两个 C—C 键的振动耦合，分子骨架（C—C—C）的不对称伸缩振动频率为 1054 cm⁻¹，对称伸缩振动的频率是 867 cm⁻¹。

相距很近的双键，当它们的频率相近时，也发生振动耦合。例如，羧酸阴离子—C

的两个 C=O 键有一个公共的碳原子，因此它们发生强烈耦合，不对称和对称伸缩振动分别在 1610～1550 cm^{-1} 和 1420～1300 cm^{-1} 出现两个吸收带。

此外，当一个伸缩振动和一个弯曲振动频率相近，两个振子又有一个公共的原子时，弯曲振动和伸缩振动间也发生强耦合。例如：仲酸胺中的 C—N—H 部分，C—N 的伸缩振动和 N—H 的弯曲振动频率相同。这两个振子耦合，在光谱上产生两个吸收带，它们的频率分别为 1550 cm^{-1} 和 1270 cm^{-1}，即酰胺 Ⅱ、酰胺 Ⅲ 谱带。

在红外光谱中，另一重要的振动耦合是费米共振。这是倍频或组频振动与某一基频振动频率接近时，在一定条件下所发生的振动耦合。和上述所讨论的几种耦合现象相似，吸收带不在预料位置，往往分开得更远一些，同时吸收带的强度也发生变化，原来较弱的倍频或组频谱带强度增加。例如：苯有 30 个简正振动，有三个基频频率，分别为 1485 cm^{-1}、1585 cm^{-1} 和 3070 cm^{-1}，前两个频率的组频为 3070 cm^{-1}，恰与最后一个基频频率相同，于是基频与组频振动发生费米共振，在 3099 cm^{-1} 和 3045 cm^{-1} 处分别出现两个强度近乎相等的吸收带。很多醛类化合物的 C—H 伸缩振动在 2830～2695 cm^{-1} 区域有吸收，同时 C—H 弯曲振动的倍频也出现在相近的频率区域，两者常常发生费米共振，使这个区域内出现两条很强的谱带，这对于鉴定醛类化合物是很有特征的谱线。

5. 立体效应

一般红外光谱的立体效应，包括键角效应和共轭的立体阻碍两部分。后者对高聚物红外光谱的作用，可用来研究高分子链的立构规整度。

6.4 红外光谱的解析

6.4.1 红外光谱解析的标准谱图方法

光谱的解析中最直接、最可靠的方法是直接查对标准谱图。目前已经出版了很多种有关材料剖析方面的红外光谱书籍和图集。书中附有大量常见化合物的标准红外光谱图。根据有关样品的来源、性能及使用情况，并结合谱图的特征，可以初步区分样品的类别，然后再和这一类材料的红外光谱图一一核对，就能够比较容易地作出判断。

常用的书及谱图集有如下几种：

（1）Hummel 和 Scholl 等著的 *Infrared Analysis of Polymers, Resins and Additives, An Atlas*，已出版三册。第一册为聚合物的结构与红外光谱图，第二册为塑料、橡胶、纤维及树脂的红外光谱图和鉴定方法，第三册为助剂的红外光谱图和鉴定方法。

（2）Afremow 和 Isa Kson 等编的 *Infrared Spectroscopy Its Use In the Coating Industry*，谱图按聚合物类别划分。该书介绍了"否定法"及"肯定法"剖析光谱的技巧，在作为光谱图解析的几十种常见聚合物的图例中，对主要谱带的归属作了标识。

（3）Colthup、Daly 和 Wiberley 编著的 *Introduction to Infrared and Raman Spectroscopy*，

对分子的基团频率作了详细的介绍。值得一提的是，书中收录的 624 种常见有机化合物光谱图中，对主要谱带的归属作了标识，使用十分方便。

（4）Sadtler 的《单体和聚合物的红外光谱图》目前已收集了 1 万多张聚合物和单体的红外光谱图。

解析红外光谱常需参考的标准谱图或有关光谱的数据库有以下几种。

（1）Sadtler 红外光谱数据库。该数据库多达 259 000 张，包括聚合物、纯有机化合物、工业化合物、染料颜料、药物与违禁毒品、纤维与纺织品、香料与香精、食品添加剂、杀虫剂与农品、单体、重要污染物、多醇类和有机硅等。

（2）尼高力红外光谱数据库。该数据库现有 22 万张左右的标准谱图。

（3）上海有机所红外光谱图数据库。红外光谱图数据库属上海有机所化学专业数据库系统的一部分，是化学专业数据库最早建设的数据库，始建于 1978 年，是国内最早的化学类数据库。该数据库收录了常见化合物的红外光谱图。用户可以在数据库中检索指定化合物的谱图，也可以根据谱图/谱峰数据检索相似的谱图，以协助进行谱图鉴定。

对于一些没有标准谱图或新合成化合物，必须进行谱图的解析以鉴定化合物的结构。此时必须用到特征基团频率图和特征基团频率表。

6.4.2　红外光谱解析的基本技术

虽然有标准谱图，红外光谱的解析仍需要基本的解析技术，否则在上述图集中查找对应谱图无疑是大海捞针。如果能够根据谱图特征，初步判断所测样品的种类甚至结构，再根据标准谱图进行确认，这是通过红外光谱准确判断样品结构的一般方法。另外，一些没有标准谱图样品或新合成的化合物结构的判定，必须要有红外光谱解析的基本知识。

1. 基团特征频率图和基团特征频率表

在介绍光谱的解析技术之前，有必要先介绍解析所需要的两个重要工具——红外光谱特征基团频率图和特征基团频率表。特征基团频率图给出了各类化合物所含主要官能团振动频率（图 6-7）。特征基团频率表则可分为两种——基团-频率表（附表 1）和频率-基团表（附表 2），这种设定方法非常有助于根据基团查频率或根据频率查对应基团。具体的使用方法将在下面的举例中介绍。

2. 谱带的三个特征

在对某一个未知化合物的红外光谱进行解析时，首先应了解红外光谱的特点。红外光谱具有如下三个重要特征。

1）谱带位置
谱带的位置是表明某一基团存在的最有用的特征，即谱带的特征振动频率。

2）谱带强度
谱带强度是谱带的另一个重要特征，可以作为判断基团存在的另一个佐证。许多不同的基团可能在相同的频率区域产生吸收，但它们的谱带强度可能不同，如图 6-7 中的谱带可以分为"强吸收、中等吸收、弱吸收或吸收强度可变"三种类型。需要指出的是，以谱带强度作为谱带位置判断基团存在的佐证时，这些基团应是样品中的主要结构。因为谱带强度除与基团自有特征（极性）有关外，还与该基团存在的浓度相关，这在后面的定量分析中将会介绍。另外，同一基团谱带强度的变化还可提供与其相邻基团的结构信息，如C—H基团邻接氯原子时，将使它的变形振动谱带由弱变强，因此从对应谱带的增强可以判断氯原子的存在。

谱带强度的表示方法有透光度法和吸光度法。透光度 T 的定义为

$$T=I/I_0\times100\%\tag{6-11}$$

式中：I_0 为入射光强度；I 为入射光被样品吸收后透过的光强度。它们在红外光谱图中的表示方法如图 6-8 所示，在谱带两侧透射比最高处 a、b 两点作切线，然后从谱带吸收最大的位置 c 作横坐标的垂线，和 0 线交点为 e，和切线 ab 的交点为 d，则直线 de 的长度为 I_0，ce 的长度为 I。

吸光度 A 的定义为

$$A=\lg(1/T)=\lg(I_0/I)\tag{6-12}$$

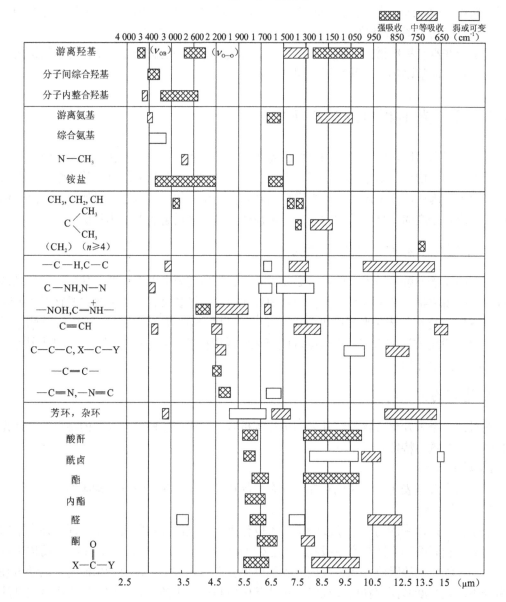

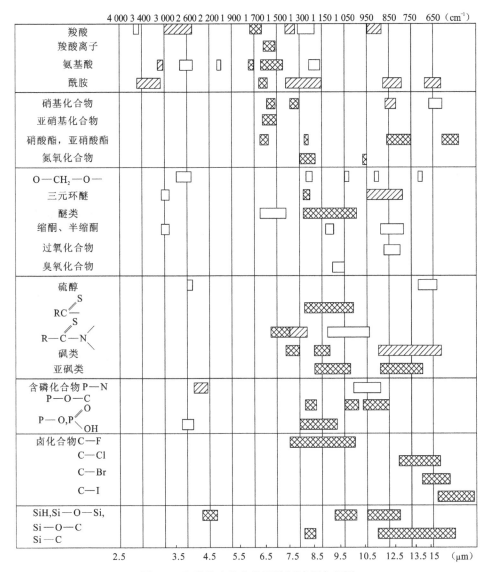

图 6-7　各类化合物官能团特征峰频率范围

3）谱带形状

谱带的形状常与谱带的半峰宽相关，有时从谱带的形状也可以得到有关基团的一些信息。例如：氢键和离子的官能团可以产生很宽的红外谱带，这对于鉴定特殊基团的存在很有用。酰胺基团的羰基伸缩振动（$\upsilon_{C=O}$）和烯类的双键伸缩振动（$\upsilon_{C=C}$）均在 1 650 cm^{-1} 附近产生吸收，但酰胺基团的羰基大多形成氢键，其谱带较宽，很容易和烯类的谱带区别。谱带的形状也包括谱带是否有分裂，可用以研究分子内是否存在缔合以及分子的对称性、旋转异构、互变异构等。

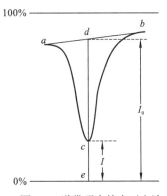

图 6-8　谱带强度的表示方法

6.4.3　红外光谱的解析步骤

红外光谱的解析应先从官能团区（4000～1300 cm^{-1}）入手。按该区出现的主要吸收峰波数到图 6-7 中查找该峰可能归属于何种官能团，然后再对照图 6-7 中该官能团同一栏内的旁证峰，即该官能团的其他次要振动峰是否出现在被检测的样品谱图中。如果主要吸收峰和旁证峰都有，就表明样品中含有此种官能团，也就可以据此推断样品属于哪一类化合物。有时基团频率图还显简略，最好用基团频率表。下面利用特征基团频率图和特征基团频率表来解析某聚合物的红外光谱。

在图 6-9 中，官能团区最强谱带为 1730 cm^{-1}，从图 6-7 中可以查出，在此区域出现振动吸收的基团有芳环、杂环、酸酐、酰卤、酯、内酯、醛、酮、羧酸等。芳环、杂环等在此区域是弱吸收，且芳环的结构特征是连续的 3～4 个弱吸收谱带，如果存在芳环，在 3100～3000 cm^{-1} 应有一个谱带，对应于芳环中 ＝C—H 键的伸缩振动，但谱图中不存在这些特征。因此可以判定，此样品不含芳环和杂环。对于含羰基的化合物：酸酐类化合物，羰基除 1790～1740 cm^{-1} 的反对称伸缩振动外，在 1850～1800 cm^{-1} 还应出现一个更强的峰，属于羰基的对称伸缩振动，因此样品不是酸酐；酰卤类化合物，虽然在 1750 cm^{-1} 左右和 1000～910 cm^{-1} 均出现特征吸收，看似与图中的峰相符，但如前所述，羰基由于诱导效应，其特征吸收应在 1750 cm^{-1} 以上的区域，因此不是酰卤；醛类化合物，除在 1740～1720 cm^{-1} 出现羰基的特征吸收外，还应在 2900～2700 cm^{-1} 出现 C—H 伸缩振动，因此不可能是醛类化合物。羧酸类最明显的特征，除 1710～1740 cm^{-1} 的羰基伸缩振动外，在 3300～3600 cm^{-1} 还会出现—OH 的特征振动，而且往往较强、较宽，图中在此范围没有出现特征吸收，因此也不是羧酸。酮羰基的特征吸收在 1725～1705 cm^{-1}，此外还会在 1325～1215 cm^{-1} 出现一个中等强度的吸收峰，对应于 C—CO—C 骨架振动，这与图中的峰形分布看似相似，但仔细分析，酮的羰基由于共轭效应，振动吸收频率较低，应可排除酮的可能性。由于样品是一种聚合物，不可能是内酯。最后的可能是酯类，因为酯类的羰基伸缩振动一般位于 1730～1750 cm^{-1}，其验证峰为 1200～1150 cm^{-1} 的 C—O—C 伸缩振动峰，由于酯键的形成消耗羟基和羧基，3600～3300 cm^{-1} 范围内—OH 峰的吸收谱带消失，残留的端羧基在 1710 cm^{-1} 出现一个小的吸收谱带，这些均可判定样品是一种酯类聚合物。

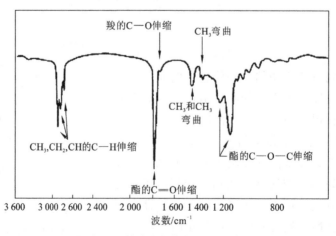

图 6-9　某种聚合物的红外光谱图

在确定了主结构后，接下来需要根据其他的次强峰来判断样品精细结构。有一些书籍中介绍了否定法和肯定法，即根据特征基团频率图将红外光谱图分成几个不同的区域（如 6.3.1 节），这些区域中分别存在特定基团的振动吸收谱带，如果谱图在某个区域出现吸收，则可推断样品中存在相应基团，否则可认为不存在相应的结构。以图 6-9 为例，在 $3\,000\sim2\,800\ \text{cm}^{-1}$ 处出现吸收谱带，在此区域具有特征吸收的基团是甲基和亚甲基，说明结构中含有这两种基团，其验证峰为 $1\,450\ \text{cm}^{-1}$ 的甲基和亚甲基的弯曲振动与 $1\,375\ \text{cm}^{-1}$ 甲基的弯曲振动。常见的聚酯类包括脂肪族聚酯和芳香族聚酯。芳香族聚酯应在 $3\,100\sim3\,000\ \text{cm}^{-1}$ 和 $2\,000\sim1\,660\ \text{cm}^{-1}$ 处分别出现苯环的 $=$C—H 伸缩振动和面外弯曲振动，因此可判定样品不可能是芳香族聚酯。根据标准谱图可以查得样品为聚丙烯酸丁酯。

6.5　红外光谱的仪器及实验技术

6.5.1　红外光谱仪及其基本实验技术

目前，几乎所有的红外光谱仪都是傅里叶变换型的，其基本结构如图 6-10 所示。光谱仪主要由光源（硅碳棒、高压汞灯）、迈克耳孙干涉仪、检测器和记录仪组成。如图 6-10 所示，光源发出的光被分束器分为两束，一束经反射到达动镜，另一束经透射到达定镜。两束光分别经定镜和动镜反射再回到分束器。动镜以一恒定速度 v_m 做直线运动，因而经分束器分束后的两束光形成光程差 δ，产生干涉。干涉光在分束器会合后通过样品池，然后被检测。

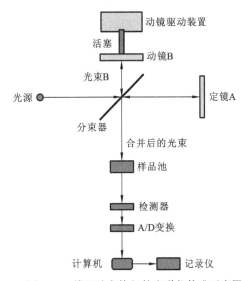

图 6-10　傅里叶变换红外光谱仪构成示意图

1. 傅里叶变换红光谱的基本原理

傅里叶变换红外光谱仪的核心部分是迈克耳孙干涉仪，其示意图如图 6-11 所示。动镜通过移动产生光程差，由于 v_m 一定，光程差与时间正相关。光程差产生干涉信号，得到干涉图。光程差 $\delta=2d$，d 代表动镜移动离开原点的距离与定镜和原点的距离之差。由于是一来一回，应乘以 2。若 $\delta=0$，即动镜离开原点的距离与定镜和原点的距离相同，则无相位差，是相长干涉；$d=\lambda/4$，$\delta=\lambda/2$ 时，相位差为 $\lambda/2$，正好相反，是相消干涉；$d=\lambda/2$，$\delta=\lambda$ 时，又为相长干涉。总之，动镜移动距离是 $\lambda/4$ 的奇数倍，则为相消干涉；是 $\lambda/4$ 的偶数倍，则是相长干涉。因此，通过动镜移动，产生了可以预测的周期性信号。

干涉光的信号强度的变化可用余弦函数表示：

$$I(\delta)=B(\upsilon)\cos(2\pi\upsilon\delta) \tag{6-13}$$

式中：$I(\delta)$ 为干涉光强度，I 是光程差 δ 的函数；$B(\upsilon)$ 为入射光强度，B 是频率 υ 的函数。干涉光的变化频率 f_υ 与两个因素，即光源频率 υ 和动镜移动速度 v 有关，即

$$f_\upsilon = 2\upsilon v \tag{6-14}$$

当光源发出的是多色光，干涉光强度应是各单色光的叠加，如图 6-12 所示，可用下式的积分形式来表示，即

$$I(\delta) = \int_{-\infty}^{\infty} B(\upsilon)\cos(2\pi\upsilon\delta)\mathrm{d}\upsilon \qquad (6-15)$$

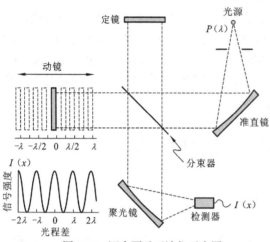

图 6-11　迈克耳孙干涉仪示意图　　　　　图 6-12　光源为多色光时干涉光信号强度的变化

把样品放在检测器前，由于样品对某些频率的红外光产生吸收，检测器接收到的干涉光强度发生变化，从而得到各种不同样品的干涉图。这种干涉图是光强随动镜移动距离的变化曲线，借助傅里叶变换函数，将式（6-15）转换成下式，可得到光强随频率变化的频域图。这一过程由计算机完成。

$$B(\upsilon) = \int_{-\infty}^{\infty} I(\delta)\cos(2\pi\upsilon\delta)\mathrm{d}\delta \qquad (6-16)$$

用傅里叶变换红外光谱仪测量样品的红外光谱包括以下几个步骤。

（1）分别收集背景（无样品时）的干涉图及样品的干涉图。

（2）分别通过傅里叶变换将上述干涉图转化为单光束红外光谱。

（3）将样品的单光束光谱除以背景的单光束光谱，得到样品的透射光谱或吸收光谱。

图 6-13 为实际测试过程中几个中间步骤的干涉图及光谱图。

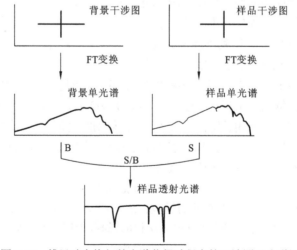

图 6-13　傅里叶变换红外光谱获得过程中的干涉图及光谱图

2. 傅里叶变换红外光谱法的主要优点

（1）信号的"多路传输"。普通色散型的红外光谱仪由于带有狭缝装置，在扫描过程的每个瞬间只能测量光源中一小部分波长的辐射。在色散型分光光度计以 t 时间检测一个光谱分辨单元的同时，干涉型仪器可以同时检测出全部 M 个光谱分辨单元，这样有利于光谱的快速测定。而且，在相同的测量时间 t 里，干涉型仪器对每个被测频率单元可重复测量 M 次，测得的信号经平均处理，可以降低噪声。这样就大大有利于提高信噪比，其信噪比可提高 $M^{1/2}$ 倍。

（2）辐射通量大。常规的红外分光光度计由于受到狭缝的限制，能达到检测器上的辐射能量很少，光能的利用率极低。傅里叶变换红外光谱仪没有狭缝的限制，因此在同样分辨率的情况下，其辐射通量要比色散型仪器大得多，从而使检测器所收到的信号和信噪比增大，有很高的灵敏度，有利于微量样品的测定。

（3）波数精确度高。因为动镜的位置及光程差可用激光的干涉条纹准确地测定，从而使计算的光谱波数精确度可达 $0.01\ cm^{-1}$。

（4）分辨能力高。傅里叶变换红外光谱仪的分辨能力主要取决于仪器能达到的最大光程差，在整个光谱范围内能达到 $0.1\ cm^{-1}$，目前最高可达 $0.002\ 3\ cm^{-1}$，而普通色散型仪器仅能达到 $0.5\ cm^{-1}$。

（5）光谱数据的数字化形式。傅里叶变换红外光谱仪的最大优点在于光谱的数字化形式，它可以用微型计算机进行处理。光谱可以相加、相减、相除或储存。这样，光谱的每一频率单元可以加以比较，光谱间的微小差别可以很容易地被检测出来。由于傅里叶变换红外光谱仪的发展，减少了实验技术及数据处理的困难，使得很多种附件技术，如光声光谱、漫反射光谱、反射吸收光谱和发射光谱等都得到了显著的发展，为研究材料的表、界面结构提供了重要检测手段。

6.5.2 红外光谱的样品制备技术

样品制备技术是每一项光谱测定中最关键的问题，红外光谱也不例外，其光谱质量在很大程度上取决于样品制备的条件与方法。样品的纯度、杂质、残留溶剂，制样的厚度、干燥性、均匀性和干涉条纹等均可能使光谱失去有用的谱带信息，或出现本不属于样品的杂峰，导致错误的谱带识别。所以，选择适当的制样方法并认真操作是获得优质光谱图的重要途径。根据材料的组成及状态，可以选择不同的制样方法。

1. 卤化物压片法

卤化物压片法是最常用的制样方法，具有适用范围广、操作简便的特点。一般来说，可干燥研磨的样品均可用此法制样。卤化物中最常用的是溴化钾，因为溴化钾在整个中红外区都是透明的。制备方法为：将溴化钾和样品以 200∶1（质量比）相混后，仔细研磨，在 $4 \times 10^8 \sim 6 \times 10^8\ Pa$ 下抽真空压成透明薄片。因为溴化钾易吸水，所以应事先把粉末烘干，制成薄片后要尽快测量。

2. 薄膜法

用薄膜法测量红外光谱时，样品的厚度很重要。一般定性工作所需样品厚度为 1 μm 至数微米。样品过厚时，许多主要谱带都吸收到顶，彼此连成一片，看不出准确的波数位置和精细结构。在定量工作中，对样品厚度的要求就更苛刻些。样品表面反射的影响也是需要考虑的因素。在谱带低频一侧，反射引起能量损失，造成谱带变形。反射对薄膜样品光谱的另一种干扰就是干涉条纹。这是因为样品直接透射的光和经过样品内、外表面两次反射后再透射的光存在光程差，所以在光谱中出现等波数间隔的干涉条纹。消除干涉条纹的常用方法是使样品表面变得粗糙些。薄膜制备的方法有溶液铸膜法和热压成膜法。

由高聚物溶液制备薄膜来测绘其红外光谱的方法比溶液法有更广泛的应用。通常，样品薄膜可在玻璃板上制取。其方法是将高聚物溶液（浓度一般为 1%～4%）均匀地浇涂在玻璃板上，待溶剂挥发后，形成薄膜，即可用刮刀剥离。在液体表面上铸膜也是可行的。这种方法特别适用于制备极薄的膜，通常可以在水表面或汞表面进行。在汞表面铸膜时，可将钢圈浮在汞表面，高分子溶液铺在圈内，溶剂挥发后，即得到所需要面积大小的薄膜。

另一种简便的制膜方法是在氯化钠晶片上直接涂上高聚物溶液，膜制成后可连同晶片一起进行红外测试。这种制膜法在研究高聚物的反应时很适用。

溶液铸膜法很重要的一点是要除去最后残留的溶剂。一种行之有效的方法是：用低沸点溶剂萃取掉残留的溶剂，该萃取剂必须不能溶解高聚物，但能和原溶剂相混溶。例如，从聚丙烯腈中除去二甲基甲酰胺溶剂是十分困难的，因为极性高聚物和极性溶剂有较强的亲和力，而二甲基甲酰胺的沸点又较高，很难用抽真空的方法将它从薄膜中除尽。用甲醇萃取可除去残存的二甲基甲酰胺，随后甲醇可用减压真空干燥除去。

对于热塑性的样品，可以采用热压成膜的方法，即将样品加热到软化点以上或熔融，然后在一定压力下压成适当厚度的薄膜。在热压时要防止高聚物的热老化。为了尽可能降低温度和缩短加压时间，可以采用增大压力的办法。一般采用 1×10^8 Pa 左右的压力，在熔融状态迅速加压 10～15 s，然后迅速冷却。

采用热压成膜或溶液铸膜制备样品时，要注意高聚物结晶形态的变化。

3. 悬浮法

悬浮方法是把 50 mg 左右的高聚物粉末和 1 滴石蜡油或全卤代烃类液体混合，研磨成糊状，再转移到两片氯化钠晶片之间进行测量。

6.6　傅里叶变换红外光谱在材料研究中的应用

6.6.1　有机高分子材料

1. 单一组成聚合物材料判定

单一组成的聚合物结构判定除可按 6.4 节中介绍的方法进行外，还有一些更加简便的方法可以较为快速地判别聚合物材料的类别和主体结构，如聚合物红外光谱分类表（表 6-2～表 6-7）。

表 6-2　1 区（1 800～1 700 cm⁻¹）的聚合物

高聚物	谱带位置（cm⁻¹）及基团振动模式		
	最强谱带	特征谱带	
聚乙酸乙烯酯	1 740 v(C=O)	1 240　1 020 v(C—O)	1 375 δ(CH₃)
聚丙烯酸甲酯	1 730 v(C=O)	1 170　1 200　1 260 v(C—O)	2 960 v_{as}(CH₃)
聚丙烯酸丁酯	1 730 v(C=O)	1 165　1 245 v(C—O)	|940　960| 丁酯特征
聚甲基丙烯酸甲酯	1 730 v(C=O)	|1 150　1 190| v(C—O)	|1 240　1 268| 一对双峰
聚甲基丙烯酸乙酯	1 725 v(C=O)	|1 150　1 180|　|1 240　1 268|　1 022 v(C—O)　一对双峰　乙酯特征	
聚甲苯丙烯酸丁酯	1 730 v(C=O)	|1 150　1 180|　|1 240　1 268|　|950　970| v(C—O)　一对双峰　丁酯特征	
聚邻苯二甲酸酯	1 735 v(C=O)	1 280　1 125　　　　745　705 v(C—O)　　1 070　　v(CH)	
聚对苯二甲酸酯	1 730 v(C=O)	1 265　1 100　1 015　730 v(C—O)　δ(CH)　γ(CH)	

表 6-3　2 区（1 700～1 500 cm⁻¹）的聚合物

高聚物	谱带位置（cm⁻¹）及基团振动模式	
	最强谱带	特征谱带
聚酰胺	1 640 v(C=O)	1 550　　　3 090　3 300　700 v(C—H)+δ(NH)　倍频　v(NH)　γ(NH)
聚丙烯酰胺	|1 650　　　　1 600| v(C=O)　　　δ(NH₂)	3 300　3 176　1 020 v(NH₂)
聚乙烯吡咯烷酮	1 665 v(C=O)	1 280　1 410
脲-甲醛树脂	1 640 v(C=O)	1 540　1 250 v(C—H)+δ(NH)

表 6-4　3 区（1 500～1 300 cm⁻¹）的聚合物

高聚物	谱带位置（cm⁻¹）及对应基团振动模式	
	最强谱带	特征谱带
聚乙烯	1 470 δ(CH₂)	|731　720| r(NH₂)
全同聚丙烯	1 376 δ_s(CH₃)	1 166　998　973　841 与结晶有关
聚异丁烯	|1 385　1 365| δ_s(CH₃)	1 233 v(C=C)
全同聚（1-丁烯）（变体 I）	1 465 δ(CH₂)	921　847　797　758 γ(CH₂)

高聚物	谱带位置（cm⁻¹）及对应基团振动模式	
	最强谱带	特征谱带
萜烯树脂	1 465 $\delta(CH_2)$	|1 385　1 365|　　　|3 400　1 700| $\delta_s(CH_3)$
天然橡胶	1 450 $\delta(CH_2)$	885 $\gamma(CH)$
氯碘化聚乙烯	1 475 $\delta(CH_2)$	1 250　1 160　　1 316(肩带) δ(CH)　v(S=O)

表 6-5　4 区（1 300～1 200 cm⁻¹）的聚合物

高聚物	谱带位置（cm⁻¹）及对应基团振动模式	
	最强谱带	特征谱带
双酚 A 型环氧树脂	1 250 v(C—O)	2 980　1 300　1 188　915　830 $v_{as}(CH_3)$　　　　　γ(CH)
酚醛树脂	1 240 v(C—O)	3 300　815 γ(CH)
叔丁基酚醛树脂	1 212 v(C—O)	1 065　878　820 v(C—O)
双酚 A 型聚碳酸酯	1 240 v(C—O)	1 780　1 190　1 165　830 v(C=O)　　　　γ(CH)
二乙二醇双烯丙基聚碳酸酯	1 250 v(C—O)	1 780　790 v(C=O)
双酚 A 型聚砜	1 250 v(C—O)	1 310　1 160　1 110　830 v(S=O)
聚氯乙烯	1 250 δ(CH)	1 420　　1 330　　700—600 $\delta(CH_2)$　δ(CH)+$t(CH_2)$　v(CCl)
聚苯醚	1 240 v(C—O)	1 600, 1 500, 1 160, 1 020, 873, 752, 692 γ(CH)
硝化纤维素	1 285 v(N—O)	1 660　845　1075 硝酸酯特征
三乙酸纤维素	1 240 v(C—O)	1 740　1 380　1 050 乙酸酯特征

表 6-6　5 区（1 200～1 000 cm⁻¹）的聚合物

高聚物	谱带位置（cm⁻¹）及对应基团的振动模式	
	最强谱带	特征谱带
聚氧乙烯	1 110 v(C—O)	945
聚乙烯醇缩甲醛	1 020 v(C—O)	1 060　1 130　1 175　1 240 缩甲醛特征
聚乙烯醇缩乙醛	1 140 v(C—O)	1 340　940 缩乙醛特征

高聚物	谱带位置(cm^{-1})及对应基团的振动模式	
	最强谱带	特征谱带
聚乙烯醇缩丁醛	1 140 v(C—O)	1 000
纤维素	1 050 v(C—O)	1 158　　1 109　　1 025　　1 000　　970 在主峰两侧一系列肩带
纤维素醚类	1 100 v(C—O)	1 050　　　　　　　3 400 残存 OH 吸收
单乙酸纤维素	1 050 v(C—O)	1 740　　1 240　　1 380 乙酸酯的特征
聚醚型聚氨酯	1 100 v(C—O)	1 540　　　　1 690　　　1730 δ(NH)+v(C—N)　v(C=O)

表 6-7　6 区（1 000～600 cm^{-1}）的聚合物

高聚物	谱带位置（cm^{-1}）及对应基团的振动模式	
	最强谱带	特征谱带
聚苯乙烯	760　　700 单取代苯	3 100　　3 080　　3 060　　3 022　　3 000
聚对甲基苯乙烯	815 γ(CH)	720
1，2-聚丁二烯	911 γ(=CH)	990　　　1 642　　　700 γ(=CH)　v(C=C)
反-1，4-聚丁二烯	967 γ(=CH)	1 667 v(C=C)
顺-1，4-聚丁二烯	738 γ(=CH)	1 646 v(C=C)
聚甲醛	|935　　　　　　900| v(C—O—C)+γ(CH$_2$)	1 091　　　1 238
聚硫甲醛	732 v(C—S)	709　　1 175　　1 370
（高）氯化聚乙烯	670 v(CCl)	760　　790　　1 266 v(CCl)　　δ(CH)
氯化橡胶	790 v(CCl)	760　736　|1 280　1 250| v(CCl)　δ(CH)

　　根据经验，可以把聚合物红外光谱按照其最强谱带的位置，从 1 800cm^{-1} 到 600 cm^{-1} 分成六类。一般来说，含有相同极性基团的同类化合物大多在同一光谱区。有些聚合物在 3 500～2 800 cm^{-1} 有第一吸收，但是这类谱带易受样品状态等外来因素干扰（如 6.3.2 节中所述），所以按它们的第二强谱带来分类。具体分区如下：

　　1 区：1 800～1 700 cm^{-1} 聚酯、聚羧酸、聚酰亚胺等。

　　2 区：1 700～1 500 cm^{-1} 聚酰亚胺、聚脲等。

　　3 区：1 500～1 300 cm^{-1} 饱和线形脂肪族聚烯烃和一些有极性基团取代的聚烃类。

4 区：1 300～1 200 cm⁻¹ 芳香族聚醚类、聚砜类和一些含氯的高聚物。

5 区：1 200～1 000 cm⁻¹ 脂肪族的聚醚类、醇类和含硅、含氟的高聚物。

6 区：1 000～600 cm⁻¹ 取代苯、不饱和双键和一些含氯的高聚物。

在一些图书中按照这种分类将每个区所包含的聚合物列成表格，左面一列是最强谱带的位置，后面一列是这个聚合物所具有的特征谱带的位置，最明显特征的在下面划____，对于双峰则以|___|接起来。

按照上述表格，对于一种单一组成的聚合物，只要根据 1 800～600 cm⁻¹ 最强谱带的位置即可初步确定聚合物的类型，再对照表中最强谱带和特征谱带的对应关系，即可大体上确定是哪一种聚合物及其结构，但最准确的结构确定还是要查标准谱图。图 6-14 和图 6-15 是两种聚合物的红外光谱。

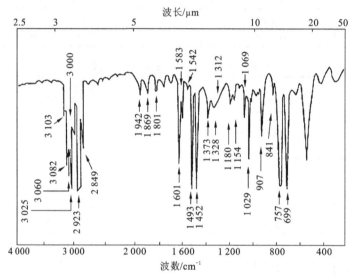

图 6-14 聚苯乙烯红外光谱图

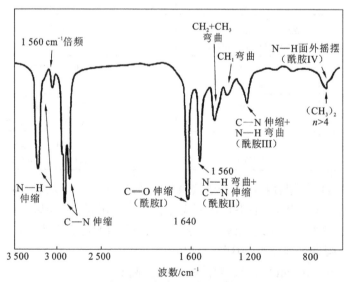

图 6-15 聚酰胺红外光谱图

图 6-14 中最强谱带是 757 cm^{-1} 和 699 cm^{-1}，位于第 6 区，因此可以判断该聚合物主要含有取代苯、不饱和双键和一些含氯的高聚物。进一步分析谱图，在 3 103 cm^{-1}、3 082 cm^{-1}、3 060 cm^{-1}、3 025 cm^{-1} 和 3 000 cm^{-1} 处具有非常特征的谱带，对应 6 区聚合物特征基团表，可以看到无论是最强谱带还是特征谱带均与聚苯乙烯相符合，因此可基本确定该红外光谱图对应的样品是聚苯乙烯。图 6-15 中最强谱带是 1 640 cm^{-1}，特征谱图是 1 560 cm^{-1}，按照上述分析方法，可以判断该聚合物为聚酰胺。

2. 红外光谱的定量分析及应用

1）定量分析原理

定量分析的基础是光的吸收定律——比尔-朗伯（Beer-Lambert）定律：

$$A = k \cdot c \cdot l = \lg(1/T)$$

式中：A 为吸光度；T 为透光度；k 为消光系数[L/(mol·cm)]；c 为样品浓度（mol/L）；l 为样品厚度（cm）。以被测物特征基团峰为分析谱带，通过测定谱带的吸光度 A，样品厚度 l，并以标准样品测定该特征谱带的 k 值，即可求得样品浓度 c。

在实际应用中，以吸光度法测量时，仪器操作条件、参数都可能引起定量的误差。当考虑某一特定振动的固有吸收时，峰高法的理论意义不大，它不能反映出宽的和窄的谱带之间吸收的差异。此外，用峰高法从一种型号的仪器上获得的数据不能一成不变地运用到另一种型号的仪器上。面积积分强度法是测量由某一振动模式所引起的全部吸收能量，它能够给出具有理论意义的、比峰高法更准确地测量数据。峰面积的测量可以通过傅里叶变换红外光谱计算机积分技术来完成。这种计算对任何标准的定量方法都适用，而且能够很好地符合比尔-朗伯定律。积分强度的数值大多由测量谱带的面积得到，即将吸光度对波数作图，然后计算谱带的面积 S，即

$$S = \int \lg \frac{I_0}{I} \mathrm{d}\upsilon$$

在定量分析中，经常采用基线法确定谱带的吸光度。基线的取法要根据实际情况作不同处理。如图 6-16（a）所示，测量的谱带受邻近谱带的影响极小，因此可由谱带透射比最高处 b 引平行线。而图 6-16（b）中采用的是作透射比最高处的切线 ab，图 6-16（c）中无论是作平行线还是作切线都不能反映真实情况，因此采用 ab 与 ac 两者的角平分线 ad 更合适。图 6-16（d）中，平行线 ab 或切线 ac 均可取为基线。需要注意的是，确定基线后在以后的测量中就不能改变。使用基线法定量，可以扣除散射和反射的能量损失以及其他组分谱带的干扰，具有较好的重复性。

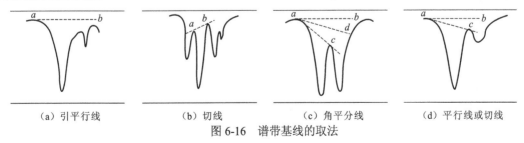

（a）引平行线　　　　　（b）切线　　　　　（c）角平分线　　　　　（d）平行线或切线

图 6-16　谱带基线的取法

2）通过端基定量分析计算聚合物数均分子量

傅里叶变换红外光谱测定分子量的一个例子是聚对苯二甲酸丁二醇酯（PBT）。在该样品

中，分子链两端的端基是醇或酸，其分子量

$$M_r = 2/(E_1 + E_2)$$

式中：E_1 和 E_2 分别为醇或酸端基的物质的量。该公式假设样品中不存在支链及其他端基官能团。图 6-17 为两个不同分子量的 PBT 样品的傅里叶变换红外光谱图。

—COH 端羟基吸收谱带在 $3\,535\ cm^{-1}$，而—COOH 端羧基吸收谱带在 $3\,290\ cm^{-1}$，傅里叶变换红外光谱可以方便地给出基线位置上各个谱带的吸收强度。经过测定，消光系数分别为 $\alpha_{—OH} = (113 \pm 18)\ L1\ (mol \cdot cm)$ 和 $\alpha_{—COOH} = (150 \pm 18)\ L1\ (mol \cdot cm)$。计算得出的分子量同黏度法的结果相一致。傅里叶变换红外光谱法的优点在于它可以跟踪 PBT 加工过程中分子量的变化。

3）共聚物组成

图 6-18 为聚甲基丙烯酸甲酯（PMMA）、聚苯乙烯（PS）、PMMA-PS 共混物及 PMMA-PS 共聚物的傅里叶变换红外光谱图。由图可见，PMMA-PS 共聚物的光谱与其均聚物的混合物光谱相似，因此可用已知配比的均聚物混合物作为工作样品。

图 6-17　两种不同分子量 PBT 的
傅里叶变换红外光谱图

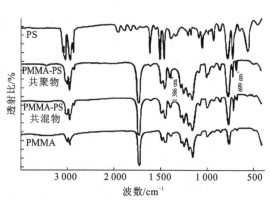

图 6-18　PMMA、PS、PMMA-PS 共混物及 PMMA-PS
共聚物的傅里叶变换红外光谱图

比较谱图，可供分析用的谱带对甲基丙烯酸甲酯有：$1\,729\ cm^{-1}$ 的碳基伸缩振动；$1\,385\ cm^{-1}$ 的甲基对称变形振动。前者吸收强度太大，不可取，故选择后者。苯乙烯组分的浓度选择 $699\ cm^{-1}$ 的单取代苯的 C—H 面外弯曲振动。实验中，$1\,385\ cm^{-1}$ 和 $699\ cm^{-1}$ 这两个谱带都是孤立的，基本不受另一组分谱带的影响，而且吸收强度相似，因此选择这两个谱带来定量分析共聚物组分是理想的。采用 KBr 涂膜的方法，控制膜的厚度使所得谱图中 $1\,385\ cm^{-1}$ 和 $699\ cm^{-1}$ 处的吸光度在 $0.2 \sim 0.4$。谱带基线的取法如图 6-19 所示。

在 $4\,000 \sim 400\ cm^{-1}$ 测绘工作样品的红外光谱图，分别测量这两条分析谱带的吸光度 A_{1385} 和 A_{699}。以吸光度比 A_{1385}/A_{699} 与共混物中 PMMA/PS 质量比作图，如图 6-20 所示。由图 6-20 可见，吸光度比与 PMMA/PS 质量比之间有着良好的线性关系，其相互关系为

$$A_{1385}/A_{699} = 0.713\,8\ W_{PMMA}/W_{PS}$$

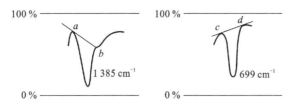

图 6-19 PMMA-PS 共聚物组成测定中基线的确定方法

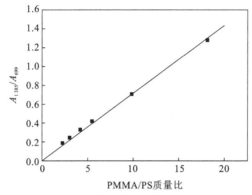

图 6-20 红外光谱测定共聚物组成的工作曲线

这样，只要通过红外光谱测定 1385 cm^{-1} 和 699 cm^{-1} 处谱带的强度，便可确定共聚物中各组分的相对含量。

3. 差减光谱技术及其应用

1）光谱差减技术

光谱差减技术可以用来分离混合物的红外光谱或检测样品的稍微变化。例如，某一样品中含有两种组分，则在任一波数的红外吸收可以表达为各组分的红外吸收之和：

$$A_T = A_P + A_X$$

式中：A_T 为混合物的红外吸收；A_P 和 A_X 分别为纯组分 P 及纯组分 X 的红外吸收。为了得到组分 X 的光谱，必须从 A_T 中减去组分 P 的吸收。假设已知聚合物样品 P 的红外光谱为 A_P，则组分 X 光谱为

$$A_X = A_T - k A_P$$

式中：k 是可校正的比例参数。选择某一波数范围，在此波数内仅组分 P 有红外吸收，调整比例参数进行差减计算，直至该区域内红外吸收为零，则得到的差减光谱即组分 X 的红外光谱。这一差减光谱程序的优点在于不必知道混合物中聚合物的确切含量，通过调整比例参数 k，即可把聚合物光谱从混合物光谱中全部减去。

傅里叶变换红外光谱差减技术在材料定性及定量研究中有广泛的应用。使用这种差减光谱技术也可以不经物理分离而直接鉴定混合物的组分，甚至是微量的组分，如聚合物中的添加剂等。

2）聚合物反应过程跟踪及反应动力学

在环氧树脂与酸酐的共聚固化反应中，可以通过检测 1858 cm^{-1} 酸酐的羰基谱带的强度变化，测定反应动力学性能。在这一共聚（a）体系中加入 0.5% 质量的二胺促进剂，在 80℃ 条件下固化，用红外光谱可测定交联度。图 6-21 为不同的固化时间测得的光谱及它们的差减

光谱。在差减光谱中，芳环在 1511 cm^{-1} 和 1608 cm^{-1} 的吸收被抵消。基线上方的谱带代表反应后生成的酯基，基线下方的倒峰表示反应过程中消失的酸酐及环氧官能团。

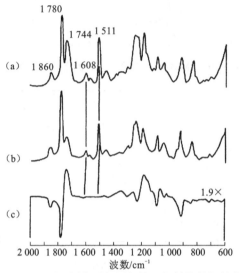

图 6-21　不同固化时间测得的环氧树脂的红外光谱

（a）固化 83 min；（b）固化 37 min；（c）差减光谱

3）聚乙烯支化度的测定

聚乙烯（polyethylene，PE）可以用低压催化法或高压法制得。前者得到线形分子，密度较高；后者得到有支链的分子，密度较低。它们的红外光谱如图 6-22 所示，图中 1378 cm^{-1} 谱带归属于支链顶端的甲基振动，但是这个谱带与无定形态的亚甲基的三条谱带互相干扰，它们分别位于 1304 cm^{-1}、1352 cm^{-1} 及 1368 cm^{-1}，其中以 1368 cm^{-1} 干扰尤为严重。采用差减光谱法，即从 PE 光谱中减去标准线形聚亚甲基光谱，就可以得到游离的、不受干扰的 1378 cm^{-1} 谱带，从而进行定量测定。

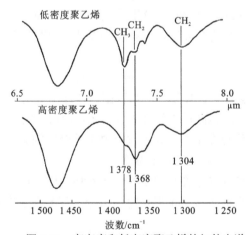

图 6-22　高密度和低密度聚乙烯的红外光谱

用红外光谱测量甲基含量另一个困难是它的吸光度随支化链长度而变化。例如：甲基、乙基或更长的支链顶端的甲基的吸光度比例为 1.5∶1.25∶1，因此通常用红外光谱测得的 1378 cm^{-1} 谱带吸光度是各种不同长度的支链的平均值。准确的支链分布数据须由固体核磁共振波谱来测定，但若每个 PE 样品都用固体核磁共振波谱测定，费用太大，故商品 PE 支化度仍用红外光谱测定，商品 PE 上标注的支化度就是用红外光谱法测定的。

4）聚合物共混研究

两种聚合物能否均匀共混，与它们的相容性有关。傅里叶变换红外光谱可以用来从分子水平角度研究共混相互作用。从红外光谱角度来看，共混物的相容性是指光谱中能否检测出相互作用的谱带。若两种均聚物是相容的，则可观察到频率位移、强度变化，甚至峰的出现或消失。如果均聚物是不相容的，共混物的光谱只不过是两种均聚物光谱的简单叠加。图 6-23 是 50∶50 PVF$_2$-PVAc 共混物经过 75 ℃处理的样品的光谱及减去均聚物光谱后得到的"相互作用光谱"。从"相互作用光谱"中可以看到，均聚物共混后分子间相互作用引起的频率位移及强度变化。

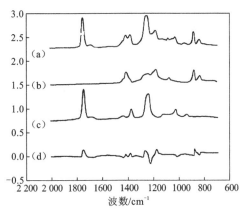

图 6-23　用傅里叶变换红外光谱研究聚合物的共混作用

（a）50∶50 PVF$_2$-PVAc 共混物光谱；（b）PVF$_2$ 均聚物光谱；（c）PVAc 均聚物光谱；

（d）"相互作用光谱"（a）-（b）-（c）=（d）

4. 聚合物的构象及结晶形态的测定

PE 是研究得最多的结晶聚合物。PE 的结晶部分是由全反式构象（T）组成的。在光谱中也能找到无定形态异构体的谱带含有旁式构象（G）。最强烈的无定形吸收是亚甲基面外摇摆振动，对应于 1 303 cm^{-1}、1 353 cm^{-1} 及 1 369 cm^{-1} 谱带，TG 序列构象对应于 1 303 cm^{-1} 及 1 369 cm^{-1} 的谱带，而 1 353 cm^{-1} 谱带归属于 GG 结构的面外摇摆振动。当 PE 加热达熔点以上时，TG 及 GG 构象增加。但是在熔点以下相当低的温度时，TG 构象同样会增加，标志着结晶聚合物内部局部构象缺陷的形成。

对聚合物构象的研究在于难以得到纯的异构体样品，即使结晶态的高聚物也不是100%的晶体，其光谱中含有无定形成分的影响。然而，完全无定形样品是容易得到的，这样就可以通过差减法得到各种异构体的红外光谱。例如：结晶形等规 PS 的光谱，可从退火处理的半结晶薄膜光谱中减去淬火处理的无定形样品光谱来得到。差减过程中以538 cm^{-1} 谱带为标准，将其强度差减为零，所得的差示光谱即可认为是等规 PS 的结晶状态的光谱，如图 6-24 所示。严格地讲，所得的差减光谱还不完全是结晶形 PS 光谱，因为链之间的作用尚未被消除掉。更准确地说，这是典型的长链段的螺旋结构，这种结构的多数链存在于晶相之中。

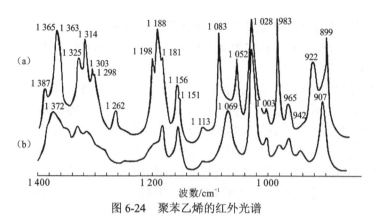

图 6-24　聚苯乙烯的红外光谱

（a）等规聚苯乙烯结晶态差减红外光谱；（b）无规聚苯乙烯红外光谱

应用红外光谱可以测量聚合物的结晶度，但其测量应选择对结构变化敏感的谱带作为分析对象，如晶带，也可是非晶带。结晶带一般比较尖锐，强度也较大，因此有较高的测量灵敏度。但由于任何聚合物都不可能 100%地结晶，因此没有绝对的标准，不能独立地测量。一般需要用其他的测试方法，如用量热法、密度法、X 射线衍射法的测量结果作为相对标准，来计算该结晶谱带的吸光度。此外，使用非偏振辐射测量取向样品的结晶度时，往往会产生误差。另外，也可使用非晶带来测量高聚物的结晶度，这时样品取向的影响就不重要了。非晶带一般较弱，因此可使用较厚的样品薄膜，这对于准确地测量薄膜厚度是有利的。由于完全非晶态的高聚物是可以得到的，可用作测量的绝对标准，因而可独立地测量高聚物的结晶度。虽然高聚物在熔融时是完全非晶态的，但由于谱带的吸光度可能随样品温度变化，故最好在室温下测量。为了得到完全非晶态的样品，可把熔融的高聚物在液氮中淬火。如还不能满足要求，可用 β 射线辐射熔融的高聚物，使其部分交联，这样在冷却时不会重结晶。另一方法是应用相同聚合物的低分子量样品，它们在室温下是非晶态的。

下面以聚氯丁二烯光谱为例，说明结晶度的测定方法。在该聚合物光谱中，位于 953 cm⁻¹ 和 780 cm⁻¹ 的谱带是结晶的谱带，可作为测量样品结晶度的分析谱带。因薄膜的厚度不易准确地测量，可把 2940 cm⁻¹ 处的 C—H 伸缩振动谱带作为衡量薄膜厚度的内标。其他对结晶不敏感的谱带，如 1665 cm⁻¹ 处的 C＝C 伸缩振动和 1450 cm⁻¹ 处的 CH_2 变形振动的谱带也可用来表征薄膜的相对厚度。样品的结晶度 x 可由下式得到：

$$x = \frac{A_{953}}{A_{2940}} \times k_{2940}$$

式中：A_{953} 和 A_{2940} 分别为该样品的 953 cm⁻¹ 和 2940 cm⁻¹ 谱带的吸光度；k_{2940} 为比例常数。应用不同的谱带测量，它的值也随着改变。为了测定 k 值，需要有结晶度已知的样品，可采用密度法测量的结果作为相对标准。

5. 高聚物的取向结构及红外二向色性

当线形高分子充分伸展时，其长度为其宽度的几百、几千甚至几万倍，这种结构上悬殊的不对称性，使它们在某些情况下很容易沿某特定方向作占优势的平行排列，这就是取向。高聚物的取向现象包括分子链、链段以及结晶高聚物的晶片、晶带沿特定方向择优排列。取向态与结晶态虽然都与高分子的有序性有关，但是它们的有序程度不同。取向态是一维或二维在一定程度上的有序，而结晶态则是三维有序的。

高聚物在外力作用下的取向及其过程是以红外二向色性法进行测量的。红外二向色性法的原理是：取向样品存在红外吸收的各向异性（图 6-25）。当红外光源 S 发出的一束自然光经过 45°角偏振器后，就成为其电矢量只有一个方向的红外偏振光。当此偏振光通过取向高聚物薄膜时，如样品中某个基团（如图 6-25 中羰基）简正振动的偶极矩变化方向（即跃迁矩方向）与偏振光电场平行，则对应该振动模式的谱带（如图 6-25 中 1 720 cm^{-1}）有最大的吸收强度。反之，当偏振器刻度旋转至 135°，偏振光电矢量方向与该振动模式的跃迁矩方向垂直时，则这个简正振动不产生吸收。这种现象称为红外二向色性。

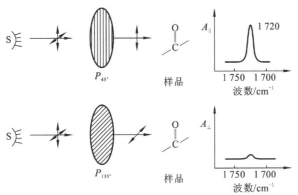

图 6-25　红外二向色性试验示意图

平行偏振光和垂直偏振光得到的谱带吸光度分别记作为 $A_\parallel$ 和 $A_\perp$，这两者之比 R 称为该谱带的二向色性比，即

$$R = \frac{A_\parallel}{A_\perp}$$

R 值可以从零（在平行方向没有吸收）到无穷大（在垂直方向没有吸收）之间变化。如果 R 值小于 1.0，通常称该谱带为垂直谱带；若 R 值大于 1.0，则称为平行谱带。R 值主要由两个参数决定，即分子链沿拉伸方向的取向程度以及跃迁矩方向和链轴之间的角度 α。在大多数情况下，观察到的 R 值为 0.01～1.0。

等规聚丙烯是除聚乙烯之外的结构最简单的聚合物。在过去的几十年里，红外光谱被广泛地用于等规聚丙烯的组成和结构的表征。等规聚丙烯在指纹区有许多特征谱带，其中最常用的 973 cm^{-1} 谱带不仅与聚丙烯重复结构单元的头-尾序列有关,还反映了短的等规螺旋序列的存在。973 cm^{-1} 谱带无论在结晶态、玻璃态还是熔体中均很强，因此该谱带常被用于表征等规聚丙烯样品的平均取向度。将等规聚丙烯薄膜在 210℃熔融 10 min 后快速淬火至 0。室温下，以 5 mm/min 拉伸速率在拉伸机上将薄膜拉伸至 8 倍。在配有热台的傅里叶变换红外光谱仪上，以 5 ℃/min 升温至 100 ℃，同时以每 2 s 一张谱图的速率交替记录平行及垂直红外光谱。这样，就可得到偏振红外光谱谱带强度与温度之间的相互关系。

红外二向色性研究表明，与平行偏振光相对应的谱带强度 $A_\parallel$ 要高于与垂直偏振光相对应的谱带强度 $A_\perp$，即 $A_\parallel/A_\perp>1$，说明 973 cm^{-1} 谱带属于平行谱带。图 6-26 给出了拉伸比 $R=$ 8 的单轴拉伸等规聚丙烯在升温过程中，红外偏振强度随温度的变化。可以看出，与平行偏振光相对应的谱带强度 $A_\parallel$ 在 70 ℃以上开始快速下降，而与垂直偏振光相对应的谱带强度 $A_\perp$ 却逐渐上升，这说明：单轴拉伸的等规聚丙烯样品在 70 ℃开始产生解取向。利用 1220 cm^{-1} 和 2725 cm^{-1} 谱带分别观察单轴拉伸等规聚丙烯的晶区与非晶区的取向行为，发现晶区与非晶区大约在 70 ℃开始同时发生解取向。因此，聚丙烯样品的平均取向度会在 70 ℃快速降低，使用时应加以注意。

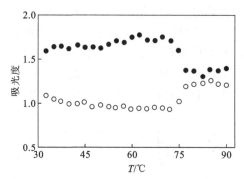

图 6-26 单轴拉伸等规聚丙烯在升温过程中红外偏振强度随温度的变化

（●）与平行偏振光相对应的谱带强度 $A_{\parallel}$；（○）与垂直偏振光相对应的谱带强度 $A_{\perp}$

　　根据结晶谱和非晶谱带的二向色性，可以分别确定晶区和非晶区的取向度。由于红外谱带反映了特定官能团的振动模式，因而各个谱带的二向色性变化，还能给出分子中官能团在取向中的运动变化。

6.6.2 无机非金属材料

　　正硅酸乙酯（TEOS）可以通过水解和缩聚形成氧化硅薄膜，利用这种溶胶-凝胶反应在多孔硅表面形成一层氧化硅的包覆层，具体反应过程如下：

$$\equiv SiOC_2H_5 + H_2O \longrightarrow \equiv Si{-}OH + C_2H_5OH$$
$$\equiv SiOC_2H_5 + H_2O{-}Si\equiv \longrightarrow \equiv Si{-}O{-}Si\equiv + C_2H_5OH$$
$$\equiv Si{-}OH + HO{-}Si\equiv \longrightarrow \equiv Si{-}O{-}Si\equiv + H_2O$$

　　由图 6-27（a）可以看出，在凝胶化 1 h 后，TEOS 中烷氧基峰（1 168 cm^{-1}、1 102 cm^{-1}、1 078 cm^{-1}、963 cm^{-1} 和 787 cm^{-1}）依然存在，甘油中的烷氧基峰位于 1 100 cm^{-1}、1 036 cm^{-1}、995 cm^{-1}、925 cm^{-1} 和 852 cm^{-1} 处，在 3 000～2 830 cm^{-1}、1 500～1 160 cm^{-1} 处的谱带归属于 TEOS 和甘油中的 C_nH_{2n+1}，Si—O—Si 的伸缩和弯曲振动分别位于 1 065 cm^{-1} 和 800 cm^{-1}，说明形成了 SiO_2。在图 6-27（b）中，水解 24 h 以后，Si—O—Si 在 1 065 cm^{-1} 和 800 cm^{-1} 的峰显著上升，而甘油和水的峰明显下降，但 TEOS 的峰仍然存在。多孔硅的 Si—H 键的伸缩振动谱带从 2 125 cm^{-1} 移动到 2 252 cm^{-1}，同时在 800～1 000 cm^{-1} 观察到 Si—H 的弯曲振动。Si—H 键的背键被氧化，形成了 $H_2Si{-}O_2$（2 196～2 213 cm^{-1}、976 cm^{-1}），HSi—O_3（2 265 cm^{-1}，876 cm^{-1}）、HSi—SiO_2（2 204 cm^{-1}，840 cm^{-1}）和 HSi—Si_2O（803 cm^{-1}），7 天以后，HSi—O_3（876 cm^{-1}）和 HSi—SiO_2（840 cm^{-1}）增加，$H_2Si{-}O_2$（970 cm^{-1}）键增加，而 HSi—Si_2O（796 cm^{-1}）键减少。上述 Si—H 背键的氧化和 SiH_2 数量的上升造成了多孔硅发光强度的上升和发光稳定性的增强。

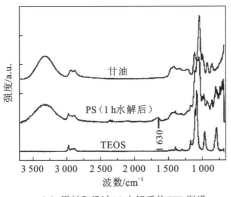

(a) 原料和经过 1 h 水解后的 FTR 图谱

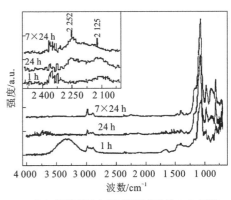

(b) 经过不同水解时间后产物的 FTIR 图谱

图 6-27　TEOS 在多孔硅表面水解和缩聚形成 SiO$_2$

6.7　激光拉曼光谱

6.7.1　拉曼散射及拉曼位移

拉曼光谱为散射光谱。当一束频率为 υ_0 的入射光照射到样品时，少部分入射光子与样品分子发生碰撞后向各个方向散射。如果碰撞过程中光子与分子不发生能量交换，即称为弹性碰撞，这种光散射为弹性散射，通常称为瑞利散射。反之，若入射光子与分子发生能量交换，这种光散射则为非弹性散射，也即拉曼散射。在拉曼散射中，若光子把一部分能量给样品分子，使一部分处于基态的分子跃迁到激发态，则散射光能量减少，在垂直方向测量到的散射光中，可以检测到频率为 $(\upsilon_0 - \Delta\upsilon)$ 的谱线，称为斯托克斯线。相反，若光子从样品激发态分子中获得能量，样品分子从激发态回到基态，则在大于入射光频率处可测得频率为 $(\upsilon_0 + \Delta\upsilon)$ 的散射光线，称为反斯托克斯线。斯托克斯线及反斯托克斯线与入射光频率的差称为拉曼位移。拉曼位移的大小与分子的跃迁能级差一样，因此，对应于同一分子能级，斯托克斯线与反斯托克斯线的拉曼位移是相等的。但在正常情况下，大多数分子处于基态，测量得到的斯托克斯线强度比反斯托克斯线强得多，所以在一般拉曼光谱分析中，都采用斯托克斯线研究拉曼位移。

6.7.2　激光拉曼光谱与红外光谱的比较

1. 物理过程不同

拉曼光谱与红外光谱一样，均能提供分子振动频率的信息，但它们的物理过程不同。拉曼效应为散射过程，而红外光谱是吸收光谱，对应的是与某一吸收频率能量相等的（红外）光子被分子吸收。

2. 选择性定则不同

在红外光谱中，某种振动是否具有红外活性，取决于分子振动时偶极矩是否发生变化。一般极性分子及基团的振动引起偶极矩的变化，故通常是红外活性的。拉曼光谱则不同，一种分子振动是否具有拉曼活性取决于分子振动时极化率是否发生改变。所谓极化率，就是在电场作用下，分子中电子云变形的难易程度。极化率 α、电场 E 和诱导偶极矩 μ_i 三者之间的关系为

$$\mu_i = \alpha E$$

拉曼散射与入射光电场 E 所引起的分子极化的诱导偶极矩有关，拉曼谱线的强度正比于诱导跃迁偶极矩的变化。通常非极性分子及基团的振动导致分子变形，引起极化率变化，是拉曼活性的。极化率的变化可以定性用振动所通过的平衡位置两边电子云形态差异的程度来估计，差异程度越大，表明电子云相对于骨架的移动越大，极化率 α 就越大。二硫化碳 CS_2，有 $3 \times 3 - 5 = 4$ 个简正振动（图 6-28），ν_1 是对称伸缩振动，振动所通过平衡位置两边没有偶极矩的变化，为红外非活性，但电子云差异很大，因此极化率差异较大，为拉曼活性。ν_2 是不对称伸缩振动，ν_3 是弯曲振动，它们均有偶极矩变化，而振动前后电子云形状变化不大，因此是红外活性，而无拉曼活性。

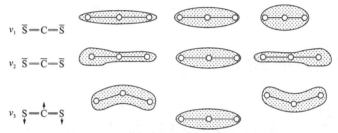

图 6-28　二硫化碳振动及其极化率的变化

对于一般红外光谱及拉曼光谱，具有以下几个经验规则。

（1）互相排斥规则。凡有对称中心的分子，若有拉曼活性，则红外是非活性的；若有红外活性，则拉曼是非活性的。

（2）互相允许规则。凡无对称中心的分子，除属于点群 D_{5h}、D_{2h} 和 O 的分子外，可既有拉曼活性又有红外活性。若分子无任何对称性，则它们的红外光谱与拉曼光谱就非常相似。

（3）互相禁止规则。少数分子的振动模式，既非拉曼活性，又非红外活性。例如，乙烯分子的弯曲振动，在红外和拉曼光谱中均观察不到振动谱带。

由这些规则可知，红外光谱与拉曼光谱是分子结构表征中互补的两种手段，两者结合可以较完整地获得分子振动能级跃迁的信息。

图 6-29 为线形聚乙烯的红外光谱与拉曼光谱。在红外光谱中，CH_2 振动为最显著的谱带，而在拉曼光谱中，C—C 振动有明显的散射峰。同样，在聚对苯二甲酸乙二酯（PET）的红外光谱中，最强谱带为 C—O 及 C=O 的对称伸缩振动和弯曲振动；而在拉曼光谱中，最明显的是 C—C 伸缩振动峰。

3. 与红外光谱相比，拉曼光谱的优点

与红外光谱相比，拉曼光谱具有以下优点。

（1）拉曼光谱是一个散射过程，任何尺寸、形状、透明度的样品，只要能被激光照射到，均可用拉曼光谱测试。由于激光束可以聚焦，拉曼光谱可以测量极微量的样品。

（2）水的拉曼散射极弱，拉曼光谱可用于测量含水样品，这对生物大分子的研究非常有利。玻璃的拉曼散射也较弱，因而玻璃可作为理想的窗口材料，用于拉曼光谱的测量。

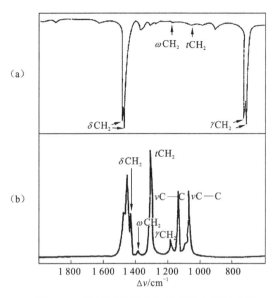

图 6-29　线形聚乙烯的红外光谱与拉曼光谱

（a）红外光谱；（b）拉曼光谱

（3）对于聚合物及其他分子，拉曼散射的选择性定则的限制较小，因而可得到更为丰富的谱带。S—S、C—C、C＝C、N＝N 等红外较弱的官能团，在拉曼光谱中信号较为强烈。

（4）拉曼效应可用光纤传递，因此现在有一些拉曼检测可以用光导纤维对拉曼检测信号进行传输和远程测量。而红外光用光导纤维传递时，信号衰减极大，难以进行远距离测量。

拉曼光谱最大的缺点是：荧光散射。强烈的荧光会掩盖样品信号。采用傅里叶变换拉曼光谱仪（FT-Raman），可克服这一缺点。傅里叶变换拉曼光谱采用 1.064 nm 近红外区激光激发以抑制电子吸收，这样既阻止了样品的光分解又抑制了荧光的产生。同其他在拉曼光谱中减少荧光问题的方法相比，近红外激发的傅里叶变换拉曼光谱的魅力在于其抑制荧光的能力、现场检测的特性及对多种复杂样品的适用性。在可见光激发下，聚氨酯弹性体的拉曼光谱会产生强烈的荧光背景，掩盖了聚氨酯所有的特征拉曼峰。但是，同一样品的傅里叶变换拉曼光谱中，没有强烈的荧光背景。傅里叶变换拉曼光谱与傅里叶变换红外光谱互补，可以对聚氨酯结构进行深入的剖析。

6.7.3　拉曼光谱在材料研究中的应用

1. 在线监测悬浮聚合反应

由于水和玻璃介质对拉曼散射的吸收是极微弱的，拉曼光谱可用于玻璃介质中含水体系的反应监测。Santos 等用拉曼光谱研究了聚苯乙烯的悬浮聚合反应，在线监测装置如图 6-30 所示，拉曼检测器直接连接到 15 mm 厚的玻璃窗口上，对反应进行 200 min 的监测。

图 6-31 给出苯乙烯的拉曼光谱，1 002 cm^{-1} 处对应于苯环骨架的呼吸振动，1 640 cm^{-1} 附近对应着 C＝C 双键的伸缩振动谱带。由于反应过程中苯环的量保持不变，而 C＝C 双键不断减少，可用 C＝C 双键量的减少来研究反应过程。

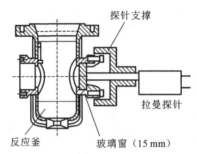

图 6-30　聚苯乙烯悬浮聚合拉曼在线监测系统

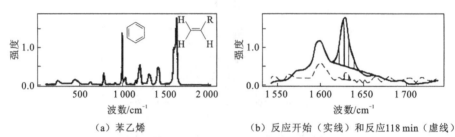

（a）苯乙烯　　　　　　　　　（b）反应开始（实线）和反应118 min（虚线）

图 6-31　苯乙烯单体及聚合物的拉曼光谱

图 6-32（a）为反应过程中拉曼光谱的变化，图中标出的●对应于 C=C 双键的伸缩振动谱带，可以明显看出随着反应的进行，C=C 含量减少。以苯环骨架的呼吸振动峰作校正后得到图 6-32（b），可以看出在反应的前 75 min 转化率逐渐增加，75 min 后反应趋于终止。这一结果与离线测量的结果相一致。该实验还证实，悬浮聚合过程中聚合物颗粒尺寸及其分布对拉曼光谱有一定的影响，这一特性可用于监测反应过程中聚合物颗粒与工艺要求的偏离情况。

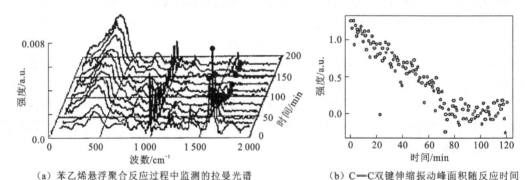

（a）苯乙烯悬浮聚合反应过程中监测的拉曼光谱　　　（b）C=C双键伸缩振动峰面积随反应时间
　　　　　　　　　　　　　　　　　　　　　　　　　　　　的变化（以苯环骨架的呼吸振动峰作校正）

图 6-32　苯乙烯聚合过程的拉曼光谱

2. 聚合物形变的拉曼光谱研究

用纤维增强热塑性或热固性树脂能得到高强度的复合材料。树脂与纤维之间的应力转移效果，是决定复合材料力学性能的关键因素。以聚丁二炔单晶纤维增强环氧树脂，对环氧树脂进行拉伸，此时外加应力通过界面传递给聚丁二炔单晶纤维，使纤维产生拉伸形变，聚合物链段与链段之间的相对位置发生了移动，从而使拉曼线发生变化。图 6-33 为聚丁二炔纤维的共振拉曼光谱。入射激光波长为 638 nm。

当聚丁二炔单晶纤维发生伸长形变时，2 085 cm⁻¹谱带向低频区移动。其移动范围为：纤维每伸长 1%，向低频区移动约 20 cm^{-1}。由于拉曼线测量精度通常可达 2 cm^{-1}，拉曼测量纤维形变程度的精确度可达±0.1%。环氧树脂对激光是透明的，因此可以用激光拉曼对复合材料中的聚丁二炔纤维的形变进行测量。图 6-34 为拉曼光谱测得的复合材料在外力拉伸下，聚丁二炔单晶纤维形变的分布。

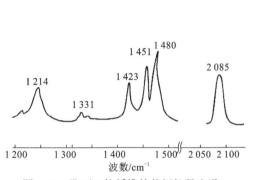

图 6-33　聚丁二炔纤维的共振拉曼光谱

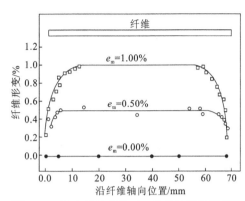

图 6-34　复合材料中聚丁二炔单晶纤维形变分布
复合材料伸长形变为 0.00%，0.50%，1.00%

图 6-34 中复合材料由环氧树脂与聚丁二炔单晶纤维（直径 25 μm，长度为 70 mm）组成。当材料整体形变分别为 0.00%、0.50% 和 1.00% 时，由拉曼光谱测得的纤维形变及其分布清楚地显示在图中。形变在纤维两端较小，逐渐向中间部分增大，然后达到恒定值。中间部分的形变与材料整体的形变相等。由纤维端点达到形变恒定值处的距离，正巧为临界长度的一半。通常临界长度是由"抽出"试验测出的。但是拉曼光谱法测定纤维临界长度的优点在于不需要破坏纤维。

3. FT-Raman 微量探测技术

FT-Raman 与微量探测技术相结合，可以广泛地分析微量样品及聚合物表面微观结构。图 6-35 为由 5 种薄膜组成的复合膜的示意图。用普通红外透射光谱法很难找到恰当的位置收集组分薄膜的拉曼散射；采用 FT-Raman 微量探头，可以逐点依次收集拉曼光谱，如图 6-35 所示。经 FT-Raman 微量探测技术分析，该复合膜的 5 种聚合物分别是聚乙烯（PE）、聚异丁烯（PIB）、尼龙（Nylon）、聚偏氯乙烯（PVDC）和涤纶 PET。

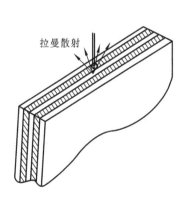

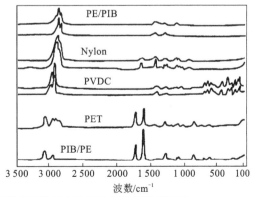

图 6-35　用 FT-Raman 微量探测技术依次逐点收集拉曼光谱的示意图

4. 表面增强拉曼散射

20世纪70年代中期Fleischmann等首先观察到吸附在粗糙的银电极表面的单分子层吡啶的拉曼光谱。后来van Duye等通过试验和计算发现，吸附在银电极表面的吡啶分子对拉曼散射信号的贡献是溶液中分子的 10^6 倍。这种不寻常的表面增强拉曼散射（surface enhanced Raman scattering，SERS）迅速引起光谱学家、电化学家及表面化学工作者的极大兴趣。从此以后，SERS 逐渐发展成为一个非常活跃的研究领域。经过多方面实验和反复论证，人们得到若干共同认识：①许多分子能产生 SERS，但只有在少数金属表面上出现 SERS 效应，如 Ag、Au、Cu、Li、Na、K、Fe 和 Co 等；②能实现 SERS 的金属表面要有一定亚微观或微观的粗糙度；③含氮、含硫或具有共轭芳环的有机物吸附在金属表面后较易产生 SERS 效应；④SERS 效应有一定的长程性（5～10 µm），但与金属表面直接相连的被吸附的官能团的增强效应最为强烈。

SERS 虽然有极高的灵敏度，并可提供丰富的有关分子结构的信息，但迄今为止大多数 SRRS 试验条件比较苛刻。多数 SERS 谱是在电化学池中，或在银胶表面，或在超真空系统蒸发的金属镀膜表面获得的。薛奇等用硝酸蚀刻法制备具有 SERS 活性的金属表面，再将聚合物稀溶液涂在上面，并使溶剂缓慢挥发，便可直接在空气或其他介质中收集 SERS 光谱，制备的金属表面具有极大的灵敏度和稳定性，为 SERS 谱的研究提供了简单易行的方法。

薛奇等用 SERS 研究聚丙烯氰（PAN）在银表面的拉曼光谱，发现 PAN 在粗糙银表面的石墨化过程。图 6-36（a）和（c）分别为 PAN 在粗糙银表面的漫反射红外及 SERS 谱，图 6-36(b) 为光滑银表面的普通拉曼谱。图 6-36（a）和（b）基本上是 PAN 的本体光谱，而图 6-36（c）则完全是石墨光谱，表示 PAN 在粗糙银表面的界面区域中已完全转化为石墨，而本体区域依然是 PAN。这一现象是非常奇特的，因为工业上用 PAN 纤维制造碳纤维至少要在 1 000 ℃加热 24 h，而 SERS 观察到在粗糙的银表面只需在 80 ℃加热 6 h 即可实现 PAN 向石墨的转化。图 6-36 为 PAN 向石墨低温转化的示意图。当 PAN 从稀溶液中沉积到金属表面时，C≡N 侧基与金属配位，在吸附初期，C≡N 拉曼线由 2 245 cm^{-1} 移向 2 160 cm^{-1}，表示 C≡N 是通过 π 键与银表面配位的。图 6-37 中的 SERS 谱呈现了典型的芳杂环的拉曼线，表示 PAN 在界面区域已经环化。

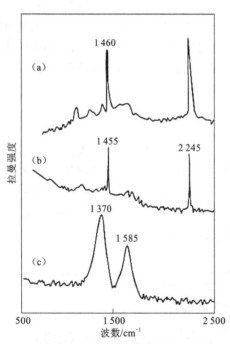

图 6-36　PAN 在银表面的光谱图

（a）为 PAN 在粗糙银表面加热 80 ℃、24 h 后的漫反射红外光谱；

（b）为 PAN 在光滑银表面加热 80 ℃、24 h 后的普通拉曼光谱；

（c）为 PAN 在粗糙银表面加热 80 ℃、6 h 后的 SERS 谱

（上述样品厚度均为 300 nm）

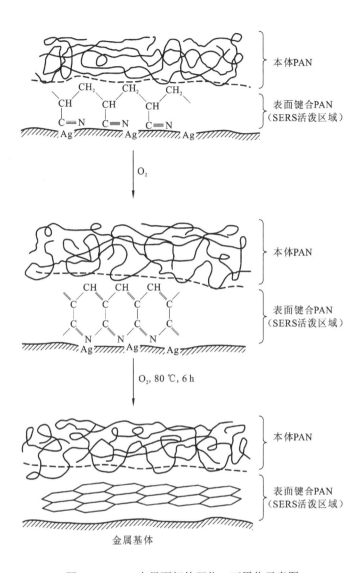

图 6-37　PAN 在界面相的环化、石墨化示意图

5. 利用拉曼光谱测量单壁碳纳米管的尺寸

碳纳米管的碳原子在直径方向上的振动，如同碳纳米管在呼吸一样，称为径向呼吸振动模式（RBM），如图 6-38（a）所示。其径向呼吸振动模式通常出现在 $120\sim250\ cm^{-1}$。在图 6-38（b）中给出了 Si/SiO_2 基体上的单壁碳纳米管的拉曼光谱，位于 $156\ cm^{-1}$ 和 $192\ cm^{-1}$ 的峰是径向呼吸振动峰，而 $225\ cm^{-1}$ 的台阶和 $303\ cm^{-1}$ 峰来源于基体。

呼吸振动峰的信息对于表征纳米管的尺寸非常有用，直径为 $1\sim2\ mm$ 的单壁碳纳米管，其呼吸振动峰位和直径符合 $\omega_{RBM}=A/dt+B$。其中 A 和 B 是常数，可以通过实验确定（B 是由管之间的相互作用引起的振动加速）。用直径范围为 $1.5\ nm\pm0.2\ nm$ 碳纳米管束实验，测得 $A=234\ cm^{-1}$，$B=10\ cm^{-1}$。对于直径小于 $1\ nm$ 的碳纳米管，由于碳纳米管晶格扭曲变形，ω_{RBM} 值会依赖于碳纳米管的手性，上述公式不再适用。对于尺寸大于 $2\ nm$ 的碳纳米管束，呼吸振动峰的强度太弱，以至于无法观测。

RBM

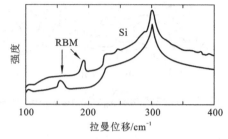

（a）径向呼吸振动模式　　　（b）拉曼光谱（其中两条曲线来自不同的样品部位，显示了不同尺寸的单壁碳纳米管的信号）

图 6-38　单壁碳纳米管的径向呼吸振动模式及其拉曼光谱

思考与练习

1. 产生红外吸收的条件是什么?是否所有的分子振动都会产生红外光谱? 为什么?

2. 以亚甲基为例说明分子的基本振动模式。

3. 什么是基团频率? 它有什么重要用途?

4. 红外光谱定性分析的基本依据是什么? 简要叙述红外定性分析的过程。

5. 影响基团频率的因素有哪些?

6. 什么是指纹区? 它有什么特点和用途?

7. 根据下列力常数 k 数据，计算各化学键的振动频率（cm^{-1}）。

（1）乙烷 C—H 键，$k=5.1$ N/cm；（2）乙炔 C—H 键，$k=5.9$ N/cm；（3）乙烷 C—C 键，$k=4.5$ N/cm；（4）苯 C—C 键，$k=7.6$ N/cm；（5）CH_3CN 中的 C≡N 键，$k=17.5$ N/cm；（6）甲醛 C—O 键，$k=12.3$ N/cm；由所得计算值，你认为可以说明一些什么问题。

8. 氯仿（$CHCl_3$）的红外光谱说明 C—H 伸缩振动频率为 3 100 cm^{-1},对于氘代氯仿（$CDCl_3$），其 C—2H 振动频率是否会改变? 如果变化的话，是向高波数还是低波数位移? 为什么?

9. 三氟乙烯碳碳双键伸缩振动峰在 1 580 cm^{-1},而四氟乙烯碳碳双键伸缩振动在此处无吸收峰,为什么?

10. 试用红外光谱区别下列异构体:

（1）CH_3—⟨苯环⟩—C(=O)—OH 和 ⟨苯环⟩—C(=O)—CH_3

（2）$CH_3CH_2C(=O)CH_3$ 和 $CH_3CH_2CH_2CHO$

（3）⟨环⟩—O 和 ⟨环⟩=O

11. 某化合物在 3 640～1 740 cm^{-1}, 红外光谱如下图所示。该化合物应是氯苯（Ⅰ）、苯（Ⅱ）或 4-叔丁基甲苯中的哪一个? 说明理由。

σ/cm^{-1}

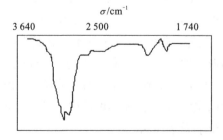

12. 写出用下列分子式表示的羧酸的两种异构体，并预测它们的红外光谱。

（1）$C_4H_8O_2$；（2）$C_5H_8O_4$

13. 石蜡油的红外光谱图如下图所示，说明产生各种吸收的基团振动形式。

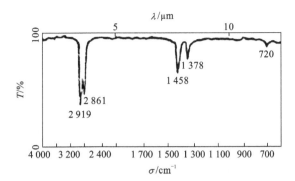

14. 某一液体化合物，分子量为 113，其红外光谱见下图。NMR 在 $\delta=1.40$ ppm（3H）处有三重峰，$\delta=3.48$ ppm（2H）处有单峰，$\delta=4.25$ ppm（2H）处有四重峰，试推断该化合物的结构。

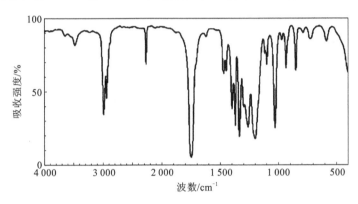

第7章 紫外光谱

7.1 紫外光谱基本原理

由于分子中价电子的跃迁（同时伴随有振动能级间和转动能级间的跃迁）产生的吸收光谱主要位于紫外、可见光区，这种分子光谱称为紫外-可见吸收光谱或电子光谱。紫外-可见吸收光谱又分为远紫外区（10～200 nm）、近紫外区（200～400 nm）和可见区（400～800 nm）三个区域。因为空气中的氧、氮、二氧化碳和水蒸气的吸收干扰，要得到远紫外光谱必须在真空条件下操作，所以远紫外区又称真空紫外区。根据溶液中物质或离子对紫外和可见光谱区辐射能的吸收来研究物质组成和结构的方法，称为紫外-可见吸收光谱（UV-visible absorption spectrum），也称紫外-可见分光光度法。

7.1.1 电子跃迁的类型

当化合物吸收紫外光时，分子中的 σ、π 及 n 电子由基态向激发态跃迁（如醛基），此时电子占有的轨道为 σ^* 及 π^* 反键轨道。电子跃迁主要有两种类型。

1. 电子由基态向激发态的跃迁

（1）$\sigma \rightarrow \sigma^*$ 跃迁：因所需能量很高，只有吸收远紫外光才可能产生这种跃迁，故在近紫外区无吸收，最大吸收波长小于 150 nm。

（2）$\pi \rightarrow \pi^*$ 跃迁：不饱和键中的 π 电子吸收能量跃迁到 π^* 轨道，其所需能量较 $\sigma \rightarrow \sigma^*$ 跃迁低。吸收带大多在 200 nm 左右，且为强吸收。孤立的 π 键，如乙烯的吸收带为 165 nm，多个共轭 π 键的吸收带则向长波方向移动。

2. 杂原子上的未成键电子被激发到反键轨道

（1）$n \rightarrow \sigma^*$ 跃迁：氧、硫、氮或卤素原子均有未成对的 n 电子，如 —$\ddot{N}H_2$、—$\ddot{O}H$、—$\ddot{S}H$、—$\ddot{\ddot{X}}$：。它们的吸收带在 200 nm 左右。原子半径大的硫、碘的衍生物由于 n 电子能级高，其吸收带在近紫外区（220～250 nm）；而氧、氯等的衍生物的 n 电子能级低，吸收带在远紫外区（170～180 nm）。

（2）$n \rightarrow \pi^*$ 跃迁：连有杂原子的双键化合物或三键化合物（如 $\diagdown C{=}O$、—$C{\equiv}N$）中，杂原子上的 n 电子向反键轨道跃迁，一般吸收带在近紫外区（230～300 nm）。

以上各种跃迁所需能量 ΔE 的大小次序为

$$\sigma \rightarrow \sigma^* > n \rightarrow \sigma^* \geqslant \pi \rightarrow \pi^* > n \rightarrow \pi^*$$

下面是各类有机化合物中电子的跃迁形式，除烷烃外，所有化合物都有一种或一种以上的电子跃迁。

	$\sigma \rightarrow \sigma^*$	烷烃
能量减小 ↓	$\pi \rightarrow \pi^*$	烯烃，含 C═O 化合物，炔烃，偶氮化合物
	$n \rightarrow \sigma^*$	含氧、氮、硫及卤素的化合物
	$n \rightarrow \pi^*$	含 C═O、C≡N 的化合物，硝基化合物

7.1.2　紫外光谱的表示方法

物质对紫外光的吸收常用吸收曲线来表示，根据朗伯-比尔定律，有

$$A = \lg \frac{I_0}{I} = \varepsilon \cdot c \cdot l$$

式中：吸光度 A 与溶液的浓度 c（mol/L）成正比，A 可由紫外分光光度计测得；ε 为摩尔吸收系数，它表示吸收带的强度；I 与 I_0 分别为透射光强度与入射光强度；l 为液槽的厚度（cm），即通过样品的光程长度。

紫外光谱是以波长 λ（nm）为横坐标，以摩尔吸收系数 ε 或 $\lg \varepsilon$ 为纵坐标来表示的。吸收峰最高处对应的波长为最大吸收波长，用 λ_{max} 表示；峰最高处对应的纵坐标值为最大摩尔吸收系数 ε_{max} 或其对数 $\lg \varepsilon_{max}$。ε 值表示物质对光能的吸收强度，是各种物质在一定波长下的特征常数。ε 的大小可反映电子跃迁的概率，当 $\varepsilon > 10^4$ 时为跃迁允许，当 $\varepsilon < 10^2$ 时为跃迁禁阻。

在文献中，化合物的紫外光谱常用文字符号表示。如 $\lambda_{max}^{EtOH} = 297$ nm（$\varepsilon = 5012$）表示试样在乙醇溶液中于 297 nm 处有最大吸收峰，该峰的摩尔吸收系数为 5012。

许多有机化合物的紫外光谱不只有一个吸收峰，并且各吸收峰有其相应的 λ_{max} 和 ε_{max}（或 $\lg \varepsilon_{max}$）。例如，苯甲酸的紫外光谱（图 7-1）有三个吸收峰：$\lambda_{max_1} = 230$ nm，$\lg \varepsilon_1 = 4.2$；$\lambda_{max_2} = 272$ nm，$\lg \varepsilon_2 = 3.1$；$\lambda_{max_3} = 282$ nm，$\lg \varepsilon_3 = 2.9$。

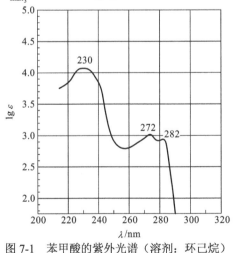

图 7-1　苯甲酸的紫外光谱（溶剂：环己烷）

7.1.3　发色团、助色团、红移、蓝移及增色、减色效应

凡能使化合物在紫外可见光区产生吸收的基团，不论是否呈现颜色都称为发色团（chromophore），这些基团一般来说都是不饱和基团，且含有 π 电子，如 C═C、C≡C、

$C═O$、$C≡N$、$─N═N─$、$─NO_2$、$\diagdown C═O$ 及苯环。当这些基团在分子内独立存在而与其他基团或体系没有共轭时,将在紫外区发生特定波长的吸收。若不同化合物分子内孤立地存在相同的发色团,则它们的吸收峰有相近的 λ_{max} 和 ε_{max}。表 7-1 为若干发色团的紫外吸收特征。

表 7-1 若干发色团的紫外吸收特征

发色团	实例	溶剂	λ_{max}/nm	ε_{max}	跃迁类型
$\diagup C═C \diagdown$	1-己烯	庚烷	180	1.25×10^4	$\pi\rightarrow\pi^*$
$─C≡C─$	1-丁炔	蒸汽	172	4.5×10^3	$\pi\rightarrow\pi^*$
$\diagdown C═O$	乙醛	蒸汽	289	12.5	$n\rightarrow\pi^*$
			182	1.0×10^4	$\pi\rightarrow\pi^*$
	丙酮	环己烷	275	32	$n\rightarrow\pi^*$
			190	1×10^3	$\pi\rightarrow\pi^*$
─COOH	乙酸	乙醇	204	41	$n\rightarrow\pi^*$
─COCl	乙酰氯	戊烷	240	34	$n\rightarrow\pi^*$
─COOR	乙酸乙酯	水	204	60	$n\rightarrow\pi^*$
─CONH$_3$	乙酰胺	甲醇	205	160	$n\rightarrow\pi^*$
─NO$_2$	硝基甲烷	乙烷	279	15.8	$n\rightarrow\pi^*$
			202	4.4×10^3	$\pi\rightarrow\pi^*$
$═\overset{+}{N}═\overset{-}{N}$	重氮甲烷	乙醚	417	7	$n\rightarrow\pi^*$
$─N═N─$	偶氮甲烷	水	343	25	$n\rightarrow\pi^*$
⬡	苯	水	254	205	$\pi\rightarrow\pi^*$
			203.5	7.4×10^3	$\pi\rightarrow\pi^*$
⬡CH$_3$	甲苯	水	261	225	$\pi\rightarrow\pi^*$
			206.5	7.0×10^3	$\pi\rightarrow\pi^*$
$─C≡N$	乙腈	蒸汽	167	弱	

如果发色团在化合物分子中处于共轭位置,那么原来发色团出现的单个吸收带往往会被新共轭体系的吸收带所代替,新吸收带的吸收波长比单个发色团吸收带的吸收波长增大(即 λ_{max} 增大),其吸收强度也将增大(即 ε 增大)。

助色团也称增色团(hyperchrome),当其与发色团相连时,能使发色团的吸收带波长增加,同时强度也增加。只有单个助色团存在时,并不产生紫外可见光区的吸收。助色团多由带有孤对电子(n 电子)的原子组成,如 $─\ddot{N}H_2$、$─\ddot{N}R_2$、$─\ddot{O}H$、$─\ddot{O}R$、$─\ddot{\ddot{X}}:$ 等,烷基也是助色团。各种助色团的助色效应强弱如下:

$$─O^->─NH_2>─OCH_3>─OH>─Br>─Cl>─CH_3>─F$$

助色效应主要是指孤对电子与共轭体系发生 p-π 共轭,使 $n\rightarrow\pi^*$ 跃迁能量下降,而使吸收带向长波方向移动。例如,苯的 B 带为 $\lambda_{max}=254$ nm($\varepsilon=230$),而苯胺由于 p-π 共轭,同类吸收带为 $\lambda_{max}=280$ nm($\varepsilon=430$)。烷基与共轭体系相连也可产生助色效应,这是因为 C—H 上的 σ 电子与共轭体系的 π 电子发生 σ-π 超共轭效应。

化合物分子中因引入助色团或发色团或使用不同溶剂而使紫外吸收带的 λ_{max} 向长波方向移动的现象称为红移（red shift）。反之，如果吸收带的 λ_{max} 向短波方向移动就称为蓝移（blue shift）或紫移。

由于化合物分子中引入发色团或助色团或溶剂的作用而使吸收带的强度增大或减小的现象分别称为增色效应（hyperchromic effect）或减色效应（hypochromic effect）。

7.1.4　吸收带及其种类

吸收带就是紫外光谱中的吸收峰。化合物因其结构不同，跃迁的类型不同，而有不同的吸收带。由 $n{\rightarrow}\pi^*$ 跃迁和 $\pi{\rightarrow}\pi^*$ 跃迁所产生的吸收带共有 4 种，即 R 带、K 带、B 带和 E 带。

（1）R 带（Radikalartin，基团）：该带由 $n{\rightarrow}\pi^*$ 跃迁引起，由具有孤对电子的发色团产生（如 $C{=}O$、$-NO_2$ 等），其 $\lambda_{max}>270$ nm，$\varepsilon<100$（跃迁禁阻），R 带强度很弱，易被其他强带掩盖，例如

乙醛（CH_3CHO）：$\lambda_{max}=291$ nm（$\varepsilon=11$）；

苯乙酮 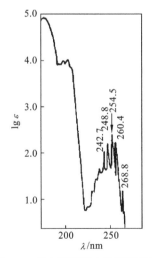$-COCH_3$：$\lambda_{max}=319$ nm（$\varepsilon=50$）。

（2）K 带（Konjugierte，共轭）：该带由共轭双键的 $\pi{\rightarrow}\pi^*$ 跃迁产生，如共轭双烯、α，β-不饱和醛、酮，芳醛，芳酮等均具有此带。K 带的 λ_{max} 比 R 带小，但吸收强度较高（$\varepsilon\geqslant1.0\times10^4$，跃迁允许）。随着共轭体系的增大，$\pi{\rightarrow}\pi^*$ 跃迁所需能量减小，K 带红移。

该带是共轭分子的特征吸收带，借此可以判断化合物中的共轭结构，它是紫外光谱中应用最多的吸收带。

芳环上连有发色团时也出现 K 带，如苯甲醛（⬡$-CHO$），$\lambda_{max}=244$ nm（$\varepsilon=1.5\times10^4$）。

（3）B 带（Benzenoid，苯系）：该带由芳环的 $\pi{\rightarrow}\pi^*$ 跃迁引起，是苯及其同系物或芳杂环化合物的特征吸收带，通常为一个宽峰（如苯的 B 带介于 230～270 nm，见图 7-2），其吸收强度较低，ε 值大多在 200～300。在非极性溶剂中常可以看到精细结构，而在极性溶剂中精细结构消失（图 7-3）。

图 7-2　苯在环己烷中的紫外光谱

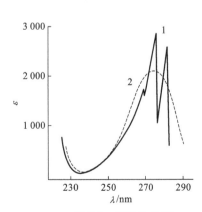

图 7-3　苯酚的 B 带

1. 庚烷溶液中的精细结构；2. 乙醇溶液中精细结构消失

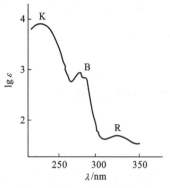

图 7-4 苯乙酮的紫外光谱

（4）E 带（Ethylenic，乙烯型）：该带也是由芳环中的 $\pi \rightarrow \pi^*$ 跃迁引起的，同样也为芳香化合物的特征吸收带。它共有两个吸收峰，分别称为 E_1 带和 E_2 带。

E_1 带：$\lambda_{max} < 200$ nm（不在近紫外区），因而观察不到，$\varepsilon > 10^4$。

E_2 带：λ_{max} 稍高于 200 nm，当苯环上引入发色团或助色团时，E_2 带红移，但不超过 210 nm，$2 \times 10^3 < \varepsilon_{max} < 1.4 \times 10^4$。如果 E_2 带红移超过 210 nm，则常与 K 带重合。例如，苯乙酮（图 7-4）的三个吸收峰为 K 带 240 nm（$\varepsilon = 1.3 \times 10^4$）、B 带 278 nm（$\varepsilon = 1.1 \times 10^4$）及 R 带 319 nm（$\varepsilon = 59$）。

7.2　影响紫外光谱的主要因素

影响紫外光谱的因素可归纳为两类，即分子内部结构的影响和环境的影响。

7.2.1　分子内部结构的影响

1. 共轭效应的影响

只有单个双键的化合物（如乙烯），其 $\pi \rightarrow \pi^*$ 跃迁吸收的光波波长处于真空紫外区（$\lambda_{max} = 162$ nm，$\varepsilon = 1.0 \times 10^4$）；如有两个或两个以上的双键共轭，则紫外吸收波长随共轭体系的增大而增大，并且往往同时伴有增色效应。

例如：

	$H + CH = CH + _n H$	λ_{max}/nm	ε
乙烯	$CH_2 = CH_2$	162	1.0×10^4
1，3-丁二烯	$CH_2 = CH - CH = CH_2$	217	2.1×10^4
1，3，5-己三烯	$CH_2 = CH - CH = CH - CH = CH_2$	267.5	3.5×10^4
1，3，5，7-辛四烯	$CH_2 = CH - CH = CH - CH = CH - CH = CH_2$	298	5.2×10^4

而对于 $H_3C + CH = CH + _n CH_3$（反式）则有

n	λ_{max}/nm	ε
3	271.5	3.0×10^4
4	310	7.65×10^4
5	342	12.2×10^4
6	380	14.65×10^4
7	401	
8	411	

随着共轭双键数目的增加，吸收带的波长逐渐进入可见光区。因此，有不少共轭多烯化合物具有颜色，如 β-胡萝卜素：

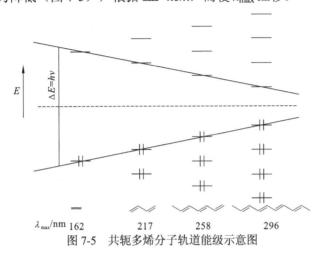

其 λ_{max} 可达 452 nm，已超过 400 nm，进入可见光区。

随着共轭体系的增长，吸收波长红移，这是由于共轭体系中产生了离域的 π 键，使得 π→π* 跃迁的能量 ΔE 大为降低（图 7-5），根据 $\Delta E = hc/\lambda$，而使 λ_{max} 红移。

图 7-5　共轭多烯分子轨道能级示意图

另外，羰基与碳碳双键共轭，也会使 π→π* 跃迁和 n→π* 跃迁的能量 ΔE 降低，所以 λ_{max} 红移。

非共轭双键对吸收带波长不会产生影响，但可能有一定的增色效应。

2. 取代基的影响

当某些发色团（如 C＝C）与含有孤对电子（p 电子）的助色团（如 Cl）相连时，由于 p-π 共轭，π→π* 电子跃迁的激发能降低，K 带红移，并产生增色效应。例如，氯乙烯的吸收波长可比乙烯的吸收波长增加 5 nm。当发色团 C＝C 与烷基相连时，可产生 σ→π 超共轭效应，电子跃迁激发能降低，所以也会引起相应的红移。此外，当苯环与助色团相连时，其 E 带和 B 带也红移。例如，苯的 B 带 λ_{max} 为 254 nm，而苯酚的 B 带则移至 $\lambda_{max}=270$ nm，氯苯移至 265 nm，苯胺移至 280 nm。

当另一些发色团（如 C＝O）与助色团相连时，其 R 带的 λ_{max} 会蓝移。这是由于助色团的 n 电子与羰基的 π 轨道发生 p-π 共轭，使得 n→π* 跃迁的激发能升高所致，例如：

R 带	λ_{max}/nm
乙醛（CH₃CHO）	290
乙酰胺（CH₃CONH₂）	220
乙酸乙酯（CH₃CO₂C₂H₅）	208

3. 立体结构因素的影响

有机化合物中，发色团、助色团之间的相对位置和空间排布有所不同，这对紫外吸收波长及其强度都有一定的影响。

1）顺反异构

顺反异构主要是指：双键或环上的取代基在空间位置排列上的不同。一般来说，反式异构体的电子离域范围大，键张力小，其 K 带与相应的顺式异构体相比，处于较长的波长处，吸收强度也较大。而对于 R 带，顺式异构体的 λ_{max} 与反式异构体的相比则处于长波位置。例如：

	顺式 $\lambda_{max}/nm（\varepsilon_{max}）$	反式 $\lambda_{max}/nm（\varepsilon_{max}）$	跃迁类型
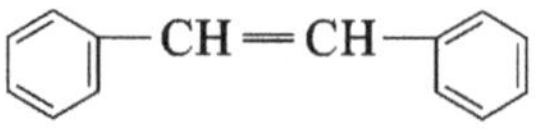 〔苯〕—CH＝CH—〔苯〕	280（1.35×10^4）	295（2.7×10^4）	$\pi \to \pi^*$
CH_3—$N＝N$—CH_3	353（240）	343（25）	$n \to \pi^*$

这种顺反异构在紫外光谱上的区别与下面将要述及的位阻效应一致。顺 1，2-二苯乙烯的两个苯环在双键的同侧，位阻较大，影响共轭体系的共平面，因而其 λ_{max} 与 ε_{max} 均比反式异构体低。

另一类顺反异构体即 S-顺及 S-反型异构体，是以单键连接两个双键，并由单键旋转受阻而形成的。例如：

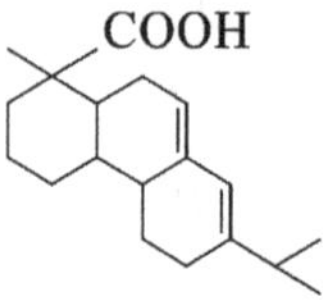

松香酸　　　　　　　　　　左旋海松酸

$\lambda_{max}=235\ nm（\varepsilon_{max}=1.61 \times 10^4）$　　$\lambda_{max}=270\ nm（\varepsilon_{max}=7.1 \times 10^3）$

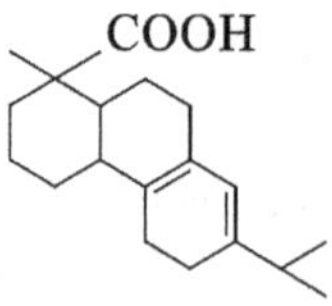

松香酸分子中的两个双键呈反式，为 S-反型；而左旋海松酸中的两个双键呈顺式，为 S-顺型。前者由于环张力小，稳定性好，因而跃迁能 ΔE 和吸收强度 ε 较大，但 K 带吸收 λ_{max} 比后者小。

其他化合物如开链的二酮（—CO—CO—）和 α-醛酮（—CO—CHO），均以 S-反构型为主要存在形式；α，β-不饱和醛也以 S-反式稳定。但 α，β-不饱和酮因 S-反式中两个较大的烷基挤在一起，所以 S-顺式比较稳定（图 7-6）。

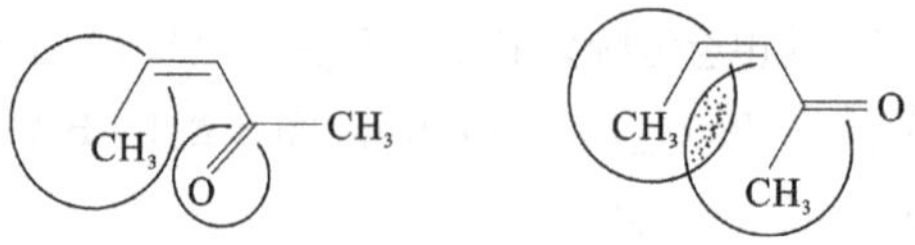

（a）S-顺式　　　　　　（b）S-反式

图 7-6　α，β-不饱和酮的空间位阻

$$\pi \to \pi^* \quad \begin{cases} \lambda_{max} = 221\ nm \\ \varepsilon_{max} = 8.7 \times 10^3 \end{cases} \qquad \pi \to \pi^* \quad \begin{cases} \lambda_{max} = 214\ nm \\ \varepsilon_{max} = 1.23 \times 10^4 \end{cases}$$

2）空间位阻

由于相邻基团的存在而影响共轭体系的共轭程度，并使紫外光谱发生变化，称为空间位阻对紫外光谱的影响。

在共轭体系中，空间位阻导致单键扭曲，使吸收谱带蓝移。例如，联苯的两个苯环在同一个平面上能很好地共轭，其 λ_{max} 和 ε 都比较大；而在 2-甲基联苯中，相邻甲基的空间位阻导致单键扭曲，使两苯环不能共平面而破坏了共轭体系，并使吸收谱带蓝移。

$\lambda_{max}=247$ nm（$\varepsilon_{max}=1.7\times10^4$） $\lambda_{max}=237$ nm（$\varepsilon_{max}=1.03\times10^4$）

前面在"顺反异构"一节中已经知道顺 1,2-二苯乙烯的空间位阻比反式为大,因而顺式异构体具有较低的 λ_{max} 值。

3）跨环效应

在刚性环体系中,没有直接共轭的两个基团,由于在空间位置上接近,分子轨道可以相互交盖,紫外光谱中显示的这种类似共轭体系的特性称为"跨环效应"（transannular effect）。下列化合物（A）由于含有两个双键的 π 轨道存在跨环共轭效应,因而其吸收带位置介于一般烯烃（$\lambda_{max}=180$ nm）和共轭双烯（$\lambda_{max}=220$ nm）之间。化合物（B）由于两个 π 键相距甚远,只能看到两个生色团的加合光谱。化合物（C）由于有一个 π 键插入,将两个羰基"联结"起来,故表现出明显的跨环效应,π→π* 跃迁明显红移,n→π* 跃迁也明显红移。化合物（D）中的两个 π 键由于距离较近,相互交盖,出现与共轭双烯相似的紫外吸收。化合物（E）中 π 轨道相互交盖,使 π→π* 跃迁明显红移,但羰基氧原子的 2p 轨道与烯键的 π 轨道处于垂直的正交关系,p→π 交盖不能发生,所以对 n→π* 跃迁无影响。化合物（F）的羰基虽不与硫原子直接相连,但因其空间结构有利于硫原子上的 n 电子向羰基的 π 轨道跃迁,所以还是在 238 nm 处出现中等强度的吸收带。

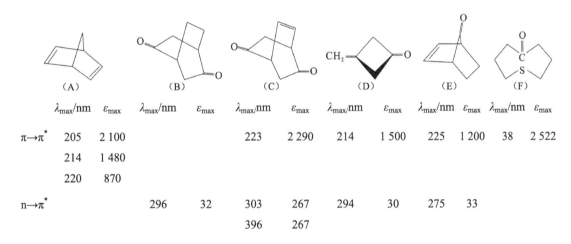

	(A) λ_{max}/nm	ε_{max}	(B) λ_{max}/nm	ε_{max}	(C) λ_{max}/nm	ε_{max}	(D) λ_{max}/nm	ε_{max}	(E) λ_{max}/nm	ε_{max}	(F) λ_{max}/nm	ε_{max}
π→π*	205	2 100			223	2 290	214	1 500	225	1 200	38	2 522
	214	1 480										
	220	870										
n→π*			296	32	303	267	294	30	275	33		
					396	267						

7.2.2 环境的影响

1. 溶剂极性对 λ_{max} 的影响

溶剂的极性对不同物质的影响不同,共轭双烯类化合物受溶剂极性的影响较小,而 α,β-不饱和羰基化合物受溶剂极性的影响较大。一般来说,增大溶剂的极性可使 π→π* 跃迁的 λ_{max} 红移,而使 n→π* 跃迁的 λ_{max} 蓝移。

由表 7-2 中的数据可以看出，溶剂极性增大，n→π*跃迁发生蓝移；π→π*跃迁发生红移。这种现象可以做如下解释（图 7-7）：

表 7-2　异丙叉丙酮[CH₃COCH＝C(CH₃)₂]不同类型跃迁随溶剂极性增大的变化

跃迁类型	λ_{max}/nm			
	正己烷	氯仿	甲醇	水
n→π*	329	315	309	305
π→π*	230	238	237	243

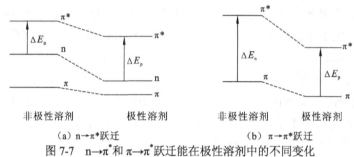

（a）n→π*跃迁　　　　　　（b）π→π*跃迁

图 7-7　n→π*和 π→π*跃迁能在极性溶剂中的不同变化

在 n→π*跃迁中，因为基态极性大于激发态极性，所以基态与极性溶剂作用较强，使基态能量下降较大；而激发态与极性溶剂作用较弱，使激发态能量下降较小，所需的 n→π*跃迁能 ΔE 增加，即 $\Delta E_p > \Delta E_n$，故发生蓝移。

在 π→π*跃迁中情况相反。激发态极性大于基态极性，所需跃迁能 ΔE 减小，即 $\Delta E_n > \Delta E_p$，故发生红移。

氢键的形成也会导致溶剂对 λ_{max} 产生影响，如羰基与溶剂形成氢键，会使 n→π*的吸收峰蓝移。图 7-8 列出了水、乙醇、环己烷三种不同溶剂对丙酮紫外光谱 λ_{max} 的影响。

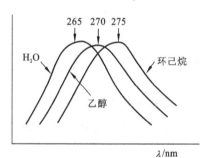

图 7-8　溶剂对丙酮紫外光谱的影响

样品一般是在溶剂中测定紫外光谱的，所以选择的溶剂应是紫外透明的，即在待测定样品的吸收波长范围内，该溶剂无吸收。仅含 σ 键或非共轭 π 键的溶剂均可以使用，如甲醇、乙醇（95%）、水、己烷、环己烷、庚烷、1,4-二氧六环等。

此外，还需注意溶剂中杂质的影响，一般要先检查溶剂是否紫外透明，然后再加入样品溶解并进行测定。

2. 介质 pH 对 λ_{max} 的影响

介质 pH 的改变对某些不饱和羧酸、烯醇、酚类以及苯胺类化合物的紫外光谱影响很大。如果某一有机化合物溶液从中性变为碱性时，吸收带发生红移，则表明该化合物可能是酸性物质；如果某一有机化合物从中性变为酸性时，吸收带发生蓝移，则表明该化合物可能是芳胺。例如：

E_2 带：$\lambda_{max}=211$ nm（$\varepsilon=6.2\times10^3$）$\rightarrow \lambda_{max}=236$ nm（$\varepsilon=9.4\times10^3$）

B 带：$\lambda_{max}=270$ nm（$\varepsilon=1.45\times10^3$）$\rightarrow \lambda_{max}=287$ nm（$\varepsilon=2.6\times10^3$）

在苯酚等酸性化合物中加入碱后，由于多增加一对未共用电子，n-π 共轭加强，E_1 和 B 带红移，ε_{max} 明显增大。不饱和羧酸也有类似的变化，但对于

$\lambda_{max}=230$ nm（$\varepsilon=8.6\times10^3$）$\rightarrow \lambda_{max}=203$ nm（$\varepsilon=7.5\times10^3$）

$\lambda_{max}=280$ nm（$\varepsilon=1.47\times10^3$）$\rightarrow \lambda_{max}=254$ nm（$\varepsilon=160$）

因为苯胺形成盐后，氮原子上的孤对电子与 H^+ 结合，不再有助色作用，所以苯胺盐的吸收谱带蓝移，与苯的位置差不多。

7.3 有机化合物的紫外光谱

紫外光谱可提供未知化合物分子中发色团体系与共轭程度的信息，因而了解紫外吸收与有机化合物结构之间的关系非常重要。

7.3.1 简单分子的紫外光谱

1. 烷烃、烯烃与炔烃

烷烃中只有 C—H 和 C—C 的 σ 键，因而只有 σ→σ* 跃迁，其吸收带位于远紫外区，普通紫外分光光度计无法测出。

例 7-1 甲烷 $\lambda_{max}=125$ nm，乙烷 $\lambda_{max}=135$ nm。

例 7-2 乙烯 $\lambda_{max}=173$ nm，丁烯 $\lambda_{max}=178$ nm。

烯烃与炔烃分子中至少具有一个双键或三键，所以可产生 σ→σ* 及 π→π* 跃迁。一般只含孤立双键、三键的烯、炔，其 π→π* 跃迁产生的吸收带波长虽较 σ→σ* 吸收带增加，但仍处于远紫外区。

2. 含有杂原子的饱和化合物

在该类化合物，如醇、醚、胺中，除 σ→σ* 跃迁外，其 λ_{max} 均在 200 nm 附近。对于硫醇的 n→σ* 跃迁，其 λ_{max} 约为 210 nm。卤代物也可产生 n→σ* 跃迁，一般来说，其 λ_{max} 低于 200 nm，但溴和碘化物的 λ_{max} 则稍高于 200 nm。

3. 含有杂原子的不饱和化合物

在 $\diagdown$C＝O、$\diagdown$C＝N、$\diagdown$C＝S、—N＝N—等基团中，杂原子都是连在双键上的。含有该类基团的化合物可产生 n→σ*、π→π* 和 n→π* 跃迁。n→σ* 和 π→π* 跃迁的吸收波长在远紫外区。n→π* 跃迁的吸收波长位于近紫外区，其 $\varepsilon<100$。例如，乙醛有两个吸收带，分别为 $\lambda_{max}=190$ nm（$\varepsilon=1.0\times10^4$）与 $\lambda_{max}=290$ nm（$\varepsilon=13$）。前者为 π→π* 跃迁，后者为 n→π* 跃迁。

脂肪族硝基化合物在紫外光区有两个吸收带，分别为 $\lambda_{max}\approx200$ nm（$\varepsilon\approx5.0\times10^4$）和 $\lambda_{max}\approx270$ nm（$\varepsilon\approx15$）。前者为 $\pi\rightarrow\pi^*$ 跃迁，后者为 $n\rightarrow\pi^*$ 跃迁。例如，硝基甲烷的 λ_{max} 为 210 nm 和 270 nm。

亚砜的 $\diagdown$S=O 基团也能产生 $n\rightarrow\pi^*$ 跃迁，其 $\lambda_{max}\approx210$ nm 为中强吸收带。各发色团的紫外吸收特征可参考表 7-1。

7.3.2 含有共轭双键的化合物

1. 共轭烯烃及其衍生物

根据 Woodward-Fieser 规则可计算出共轭双烯 $\pi\rightarrow\pi^*$ 跃迁紫外吸收的最大吸收波长（表 7-3），但对摩尔吸收系数则不能计算。

表 7-3　共轭烯烃及其衍生物的 Woodward-Fieser 规则

共轭双烯	1 个取代基引起的增值/nm								
λ_{max} 基值	同环二烯	烷基或环残基	环外双键	增 1 个共轭双键	酯基	—OR	—SR	—Cl 或—Br	—NR$_1$R$_2$
214 nm	39	5	5	30	0	6	30	5	60

上述规则不适用于交叉共轭体系，如 $\bigcirc$=CH$_2$，也不适用于芳香体系。

例 7-3　麦角甾醇（ergosterol）的乙醇溶液在波长 282 nm 时有最大吸收，其构造式如下，验证该式是否正确。

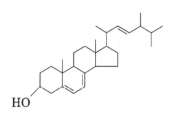

解　麦角甾醇属同环共轭双烯，其 λ_{max} 可计算如下：

共轭双烯 λ_{max} 基值	214
4 个环残基	5×4=20
同环二烯	39
2 个环外双键	5×2=10
λ_{max} 的计算值	283（nm）

实测吸收带 λ_{max} 为 282 nm，表明该化合物构造式正确。注意：上述构造式右上方的双键未参加共轭，故对计算值无影响。

下面列出其他计算实例，括号内为实测值。

$\lambda_{max}=214+2\times5=224$ nm（226 nm）

$\lambda_{max}=214+4\times5=234$ nm（236 nm）

$\lambda_{max}=214+4\times5+2\times5=244$ nm（248 nm）

$\lambda_{max}=214+39+30+3\times5+5+0=303$ nm（304 nm）

$$\lambda_{max}=214+39+30\times2+5\times3+5\times5=353\ nm（355\ nm）$$

$$\lambda_{max}=214+5\times2+5\times4=244\ nm（237\ nm）$$

当环张力或立体结构影响到 π-π 共轭时，计算值误差增大，如对下列化合物（括号内为实测值）：

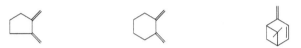

λ_{max} 234 nm（248 nm）   234 nm（220 nm）   229 nm（245.5 nm）

Woodward-Fieser 规则只适用于计算六元环同环共轭双烯，其误差约在±5 nm 之内。

2. 残基化合物

α,β-不饱和醛、酮有下列结构：

$$\overset{\beta}{C}=\overset{\alpha}{C}-C=O \quad 或 \quad \overset{\delta}{C}=\overset{\gamma}{C}-\overset{\beta}{C}=\overset{\alpha}{C}-C=O$$

对这类化合物，当波长在 200 nm 以上时，出现 n→π* 跃迁和 π→π* 跃迁。n→π* 跃迁出现在波长较长的区域（310～330 nm），其强度甚弱（$\varepsilon=10\sim100$），π→π* 跃迁在 220～260 nm 波长范围内有较强吸收（$\varepsilon=1.0\times10^{4}\sim1.5\times10^{4}$）。该吸收带（K 带）受取代基影响，$\lambda_{max}$ 发生位移，可依据表 7-4 所列经验值进行计算。要计算除甲醇、乙醇以外其他溶剂中的 λ_{max}，可加一个校正值，如表 7-5 所示。

表 7-4 α,β-不饱和醛、酮、羧酸、酯中 π→π* 跃迁 λ_{max} 的计算

基团		基值/nm	基团		增加值/nm
α,β-不饱和醛		207	—OAC	α,β,γ	6
α,β-不饱和酮		215	—OR	α	35
α,β-不饱和六元环酮		215		β	30
α,β-不饱和五元环酮		202		γ	17
α,β-不饱和羧酸或酯		193		δ	31
			—SR	β	85
			—Cl	α	15
共轭双键		30		β	12
烷基或环基	α	10	—Br	α	25
	β	12		β	30
	γ 或更高	18	—NR$_1$R$_2$	β	95
—OH	α	35	环外双键		5
	β	30	同环二烯		39
	γ	50			

表 7-5 计算 α, β-不饱和醛、酮 K 带用不同溶剂时的校正值

溶剂	甲醇	水	氯仿	二氧六环	乙醚	己烷	环己烷
λ_{max}/nm	0	−8	+5	+5	+7	+11	+11

例 7-4 某化合物结构为（A）或（B），它的紫外光谱 $\lambda_{max}^{CH_3OH}$ =352 nm，其可能性较大的结构是下面两者中的哪一个?

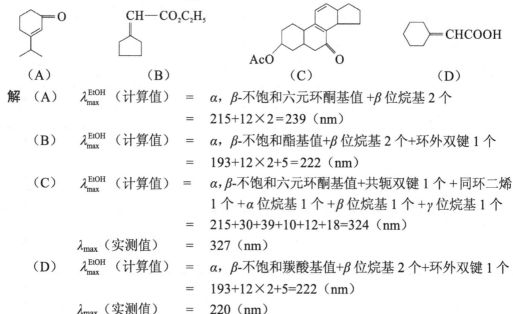

（A）   （B）

解 可以利用紫外光谱来区分结构类似但共轭方式不同的异构体

	（A）	（B）
基值	215	215
同环二烯	39	39
烷基：α	10	10
β	12	12
γ	18	—
δ	18	18
环外双键	5×3	—
增 1 个共轭双键	30	30
	357（nm）	324（nm）

实测值 352 nm 接近 357 nm，所以该化合物的结构可能为（A）。

注意：羰基在环上不能算环外双键。

例 7-5 计算下列各化合物的 λ_{max}^{EtOH}。

（A）   （B）   （C）   （D）

解 （A） λ_{max}^{EtOH}（计算值） = α, β-不饱和六元环酮基值 +β 位烷基 2 个
= 215+12×2=239（nm）

（B） λ_{max}^{EtOH}（计算值） = α, β-不饱和酯基值+β 位烷基 2 个+环外双键 1 个
= 193+12×2+5=222（nm）

（C） λ_{max}^{EtOH}（计算值） = α, β-不饱和六元环酮基值+共轭双键 1 个 +同环二烯 1 个 +α 位烷基 1 个 +β 位烷基 1 个 +γ 位烷基 1 个
= 215+30+39+10+12+18=324（nm）

λ_{max}（实测值） = 327（nm）

（D） λ_{max}^{EtOH}（计算值） = α, β-不饱和羧酸基值+β 位烷基 2 个+环外双键 1 个
= 193+12×2+5=222（nm）

λ_{max}（实测值） = 220（nm）

注意：环张力会导致 λ_{max} 的计算值误差增大，如下列化合物（括号内为实测值）。

λ_{max}/nm 232（253）   227（234）   214（229）   214（223）

7.3.3 多共轭体系

对于具有 4 个以上双键的共轭体系，K 带的 λ_{max} 可按下式计算（Fieser-Kuhn 公式）：

$$\lambda_{max}^{己烷}=114+5M+n(48.0-1.7n)-16.5R_{环内}-10R_{环外}$$

式中：n 为共轭双键的数目；M 为共轭双键上取代烷基的数目；$R_{环内}$ 和 $R_{环外}$ 分别为共轭体系中环内与环外双键的数目。例如，β-胡萝卜素，当用己烷作溶剂时，有

$$\lambda_{max}=114+5\times10+11\times(48.0-1.7\times11)-16.5\times2=453.3（nm）\quad（452\ nm）$$

7.3.4 芳香化合物

苯是最简单的芳香化合物，它的紫外光谱有三个吸收带，其吸收波长分别为 184 nm（E_1 带）、203 nm（E_2 或 K 带）和 256 nm（B 带）。B 带的吸收强度较弱。当苯在非极性溶剂中或在气体状态下测定时会出现精细结构。当苯的一个或两个氢原子被其他基团取代时，吸收带波长将发生变化。除个别取代基外，绝大多数取代基都能使吸收带向长波方向移动。即 E_1 带将移至 185～220 nm。E_2 带将移至 205～250 nm，B 带将移至 260～290 nm。当取代基含有 n 电子时，在 275～330 nm 会出现 R 带。

1. 单取代苯

单取代苯的吸收带波长变化有如下规律。

（1）取代基能使苯的吸收带发生红移，并使 B 带精细结构消失，氟取代例外。

（2）简单的烷基取代由于 σ-π 超共轭效应也能使吸收带红移。

（3）当苯环上连有给电子的助色团，如—NH_2、—OH 时，p-π 共轭，会使吸收带发生红移。各种助色团对吸收带红移影响的大小按下列次序增加：

$$—CH_3<—Cl<—Br<—OH<—OCH_3<—NH_2<—O^-$$

（4）当苯环上连有吸电子取代基，如—HC＝CH_2、—NO_2、—COOH 及—CHO 时，由于发色团与苯环存在共轭作用，苯的 E_2（或 K）带、B 带会发生较大红移，吸收强度也显著增加。

表 7-6 是单取代苯的 E_2 带、B 带波长和摩尔吸收系数。

表 7-6　单取代苯的 E_2 带、B 带波长和摩尔吸收系数

取代基	E_2 带		B 带		溶剂
	波长/nm	ε	波长/nm	ε	
H	203.5	7 400	254	204	甲醇
NH_3^+	203	7 500	254	160	酸性水溶液

取代基	E₂ 带		B 带		溶剂
	波长/nm	ε	波长/nm	ε	
CH₃	206	7 000	261	225	甲醇
Cl	210	7 600	265	240	乙醇
OH	210.5	6 200	270	1 450	水
OCH₃	217	6 400	269	1 480	2%甲醇
NH₂	230	8 600	280	1 430	—
SH	236	10 000	269	700	己烷
ONa	236.5	6 800	292	2 600	碱性水溶液
OPh	255	11 000	272	2 000	环己烷
N(CH₃)₂	250	13 800	296	2 300	庚烷
COO⁻	224	8 700	268	560	—
COOH	230	10 000	270	800	—
COCH₃①	240	13 000	278	1 100	乙醇
CHO②	240	15 000	280	1 500	乙醇
C₆H₅	246	20 000	被掩盖	—	乙醇
NO₂③	252	10 000	280	1 000	己烷
HC=CHPh（cis）	283	12 300	被掩盖	—	乙醇
HC=CHPh（trans）	295	25 000	被掩盖	—	乙醇

注：①n→π* 跃迁，R 带 319 nm（50 nm）；②n→π* 跃迁，R 带 328 nm（20 nm）；n→π* 跃迁，R 带 330 nm（125 nm）

2. 二取代苯

无论是助色团还是发色团取代的二取代苯，都能增加分子中的共轭作用，使吸收带发生红移，吸收强度增加。

（1）对位二取代苯。如果两个取代基是同类基团，即都是发色团或都是助色团，则 E₂ 带的位置与具有较大红移的单取代苯相近。如果两个取代基不是同类基团，则 E₂ 带波长的红移将大于两个基团单独的波长红移之和。

（2）邻位和间位二取代苯。邻位和间位二取代苯的 E₂ 带波长近似于两个取代基单独产生的波长红移之和。多取代苯中，取代基的类型和相对位置对其紫外吸收的影响较复杂，空间位阻对 λ_{max} 的影响较大。

例 7-6 Scott 规则适用于计算苯的某些多取代物 E₂ 带（K 带）的 λ_{max}^{EtOH}，如表 7-7 所示。请计算下列化合物的 λ_{max}^{EtOH}。

表 7-7　二取代苯 E_2 带吸收峰 λ_{max} 的计算

取代基	类型	波长
第一取代基 R＝	—CO 烷基值	246 nm
	—CO—环	264 nm
	—CHO	250 nm
	—COOH	230 nm
	—COO—烷基	230 nm
	—COO—环	230 nm
	—CN	224 nm
第二取代基 R′引起的增加值		
R′为烷基或环基	邻-，间-	3 nm
	对-	10 nm
—OH，—OR	邻-，间-	7 nm
	对-	25 nm
—O	邻-	11 nm
	间-	20 nm
	对-	78 nm
—Cl	邻-，间-	0 nm
	对-	10 nm
—Br	邻-，间-	2 nm
	对-	15 nm
—NH$_2$	邻-，间-	13 nm
	对-	58 nm
—NHAc	邻-，间-	20 nm
	对-	45 nm
—NHMe	对-	73 nm
—NMe$_2$	邻-，间-	20 nm
	对-	85 nm

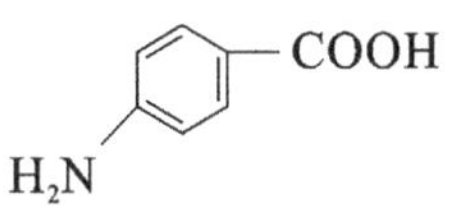

（A） 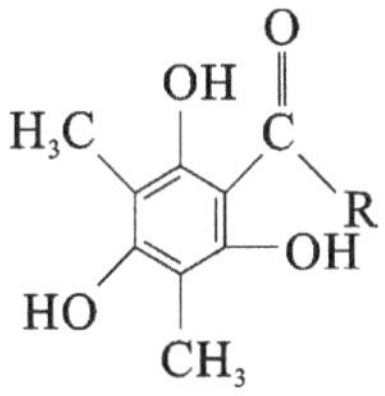　　　　　　　（B） 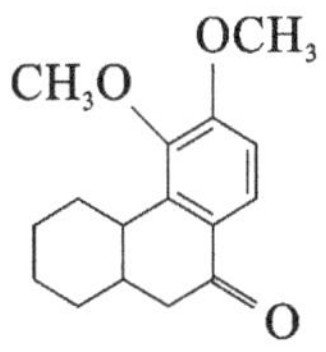　　　　　　　（C）

解　（A）　λ_{max}^{EtOH}（计算值）　＝　苯甲酸基值 +1 个对位（—NH$_2$）

　　　　　　　　　　　　　＝　230+58＝ 288（nm）

　　　　λ_{max}（实测值）　＝　288（nm）

$$(B) \quad \lambda_{max}^{EtOH} \text{（计算值）} = \text{芳酮基值}+2 \text{个邻位羟基}+1 \text{个对位羟基}+2 \text{个间位烷基}$$
$$= 246+7\times2+25+3\times2=291 \text{（nm）}$$
$$\lambda_{max} \text{（实测值）} = 291 \text{（nm）}$$
$$(C) \quad \lambda_{max}^{EtOH} \text{（计算值）} = \text{芳酮基值}+\text{邻位烷基}+\text{间位甲氧苯}+\text{对位甲氧基}$$
$$= 246+3+7+25=281 \text{（nm）}$$
$$\lambda_{max} \text{（实测值）} = 278 \text{（nm）}$$

3. 稠环芳烃

稠环化合物由于其共轭体系增加，E 带、K 带和 B 带移向长波方向，而且吸收强度增加，谱带呈现某些精细结构，如图 7-9 所示。稠环化合物的环越多，波长越长。例如，萘和蒽只吸收紫外光，不吸收可见光，而有 4 个苯环的丁省，其吸收波长为 473 nm，已进入可见光区。非线形稠环化合物的吸收光谱比较复杂。表 7-8 是某些稠环化合物紫外光谱的特征。

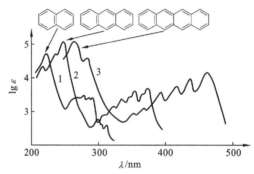

图 7-9　萘、蒽和丁省的紫外光谱

表 7-8　某些稠环化合物紫外光谱的特征

化合物	E_1 带		E_2 带		B 带	
	λ/nm	ε	λ/nm	ε	λ/nm	ε
萘	220	11×10^4	275	0.56×10^4	314	316
蒽	252	20×10^4	375	0.79×10^4		被掩盖
菲	252	5×10^4	295	1.3×10^4	330	250
丁省	278	13×10^4	473	1.1×10^4		被掩盖

4. 杂环化合物

饱和的杂环化合物，如四氢呋喃、1，4-二氧六环、四氢吡咯等与直链烃类似，在 200 nm 以上的近紫外光区无吸收。不饱和五元及六元杂环化合物与芳香化合物类似。在近紫外光区有吸收，如表 7-9 所示。

表 7-9 某些杂环化合物的紫外吸收带

化合物	λ_{max}/nm	ε	λ_{max}/nm	ε	λ_{max}/nm	ε	溶剂
呋喃	207	9.1×10^3					环己烷
噻吩	231	7.1×10^3					环己烷
吡咯	208	7.7×10^3					己烷
吡唑	210	3.65×10^3					乙醇
咪唑	206	4.8×10^3					水
噻唑	209	2.75×10^3					庚烷
吡啶	176	7×10^4	198	6×10^3	251	2×10^3	己烷
吡嗪	165*		194	6.1×10^3	260	6×10^3	己烷
嘧啶	168*		189	1×10^4	2.44	2.05×10^3	环己烷
喹啉	226	3.4×10^4	281	3.6×10^3	308	3.85×10^3	甲醇

＊ 在气相中测定的数据

7.4 过渡金属配合物的紫外-可见吸收光谱

在无机化合物中，以过渡金属离子与配体反应生成的配合物，其紫外-可见吸收光谱的应用范围最广。过渡金属配合物的吸收光谱有三种：①配体微扰的金属离子 d-d 电子跃迁和 f-f 电子跃迁；②电荷转移光谱；③金属微扰的配体内电子跃迁。对某些金属配合物来说，可能有以上一种或多种原因同时在起作用。

7.4.1 d-d 电子跃迁光谱

过渡金属离子在溶液中，当有水分子或其他配体与金属离子形成配合物时，按照配位场理论,由于配体中电子给予体的电子对与中心金属离子的各种 d 轨道电子间的静电斥力不同，d 轨道将分裂为两个或多个能级组。当被某种波长的紫外-可见光照射时，电子就可能在分裂的能级之间发生跃迁，形成 d-d 电子跃迁光谱。d 轨道能级分裂与配合物的几何构型、金属离子的价态、金属元素在周期表中的位置以及配体的性质有关。配体场强度越大，d 轨道分裂越严重，吸收光谱中吸收波长越小。常见配体按配体场强度增加的顺序可排列如下：

$$I^- < Br^- < SCN^- < Cl^- < OH^- < H_2O < NH_3 < 乙二胺 < NO_2^- < CN^-$$

由配体的微扰效应所引起的 d-d 电子跃迁是禁阻的，因而摩尔吸收系数较小（$\varepsilon < 100$），利用价值不高。

表 7-10 为某些配体对 d-d 电子跃迁吸收波长的影响。

表 7-10　某些配体对 d-d 电子跃迁吸收波长（nm）的影响

中心离子	配体				
	6Cl	6H₂O	6NH₃	三乙二胺	6CN⁻
Cr（III）	736	573	462	456	380
Co（III）	—	538	436	428	294
Co（II）	—	1 345	980	909	—
Ni（II）	1 370	1 279	925	863	—
Cu（II）	—	794	663	610	—

注：配体场强度均由左至右增加

　　镧系和锕系金属离子及其与一些非共轭体系的配体生成的吸收谱带，本质上是 f-f 电子跃迁光谱。与 d-d 电子跃迁光谱不同，f-f 电子跃迁光谱由一些尖锐的特征吸收峰组成；f-f 电子跃迁是允许的，其摩尔吸收系数要比 d-d 电子跃迁光谱的大；已充满的，具有较高主量子数的轨道对 f 电子屏蔽效应显著，因而不易受外部影响。所以，f-f 电子跃迁光谱的谱带较窄，且相对来说不受配体性质的影响。

7.4.2　电荷转移光谱

　　配合物的紫外-可见吸收光谱中还包含了一些特强峰，即电荷迁移光谱。因为其电子跃迁是允许的，所以摩尔吸收系数较高（$\varepsilon \approx 1.0 \times 10^4$），利用价值较大。当配合物的一个组分具有电子给予体的特性而另一个组分具有电子接受体的特性时，配合物具有电荷转移光谱，这是由电子从给予体向与接受体相关的轨道跃迁引起的。例如，在由金属阳离子 M^{n+} 与配体阴离子 L^{m-} 结合形成的配合物中，电子从给予体即配体贡献较大的分子轨道，转移到金属离子贡献较大的分子轨道时，具有电荷转移光谱，如下式所示：

$$M^{n+} + L^{m-} \xrightarrow{\text{配合}} M^{n+} - L^{m-} \xrightarrow{\text{电荷转移}} M^{(n-1)} - L^{(m-1)-}$$

　　配合物分子吸收辐射能后，分子中的电子从主要定域在金属 M 的轨道转移到配体 L 的轨道上。

　　电荷转移光谱的跃迁相当于一种内氧化还原过程，上式中的中心原子即氧化剂，而配体则是还原剂。因此，中心离子氧化能力越强或配体还原能力越强，电荷跃迁所需能量就越小，所吸收光子的波长就越长，配合物的吸收越向长波方向移动。

　　这种电荷转移光谱通常发生在具有 d 电子的过渡金属和具有 π 键共轭体系的有机分子中。与分子内激发的情况一样，通常电子经过一个短暂的时间后将回到其初始状态，但偶尔也发生激发配合物的解离而产生光化学氧化-还原的过程。表 7-11 列出了一些具有 L→M 和 M→L 电荷转移跃迁的配合物的吸收特性。

表 7-11　电荷转移跃迁配合物的吸收特性

类型	配合物	λ_{max}/nm	ε/（×10³）
L	Fe（III）—（磺基水杨酸）₃	425	6.3
↓	Ti（IV）—钛铁试剂	410	14.5
M	Co（III）—（α-亚硝酸-β-萘酚）₃	425	23.5
型	Nb（V）—(8-羟基喹啉)₂	385	9.75

类型	配合物	λ_{max}/nm	$\varepsilon/(\times 10^3)$
M	Fe（II）—(1，10-二氮杂菲)₃	510	11.2
↓	Fe（II）—(4，7-二苯基-1，10-二氮杂菲)₃	533	22.4
L	Cu（I）—(1，10-二氮杂菲)₂	435	7.0
型	Cu（I）—(4，7-二苯基-1，10-二氮杂菲)₂	457	12.1

L→M 的电荷转移还有 TiL_4（紫黑色）、HgI_2（红色）、AgI（橙黄色）、VO_4^{3-}（无色）、CrO_4^{2-}（黄色）、MnO_4^-（紫色）等。此外，还有金属→金属（M→M）型电荷转移光谱，当配合物中含有两种不同氧化态的金属时，电子可以在两种金属之间转移。这类配合物具有很深的颜色，如普鲁士蓝、硅钼蓝、磷钼蓝、砷钼蓝等。

7.4.3 配体内的电子跃迁光谱

配合物中，有机配体常常出现配体分子内的电子跃迁，因而可得到紫外-可见吸收光谱。因为有机配体在形成配合物后，其分子中键的性质和键能通常变化不大，所以配体光谱与自由分子（即有机分子）的光谱相似，这在表征含有有机配体的配合物时比较有用。如果配体与中心原子间主要是静电作用，那么金属原子对配体光谱的影响往往不大，即吸收带所处的位置、强度及形状变化不大。但如果配体与中心原子间形成了共价键，则光谱会发生较大变化。这种变化与共价程度有关，形成的配合物越稳定，吸收带越向紫移。此外，中心原子的配位数和离子半径也会对紫外-可见吸收光谱产生影响。

7.5 紫外-可见分光光度计的原理与测定紫外光谱时的注意事项

7.5.1 紫外-可见分光光度计的原理

目前通用的紫外-可见分光光度计包括紫外区和可见光区两部分吸收光谱的测定，能自动地连续记录无背景的样品吸收光谱，并具有灵敏度高、快速和易于操作的特点。分光光度计的光路简图如图 7-10 所示。

这种光谱仪的结构大致由光源（紫外光和可见光）、单色器（石英棱镜或光栅）、样品池、检测器和记录装置等几部分组成。

由氘灯（2）或钨丝灯（4）发出的紫外光或可见光，经平面镜（3）先后选择一种辐射光在曲面镜（1）聚焦。通过狭缝（5）、凹面镜（8）反射到棱镜或光栅（7）上，色散后的光由 Littrow 镜（6）按不同波长依次返回单色器，经凹面镜（9）通过狭缝（10）和圆柱形透镜（11）到达曲面镜再次聚焦，聚焦后的单色光经调节器面盘（13）、斩波器（14）分为两束，交替通过样品池（19）和参比池（18），由于样品的吸收，两束光强度不同，经光电倍增管（21）检测，可给出相应的电信号，驱动马达记录光谱。

现代紫外-可见分光光度计除能自动记录谱图外，还配有计算机，可直接打印出分析结果。

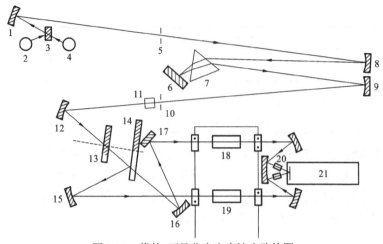

图 7-10 紫外-可见分光光度计光路简图

1、12、15、16.曲面镜；2.氘灯；3、17.平面镜；4.钨丝灯；5.狭缝；6.Littrow 镜；7.棱镜或光栅；8、9.凹面镜；

10.狭缝；11、20.圆柱形透镜；13.调节器面盘；14.斩波器；18.参比池；19.样品池；21.光电倍增管

7.5.2 测定紫外光谱时的注意事项

有机化合物的紫外光谱一般在溶液中测定。但是同一样品在不同溶剂中有不同的吸收光谱。溶剂的不同有时会引起吸收带的位移，有时会引起吸收曲线形态的改变，有时则使吸收强度发生变化。一般来说，极性溶剂的影响大于非极性溶剂。

在进行紫外光谱分析时，所用的溶剂在测量波段应是透明的，表 7-12 列出了常用溶剂使用波长的低限（称为透明界线），在低限以上溶剂是透明的，在低限以下则有吸收而产生干扰。

表 7-12 紫外光谱分析常用的溶剂

溶剂	透明界限 λ/nm	溶剂	透明界限 λ/nm
水	205	二氧六环	220
甲醇	210	二氯甲烷	240
乙醇	210	氯仿	245
己烷	210	正丁醇	240
环己烷	210	乙酸乙酯	256
异丙醇	210	四氯化碳	265
正庚烷	210	二甲基甲酰胺	270
乙醚	215	苯	280
乙腈	210	甲苯	285
四氢呋喃	220	吡啶	305

在选择测定紫外光谱所用的溶剂时，除了要使溶剂对待测样品有足够的溶解度外，还必须考虑其对吸收带精细结构的影响。例如，芳香族化合物，特别是多环芳香族化合物，极易溶于环己烷，且在环己烷中测定的紫外光谱可以看到精细结构；但在极性溶剂中，振转运动的改变会使产生的小峰消失并合并为宽峰。化合物在溶液中的紫外光谱和它在气体中的光谱不同，在非极性溶剂（如己烷）中所得的光谱接近于气体中所得的光谱。

选择溶剂时还应考虑样品与溶剂是否会发生相互作用，一般极性溶剂容易与样品发生溶剂化作用，并可能导致样品的吸收峰位置和强度发生变化，所以应尽可能选择非极性溶剂。

选择溶剂还需注意，在只有极少量样品时，可使用挥发性较大且沸点较低的溶剂，以便在测定紫外光谱后，易于将溶剂除去，重新得到样品再进行其他光谱分析。如要将所测紫外光谱与标准紫外光谱相对照，则须使用标准紫外光谱所用的溶剂。

7.6 紫外光谱的应用

7.6.1 有机化合物定性的一般方法

利用紫外光谱鉴定有机化合物，其主要依据是化合物紫外吸收峰的特征，如吸收峰的形状、数目和各吸收峰的波长以及摩尔吸收系数。

如前所述，有机化合物的紫外光谱一般只有少数几个宽的吸收峰，缺乏精细结构。它只能反映分子中发色团和助色团的吸收光谱的相互关系，即分子内共轭体系的特征，而不能反映整个分子的特性。因此，仅依靠紫外光谱推断未知化合物的结构是很困难的。但是紫外光谱对于判别有机化合物中发色团和助色团的种类、位置、数目，区别饱和与不饱和化合物，测定分子中的共轭程度等具有独特的优点。因此，紫外光谱可用来测定共轭分子及芳香化合物分子的骨架，并可用于研究与共轭作用、溶剂稳定化作用有关的分子构型及互变异构现象和氢键等。此外，因为紫外光谱的吸收强度大（K 带的 ε 值可达 1.0×10^4 以上），所以它对微量组分的分析、化合物纯度的检测等有很高的灵敏度。将纯有机化合物制成溶液，再用紫外分光光度计绘出吸收曲线，然后根据该化合物的吸收特征，可作出化合物结构的初步判断。

（1）220～700 nm 范围内无吸收带，说明该化合物是脂肪烃、脂环烃或它们的简单衍生物（如卤化物、醇、醚、羧酸等），也可能是非共轭烯烃。

（2）220～250 nm 范围内有强吸收带（K 带，$\varepsilon \geqslant 1.0 \times 10^4$），说明该化合物分子中存在两个共轭的不饱和键（共轭二烯或 α，β-不饱和醛酮）。

（3）200～250 nm 范围内有强吸收带（$\varepsilon = 1.0 \times 10^3 \sim 1.0 \times 10^4$），结合 250～290 nm 的中强度吸收带（$\varepsilon = 1.0 \times 10^2 \sim 1.0 \times 10^3$）或显示不同程度的精细结构，说明分子中有苯基存在，前者为 E 带，后者为 B 带，B 带是苯环的特征谱带。

（4）250～350 nm 范围内有中或低强度吸收带（R 带），且峰形较对称，说明分子中有醛酮的羰基或共轭羰基。

（5）300 nm 以上有高强度吸收带，说明分子中具有较大的共轭体系，若高强度吸收带有明显的精细结构，则说明该化合物为稠环芳烃、稠环杂芳烃或其衍生物。

（6）化合物紫外光谱对酸、碱介质敏感。若在碱性介质中 λ_{max} 红移，加酸至中性后，λ_{max} 为 210 nm 左右，则表明有酚羟基存在；若在酸性介质中 λ_{max} 蓝移，加碱至中性后，λ_{max} 为 240 nm 左右，则表明有芳胺结构存在。

按上述规律可以初步确定化合物的归属范围。将该化合物的光谱与标准谱图进行对照，如两者吸收光谱的特征完全相同，则可考虑它们具有相同的发色基团或分子骨架，也可与已知模型化合物的紫外光谱相对照后作出判断。

7.6.2 紫外光谱解析举例与加合规则

例 7-7 灰黄毒素经与 NaOH 反应后，产物有两种可能的结构：

（I）　　　（II）

用核磁共振波谱或红外光谱判别该结构很困难，用紫外光谱与下列模型化合物的紫外光谱比较：

（A）　　　（B）　　　（C）

波长	(A)	(B)	(C)	产物
λ_{max}/nm	280	284	283	292
加 NaOH 后 λ_{max}/nm	285	318	306	327
$\Delta\lambda_{max}/nm$	5	34	23	35

从测定出的 $\Delta\lambda_{max}$ 值可确定该产物的结构很可能是（II）。

例 7-8 用紫外光谱识别吡啶衍生物的异构体。下列平衡中，哪一个异构体是主要成分？

解 将其在酸性、中性溶液中的紫外光谱与下列两个模型化合物的紫外光谱比较：

样品

中性溶液　$\lambda_{max}=269\ nm(\varepsilon=3\,230)$　$\lambda_{max}=297\ nm\ (\varepsilon=5\,700)$　$\lambda_{max}=293\ nm\ (\varepsilon=5\,900)$

酸性溶液　$\lambda_{max}=279\ nm(\varepsilon=6\,200)$　$\lambda_{max}=279\ nm\ (\varepsilon=6\,250)$　$\lambda_{max}=277\ nm\ (\varepsilon=6\,950)$

从而可推断：在上述两个异构体的平衡体系中，大部分是酮式结构，因为其紫外光谱在中性溶液和酸性溶液中的变化值与酮式异构体的变化值相似。

例 7-9 四环素重要降解产物结构的测定——加合规则的应用。

一个分子中的两个发色团被一个或多个原子分开，这个分子的紫外光谱与分别只具有这两个发色团的两个化合物的紫外光谱的加合非常相似，称这种现象为"加合规则"。

由加合规则可知，一个化合物的紫外吸收为该化合物分子中几个相互不共轭的结构单元的紫外吸收的加合。所以，当研究一个结构复杂的化合物时，若仅是其中的共轭体系或羰基等有紫外吸收，就可以选取结构上大为简化的模型化合物来估计该化合物的紫外吸收。

四环素重要降解产物的结构如下：

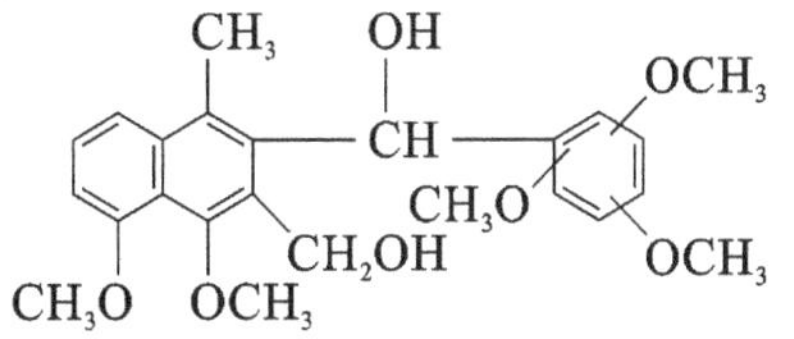

其中一个苯环上的三个—OCH$_3$可能是1，2，4-或1，3，5-取代等，如果要合成该化合物，工作量非常大，所以首先选择模型化合物（A）与（B$_1$）或（B$_2$）。

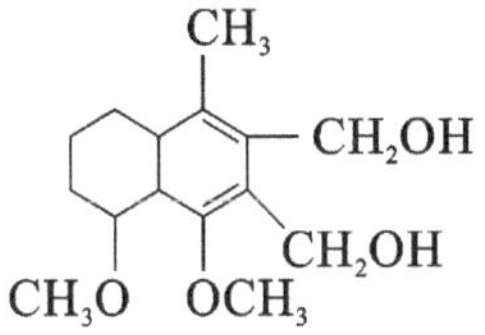

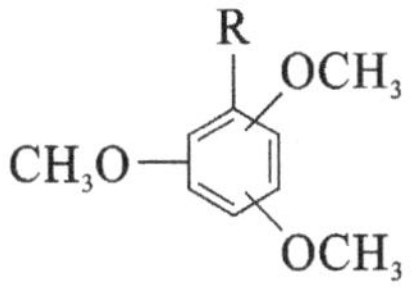

（A）　　　　　　　　（B$_1$）1，2，4-取代，　（B$_2$）1，3，5-取代

　　然后，将模型化合物（A）以1∶1的比例分别与（B$_1$）或（B$_2$）混合，测定其紫外光谱。结果发现，模型化合物（A）＋（B$_1$）的谱图与降解产物的是一致的，所以三个—OCH 在苯环上的位置应是1，2，4-三取代，从而确定了降解产物的结构。

7.6.3　紫外光谱的应用实例

　　因为紫外光谱一般不代表整个分子的特征，只反映其包含的共轭体系的骨架结构，所以仅用紫外光谱确定整个分子的结构是困难的，必须辅以其他光谱。

1. 鉴定已知有机化合物的结构

　　通常的做法是，若有标准待测物质时，可将待测物质与标准样品的紫外光谱进行对照，若两种化合物相同，其紫外光谱也应完全相同。但要注意，紫外光谱相同，结构却不一定完全相同。例如，甲基麻黄碱（A）和去甲基麻黄碱（B）的紫外光谱相同，但二者的结构显然不同。

		E$_1$ 带	E$_2$ 带	B 带
PhCH(OH) CH(CH$_3$)NHCH$_3$ （A）	λ_{max}/nm	251（lg ε=2.20）	257（lg ε=2.27）	264（lg ε=2.19）
PhCH(OH) CH(CH$_3$)NH$_2$ （B）	λ_{max}/nm	251（lg ε=2.11）	257（lg ε=2.11）	264（lg ε=2.20）

这是因为紫外光谱既然是某种特定结构的价电子跃迁的吸收光谱，那么它便只能表现化合物的发色团和显色团。上面两个化合物的紫外光谱皆出于苯环，而不同点（N—甲基与N—去甲基之分）距苯环较远，几乎无影响，所以其紫外光谱相同。

　　若无标准样品时，可查找相关手册（本书7.7节将具体介绍），与已知纯化合物的紫外光谱数据进行对照，同样可得出结论。

　　对于手册上无对应纯物质的样品的鉴定，往往还需要对其谱图进行解析，选择适当的模型化合物的谱图对比分析，才能得出结论。

例如，对于黏结剂 NPG-CGE，可用紫外光谱进行鉴定。先做样品的紫外光谱，得出四个最大吸收波长 λ_{max}：227 nm、254 nm、280.5 nm、288 nm。考虑 NPG-CGE 的结构式：

其中包含两个分离的共轭体系：一个是 〔苯环〕—N—CH$_2$，另一个是 —CH$_2$O—〔苯环〕—Cl，因此，由加合规则，可设想该化合物的紫外光谱应为 〔苯环〕—N(CH$_3$)$_2$ 与 Cl—〔苯环〕—OCH$_3$ 两个谱图的加合。从相关手册中查出，CH$_3$—O—〔苯环〕—Cl 的谱图包含三个谱带：$\lambda_{max}=227$ nm、280.5 nm、288 nm，而 〔苯环〕—N(CH$_3$)$_2$ 谱图的 λ_{max} 为 254 nm，它们与样品谱图完全符合，由此证实了所给结构符合要求。

2. 不饱和度（Ω）的计算与确定未知有机化合物的结构

1）不饱和度

在进行波谱解析时，往往要先根据化合物的分子式对不饱和度进行计算，以获得分子中双键、三键和环的数目。这样可以大大缩小搜索范围，同时也可以检验波谱解析的结果。

不饱和度又称缺氢指数，其定义为：当一个化合物衍变为相应的烃后，与相同碳数的饱和开链烃比较，每缺少 2 个氢为 1 个不饱和度。因此，双键的不饱和度为 1，三键的不饱和度为 2，环（不论大小）的不饱和度为 1。一个化合物的不饱和度是指其中双键、三键和环的不饱和度的总和，但仅根据不饱和度不能区分它们。例如，苯乙烯的苯环中有 3 个双键和 1 个环，不饱和度是 4，而 C=C 的不饱和度为 1，故总不饱和度为 5。苯的不饱和度的计算是建立在经典凯库勒（Kekule）结构式基础之上的。在多环稠合化合物中，应注意组成环的成员至少有 1 个不是重复的。例如，双环[2，2，1]庚烷只能认为是 2 个环，而不是 3 个环。计算不饱和度的公式如下：

$$\Omega = 1 + n_4 + 2n_6 + \frac{1}{2}(n_3 + 3n_5 - n_1)$$

式中：Ω 为不饱和度；n_4、n_6、n_3、n_5 和 n_1 分别为 IV、VI、III、V 和 I 价元素原子的个数。如果化合物中不含 V 价以上的元素，那么上式可以简化为

$$\Omega = 1 + n_4 + \frac{1}{2}(n_3 - n_1)$$

应用以上公式时应注意下面几点。

（1）各元素的化合价应按其在化合物中实际提供的成键电子数计算。若一个化合物中存在多个同一元素的原子，且它们提供的成键电子数不同时，则应按各自实际提供的成键电子数分别计算。例如，一个化合物中含有 4 个氮，其中 2 个为 III 价，另外 2 个为 V 价，则应分别计入 n_3 和 n_5 中。

（2）元素化合价不分正负，也不论是何种元素，只按价数计算。因此，I 价元素不仅包括氢，还包括+1 价的碱金属和-1 价的卤素。

2）对反应产物的预测

例 7-10 下列反应中：

产品实测紫外光谱 λ_{max}=236.5 nm（lg ε >4）为 K 带，意味着该化合物中含有共轭体系，可能为 α, β-不饱和酮。结合反应过程中环骨架不变，$C_8H_{12}O$ 的可能结构为

（A）

λ_{max}=215+12+10=237（nm）

（B）

λ_{max}=215+10+5=230（nm）

所以结构为（A）的可能性较大。

例 7-11 预测下列反应的主要产物是否为（A）。

（A）

解 （A）的分子式为 C_9H_{14}，纯化后测其紫外光谱：λ_{max}=242 nm（ε=1.01×10^4），但按 Woodward-Fieser 规则计算，此预期产物的 λ_{max}=215+5×3=230（nm），与实测值相去甚远。如为以下反应，则主产物为（B）。

（B）

（B）的计算值为：λ_{max}=215+5×4+5=240（nm）。

因而，证明主产物是（B）而不是（A），第二个反应式是正确的。

对于结构比较复杂的天然有机物，难以精确地计算出 λ_{max}，故在结构分析时，常将样品的紫外光谱与同类型的已知化合物的紫外光谱进行比较，根据该类型化合物的结构与紫外光谱的变化规则作出适当的判断。同类型的化合物在紫外光谱上既有共性又有个性，其共性可用来鉴定化合物的类型，其个性可用来判断具体化合物的结构。

例 7-12 荧光素结构的确定：采集大量的萤火虫"尾巴"，用溶剂进行冷萃取，经分离纯化得 30 mg 荧光素，通过元素分析及质谱分析得出其分子式为 $C_{11}H_8N_2O_3S_2$。取样品 2 mg 在酸中水解，有

结构分析的主要问题是确定 C_7H_5NOS 的构造式。它的紫外光谱数据如下：

λ_{max}/nm	lg ε	加 NaOH 后 λ_{max}/nm
240	4	
271	4.01	283
287	3.79	
298	3.58	383

碱性溶液中紫外吸收的改变可证明酚羟基的存在。由分子式为 C_7H_5NOS 可知，该化合

物的不饱和度很高（$\Omega=6$）。根据专业知识判断，该化合物中可能含有 结构。这个母体的紫外光谱数据为

λ_{max}/nm	250	284	296
$\lg\varepsilon$	3.74	3.22	3.15

与上述未知物的紫外光谱差不多。之后，合成下面两个羟基取代位不同的化合物：

　　$\lambda_{max}=248\ nm$，$264\ nm$，$304\ nm$

　　$\lambda_{max}=240\ nm$，$272\ nm$，$286\ nm$，$298\ nm$

$\lg\varepsilon=3.95$，3.85，3.68，3.43

由紫外光谱可知后一种化合物的紫外光谱与水解产物完全相同，因此荧光素水解产物应为

进一步可推知荧光素的构造式为

3）异构体的判断

（1）结构相似、共轭方式不同的异构体的判断。

例如，α-莎草酮（α-cyperone），经紫外光谱测定 $\lambda_{max}=252\ nm$（$\lg\varepsilon=4.3$），其结构可能是

根据 Woodward-Fieser 规则估算如下：

（A）$\lambda_{max}=215+10+2\times12+5=254$（nm）

（B）$\lambda_{max}=215+12=227$（nm）

所以 α-莎草酮的结构是（A）。

（2）顺、反异构体的判断。

如前所述，反式异构体一般比顺式异构体的空间位阻小，共轭程度大，所以反式最大吸收波长大于顺式。这种差别成为判别顺、反异构体的重要依据。

（3）共轭和非共轭异构的判断。

对共轭和非共轭体系的异构体来说，它们的紫外光谱的最大吸收波长也是共轭大于非共轭。例如，生产尼龙的原料蓖麻油酸 [12-羟基十八碳烯-9-酸，$CH_3(CH_2)_5CH(OH)CH_2CH=CH(CH_2)_7COOH$] 作脱水处理时，根据所用的脱水方法和条件的不同，能得到不同含量的两种异构体：一种是 9，11-亚油酸 [$CH_3(CH_2)_5CH=CH—CH=CH(CH_2)_7COOH$]；另一种是 9，12-亚油酸 [$CH_3(CH_2)_4CH=CH—CH_2—CH=CH(CH_2)_7COOH$]。前者为共轭二烯酸，其环己烷溶液在 232 nm 处有一较强的吸收（$\varepsilon=119$），而后者在紫外光区无吸收。因此，可借助紫外光谱的测定来监视和控制脱水反应的进行。

（4）酮式和烯醇式互变异构体的判断。

在下述酮式和烯醇式互变异构的反应中，当由酮式（A）转变为烯醇式（B）时，化合物的共轭体系大大增长，因此，（A）最大吸收带的波长应远小于（B）。实测在环己烷中，（A）的 λ_{max} 为 245 nm，而（B）的 λ_{max} 为 308 nm。

如果是在碱性介质中，（B）的 λ_{max} 将由 308 nm 处移向 323 nm 处，从而进一步证实了羟基的存在。这是烯醇式结构的特征，因为

苯甲酰丙酮也有两种互变异构体，其各自的紫外吸收也不相同，如

$\lambda_{max}=250$ nm　　　　　　　　　　$\lambda_{max}=307$ nm（己烷）

3. 反应速率的测定

如果反应物与产物的紫外光谱不同，那么可以用吸收强度来跟踪产物与反应物浓度的变化，从而测定反应速率。用紫外光谱测定反应速率大多在稀溶液中进行，因而所测反应的反应速率必须较快。

例如，邻硝基叠氮苯分解反应的速率可通过连续扫描测定反应物吸收带（$\lambda_{max}=25$ nm）和产物苯并氧化呋喃吸收带（$\lambda_{max}=360$ nm）的吸收强度，计算在不同时刻反应物和产物的浓度而得到。由该方法得到的一级反应速率常数与用其他方法测得的结果是一致的。

4. 有机化合物的定量测定

1）单组分的定量测定

根据朗伯-比尔定律，在一定浓度范围内，所测得的吸光度 A 与待测物质的浓度成正比。配制一系列已知的具有不同浓度的标准溶液，在 λ_{max} 处，分别测定其吸光度。以标准溶液的浓度 c 为横坐标，相应的吸光度 A 为纵坐标，绘出标准曲线。

在同样条件下，测定未知样品的吸光度，从工作曲线上即可查出该样品的浓度。也可以先配制浓度与样品溶液尽量接近的标准溶液，然后在相同条件下测定标准溶液与样品溶液的吸光度 $A_标$（标准溶液吸光度）和 $A_样$（样品溶液吸光度），根据朗伯-比尔定律进行计算，此为一点对照法。

吸收系数法是利用待测样品的摩尔吸收系数与标准样品的摩尔吸收系数 $\varepsilon_{\max}$ 的比值来测定样品含量：

$$样品含量 = \frac{\varepsilon_{样\max}}{\varepsilon_{标\max}} \times 100\%$$

2）混合物的定量测定

当样品中含有两个或两个以上的组分时，若这些组分的紫外光谱互不干扰，则可按单一组分的方法进行测定；若它们的紫外光谱相互重叠，则需分别测定混合物的吸光度，再用解联立方程组的方法计算出各组分的浓度。

设 A_1、A_2 为混合物在 λ_1 和 λ_2 处的吸光度，A_{11}、A_{12}、A_{21}、A_{22} 分别表示两个组分在 λ_1，λ_2 处的吸光度，则有

$$\begin{cases} A_1 = A_{11} + A_{12} = \varepsilon_{11}c_1 + \varepsilon_{12}c_1 \\ A_2 = A_{21} + A_{22} = \varepsilon_{21}c_1 + \varepsilon_{22}c_2 \end{cases}$$

c_1 和 c_2 可由解联立方程组求出。

例如，汽油中的硫酚类和苯酚类化合物可用 10% 的氢氧化钠水溶液萃取，用水将氢氧化钠溶液稀释至 0.4%，分别在 265 nm 和 290 nm 处测得吸光度为 0.652 和 0.374，硫酚类化合物的平均摩尔吸收系数为 14 747 和 2 334；苯酚类化合物的平均摩尔吸收系数为 888 和 2 811。根据以上数据可计算出该溶液中硫酚类和苯酚类化合物的浓度，即

$$\begin{cases} 0.652 = 14\,747c_1 + 888c_2 \\ 0.374 = 2\,334c_1 + 2\,811c_2 \end{cases}$$

$c_1 = 3.81 \times 10^{-5}$ mol/L，$c_2 = 1.02 \times 10^{-4}$ mol/L。

7.7　紫外光谱谱图集和数据表

解析紫外光谱常需参考的标准谱图或有关光谱的数据表及索引有以下几种：

（1）*Organic Electromic Spectral Data*，Vol I～IX，先后由 J.M.Kamlet 和 J.J.Phillips 主编，Interscience 不定期出版。从 1960 年出版的第 1 卷到 1973 年出版的第 9 卷，收集了 1946～1967 年的文献，由分子式索引可以查到化合物的名称、$\lambda_{\max}$、$\lg\varepsilon$、溶剂以及参考文献等资料，但没有谱图。

（2）*Ultraviolet Spectra of Aromatic Compounds*，由 A.Friedel 和 M.Qrchir 主编，John Wiley 于 1951 年出版，包括化合物名称和分子式索引，收集了 579 个化合物的光谱，并记载有结构式、溶剂、参考文献等资料。

（3）*CRC Atlas of Spectral Data and Physical Constants for Organic Compounds*，Vol I～VI，由 J.G.Grassellic 等编写，CRC Press 于 1973 年出版，共收集了 8 000 个有机化合物的资料，可由 Vol. I 的名称索引或 Vol.V 的分子式索引找到化合物在数据表中的号码。Vol.II～IV 为光谱和物理常数的数据表，表中记载有文献出处、主要物理常数和 4 种光谱的主要数据。

（4）*The Sadtler Standard Spectra，Ultra-Violet*，由 Sadtler Research Laboratories 主编，其中总的光谱索引（Total Spectra Index）有化合物名称索引、化合物分类索引、分子式索引等。从 1964 年第 1 卷至 1991 年第 150 卷，共收集了 4.36 万张标准紫外光谱。

若测得某未知化合物的紫外光谱，可利用紫外探知表，查对其属于哪种化合物。查对方

法如下：

紫外光谱的每个吸收带都有 λ_{max} 和 α_m 一对数据，将化合物各个吸收带按吸收系数的大小依次列于表中，最多取 5 对数据，这里吸收系数可通过下列公式计算：

$$\alpha_m = \frac{A}{cl}$$

式中：c 为 1 L 溶液中样品的克数；l 为吸收池厚度（cm）；A 为吸光度。探知表以第一吸收带的位置（nm）为序进行排列。

某未知化合物的紫外光谱数据如下：

λ_{max}/α_m	2	3	4	5	Total Peaks	IR No	UV No	NAB
218.0/102.2	250.0/37.77	312/14.66	—	—	3	26 637	9 967	A

共有三个吸收带，可以由此找到第一吸收带 218.0 nm 所在的页数，再依次根据第二、第三吸收带可以找到该化合物的 Sadler 红外光谱号 26637 和 Sadtler 紫外光谱号 9967，并标明这个光谱是在酸性介质（A）中测定的[碱性为（B），中性为（N）]，从而就能知道该化合物为 2-氨基-5-溴苯基-吡啶基酮，其构造式如下：

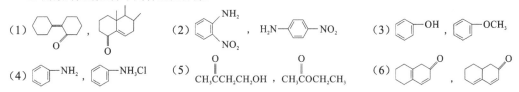

思考与练习

1. 用紫外光谱区分下列各组化合物。

（1）

（2）

（3）

（4）

（5）$CH_3CCH_2CH_2OH$, $CH_3COCH_2CH_3$

（6）

2. 将 部分氢化得到两种化合物（A）和（B），它们都具有分子式 $C_{10}H_{14}$，（A）的 λ_{max} 为 235 nm，（B）的 λ_{max} 为 275 nm，试写出（A）和（B）的构造式。

3. 下列 α，β-不饱和酮在乙醇溶液中的 λ_{max} 分别是 241 nm（$\varepsilon = 4700$）、254 nm（$\varepsilon = 9550$）及 259 nm（$\varepsilon = 10790$），试判断这些吸收峰分别属于哪种化合物。

4. 胆甾烯酮（1）的烯醇式乙酰酯既可能是（2）结构，也可能是（3）结构，假定乙酰基无取代基效应，经测定其 λ_{max} 为 238 nm（$\lg \varepsilon = 4.2$），（2）和（3）哪种构造更为合理？

（1）　　　　　（2）　　　　　（3）

5. 化合物 $C_7H_{10}O$ 能与 2, 4-二硝基苯肼反应，得到一种结晶产物；也能与 $NaOH/I_2$ 反应，得到另一种结晶产物。$C_7H_{10}O$ 的紫外吸收 λ_{max} 为 257 nm，试推测该化合物可能的构造式。

6. 计算下列化合物的最大吸收波长。

（1）	（2）	（3）	（4）

（5）	（6）	（7）	（8）

7. 用紫外光谱测得下列烯酮及烯烃的 λ_{max} 值分别为 224 nm（$\varepsilon=9.75\times10^3$）、231 nm（$\varepsilon=2.1\times10^4$）、235 nm（$\varepsilon=1.4\times10^4$）、245 nm（$\varepsilon=1.8\times10^4$）、253 nm（$\varepsilon=9.5\times10^4$）及 248 nm（$\varepsilon=6.8\times10^3$），标出各烯酮及烯烃的最大吸收波长。

$$CH_3COCH\!=\!CHCH_3$$

（1）　　　　（2）　　　　$(CH_3)_2C\!=\!CHCOCH_3$（3）

（4）	（5）	（6）

8. 已知化合物 $C_7H_{10}O$ 可能是环己烯酮的衍生物或无环酮，观察到 $\lambda_{max}^{EtOH}=257$ nm，该化合物是否为环状结构？分子中有多少个碳碳双键？

9. 计算下列化合物的最大吸收波长。

（1）	（2）	（3）

（4）	（5）	（6）

10. 水芹烯有两种异构体，经其他方法测得其结构为（A）和（B），其紫外光谱：α 型为 $\lambda_{max}=263$ nm（$\varepsilon=2.5\times10^3$）；$\beta$ 型为 $\lambda_{max}=231$ nm（$\varepsilon=9\times10^3$）。（A）和（B）何者为 α 型，何者为 β 型？

（A）	（B）

11. 用 $AlCl_3$ 处理化合物（A），所得产物（B）是（A）的同分异构体。（B）在中性介质中有吸收带 $\lambda_{max}=277$ nm（$\varepsilon=1.38\times10^4$）和 $\lambda_{max}=312$ nm（$\varepsilon=7\times10^3$），加碱后产生一个强吸收带 $\lambda_{max}=333$ nm（$\varepsilon=2.6\times10^4$）。试推测产物（B）的构造式，并解释介质变化引起光谱变化的原因。

（A）

12. 某天然产物的结构如下。紫外吸收 $\lambda_{max}^{EtOH}=257\ nm(\varepsilon=1.07\times10^4)$，在碱性溶液中 $\lambda_{max}^{EtOH}=288\ nm$ $(\varepsilon=1.80\times10^4)$，试解释吸收带随 pH 变化而变化的原因。

13. 某化合物分子式为 $C_7H_{10}O$，由紫外光谱测得 $\lambda_{max}^{EtOH}=257\ nm$，试推导其可能的构造式。

14. 某化合物分子式为 C_8H_8，由紫外光谱测得 $\lambda_{max}=246\ nm$，$285\ nm$，经催化加氢后，λ_{max} 分别移至 $206\ nm$ 和 $261\ nm$，试推导该化合物的构造式。

第8章　X射线分析技术

8.1　X射线基本理论

8.1.1　X射线的基本概念

1. X射线的发现

1895 年 11 月 8 日，德国物理学家伦琴在研究真空管高压放电时，偶然发现镀有氰亚铂酸钡的硬纸板发出荧光，科学家尝试用黑纸、木板等来遮挡硬纸板，但仍然产生荧光现象。经过分析，他认为可能是因为真空管施加高电压时，产生一种不同于可见光的射线，由于当时对它的本质和特性尚不了解，故取名 X 射线，也称伦琴射线。

1912 年，德国物理学家劳厄用 X 射线照射 $CuSO_4 \cdot 5H_2O$ 时，发现 X 射线通过晶体后能够产生衍射，并且根据光的干涉条件，推导出描述衍射线空间方位与晶体结构关系的劳厄方程，不仅证明 X 射线是一种电磁波，还证实晶体结构内部原子的周期排列特征。同年英国物理学家布拉格父子类比可见光镜面反射实验，首次利用 X 射线衍射方法测定 NaCl 晶体结构，开创 X 射线晶体结构分析的历史，并且推导出布拉格方程。自此，用 X 射线衍射方法不但确定了众多无机和有机晶体结构，而且为材料研究提供了许多测试分析方法。

2. X射线的性质

X 射线本质上和无线电波、可见光、γ 射线等一样，属于电磁波，同时具有波动性和粒子性特征。波长比可见光短，与晶体的晶格常数是同一数量级，在 $10^{-12} \sim 10^{-8}$ m，介于紫外线和 γ 射线之间，但没有明显的分界线。用于晶体结构分析的 X 射线波长一般为 $0.25 \times 10^{-9} \sim 0.05 \times 10^{-9}$ m，由于波长短，习惯上称为"硬 X 射线"；用于医学透视的 X 射线波长较长，故称为"软 X 射线"。

X 射线与可见光一样会产生干涉、衍射、吸收和光电效应等现象。但因波长相差较大，也有截然不同的性质：①X 射线在光洁的固体表面不会发生像可见光那样的反射，因而不易用镜面把它聚焦和变向；②X 射线在物质分界面上只发生微小的折射，折射率稍小于 1，故可认为 X 射线穿透物质时沿直线传播，因此不能用透镜来加以汇聚和发散；③X 射线波长与晶体中原子间距相当，故在穿过晶体时会发生衍射，而可见光的波长远大于晶体中原子间距，故通过晶体时不会发生衍射，因而只可用 X 射线研究晶体内部结构。

X 射线与其他电磁波和微观粒子一样，都具有波动和粒子双重特性，通常称为波粒二象性，是 X 射线的客观属性。X 射线波动性表现在，它以一定的频率和波长在空间传播，反映物质运动的连续性，可以解释在传播过程中发生的干涉、衍射等现象；而它的粒子性特征则突出地表现在与物质相互作用和交换能量时。

描述 X 射线波动性的参量有频率 υ、波长 λ、振幅 E_0、H_0 以及传播方向，如图 8-1 所示。

电磁波是一种横波,当"单色"X射线即波长一定的X射线沿某方向传播时,同时具有电场矢量 E 和磁场矢量 H,这两个矢量以相同的相位在两个相互垂直的平面内做周期振动,且与传播方向垂直,传播速度等于光速。在X射线分析中主要记录电场强度矢量 E 引起的物理效应,其磁场分量与物质的相互作用效应很弱,因此以后只讨论矢量 E 的变化,而不再涉及矢量 H。X射线的强度用波动性的观点描述可以认为是单位时间内通过垂直于传播方向的单位截面上的能量的大小,强度与振幅 A 的平方成正比。

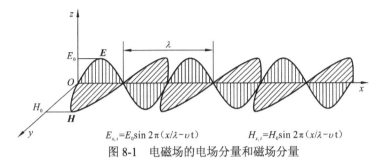

$$E_{x,t}=E_0\sin 2\pi(x/\lambda-\upsilon t) \qquad H_{x,t}=H_0\sin 2\pi(x/\lambda-\upsilon t)$$

图 8-1 电磁场的电场分量和磁场分量

描述粒子性的参量有光子能量 ε、动量 p(X射线以光子的形式辐射和吸收时具有质量、能量和动量)。它们之间存在下述关系:

$$\varepsilon=h\upsilon=\frac{hc}{\lambda}, \qquad p=\frac{h}{\lambda}$$

X射线的强度用粒子性描述为单位时间内通过单位截面的光量子数目。

3.X射线的产生

X射线的产生是由于高速运动的电子撞击物质后,与该物质中的原子相互作用发生能量转移,损失的能量通过两种形式释放出X射线。一种形式是:高能电子击出原子的内层电子而产生一个空位,当外层电子跃入空位时,以损失的能量表征该原子特征的X射线释放。另一种形式则是:高速电子受到原子核的强电场作用被减速,损失的能量以波长连续变化的X射线形式出现。因此产生X射线的基本条件是:①产生带电粒子;②带电粒子做定向高速运动;③在带电粒子运动的路径上设置使其突然减速的障碍物。

产生X射线的仪器称为X射线仪,主要部件包括:X射线管,高压变压器,以及电压、电流调节稳定系统等部分,其主电路如图8-2所示。X射线仪发射X射线的基本过程是:自耦变压器将 220 V 交流电调压后通过高压变压器升压,再经整流器整流得到高压直流电,以负高压形式施加于X射线管热阴极;由热阴极炽热灯丝发出的热电子在此高电压作用下,以极快速度撞向阳极,产生X射线。

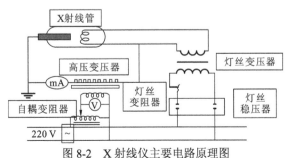

图 8-2 X射线仪主要电路原理图

X射线管是X射线仪的重要部件之一，图8-3是其结构示意图，主要包括一个热阴极和一个阳极，管内抽到10^{-5} Pa高真空，以保证热发射电子的自由运动。热阴极的功能是发射电子，它由绕成螺旋状的钨丝制成，用电压为4～12 V的1.5～5 A的电流将其加热到白炽状，灯丝温度为1 800～2 600 K。阴极发射的电子在数万伏高压作用下向阳极加速运动，为使电子束集中，在阴极灯丝外设置聚焦罩，与灯丝保持300 V左右的负电位差，达到电子束聚集的目的。阳极又称靶，是使电子突然减速并发射X射线的区域，通常在铜质基座上镶嵌阳极靶材料制成，靶材有W、Ag、Mo、Cu、Ni、Fe、Cr等。

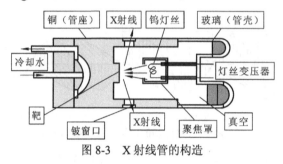

图8-3 X射线管的构造

8.1.2 X射线谱

用X射线分光计测量从X射线管中发出的X射线强度，发现其波长不是单一的，而是包含许多不同波长，如果在比较高的管电压下使用X射线管，用X射线分光计测量其中各个波长的X射线强度，所得X射线强度与波长的曲线称为X射线谱。如图8-4（a）所示，该曲线由两部分叠加而成：其中一部分具有从某个最短波长λ_0（称为短波限）开始的连续的各种波长的X射线，称为连续X射线谱（白色X射线谱），如图8-4（b）所示，连续谱受管电压、管电流和阳极靶材原子序数Z的影响；另一部分是由若干条特定波长的谱线构成的，如图8-4（c）所示，实验证明这种谱线只有当管电压超过一定的数值V_k（激发电压）时才会产生，这种谱线的波长与X射线管的管电压、管电流等工作条件无关，只取决于阳极材料，不同元素制成的阳极将发出不同波长的谱线，因此称为特征X射线谱或标识X射线谱。

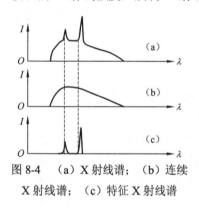

图8-4 （a）X射线谱；（b）连续X射线谱；（c）特征X射线谱

1.连续X射线谱

根据经典电动力学概念，任何高速运动的带电粒子突然减速时都会产生电磁波，当X射线管中高速运动的电子和阳极靶碰撞时，产生极大的负加速度，其中大部分动能转变为热能而损耗，但一部分动能以电磁波——X射线形式释放能量。由于到达阳极的电子数目多，而各电子到达靶的时间和条件又不同，并且绝大多数电子与靶进行多次碰撞，逐步把能量释放到零，情况复杂，因此导致辐射的电磁波具有各种不同的波长，形成连续X射线谱。按照量子理论观点，当能量为eU的电子与靶原子碰撞时，电子将失去能量，其中一部分能量以光子形式辐射，而每碰撞一次产生一个能量为$h\nu$的光子，因为电子数目众多，所以产生系列能

量为 $h\upsilon_i$ 的光子序列，构成连续谱。在极限情况下，极少数电子在一次碰撞中将全部能量一次性转化为一个光子，这个光子便具有最高能量和最短波长，根据 $hc/\lambda_0=eU$，可得 $\lambda_0=hc/eU$，其中 λ_0 称为短波限。连续谱短波限只与管压有关，当固定管压，增加管电流或改变靶时 λ_0 不变。X 射线强度是指垂直于 X 射线传播方向的单位面积上，在单位时间内光子数目的能量总和，意义是 X 射线强度 I 是由光子的能量 $h\upsilon$ 和光子的数目 n 两个因素决定，即 $I=nh\upsilon$，因此连续 X 射线谱中的最大值并不在光子能量最大的 λ_0 处，而是在大约 $\lambda_m=1.5\lambda_0$ 处。

连续谱受管电压、管电流和阳极靶材原子序数 Z 的影响。

（1）当提高管电压 U 时，各波长 X 射线强度都提高，短波限 λ_0 和强度最大值对应的 λ_m 减小。当增加管电压时，电子动能增加，电子与靶的碰撞次数和辐射出来的 X 射线光量子的能量都增大。

（2）当保持管电压一定时，提高管电流 I，各波长 X 射线的强度都提高，但 λ_0 和 λ_m 不变。

（3）在相同的管电压和管电流下，阳极靶材原子序数 Z 越大，连续谱的强度越高，但 λ_0 和 λ_m 相同。

连续 X 射线的总强度是曲线下的面积，实验证明其与管电流 I、管电压 U、阳极靶材原子序数 Z 之间有下述关系：

$$I_{连}=aIZU^b \tag{8-1}$$

式中：a 为常数，$a\approx(1.1\sim1.4)\times10^{-9}$；$b\approx2$。由此可见为了得到较强的连续 X 射线，除加大管电压 U 及管电流 I 外，还应尽量采用阳极材料原子序数较大的（如 W）X 射线管；另外，X 射线管可以允许的最大管电压 U 和管电流 I 是受 X 射线仪及 X 射线管本身绝缘性能和最大使用功率限制的。当 X 射线管仅产生连续谱时，其效率 $\eta=I_{连}/IU=aZU$，当用钨电极（$Z=74$），管电压为 100 kV 时，$\eta=1\%$。

2. 特征 X 射线谱

特征 X 射线的产生与阳极靶物质的原子结构密切相关，原子系统中的电子遵从泡利不相容原理，不连续分布在 K、L、M、N 等不同能级壳层上，而且按能量最低原理首先填充最靠近原子核的 K 壳层，各壳层的能量由里到外逐渐增加 $E_K<E_L<E_M<\cdots$。当管电压达到激发电压时，X 射线管阴极发射的电子所具有的动能，足以将阳极物质原子深层的某些电子击出其所属的电子壳层而迁移到能量较高的外部壳层，或者将该电子击出原子系统而使原子电离，导致原子的总能量升高并处于激发状态。这种激发态不稳定，有自发向低能态转化的趋势，因此原子较外层电子将跃入内层填补空位，使总能量重新降低，趋于稳定。此时能量降低为 ΔE，根据玻尔的原子理论，原子中这种电子位置的转换或能量的降低将产生光子，发出具有一定波长的发射谱线，即

$$\Delta E=E_h-E_l=h\upsilon=hc/\lambda \tag{8-2}$$

式中：E_h 和 E_l 分别为电子处于高能量状态和低能量状态时所具有的能量，对于原子序数为 Z 的物质，各原子能级所具有的能量是固定的，所以 ΔE 为固有值，因此特征 X 射线波长为定值。

特征 X 射线命名规则如图 8-5 所示，主字母（K、L、M、N、O）代表终态，下标（α、β、γ）

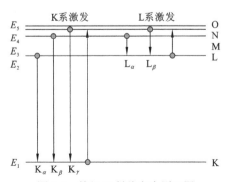

图 8-5 特征 X 射线产生原理图

代表层序差（$\alpha=1$，$\beta=2$，$\cdots$），例如：K_α表示电子从 L 层到 K 层跃迁时发出的 X 射线，K_β表示电子从 M 层到 K 层跃迁时发出的 X 射线。

特征 X 射线的频率或波长只取决于阳极靶物质的原子能级结构，而与其他外界因素无关，莫塞莱在 1974 年总结了这一规律：

$$\sqrt{\upsilon}=K(Z-\sigma) \tag{8-3}$$

式中：υ 为特征谱频率；Z 为阳极靶原子序数；K 为所有元素的普适常数；σ 为屏蔽常数。

通过适当的变更 K（与靶材物质主量子数有关的常数）和 σ（与电子所在的壳层位置有关），该式能示出适用于 L、M 和 N 系的谱线。

莫塞莱定律是 X 射线荧光光谱分析和电子探针微区成分分析的理论基础，其分析思路是激发未知物质产生特征 X 射线，X 射线经过特定晶体产生衍射，通过衍射方程计算其波长或频率，然后再利用标准样品标定 K 和 σ，最后通过莫塞莱定律确定未知物质的原子序数 Z。

特征 X 射线的绝对强度随 X 射线管电流 I 和管电压 V 的增大而增大，对 K 系谱线有下列近似关系：

$$I_K=K_2 I\left(V-V_K\right)^n \tag{8-4}$$

式中：K_2 为常数；$n\approx1.5$，V_K 为激发电压。连续 X 射线谱只增加衍射花样的背底，不利于衍射花样分析，因此总希望特征谱线强度与连续谱线强度之比越大越好，通常适宜的工作电压为 V_K 的 3～5 倍。

8.1.3　X 射线与物质的相互作用

1. X 射线的吸收

X 射线具有贯穿不透明物质的能力，这是它最明显的特性，尽管如此，当 X 射线经过物质时，沿透射方向都会有某种程度的强度下降现象，称为 X 射线衰减。人们发现 X 射线衰减如同寻常光线通过不完全透明的介质时一样，遵循相同的系数规律。强度为 I_0 的入射线照射到均匀物质上，实验证明通过 dx 厚度物质，X 射线强度的衰减 $dI(x)/I(x)$ 与 dx 成正比：

$$\frac{dI(x)}{I(x)}=-\mu dx \tag{8-5}$$

式中：μ 为物质对 X 射线的线吸收系数（cm^{-1}），表示 X 射线通过单位厚度物质时的吸收程度。

吸收系数为单位体积物质对 X 射线的吸收，但单位体积物质量随其密度而异，因而 μ 对确定的物质不是一个常量，为了表达物质本质的吸收特性，引入质量吸收系数 μ_m（cm^2/g），即

$$\mu_m=\mu/\rho \tag{8-6}$$

式中：ρ 为吸收体的密度。

μ_m 取决于吸收物质的原子序数 Z 和 X 射线的波长，其关系的经验公式为

$$\mu_m\approx K\lambda^3 Z^3 \tag{8-7}$$

式中：K 为常数。

物质原子序数越大，对 X 射线的吸收能力越强；对一定的吸收体，X 射线波长越短，穿透能力越强，表现为吸收系数的下降。

X 射线束经过物质时，强度的损失归因于真吸收和散射两个过程。真吸收是由于 X 射线

转换成被逐出电子的动能，如入射 X 射线的一部分能量转变成光电子、俄歇电子、荧光 X 射线以及热效应等各种能量；而散射是由于某些原入射线被吸收体原子偏析所形成的，故散射出现的方向不同于入射线束的方向，从原入射线方向测量时，反射的 X 射线强度减弱，似乎被吸收了一部分。

由散射引起的吸收和由激发电子及热振动等引起的吸收遵循不同的规律，即真吸收部分随射线波长和物质元素的原子序数而显著变化，散射部分则几乎和波长无关。因此线吸收系数 μ 分解为 τ 和 σ 两部分：

$$\mu = \tau + \sigma \tag{8-8}$$

式中：τ 称为真吸收系数，σ 称为散射系数。一般情况下，散射系数对于原子序数在 26（Fe）以上的元素很小，并且当波长或原子序数变化时，它的变化也很小。真吸收系数 τ 远远大于散射系数 σ，所以 σ 项往往可以忽略不计，于是 $\mu \approx \tau$。

真吸收导致了吸收限的存在。如将质量吸收系数对 λ 作图，元素的质量吸收系数 μ_m 与 X 射线波长的关系近似如图 8-6 所示，这种吸收系数曲线称为该物质的吸收谱。它由一系列吸收突变点和这些吸收突变点之间的连续曲线段构成，吸收的明显突变点称为物质的吸收限。

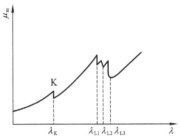

图 8-6　质量吸收系数与波长的关系

每种物质都有其本身确定的一系列吸收限，正如各种元素有 K 系、L 系、M 系标识 X 射线一样，吸收限也有 K 系（包含一个）、L 系（包含 L_1、L_2、L_3 三个）、M 系（包含五个）等之分，并且分别以 λ_K、λ_L、λ_M 等表示。一个原子通过吸收一个 X 射线光子可呈激发态，如果光子能量足够高，它将从吸收原子的某一电子壳层逐出一个电子，并发射出如同原子被高速电子激发时所发射出的同样的特征辐射。对于激发某个壳层来说，X 射线光子能量必须等于或超过对应某一壳层和谱系的量子波长。当入射辐射的波长等于量子波长时，吸收出现突变，X 射线具有从某一壳层逐出一个电子足够的能量。例如，对于 K 吸收限，比这个数值短的所有波长均具有逐出 K 层电子足够的能量，故波长一旦短于 K 吸收限，射线就被强烈地吸收。当波长的减小使光子能量增加远超过临界激发值时，电离的可能性减小了，光子通过物质而不发生变化也不被吸收的概率加大，因此在吸收限的短波一侧，吸收相当迅速地减少。在吸收限的长波一侧，光子尚未具有从有关壳层逐出一个电子的足够能量，因而吸收很少，故质量吸收系数很低。

2. X 射线的散射

X 射线穿过物质强度衰减，除主要是因为真吸收消耗于光电效应和热效应外，还有一部分偏离原来方向，即发生了散射。为了衡量物质对 X 射线的散射能力，定义质量散射系数 σ_m，它表示单位质量物质对 X 射线的散射程度。物质对 X 射线的散射主要是电子与 X 射线相互作用的结果，物质中的核外电子可分为两大类：外层原子核弱束缚的电子和内层原子核强束缚的电子，X 射线照射到物质后对于这两类电子会产生两种散射效应。

1）相干散射（弹性散射或汤姆孙散射）

X 射线与原子束缚较紧的内层电子碰撞，光子将能量全部传递给电子，电子受 X 射线电磁波的影响将在其平衡位置附近产生受迫振动，而且振动频率与入射 X 射线相同。根据经典电磁理论，一个加速的带电粒子可作为一个新波源向四周发射电磁波，所以上述受迫振动的电子本身已经成为一个新的电磁波源，向各方向辐射的电磁波称为 X 射线散射波。虽然入射 X 射线波是单向的，但 X 射线散射波却射向四面八方，这些散射波之间符合振动方向相同、频率相同、相位差恒定的光干涉加强条件，即发生相互干涉，故称为相干散射，原来入射的光子由于能量散失而随之消失。相干散射波虽然只占入射能量的极小部分，但由于它的相干特性而成为 X 射线衍射分析的基础。

2）非相干衍射（康普顿-吴有训效应）

当 X 射线光子与受原子核弱束缚的外层电子、价电子或金属晶体中的自由电子相碰撞时，这些电子将被撞离原运行方向，同时携带光子的一部分能量而成为反冲电子。根据动量和能量守恒，入射的 X 射线光量子也因碰撞而损失部分能量，使波长增加并与原方向偏离 2θ 角，这种散射效应是由康普顿和我国物理学家吴有训首先发现的，故称为康普顿-吴有训效应（有时也简称为康-吴效应），其定量关系遵守量子理论规律，故也称为量子散射。因为散布在空间各个方向的量子散射波与入射波的波长不相同，相位也不存在确定的关系，因此不能产生干涉效应，所以也称为非相干散射。非相干散射不能参与晶体对 X 射线的衍射，只会在衍射图上形成强度随 $\sin\theta/\lambda$ 增加而增加的背底，给衍射精度带来不利影响。

8.1.4 X 射线在材料分析中的应用

1. 以特征 X 射线作为信号

X 射线荧光光谱分析（X-ray fluorescence spectrum，XFS）和电子探针 X 射线显微分析（electron probe X-ray micro-analyzer，EPMA）都是以特征 X 射线作为信号的分析手段。X 射线荧光光谱分析的入射束是 X 射线，而电子探针 X 射线显微分析的入射束是电子束。两者的分析仪器都分为能谱仪和波谱仪两种。能谱仪是将特征 X 射线光子按照能量大小进行分类和统计，最后显示的是以 X 射线光子能量为横坐标、能量脉冲数（表示 X 射线光子产率即荧光强度）为纵坐标的能谱图。因 X 射线光子能量（取决于原子能级结构）是元素种类的特征信息，而其产率（强度）则与元素含量相关，根据能谱仪的谱图即可实现材料化学成分的定性与定量分析。波谱仪将特征 X 射线光子按照波长大小进行分类和统计，不同能量（或波长）的 X 射线信号的鉴别是由晶体衍射进行的，最后显示的是以 X 射线光子波长为横坐标、脉冲数为纵坐标的 X 射线荧光波谱图。

2. 以光电子为信号

当一束能量为 $h\upsilon$ 的单色光与原子发生相互作用，而入射光量子的能量大于激发原子某一能级电子的结合能时，此光量子的能量很容易被电子吸收，获得能量的电子便可脱离原子核束缚，并带有一定的动能从内层逸出，成为自由电子，这种效应称为光电效应（图 8-7），在光激发下发射的电子称为光电子。在光电效应过程中，根据能量守恒原理：

$$h\upsilon = E_B + E_K \tag{8-9}$$

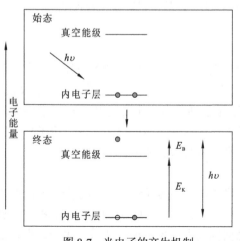

图 8-7 光电子的产生机制

即光子的能量转化为电子的动能 E_K 并克服原子核对核外电子的束缚（结合能 E_B）。由此得

$$E_B = h\upsilon - E_K \tag{8-10}$$

这便是著名的爱因斯坦光电发射定律。如前所述，各原子的不同轨道电子的结合能是一定的，具有标识性；此外，同种原子处于不同化学环境也会引起电子结合能的变化，因此可以检测光电子的动能。由光电发射定律得知相应能级的结合能，来进行元素的鉴别、原子价态的确定以及原子所处的化学环境的探测。

采用 X 射线作为入射光源，利用光电子进行成分分析的仪器称为 X 射线光电子谱仪，现在已发展成为具有表面元素分析、化学态和能带结构分析以及微区化学态成像分析等功能的强大的表面分析仪器。

3. 以 X 射线衍射线为信号

用 X 射线照射晶体，晶体中电子受迫振动而产生相干散射，同一原子内各电子散射波相互干涉形成原子散射波，各原子散射波相互干涉，在某些方向上一致加强，即形成了晶体的衍射线，衍射线的方向和强度反映了材料内部的晶体结构和相组成。X 射线衍射分析物相较简便快捷，适用于多相体系的综合分析，也能对尺寸在微米量级的单颗晶体材料进行结构分析。

根据对 X 射线相关信号的不同分析方式，常用的 X 射线分析技术可主要分为：X 射线衍射分析、X 射线光谱分析和 X 射线光电子能谱分析三种。其中，X 射线衍射分析对于探测材料的晶格类型和晶胞常数，确定材料的相结构，研究材料的相结构与性能的关系和研究相变过程具有重要的意义。

8.2 X 射线衍射分析

将具有一定波长的 X 射线照射到结晶性物质上时，X 射线因在结晶内遇到规则排列的原子或离子而发生散射，散射的 X 射线在某些方向上相位得到加强，从而显示与结晶结构相对应的特有的衍射现象。利用晶体形成的 X 射线衍射，对物质进行内部原子在空间分布状况的结构分析方法即为 X 射线衍射分析。

8.2.1 晶体几何学基础

1. 正空间点阵

1）晶体结构与空间点阵

晶体的基本特点是它具有规则排列的内部结构。构成晶体的质点通常指的是原子、离子、分子及其他原子基团。这些质点在晶体内部按一定的几何规律排列起来，形成晶体结构。

为了研究方便，通常从实际晶体结构中抽象出一个称为空间点阵的几何图形来表示晶体结构最基本的几何特征。下面以 NaCl 晶体为例，来具体地说明晶体结构与空间点阵的对应关系。

在 NaCl 晶体中（图 8-8），每个 Na^+ 离子周围均是几何规律相同的 Cl^- 离子，而每个 Cl^- 离子周围均是几何规律相同的 Na^+ 离子。这就是说，所有 Na^+ 离子的几何环境和物质环境相同，属于同一类等同点；而所有 Cl^- 离子的几何环境和物质环境也都相同，属于另一类等同点。从图 8-8 可以看出，由 Na^+ 离子构成的几何图形和由 Cl^- 离子构成的几何图形是完全相同的，

即晶体结构中各类等同点所构成的几何图形是相同的。因此，可以用各类等同点排列规律所共有的几何图形来表示晶体结构的几何特征。

将各类等同点概括地表示为抽象的几何点，称为结点。由结点排列而成的，反映晶体结构几何特征的空间几何图形称为空间点阵。为了使空间点阵具有更鲜明的几何形象，通常用三组平行直线将结点连接起来，形成如图 8-9 所示的空间格子。空间格子是由许多形状和大小完全相同的平行六面体组成的无限几何图形。取其中任何一个平行六面体在空间平移位可复制出整个空间点阵。这样的平行六面体是构成空间点阵的基本单元，称为单位原胞。

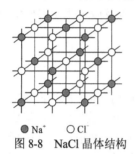

●Na⁺ ○Cl⁻

图 8-8　NaCl 晶体结构

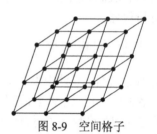

图 8-9　空间格子

单位原胞可以有各种不同的选取方式，如果以不同的方式连接空间点阵中的结点，便可得到不同形式的原胞。如果只是为了表达空间点阵的周期性，则一般应选取体积最小的平行六面体作为单位原胞。这种原胞只在顶点上有结点，称为简单原胞。然而，晶体结构中质点分布除周期性外，还具有对称性。因此，与晶体结构相对应的空间点阵，也同样具有周期性和对称性。简单原胞不能同时反映出空间点阵的周期性和对称性，因此必须选取比简单原胞体积更大的原胞。在原胞中结点不仅可以分布在顶点，而且可以分布在体心或面心。选取原胞的条件是：①能同时反映出空间点阵的周期性和对称性；②在满足①的条件下，有尽可能多的直角；③在满足①和②的条件下，体积最小。

2）晶向和晶面

在空间点阵中，无论在哪一个方向都可以画出许多互相平行的结点平面。同一方向上的结点平面不仅互相平行，而且等距，各平面上的结点分布情况也完全相同。但是，不同方向上的结点平面却具有不同的特征。所以说，结点平面之间的差别主要取决于它们的取向，而在同一方向上的结点平面中确定某个平面的具体位置是没有实际意义的。

同样的道理，在空间点阵中无论在哪一个方向都可以画出许多互相平行的、等同周期的结点直线，不同方向上结点直线的差别也是取决于它们的取向。

空间点阵中的结点平面和结点直线相当于晶体结构中的晶面和晶向（图 8-10）。在晶体学中结点平面和结点直线的空间取向分别用晶面指数和晶向指数[或称为米勒（Miller）指数]来表示。

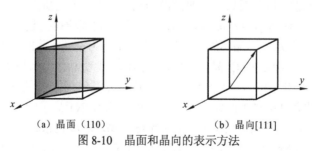

（a）晶面（110）　　　　　　　　　（b）晶向[111]

图 8-10　晶面和晶向的表示方法

晶面指数的确定方法如下。

（1）在一组互相平行的晶面中任选一个晶面，量出它在三个坐标轴上的截距并用点阵周期 a、b、c 为单位来度量。

（2）写出三个截距的倒数 j。

（3）将三个倒数分别乘以分母的最小公倍数，把它们化为三个简单整数，并用圆括号括起，即该组平行晶面的晶面指数。

当泛指某一晶面指数时，一般用（hkl）代表。如果晶面与某坐标轴的负方向相交时，那么在相应的指数上加一负号来表示。

在同一晶体点阵中，有若干组晶面可以通过一定的对称变换重复出现的等同晶面，它们的面间距和晶面上结点分布完全相同。这些空间位置性质完全相同的晶面属于同族晶面用 {hkl} 来表示。

晶向指数的确定方法如下。

（1）在一族互相平行的结点直线中引出过坐标原点的结点直线。

（2）在该直线上任选一个结点，量出它的坐标值并用点阵周期 a、b、c 度量。

（3）将三个坐标值用同一个数乘或除，把它们化为简单整数并用方括号括起，即该族结点直线的晶向指数。

当泛指某晶向指数时，用[uvw]表示。如果结点的某个坐标值为负值，则在相应的指数上加一负号来表示。有对称关联的等同晶向用 〈uvw〉 来表示。

3）晶带

晶体中平行于同一晶向[uvw]的所有晶面（hkl）的总体称为晶带，而此晶向称为晶带的晶带轴，并以相同的晶向指数[uvw]表示，其矢量表达式为 $R_{uvw}=ua+vb+wc$。可以证明，凡属于[uvw]晶带的晶面，其晶面指数（hkl）必符合下列关系：$hu+kv+lw=0$，该式称为晶带定律，表明了晶带轴指数[uvw]与属于该晶带之晶面指数（hkl）的关系（图8-11）。

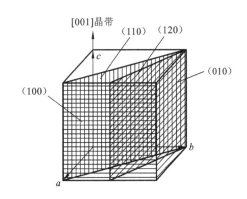

图8-11　[001]晶带中的某些晶面

若已知两晶面（$h_1k_1l_1$）和（$h_2k_2l_2$）同属于一个晶带，则它们的晶带轴指数[uvw]可按以下方程计算。根据晶带定律，有

$$h_1u+k_1v+l_1w=0$$
$$h_2u+k_2v+l_2w=0$$

解此联立方程，得

$$u:v:w=\begin{vmatrix}k_1l_1\\k_2l_2\end{vmatrix}:\begin{vmatrix}l_1h_1\\l_2h_2\end{vmatrix}:\begin{vmatrix}h_1k_1\\h_2k_2\end{vmatrix}$$

2. 倒易点阵

1）倒易点阵的引入

在晶体对入射波发生衍射时，衍射图谱、衍射波的波矢量、产生衍射的晶面三者之间存在严格的对应关系。例如，在电子衍射花样中（图8-12），每一个衍射斑点是由一列衍射波

图 8-12 简单立方结构单晶
的电子衍射花样

造成的，而该衍射波是一组特定取向的晶面对入射波衍射的结果，反映该组晶面的取向和面间距。

为了描述衍射波的特性，1921 年德国物理学家埃瓦尔德（P. P. Ewald）引入了倒易点阵的概念。倒易点阵是相对于正空间中的晶体点阵而言的，它是衍射波的方向与强度在空间中的分布。

因为衍射波是由正空间中的晶体点阵与入射波作用形成的，所以描述衍射波的倒易点阵与正空间的晶体点阵存在严格的对应关系，正空间中的一组平行晶面就可以用倒空间中的一个矢量或阵点来表示。因此，用倒易点阵处理衍射问题时，能使几何概念更清楚，数学推理简化。可以简单地想象，每一幅单晶的衍射花样就是倒易点阵在该花样平面上的投影。

2）倒易点阵定义

假定晶体点阵基矢为 a、b、c，倒易点阵基矢为 A、B、C，A、B、C 由下式定义：

$$A \cdot a = 2\pi \frac{b \times c}{a \cdot b \times c} \cdot a = 2\pi$$

$$A \cdot b = 2\pi \frac{b \times c}{a \cdot b \times c} \cdot b = 0$$

$$A \cdot c = 2\pi \frac{b \times c}{a \cdot b \times c} \cdot c = 0$$

同样，$B \cdot b = 2\pi$，$B \cdot a = 0$，$B \cdot c = 0$；$C \cdot c = 2\pi$，$C \cdot a = 0$，$C \cdot b = 0$，即倒易点阵任一基矢和晶体点阵中的两基矢正交（图 8-13）。

与正点阵相同，由倒易点阵基矢 A、B、C 可以定义倒易点阵矢量 $G = hA + kB + lC$（h、k、l 为整数），具有以上形式的矢量称为倒易点阵矢量，倒易点阵就是由倒易点阵矢量所联系的诸点的列阵。

3）倒易点阵与正空间点阵的关系

倒易矢量与正空间中的晶面存在如下关系：对于晶体点阵中一组晶面（hkl），以 h、k、l 为指数的倒易点阵矢量 $G_{hkl} = hA + kB + lC$ 与这组晶面正交，并且其长度与面间距的倒数成正比，$d = \dfrac{2\pi}{|G|}$（图 8-14）。

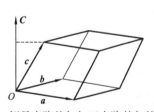

图 8-13 倒易点阵基矢与正点阵基矢的关系

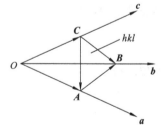

图 8-14 倒易矢量的计算

（1）证明倒易点阵矢量 $G_{hkl} = hA + kB + lC$ 与晶面正交，只需证明 $G \perp CA$，$G \perp CB$，则 G 肯定垂直于（hkl）平面。

若离原点最近的（hkl）晶面，在 a、b、c 三个晶轴上的截距为 $\left|\dfrac{a}{h}\right|$、$\left|\dfrac{b}{k}\right|$、$\left|\dfrac{c}{l}\right|$，因为

$$CA = OA - OC = \left|\frac{a}{h}\right| - \left|\frac{c}{l}\right|, \quad CB = OB - OC = \left|\frac{a}{h}\right| - \left|\frac{c}{l}\right|$$

而 $\boldsymbol{G} = h\boldsymbol{A} + k\boldsymbol{B} + l\boldsymbol{C}$，所以

$$\boldsymbol{G} \cdot \boldsymbol{CA} = (h\boldsymbol{A} + k\boldsymbol{B} + l\boldsymbol{C}) \cdot \left(\frac{a}{h} - \frac{c}{l}\right) = 2\pi - 2\pi = 0$$

同样，$\boldsymbol{G} \cdot \boldsymbol{CB} = 0$，因此 $\boldsymbol{G} \perp$（hkl）。

（2）倒易点阵矢量 $\boldsymbol{G}$ 与面间距 d 的关系。面间距 d 就是 OA 或 OB 在法线方向的投影，法线方向就是 $\boldsymbol{G}$ 的方向，此时原点也在（hkl）晶面族的某一个平面上，因此只要求出原点与（hkl）晶面之间的距离即可。

$$d = OA \cdot \frac{\boldsymbol{G}_{hkl}}{|\boldsymbol{G}_{hkl}|} = \frac{a}{h} \cdot \frac{(h\boldsymbol{A} + k\boldsymbol{B} + l\boldsymbol{C})}{|\boldsymbol{G}|} = \frac{2\pi}{|\boldsymbol{G}|}$$

由于倒易矢量和正空间中的晶面存在一一对应的关系，可以用倒空间的一个点或一个矢量代表正空间的一族晶面。矢量的方向代表晶面的法线，矢量的长度代表晶面间距的倒数。正空间的一个晶带所属的晶面可用倒空间的一个平面表示，晶带轴[uvw]的方向即此倒易平面的法线方向。正空间的一组二维晶面就可用一个倒空间的一维矢量或零维的点来表示（图 8-15）。这种表示的方法，可以使晶体学关系简单化。

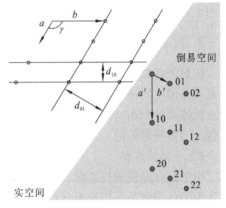

图 8-15　倒易矢量与正点阵晶面的关系

8.2.2　电磁波的衍射理论

入射的电磁波（X 射线）与周期性的晶体物质发生作用，在空间某些方向上发生相干增强，而在其他方向上发生相干抵消，这种现象称为衍射。衍射是入射波受晶体内周期性排列的原子的作用，产生相干散射的结果。衍射波都遵循衍射几何和强度分布规律。衍射理论是一切物相分析的理论基础。

1. X 射线衍射的概念与原理

X 射线与物质作用时发生散射作用，主要是电子与 X 射线相互作用的结果。物质中的核外电子可分为两大类：外层原子核弱束缚和内层原子核强束缚的电子，X 射线光子与不同的核外电子作用后会产生不同的散射效应。X 射线光子与外层弱束缚电子作用后，这些电子将被撞离原运行方向，同时携带光子的一部分能量而成为反冲电子，入射的 X 射线光子损失部分能量，造成在空间各个方向的 X 射线光子的波长不同，相位也不存在确定的关系，因此是一种非相干散射。而 X 射线与内层电子相互作用后却可产生相干增强的衍射。具体的机制需要从三个层次来理解。

1）电子对 X 射线的弹性散射

X 射线光子与内层强束缚电子作用后产生弹性散射，其机制如下：电子受 X 射线电磁波的交变电场作用将在其平衡位置附近产生受迫振动，而且振动频率与入射 X 射线相同（也可

以理解为 X 射线与束缚较紧的内层电子碰撞,光子将能量全部传递给电子);根据经典电磁理论,一个加速的带电粒子可向四周发射电磁波,所以上述受迫振动的电子本身已经成为一个新的电磁波源,向各方向辐射称为散射波的电磁波,由于受迫振动的频率与入射波一致,发射出的散射电磁波频率和波长也和入射波相同,即散射是一种弹性散射,没有能量损失。

2)原子对 X 射线的散射

因为每个原子含有数个电子,所以每个原子对 X 射线的散射是多个电子共同作用的结果。理论的推导表明,一个原子对入射波的散射相当于 $f(\sin\theta/\lambda)$ 个独立电子处在原子中心的散射,即可以将原子中的电子简化为集中在原子中心,只是其电子数不再是 Z,而是 $f(\sin\theta/\lambda)$。

3)晶体对 X 射线的相干衍射

将以上原子对 X 射线的散射推广到晶体的层次,当电磁波照射到晶体中时被晶体内的原子散射,散射的波好像是从原子中心发出的一样,即从每一个原子中心发出一个球面波。由于原子在晶体中是周期排列的,在某些方向的散射波的相位差等于波长的整数倍,散射波之间干涉加强,形成相干散射,从而出现衍射现象。相干散射波虽然只占入射能量的极小部分,但由于它的相干特性而成为 X 射线衍射分析的基础。

2. 衍射方向

衍射方向是衍射几何要回答的问题,是从几何学的角度讨论衍射线在空间的分布规律。一束具有确定的波长和入射方位的入射线,与一个特定的晶体相互作用,其衍射束在空间方位上应该如何分布?布拉格方程从数学的角度,而埃瓦尔德图解以作图的方式,回答了以上的问题,二者是等效的。

1)布拉格方程

由于晶体结构的周期性,可将晶体视为由许多相互平行且晶面间距相等的原子面组成,即认为晶体是由晶面指数为 (hkl) 的晶面堆垛而成,晶面之间距离为 d_{hkl},设一束平行的入射波(波长 λ)以 θ 角照射到 (hkl) 的原子面上,各原子面产生反射。

图 8-16 和图 8-17 中 PA 和 QA' 分别为照射到相邻两个平行原子面的入射线,它们的"反射线"分别为 AP' 和 $A'Q'$,则光程差为

$$\delta = QA'Q' - PA'P' = SA' + A'T = 2d\sin\theta$$

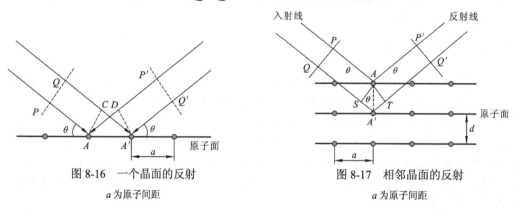

图 8-16 一个晶面的反射
a 为原子间距

图 8-17 相邻晶面的反射
a 为原子间距

只有光程差为波长 λ 的整数倍时,相邻晶面的"反射波"才能干涉加强形成衍射线,所以产生衍射的条件为

$$2d\sin\theta = n\lambda \tag{8-11}$$

这就是著名的布拉格公式，其中，$n=0，1，2，3，\cdots$称为衍射级数，对于确定的晶面和入射电子波长，n越大，衍射角越大；θ角称为布拉格角或半衍射角，而入射线与衍射线的交角2θ称为衍射角。

布拉格方程包含很多对于材料分析非常重要的含义，大致有如下几点。

（1）衍射是一种选择反射。一束可见光以任意角度投射到镜面上都可以产生反射，而原子面对 X 射线的反射并不是任意的，只有当$\lambda、\theta、d$三者之间满足布拉格方程时才能发生反射。因此，把 X 射线的这种反射称为选择反射。

（2）入射线的波长决定了结构分析的能力。对于一定波长的入射线，晶体能够产生衍射的晶面数是有限的，根据布拉格公式，$\lambda/2d=\sin\theta\leqslant1$，即$d\geqslant\lambda/2$，只有晶面间距大于$\lambda/2$的晶面才能产生衍射，对于晶面间距小于$\lambda/2$的晶面，即使衍射角$\theta$增大到$90^\circ$，相邻两个晶面反射线的光程差仍不到一个波长，从而始终干涉减弱，不能产生衍射。如果$\lambda/2d\leqslant1$时，由于θ太小而不容易观察到（与入射线重叠），因此，衍射分析用入射线波长应与晶体的晶格常数接近。

（3）衍射花样和晶体结构具有确定的关系。如果将各晶系的晶面间距方程代入布拉格方程，不同晶系的晶体或者同一晶系而晶胞大小不同的晶体，其各种晶面对应衍射线的方向（θ）不同，因此，衍射花样是不相同的。也就是说，衍射花样可以反映出晶体结构中晶胞大小及形状的变化。以下列出各种晶系衍射角与晶面指数的对应关系：

$$立方晶系 \quad \sin^2\theta = \frac{\lambda^2}{4a^2}\left(h^2+k^2+l^2\right)$$

$$正方晶系 \quad \sin^2\theta = \frac{\lambda^2}{4}\left(\frac{h^2+k^2}{a^2}+\frac{l^2}{c^2}\right)$$

$$斜方晶系 \quad \sin^2\theta = \frac{\lambda^2}{4}\left(\frac{h^2}{a^2}+\frac{k^2}{b^2}+\frac{l^2}{c^2}\right)$$

$$六方晶系 \quad \sin^2\theta = \frac{\lambda^2}{4}\left(\frac{4}{3}\frac{h^2+hk+k^2}{a^2}+\frac{l^2}{c^2}\right)$$

2）埃瓦尔德图解

首先，介绍埃瓦尔德图解的含义。

将布拉格方程改写为

$$\frac{1}{d} = \frac{2}{\lambda}\sin\theta \tag{8-12}$$

这样，电子束波长（λ）、晶体面间距（d）及其取向关系可以用作图的方式表示，如图 8-18 所示。

若 AO 为电子束的入射方向，则$\overline{AO}=2/\lambda$，如果以 AO 的中点 O_1 为球心作一个球面，该球称为埃瓦尔德球或衍射球，反映入射波的信息。在球面上任选一点 G，由于 AO 为球的直径，与之相对的角$\angle OGA$ 为直角，$\triangle AOG$ 为直角三角形，所以

$$OG = \overline{OA}\sin\theta = \frac{\lambda}{2}\sin\theta \tag{8-13}$$

OG 可以用来描述参加衍射的晶面组，因为它具

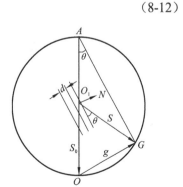

图 8-18　衍射几何的埃瓦尔德图解

有以下的特点。

（1）对照式（8-12）和式（8-13），可以发现 OG 的长度恰好为可以参与衍射的晶面间距的倒数，$\overline{OG}=\dfrac{1}{d_{hkl}}$。

（2）连接球心和 G 得到矢量 $\overrightarrow{O_1G}$。如果将 $\overrightarrow{O_1G}$ 视为衍射矢量，入射方向和衍射方向关于晶面对称分布，那么参与衍射的晶面应该平分 $\angle OO_1G$，即垂直于等腰三角形 $\triangle OO_1G$ 的底边 $\overrightarrow{OG}$，或者说矢量 $\overrightarrow{OG}$ 平行于衍射晶面的法线。

由以上两点，再根据倒易矢量的定义，可以确定 $\overrightarrow{OG}$ 就是参与衍射的晶面组的倒易矢量。而且由图可以看出，倒易矢量 $\overrightarrow{OG}$ 为反射矢量 $\dfrac{1}{\lambda}\boldsymbol{S}$ 和入射矢量 $\dfrac{1}{\lambda}\boldsymbol{S}_0$ 的差（其中 $\boldsymbol{S}$ 和 $\boldsymbol{S}_0$ 分别为入射和反射方向上的单位矢量），即

$$\overrightarrow{OG}=\overrightarrow{O_1G}-\overrightarrow{O_1O}=\frac{1}{\lambda}\boldsymbol{S}-\frac{1}{\lambda}\boldsymbol{S}_0=\frac{1}{\lambda}(\boldsymbol{S}-\boldsymbol{S}_0) \tag{8-14}$$

综上所述，当衍射波矢和入射波矢相差一个倒格子时，衍射才能产生。这时，倒易点 G（指数为 hkl）正好落在埃瓦尔德球的球面上，产生的衍射沿着球心 O_1 到倒易点 G 的方向，相应的晶面组（hkl）与入射束满足布拉格方程。

然后，介绍埃瓦尔德图解的应用。

埃瓦尔德图解可以帮助确定哪些晶面参与衍射，如图 8-19 所示。其具体作图步骤如下。

（1）对于单晶体，先画出倒易点阵确定原点位置 O。

（2）以倒易点阵原点为起点，沿入射线的反方向前进 $1/\lambda$ 距离，找到埃瓦尔德球的球心 O_1（晶体的位置）。

（3）以 $1/\lambda$ 为半径作球，得到埃瓦尔德球。所有落在埃瓦尔德球的倒易点对应的晶面组均可参与衍射。

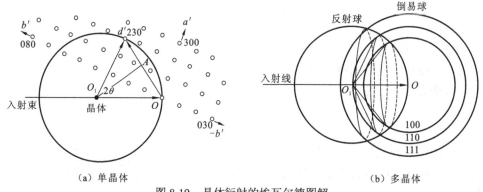

（a）单晶体 　　　　　　　（b）多晶体

图 8-19　晶体衍射的埃瓦尔德图解

对于多晶体，由于倒易点在空间中连接为倒易球面，只要与埃瓦尔德球相交的倒易球面均可参与衍射。

3. 衍射强度

在前面衍射原理部分，定性地介绍了衍射产生的原因，在产生衍射波以后，衍射波的强度大小及其与材料性质和结构的关系，则是一个定量的问题，下面具体介绍衍射强度理论。

衍射强度理论包括运动学理论和动力学理论，前者只考虑入射波的一次散射，后者考虑入射波的多次散射。此处仅介绍有关衍射强度运动学理论的内容。X射线与电子波在与原子作用时的相干散射的机制略有不同，两者衍射强度理论却大致相同，以下的理论除特殊标明以外，对两者都是适用的。

衍射强度涉及因素较多，问题比较复杂。一般从基元散射，即单电子对入射波的（相干）散射强度开始，逐步进行处理。首先计算一个电子对入射波的散射强度（涉及偏振因子）；将原子内所有电子的散射波合成，得到一个原子对入射波的散射强度（涉及原子散射因子）；将一个晶胞内所有原子的散射波合成，得到晶胞的衍射强度（涉及结构因子）；将一个晶粒内所有晶胞的散射波合成，得到晶粒的衍射强度（涉及干涉函数）；将材料内所有晶粒的散射波合成，得到材料（多晶体）的衍射强度。在实际测试条件下材料的衍射强度还涉及温度、吸收、等同晶面数等因素对衍射强度的影响，相应地，在衍射强度公式中引入温度因子、吸收因子和多重性因子等，获得完整的衍射强度公式。

1）单电子的散射强度

在各种入射波中，只有X射线的衍射是由电子的相干散射引起的，所以本节的内容只适用于X射线。汤姆孙首先用经典电动力学方法研究相干散射现象，发现强度为 I_0 的偏振光（其光矢量 $\boldsymbol{E}_0$ 只沿一个固定方向振动）照射在一个电子上时，沿空间某方向的散射波的强度 I_e 为

$$I_e = \frac{e^4}{m^2 c^4 R^2} \sin^2 \phi I_0 \tag{8-15}$$

式中：e、m 分别为电子电荷与质量；c 为光速；R 为散射线上任意点（观测点）与电子的距离；ϕ 为散射线方向与 $\boldsymbol{E}_0$ 的夹角。

材料衍射分析工作中，通常采用非偏振入射光（其光矢量 $\boldsymbol{E}_0$ 在垂直于传播方向的固定平面内指向任意方向），对此，可将其分解为互相垂直的两束偏振光（光矢量分别为 $\boldsymbol{E}_{Ox}$ 和 $\boldsymbol{E}_{Oz}$），如图8-20所示，问题转化为求解两束偏振光与电子相互作用后，在散射方向（OP）上的散射波强度。为简化计算，设 $\boldsymbol{E}_{Oz}$ 与入射光传播方向（Oy）及所考察散射线（OP）在同一平面内。光矢量的分解遵从平行四边形法则，即有

$$\boldsymbol{E}_0^2 = \boldsymbol{E}_{Ox}^2 + \boldsymbol{E}_{Oz}^2 \tag{8-16}$$

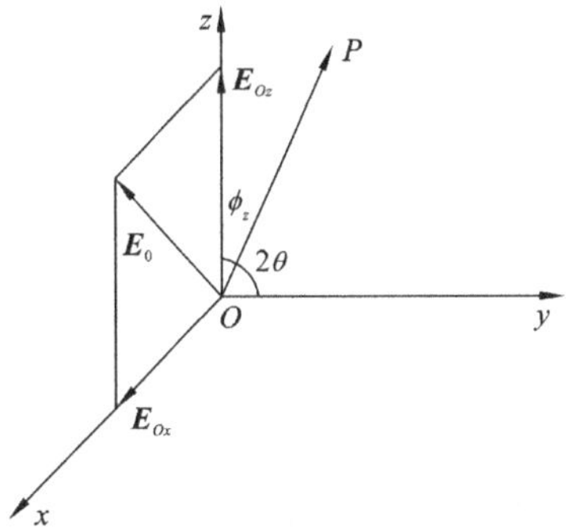

图8-20 单电子对入射波的散射

又由于完全非偏振光 $\boldsymbol{E}_0$ 指向各个方向概率相同，故 $\boldsymbol{E}_{Ox} = \boldsymbol{E}_{Oz}$；因而有 $\boldsymbol{E}_{Ox}^2 = \boldsymbol{E}_{Oz}^2 = \frac{1}{2}\boldsymbol{E}_0^2$。光强度（$I$）正比于光矢量振幅的平方。衍射分析中只考虑相对强度，设 $I = \boldsymbol{E}^2$，故有

$$I_{Ox} = I_{Oz} = \frac{1}{2} I_0 \tag{8-17}$$

由图8-20可知，对于光矢量为 $\boldsymbol{E}_{Oz}$ 的偏振光入射，按式（8-17），电子散射强度：

$$I_{ez} = I_{Oz} \frac{e^4}{m^2 c^4 R^2} \sin^2 \phi_z$$

$\phi_z = 90° - 2\theta$（2θ 为入射方向与散射线方向的夹角），故

$$I_{ez} = \frac{I_0}{2} \frac{e^4}{m^2 c^4 R^2} \cos^2 2\theta \qquad\qquad (8\text{-}18)$$

对于光矢量为 $\boldsymbol{E}_{Ox}$ 的偏振光入射，电子散射强度：

$$I_{ex} = I_{Ox} \frac{e^4}{m^2 c^4 R^2} \sin^2 \phi_x$$

ϕ_x 为 $\boldsymbol{E}_{Ox}$ 与 OP 的夹角，$\boldsymbol{E}_{Ox} \perp OP$，故

$$I_{ex} = \frac{I_0}{2} \frac{e^4}{m^2 c^4 R^2} \qquad\qquad (8\text{-}19)$$

按光合成的平行四边形法则，$I_0 = I_{Ox} + I_{Oz}$ 则为电子对光矢量为 $\boldsymbol{E}_0$ 的非偏振光的散射强度，由式（8-18）、式（8-19），可得

$$I_e = \frac{e^4}{m^2 c^4 R^2} \left(\frac{1 + \cos^2 2\theta}{2} \right) I_0 \qquad\qquad (8\text{-}20)$$

由式（8-20）可知，对于一束非偏振入射波，电子散射在各个方向的强度不同，在衍射分析时，除 $\dfrac{1 + \cos^2 2\theta}{2}$ 外，式（8-20）中其余各参数均为常量，散射波的强度值取决于 $\dfrac{1 + \cos^2 2\theta}{2}$，即非偏振入射波受电子散射，产生的散射波被偏振化了，故称 $\dfrac{1 + \cos^2 2\theta}{2}$ 为偏振因子或极化因子。

入射波照射晶体时，也可使原子中荷电的质子受迫振动从而产生质子散射，但质子质量远大于电子质量，由式（8-20）可知，质子散射与电子散射相比，可忽略不计。

2）原子散射强度

一个原子对入射波的散射是原子中各电子散射波相互干涉合成的结果。在各种入射波中，只有 X 射线的衍射是由电子的相干散射引起的，所以以下的内容仍然只适用于 X 射线。首先考虑一种"理想"的情况，即设原子中 Z 个电子（Z 为原子序数）集中在一点，则所有电子散射波间无相位差（$\phi = 0$）。此时，原子散射波振幅（E_a）是单个电子散射波振幅（E_e）的 Z 倍，即 $E_a = ZE_e$，而原子散射强度 $I_a = E_a^2$，故有

$$I_a = z^2 E_a^2 = Z^2 I_e \qquad\qquad (8\text{-}21)$$

原子中的电子分布在核外各电子层上，如图 8-21 所示，任意两电子（如 A 与 B）沿空间

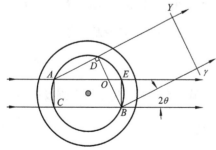

图 8-21　原子对入射波的散射

某方向散射线间的相位差 $\phi = \dfrac{2\pi}{\lambda} \delta = \dfrac{2\pi}{\lambda}(BC - AD)$，而

$$BC - AD = BC - (AE - EO)\cos 2\theta$$
$$= BC - (BC - BE\tan 2\theta)\cos 2\theta$$
$$= BC(1 - \cos 2\theta) + BE\sin 2\theta$$

可见，相位差 ϕ 随 2θ 增加而增加。

当入射线波长远大于原子半径时，$\delta = BC - AD$ 远小于 λ，此时可认为 $\phi \approx 0$，这种特殊情况即相当于原子

中 Z 个电子集中在一点的情形，即有 $I_a = Z^2 I_e$。一般情况下，任意方向（$2\theta \neq 0°$）上原子散射强度 I_a 因各电子散射线间的干涉作用而小于 $Z^2 I_e$，据此，考虑一般情况并比照式（8-21），引入原子散射因子 f，将原子散射强度表达为

$$I_a = f^2 I_e = f^2 \frac{e^4}{m^2 c^4 R^2} \qquad (8-22)$$

显然，$f \leq Z$。

由式（8-22）可知，原子散射因子的物理意义为：原子散射波振幅与电子散射波振幅之比，即 $f = \dfrac{E_a}{E_e}$，f 的大小与 θ 及 λ 有关。θ 增大或 λ 减小，则因 ϕ 增大使 I_a 减小，从而 f 减小。

3）晶胞散射强度

一个晶胞对入射波的散射是晶胞内各原子散射波合成的结果。

研究晶胞对入射波的相干散射，应该具体到晶胞内不同晶面的衍射，结构分析的原理也正是通过分析各个晶面的衍射波来确定材料的晶体结构。无论晶面的指数和取向如何，每一种晶面都包含晶胞内所有原子，因此晶胞内所有原子对由该晶面决定的衍射都有贡献，只是随晶面取向的不同，各原子散射波的叠加效果不同，有的晶面的合成散射波相互增强，有的晶面的合成散射波相互抵消。描述晶胞某个晶面的衍射波强度的参量称为结构因子（F_{hkl}），它是以电子散射能力为单位，反映单胞内原子种类、各种原子的个数和原子的排列对不同晶面（hkl）散射能力的贡献的参量。

$$F_{hkl} = \frac{\text{一个晶胞中所有原子散射波的合成波振幅}}{\text{一个电子散射波振幅}} = \frac{E_b}{E_e} \qquad (8-23)$$

原子在晶胞中的位置不同，会造成某些晶面的结构因子为零，使与之相关的衍射线消失，这种现象称为系统消光。如图 8-22（a）所示简单晶胞的（001）晶面上产生衍射时，反射线 1′ 与 2′ 之间的光程差 ABC 为一个波长。图 8-22（b）中，体心晶胞中反射线 1′ 和 2′ 也是同相位，光程差 ABC 为一个波长。体心原子面的反射线为 3′，与反射线 1′ 的光程差 DEF 恰好为 ABC 的一半，即半个波长，反射线 1′ 与 3′ 的相位相反，互相抵消。下一原子面的反射线 4′ 与 2′ 也会互相抵消。所以，在体心晶胞中不会出现（001）反射。

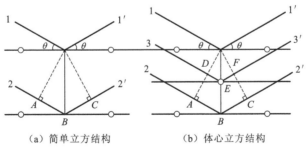

（a）简单立方结构 　　　　（b）体心立方结构

图 8-22　在简单立方和简单立方结构中的干涉现象

也就是说，上面讨论的布拉格方程是产生衍射的必要条件，但并不是所有满足布拉格方程的情况都能够产生衍射。产生衍射的充分条件是：结构因子不为零。

结构因子的表达式可以用如下的思路推导。晶胞对入射波的散射是晶胞中各个原子的散射波叠加的结果，因此也必须考虑各原子散射波的振幅和相位两方面的因素，设晶胞中共有 n 个原子，它们的原子散射因子分别为 $f_1, f_2, \cdots, f_n$，位置以晶胞角顶到这些原子的位矢 $r_1, r_2, \cdots,$

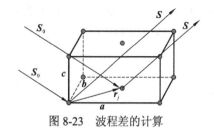

图8-23 波程差的计算

r_n 表示，其中任一原子 j 的位矢又可用它的原子坐标 x_j、y_j、z_j 表示：$r_j = x_j \boldsymbol{a} + y_j \boldsymbol{b} + z_j \boldsymbol{c}$，其中 $\boldsymbol{a}$、$\boldsymbol{b}$、$\boldsymbol{c}$ 为晶胞基矢，如图8-23所示。

若以 $\boldsymbol{S}_0$ 和 $\boldsymbol{S}$ 代表入射与散射方向的单位矢量，λ 代表波长，j 原子与处在晶胞角顶上的原子的散射波之间的波程差为

$$\delta_j = r_j \boldsymbol{S} - r_j \boldsymbol{S}_0$$

相位差为

$$\phi_j = \frac{2\pi}{\lambda}\delta_j = \frac{2\pi}{\lambda}r_j\boldsymbol{S} - \frac{2\pi}{\lambda}r_j\boldsymbol{S}_0 = 2\pi\frac{1}{\lambda}(\boldsymbol{S}-\boldsymbol{S}_0)r_j$$

根据图8-18和式（8-14），$\frac{1}{\lambda}(\boldsymbol{S}-\boldsymbol{S}_0)$ 为产生衍射的晶面的倒易矢量，即

$$\frac{1}{\lambda}(\boldsymbol{S}-\boldsymbol{S}_0) = \boldsymbol{r}^* = h\boldsymbol{a}^* + k\boldsymbol{b}^* + l\boldsymbol{c}^*$$

所以

$$\phi_j = 2\pi r_j \boldsymbol{r}^* = 2\pi(hx_j + ky_j + lz_j) \tag{8-24}$$

晶胞内 j 原子的散射波为 $f_j E_e e^{i\phi_j}$（不同类原子 f_j 不同），则晶胞内所有原子相干散射的复合波为

$$E_b = E_e \sum_{j=1}^{n} f_j e^{i\phi_j}$$

因此，结构因子 F 的绝对值为

$$F_{hkl} = \frac{E_b}{E_e} = \sum_{j=1}^{n} f_j e^{i\phi_j} \tag{8-25}$$

根据欧拉公式 $e^{i\phi} = \cos\phi + i\sin\phi$，则

$$F_{hkl} = \sum_{j=1}^{n} f_j \left[\cos 2\pi\left(hx_j + ky_j + lz_j\right) + i\sin 2\pi\left(hx_j + ky_j + lz_j\right) \right] \tag{8-26}$$

在衍射实验中，只能测出衍射线的强度，即实验数据只能给出结构因子的平方值，为此，需要将上式乘以其共轭复数，然后再开方

$$
\begin{aligned}
|F_{hkl}| = &\left\{ \sum_{j=1}^{n} f_j \left[\cos 2\pi(hx_j + ky_j + lz_j) + i\sin 2\pi(hx_j + ky_j + lz_j) \right] \right.\\
&\left. \cdot \sum_{j=1}^{n} f_j \left[\cos 2\pi(hx_j + ky_j + lz_j) - i\sin 2\pi(hx_j + ky_j + lz_j) \right] \right\}^{\frac{1}{2}} \\
= &\left\{ \left[\sum_{j=1}^{n} f_j \cos 2\pi(hx_j + ky_j + lz_j) \right]^2 + \left[\sum_{j=1}^{n} f_j \sin 2\pi(hx_j + ky_j + lz_j) \right]^2 \right\}^{\frac{1}{2}}
\end{aligned}
\tag{8-27}
$$

可以看出在以上结构因子的公式中包含所有晶胞内原子的坐标值和不同原子的散射因子 f_j，因此每个具体的晶面对入射波的衍射能力取决于晶胞内的原子种类、各种原子的个数和原子的排列。

根据式（8-23），以及 $I_b = E_b^2$，$I_e = E_e^2$，可以得到：

$$I_b = F_{hkl}^2 I_e = F_{hkl}^2 \frac{e^4}{m^2 c^4 R^2} \left(\frac{1 + \cos^2 2\theta}{2} \right) I_0 \qquad (8\text{-}28)$$

式（8-28）即晶胞（hkl）面的衍射波强度表达式。

下面将结构因子公式具体应用到不同的结构中，可以看到不同的结构中，结构因子为零的晶面是不同的，因此消光规律也不相同。

（1）简单点阵。这种晶体结构中，每个晶胞中只有一个原子，其坐标为（000），各原子的散射因子相同，为 f_n。

$$|F_{knl}|^2 = \left[\sum_{j=1}^n f_j \cos 2\pi \left(hx_j + ky_j + lz_j \right) \right]^2 + \left[\sum_{j=1}^n f_j \sin 2\pi \left(hx_j + ky_j + lz_j \right) \right]^2$$

$$= f_n^2 \left[\cos^2 2\pi(0) + \sin^2 2\pi(0) \right] = f_n^2$$

$$F_{hkl} = f_n$$

在简单点阵的情况下，结构因子不受晶面指数 hkl 的影响，即任意指数的晶面都能产生衍射。

（2）体心立方点阵。在这种晶体结构中，每个晶胞中有 2 个同类原子，其坐标为（000）和 $\left(\frac{1}{2}, \frac{1}{2}, \frac{1}{2} \right)$，各原子的散射因子相同，为 f_n。

$$|F_{hkl}|^2 = \left[\sum_{j=1}^n f_j \cos 2\pi \left(hx_j + ky_j + lz_j \right) \right]^2 + \left[\sum_{j=1}^n f_j \sin 2\pi \left(hx_j + ky_j + lz_j \right) \right]^2$$

$$= f_n^2 \left[\cos^2 2\pi(0) + \cos 2\pi \left(\frac{1}{2}h + \frac{1}{2}k + \frac{1}{2}l \right) \right]^2$$

$$+ f_n^2 \left[\sin^2 2\pi(0) + \sin 2\pi \left(\frac{1}{2}h + \frac{1}{2}k + \frac{1}{2}l \right) \right]^2$$

$$= f_n^2 [1 + \cos \pi (h + k + l)]^2$$

当 $h+k+l$ 为偶数时，$|F_{hkl}|^2 = f_n^2 [1+1]^2 = 4f_n^2$；当 $h+k+l$ 为奇数时，$|F_{hkl}|^2 = f_n^2 [1-1]^2 = 0$。所以，在体心立方结构中，当 $h+k+l$ 为奇数时，如（100）、（111）、（221）等晶面都会发生结构消光，即这些晶面不产生衍射现象。

（3）面心立方点阵。在这种晶体结构中，每个晶胞中有 4 个同类原子，其坐标为（000）、$\left(\frac{1}{2}, \frac{1}{2}, 0 \right)$、$\left(\frac{1}{2}, 0, \frac{1}{2} \right)$ 和 $\left(0, \frac{1}{2}, \frac{1}{2} \right)$，各原子的散射因子相同，为 f_n。

$$|F_{hkl}|^2 = \left[\sum_{j=1}^n f_j \cos 2\pi (hx_j + ky_j + lz_j) \right]^2 + \left[\sum_{j=1}^n f_j \sin 2\pi (hx_j + ky_j + lz_j) \right]^2$$

$$= f_n^2 \left[\cos^2 2\pi(0) + \cos 2\pi \left(\frac{h+k}{2} \right) + \cos 2\pi \left(\frac{k+l}{2} \right) + \cos 2\pi \frac{h+l}{2} \right]^2$$

$$+ f_n^2 \left[\sin^2 2\pi(0) + \sin 2\pi \left(\frac{h+k}{2} \right) + \sin 2\pi \left(\frac{k+l}{2} \right) + \sin 2\pi \left(\frac{h+l}{2} \right) \right]^2$$

$$= f_n^2 [1 + \cos \pi (h+k) + \cos \pi (k+l) + \cos \pi (h+l)]^2$$

当 h、k、l 全为奇数或全为偶数（全奇全偶）时，$h+k$、$h+l$、$k+l$ 全为偶数。所以 $\left|F_{hkl}\right|^2 = f_n^2[1+1+1+1]^2 = 16f_n^2$，有衍射产生。

当 h、k、l 中有两个偶数或两个奇数（奇偶混杂）时，$h+k$、$h+l$、$k+l$ 中必有两个为奇数，一个为偶数，故 $\left|F_{hkl}\right|^2 = f_n^2[1-1+1-1]^2 = 0$，无衍射产生。

因此，面心立方点阵晶体只有（111）、（200）、（220）、（311）、（222）、（400）等晶面有衍射，而（100）、（110）、（210）、（211）、（300）等晶面无衍射。

4）晶粒衍射强度

一个晶粒对入射波的散射是晶粒中各晶胞散射波相互干涉合成的结果。与推导一个晶胞内所有原子的合成波类似，晶粒的合成波也是对各晶胞的衍射波求和，只是这里不再有晶面指数的出现。

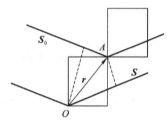

图 8-24　简单晶体的散射合成

设晶粒内的单胞为平行六面体点阵，沿点阵基矢 $\boldsymbol{a}$、$\boldsymbol{b}$、$\boldsymbol{c}$ 方向上各含有 N_1、N_2 和 N_3 个晶胞，这个晶粒所包含的总晶胞数为 $N = N_1N_2N_3$。设其中一个晶胞 O 位于原点，坐标为（0, 0, 0），任意晶胞 A 坐标为（m, n, p），如图 8-24 所示，则两晶胞连接矢量为

$$\boldsymbol{r}_j = m\boldsymbol{a} + n\boldsymbol{b} + p\boldsymbol{c} \qquad (8\text{-}29)$$

若 $\boldsymbol{S}_0$ 和 $\boldsymbol{S}$ 为入射与散射方向的单位矢量，λ 代表波长，

两晶胞散射波之间的波程差为

$$\delta = \boldsymbol{r}_j\boldsymbol{S} - \boldsymbol{r}_j\boldsymbol{S}_0$$

相位差为

$$\phi_j = \frac{2\pi}{\lambda}\delta = 2\pi\frac{1}{\lambda}\boldsymbol{r}_j\left(\boldsymbol{S} - \boldsymbol{S}_0\right) = k\cdot\boldsymbol{r}_j$$

式中，$k = \dfrac{2\pi\left(\boldsymbol{S} - \boldsymbol{S}_0\right)}{\lambda}$。

晶粒内任意晶胞散射波振幅可表示为 $FE_e e^{i\phi_j} = |F|E_e e^{ik\cdot r_j}$，其中 F 为晶胞结构因子。整个晶粒发出的散射波的振幅等于每个晶胞散射波的累加：

$$E_c = FE_e\sum_{j=0}^{N-1}\exp\left(i\phi_j\right) = FE_e\sum_{j=0}^{N-1}\exp\left(ik\cdot\boldsymbol{r}_j\right)$$

求和遍及组成晶体的所有 N 个单胞，将式（8-29）代入，得

$$E_c = FE_e\sum_{m=0}^{N_1-1}\exp(im\boldsymbol{a}\cdot k)\sum_{n=0}^{N_2-1}\exp(in\boldsymbol{b}\cdot k)\sum_{p=0}^{N_3-1}\exp(ip\boldsymbol{c}\cdot k)$$

其中，a、b、c 为晶胞的边长。式中三个求和中每一个都是一个几何级数，以第一项为例，运用级数求和公式可得

$$G_1 = \sum_{m=0}^{N_1-1}\exp\left(im\boldsymbol{a}\cdot k\right) = \frac{1 - \left[\exp\left(N_1-1\right)\boldsymbol{a}\cdot k\right]\left[\exp(i\boldsymbol{a}\cdot k)\right]}{1 - \exp(i\boldsymbol{a}\cdot k)} = \frac{1 - \exp\left(iN_1\boldsymbol{a}\cdot k\right)}{1 - \exp(i\boldsymbol{a}\cdot k)}$$

所以

$$E_c = FE_eG_1G_2G_3 = fE_e\frac{1 - \exp\left(iN_1\boldsymbol{a}\cdot k\right)}{1 - \exp(i\boldsymbol{a}\cdot k)}\frac{1 - \exp\left(iN_2\boldsymbol{b}\cdot k\right)}{1 - \exp(i\boldsymbol{b}\cdot k)}\frac{1 - \exp\left(iN_3\boldsymbol{c}\cdot k\right)}{1 - \exp(i\boldsymbol{c}\cdot k)} \qquad (8\text{-}30)$$

散射波强度等于 E_c 与其共轭复数 E_c^* 的乘积，故整个晶体衍射的强度

$$I_c = E_c E_c^* = F^2 E_e^2 G_1^2 G_2^2 G_3^2$$

其中

$$|G_1|^2 = G_1 G_1^* = \frac{\left[1 - \exp(iN_1 a \cdot k)\right]\left[1 - \exp(-iN_1 a \cdot k)\right]}{[1 - \exp(ia \cdot k)][1 - \exp(-ia \cdot k)]}$$

$$= \frac{2 - \left[\exp(iN_1 a \cdot k) + \exp(-iN_1 a \cdot k)\right]}{2 - [\exp(ia \cdot k) + \exp(-ia \cdot k)]}$$

根据欧拉公式，进行函数转换，并令 $|G|^2 = |G_1|^2 + |G_2|^2 + |G_3|^2$，称 $|G|^2$ 为干涉函数，则结合式（8-28），得

$$I_c = F^2 E_e^2 |G|^2 = |G|^2 I_b = |G|^2 F_{hkl}^2 \frac{e^4}{m^2 c^4 R^2} \left(\frac{1 + \cos^2 2\theta}{2}\right) I_0 \qquad (8\text{-}31)$$

式（8-31）说明干涉函数是晶粒散射波强度和晶胞散射波强度的比值。

干涉函数描述晶粒尺寸的大小对散射波强度的影响，三个因子分别描述在空间三个不同的方向上衍射强度的变化，其作用是类似的。以 $|G|^2$ 为例，图 8-25 绘出 $N_1=5$ 的函数曲线，整个函数由主峰和副峰组成，两个主峰之间有 N_1 个副峰，副峰的强度比主峰弱得多。当 $N_1>100$ 时，几乎全部强度都集中在主峰，副峰的强度可忽略不计。

主峰的最大值可以用洛必达法则求得。令

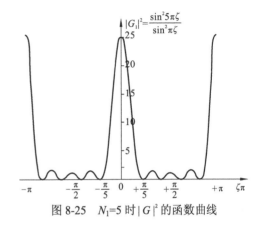

图 8-25　$N_1=5$ 时 $|G|^2$ 的函数曲线

$\varphi_1 = \frac{1}{2} a \cdot k$，$\varphi_2 = \frac{1}{2} b \cdot k$，$\varphi_3 = \frac{1}{2} c \cdot k$，则可得出：$|G_1|^2 = N_1^2$。

这就是说函数的主极大值等于沿 a 方向的晶胞数 N_1 的平方，晶体沿 a 轴方向越厚，衍射强度越大。

当 $|G_1|^2 = 0$ 时，$\varphi_1 = \pm \frac{\pi}{N_1}$，也就是说主峰的底宽为 $\frac{2\pi}{N_1}$，说明主峰的强度范围与晶体大小有关，晶体沿 a 轴方向越薄，衍射极大值的峰宽越大。在透射电子显微镜中，衍射点拉长就是这个道理。

主峰的积分面积近似为 πN_1，当厚度大时，实际上全部衍射能量都集中在主峰上，分散在次峰上的衍射能量可认为等于零。

5）多晶体衍射强度

多晶体样品由数目极多的晶粒组成。通常情况下，各晶粒的取向是任意分布的，众多晶粒中的（hkl）面相应的各个倒易点将构成球面，此球面以（hkl）面倒易矢量长度 $|r_{hkl}^*| = \frac{1}{d_{hkl}}$ 为半径，称为（hkl）面的倒易球。图 8-26 所示为多晶体衍射的埃瓦尔德图解，倒易球与反射球交线为圆。又由晶粒的衍射积分强度分析可知，衍射线都存在一个有强度的空间范围，即当某（hkl）晶面反射时，衍射角有一定的波动范围，因此，倒易球与反射球的交线圆扩展成为有一定宽度的圆环带（环带宽度为 $|r_{hkl}^*| \cdot d\theta$）。

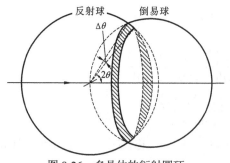

图 8-26　多晶体的衍射圆环

由于倒易球上每一个倒易点对应着一个晶粒，可认为上述圆环带上的每一倒易点对应着一个参与反射（hkl）的晶粒。据此，参与（hkl）衍射的晶粒数目（Δq）与多晶体样品总晶粒数（q）的比值可认为是上述圆环带面积与倒易球面积之比，则有

$$\Delta q = q \frac{\cos\theta}{2} \mathrm{d}\theta \qquad (8\text{-}32)$$

一个晶粒的衍射积分强度 I_c 已由式（8-31）给出，若乘以多晶体中实际参与（hkl）衍射的晶粒数 Δq，即可得到多晶体的（hkl）衍射积分强度：

$$I_\mathrm{m} = q \frac{\cos\theta}{2} \mathrm{d}\theta I_\mathrm{c} = q \frac{\cos\theta}{2} \mathrm{d}\theta \, |G|^2 \, F_{hkl}^2 \frac{e^4}{m^2 c^4 R^2} \left(\frac{1+\cos^2 2\theta}{2} \right) I_0 \qquad (8\text{-}33)$$

6）影响衍射强度的其他因素

在实际的衍射强度分析中，还存在等同晶面组数目、温度、物质吸收等影响因素，因此需要在衍射强度公式中引入相应的修正因子，各因子均作为乘积项出现在衍射积分强度公式中。

（1）多重性因子。晶体中晶面间距相等的晶面（组）称为等同晶面（组）。晶体中各（hkl）面的等同晶面（组）的数目称为各自的多重性因子（P_{hkl}）。以立方系为例，（100）面共有 6 组等同晶面(100)、(010)、(001)、($\overline{1}$00)、(0$\overline{1}$0)、(00$\overline{1}$)，故 P_{100}=6；（111）面有 8 组等同晶面，则 P_{111}= 8。由布拉格方程可知，等同晶面的衍射线空间方位相同，因此当考虑某（hkl）面的衍射强度时，必须考虑其等同晶面的贡献。P_{hkl} 值越大，即参与（hkl）衍射的等同晶面数越多，则对（hkl）衍射强度的贡献越大。因此，将多重性因子 P_{hkl} 直接乘以强度公式以表达等同晶面（组）数目对衍射强度的影响。

（2）吸收因子。样品对 X 射线的吸收将造成衍射强度的衰减，使实测值与计算值不符，为修正这一影响，在强度公式中引入吸收因子 $A(\theta)$。设无吸收时，$A(\theta)$=1，吸收越多，衍射强度衰减越大，则 $A(\theta)$越小。吸收因子与样品的形状、大小、组成以及衍射角有关。

（3）温度因子。实际晶体中的原子始终围绕其平衡位置振动，振动幅度随温度的升高而加大。当振幅与原子间距相比不可忽略时，原子热振动使晶体点阵原子排列的周期性受到破坏，使得原来严格满足布拉格方程的相干散射产生附加的相位差，从而使衍射强度减弱。为修正实验温度给衍射强度带来的影响，通常在强度公式中引入以指数形式表示的温度因子 e^{-2M}，其中 M 为一个与原子偏离其平衡位置的均方位移有关的常数，即

$$M = \pi^2 u^{-2} \frac{\sin^2\theta}{\lambda^2}$$

其中，均方位移（u）与晶体所处的温度有关，所以温度因子是一个与晶体所处温度及衍射角有关的因数。温度因子又称德拜-沃勒因子，可以从专用表上查得。

7）完整的多晶体样品衍射强度公式

结合本节所述衍射强度影响诸因素，可以得出多晶体样品的衍射线积分强度公式：

$$I_\mathrm{m} = \mathrm{e}^{-2M} A(\theta) P q \frac{\cos\theta}{2} \mathrm{d}\theta \, |G|^2 \, F_{hkl}^2 \frac{e^4}{m^2 c^4 R^2} \left(\frac{1+\cos^2 2\theta}{2} \right) I_0 \qquad (8\text{-}34)$$

式中：I_0 为入射波强度；$\dfrac{e^4}{m^2c^4R^2}\left(\dfrac{1+\cos^2 2\theta}{2}\right)$ 为单电子散射项，此项只适用于 X 射线的衍射；

F_{hkl}^2 为晶胞结构因子项，其表达式中包括原子散射因子项，即包括对原子内所有电子的散射合成作用；$|G|^2$ 为晶粒的干涉函数项；$q\dfrac{\cos\theta}{2}$ 为多晶体作用项；P 为多重性因子；$A(\theta)$ 为吸收因子；e^{-2M} 为温度因子。

8.2.3　三种常用的实验方法

根据布拉格定律，要产生衍射，必须使入射线与晶面所成的交角 θ、晶面间距 d 及 X 射线波长 λ 等之间满足布拉格方程。一般来说，它们的数值未必满足，因此要观察到衍射现象，必须设法连续改变 θ 或 λ，据此介绍以下几种不同的衍射方法。

1. 劳厄法

劳厄法是用连续 X 射线照射固定单晶体的衍射方法，一般以垂直于入射线束的平板照相底片来记录衍射花样，衍射花样由很多斑点构成，这些斑点称为劳厄斑点或劳厄相。单晶体的特点是每种（hkl）晶面只有一组，单晶体固定在台架上之后，任何晶面相对于入射 X 射线的方位固定，即入射角一定。虽然入射角一定，但由于入射线束中包含从短波限开始的各种不同波长的 X 射线，相当于反射球壳的半径连续变化，使倒易阵点有机会与其中某个反射球相交，形成衍射斑点，如图 8-27 所示。所以每一族晶面仍可以选择性地反射其中满足布拉格方程的特殊波长的 X 射线。这样，不同的晶面族都以不同方向反射不同波长的 X 射线，从而在空间形成很多衍射线，它们与底片相遇，就形成许多劳厄斑点。

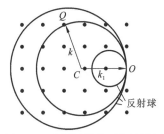

图 8-27　劳厄法的埃瓦尔德图解

2. 转动晶体法

转动晶体法是用单色 X 射线照射转动的单晶体的衍射方法。转动晶体法的特点是：入射线的波长 λ 不变，而依靠旋转单晶体以连续改变各个晶面与入射线的 θ 角来满足布拉格方程的条件。在单晶体不断旋转的过程中，某组晶面会于某个瞬间和入射线的夹角恰好满足布拉格方程，于是在此瞬间便产生一条衍射线束，在底片上感光出一个感光点。如果单晶样品的转动轴相对于晶体是任意方向，那么摄得的衍射相上斑点的分布将显得无规律性；当转动轴与晶体点阵的一个晶向平行时，衍射斑点将显示有规律的分布，即这些衍射斑点将分布在一系列平行的直线上，这些平行线称为层线，通过入射斑点的层线称为零层线，从零层线向上或向下，分别有正负第一、第二……层线，它们对于零层线而言是对称分布的。用埃瓦尔德图解（图 8-28）很容易说明转晶图的特征：由正、倒点阵的性质可

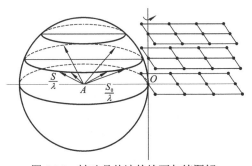

图 8-28　转动晶体法的埃瓦尔德图解

知，对于正点阵取指数为[uvw]的晶向作为转动轴，则和它对应的倒易点阵平面族(uvw)*就垂直于这个轴，因此当晶体试样绕此轴旋转时，则与之对应的一组倒结点平面也跟着转动，它们与干涉球相截得到一些纬度圆，这些圆相互平行，且各相邻圆之间的距离等于这个倒易点阵平面族面间距 d。也就是说晶体转动时，倒结点与反射球相遇的地方必定都在这些圆上，这样衍射线的方向必定在反射球球心与这些圆相连的一些圆锥的母线上，它们与圆筒形底片相交得到许多斑点，将底片摊平，这些斑点就处在平行的层线上。

3.粉末照相法

陶瓷材料一般都是多晶体，所以用单色 X 射线照射多晶体或粉末试样的衍射方法是应用范围较广的衍射方法。多晶体试样一般是由大量小单晶体聚合而成的，它们以完全杂乱无章的方式聚合起来，称为无择优取向的多晶体。粉末试样或多晶体试样从 X 射线衍射观点来看，实际上相当于一个单晶体绕空间各个方向做任意旋转的情况，因此在倒空间中，一个倒结点 P 将演变成一个倒易球面，很多不同的晶面就对应于倒空间中很多同心的倒易球面。若用照相底片来记录衍射图，则称为粉末照相法，简称粉末法；若用计数管来记录衍射图，则称为衍射仪法。

当一束单色 X 射线照射到试样上时，对每一族晶面{hkl}而言，总有某些小晶体，其{hkl}晶面族与入射线的方位角 θ 正好满足布拉格条件而能产生反射。由于试样中小晶粒的数目很多，满足布拉格条件的晶面族{hkl}也很多，它们与入射线的方位角都是 θ，从而可以想象成

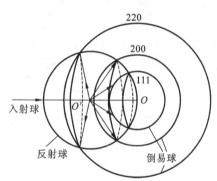

图 8-29 粉末照相法的埃瓦尔德图解

是由其中的一个晶面以入射线轴旋转而得到的，于是可以看出它们的反射线将分布在一个以入射线为轴、以衍射角 2θ 为半顶角的圆锥面上（图 8-29）。不同晶面族的衍射角不同，衍射线所在的圆锥的半顶角也不同。各不同晶面族的衍射线将共同构成一系列以入射线为轴的同顶点的圆锥。用埃瓦尔德图解法可以说明粉末衍射的特征：倒易球面与反射球相截于一系列的圆上，而这些圆的圆心都在通过反射球球心的入射线上，于是衍射线就在反射球球心与这些圆的连线上，也即以入射线为轴，以各族晶面的衍射角 2θ 为半顶角的一系列圆锥面上。

8.2.4 常用的实验仪器

1.德拜相机

1）装置

德拜-谢乐法是粉末照相法中应用最为广泛的一种，使用的是圆筒形照相机（德拜相机），如图 8-30 所示。沿着德拜相机的直径方向，有一入射光阑与出射光阑，入射 X 射线经过光阑准直后照射到试样上，其中一部分穿过试样到达出射光阑，经荧光屏后被铅玻璃吸收。德拜-谢乐法所用试样为直径 0.3～0.8 mm 的多晶丝，或是粉末加黏结剂等制成的细棒，粉末过 250～325 目筛子，如果粉末颗粒过大（大于 10^{-3} cm），参与衍射的晶粒数目减少，会使衍射线条不连续；反之如果粉末颗粒过小（小于 10^{-5} cm），会使衍射线条宽化，不利于分析。

德拜相机采用长条底片，安装时应将底片紧靠相机内壁，底片的安装方式根据圆筒底片开口处所在位置的不同可分为：正装法、反装法和偏装法，如图 8-31 所示。

图 8-30　德拜相机

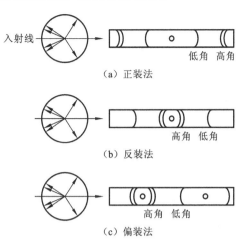

入射线

（a）正装法　低角　高角

（b）反装法　高角　低角

（c）偏装法　高角　低角

图 8-31　粉末照相法中三种不同的底片安装法

（1）正装法。X 射线从底片接口处射入，照射试样后从中心孔穿出，低角的弧线较接近于中心孔，高角的弧线则靠近端部，可观察到 K_α 双线。我们知道，对于 K 系特征谱线通过滤波片可使 K_β 谱线明显减弱，但 K_α 谱线是由波长不同的 $K_{\alpha 1}$ 和 $K_{\alpha 2}$ 两条谱线组成，根据布拉格方程，以不同波长的 $K_{\alpha 1}$ 和 $K_{\alpha 2}$ 照射到同一晶面上，将在不同布拉格角上产生衍射线条，由两线条分开的角度设为 $\Delta\theta$，由微分布拉格方程可得 $2d\cos\theta\Delta\theta = \Delta\lambda$，故 $\Delta\theta = \dfrac{\Delta\lambda}{2d\cos\theta} = \dfrac{\Delta\lambda}{\lambda}\tan\theta(\text{red})$。

对于 Cu 的 K_α 谱线，$\lambda=0.154$ nm，$\Delta\lambda=0.0004$ nm，则当 $\theta=10°$ 时，$\Delta\theta=0.03°$，当 $\theta=80°$ 时，$\Delta\theta=0.85°$。由此可见，$K_{\alpha 1}$ 和 $K_{\alpha 2}$ 双线的反射线条是分开的，且分开的程度随着 θ 角的增大而增加，但在低角度处分开的程度小，所以叠成一条线，只有到了高角度才开始明显分成两条线。角度越高，分得越大，此现象可作为德拜圆弧对高、低角度的判据。对于某一晶面 (hkl)，当 $m=h^2+k^2+l^2$ 较小时，则晶面间距较大，而衍射角较小，相邻 m 值所对应的晶面间距的差别较大，对应德拜圆弧在低角度时较少；反之，当 $m=h^2+k^2+l^2$ 较大时，则晶面间距较小，而衍射角较大，相邻 m 值所对应的晶面间距的差别较小，对应德拜圆弧在高角度时较多。当采用正装法时由于高角度线条集中在底片开口处，部分衍射线条记录不全。

（2）反装法。X 射线从底片中心孔穿入，照射试样后从中心孔穿出，高角度线条均集中在孔眼附近，故除 θ 角极高的线条可被光阑遮挡外，几乎全部可记录。

（3）偏装法。在底片上不对称地开两个孔，X 射线先后从这两个孔通过，衍射线条形成围绕进出光孔的两组弧对，此法也具有反装法的优点。

2）工作原理图

德拜法衍射花样主要是测量衍射线条的相对位置和相对强度，然后再计算出 θ 角和晶面间距。每个德拜像都包括一系列的衍射圆弧对，每对衍射圆弧都是相应的衍射圆锥与底片相交的痕迹，它代表一族 (hkl) 晶面的反射。图 8-32 为德拜法衍射几何。当需要计算 θ 角时，首先要测量衍射圆弧的弧对间的间距 $2L$，通过 $2L$ 计算 θ 角的公式，可以从图所示的衍射几何中得出：在透射

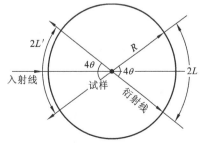

入射线　$2L'$　R　4θ　试样　4θ　$2L$　衍射线

图 8-32　德拜法中衍射角的计算

区，$2L=4R\theta$（rad），式中 R 是相机镜头筒半径，即圆形底片的曲率半径，θ 用角度表示为 $\theta=57.3\times2L/4R$；而在背散射区，可用类似方法求 φ，再由 $\theta=90°-57.3\times2L'/4R$ 求出衍射角。为求 θ 必须知道相机半径 R，通常相机直径制造成 57.3 mm 或 114.6 mm，这样它们的圆周长分别为 180 mm 或 360 mm，于是底片上每 1 mm 的距离相当于角度 2° 或 1°。

2. X 射线衍射仪

20 世纪 50 年代以前的 X 射线衍射分析，绝大部分是利用粉末照相法，用底片把试样的全部衍射花样同时记录下来，该方法具有设备简单、价格便宜、在试样非常少（mg）的情况下也可以进行分析的优点，但存在拍照时间长（几小时）、衍射强度依靠照片黑度来估计的缺点。近几十年，利用各种辐射探测器（计数器）和电子线路依次测量 2θ 角处的衍射线束的强度和方向的 X 射线衍射仪法已相当普遍。目前，X 射线衍射仪广泛应用于科研与生产中，并在各主要测试领域中取代了粉末照相法，与粉末照相法相比，衍射仪法需要 0.5 g 试样，且具有测试速度快（几十分钟）、强度测量精确度高、能与计算机联用、实现分析自动化等优点。

1）装置

X 射线仪是以特征 X 射线照射多晶体或粉末样品，用射线探测器和测角仪来探测衍射线的强度和位置，并将它们转化为电信号，然后借助于计算机技术对数据进行自动记录、处理和分析的仪器。X 射线衍射仪成像原理与粉末照相法相同，但记录方式及相应获得的衍射花样不同。现代 X 射线衍射仪由 X 射线发生器（包括 X 射线管及其所需稳压、稳流电源）、X 射线测角仪、辐射探测器和辐射测量电路 4 个基本部分组成，还包括控制操作和运行软件的计算机系统。

a. X 射线测角仪

测角仪是 X 射线衍射仪的核心部分，相当于粉末照相法中的相机。其结构如图 8-33 所示，平板试样 D 安装在试样台 H 上，后者可围绕垂直于图面的轴 O 旋转；S 为 X 射线源，即 X 射线管靶面上的线状焦点，它与 O 轴平行；F 为接收狭缝，它与计数管 C 共同安装在围绕 O 旋转的支架 E 上，计数管的角位置 2θ 可由大转盘 G（衍射仪圆）上的刻度尺 K 读出。

图 8-34 为衍射仪的光路图，S 为线光源，其长轴方向竖直，K 为发散狭缝，L 为防散狭缝，F 为接收狭缝，它们的作用是限制 X 射线的水平发散度。其中，K 狭缝针对入射线，另两狭缝针对衍射线。狭缝有一系列不同的尺寸供选用，较大的狭缝可获得较强的射线，不仅节约测试时间，且可使弱衍射线易被探测到，但过宽的狭缝将使分辨本领降低。S_1、S_2 为索拉狭缝，由一组平行的金属薄片组成，其作用是限制 X 射线在竖直方向的发散度。

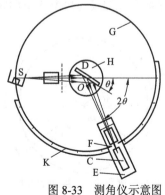

图 8-33　测角仪示意图

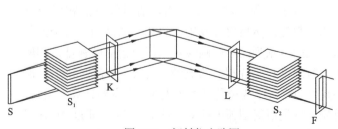

图 8-34　衍射仪光路图

b. 试样

在 X 射线衍射仪分析中，粉末样品的制备及安装对衍射峰位置和强度有很大的影响。衍射仪采用块状平面试样，它可以是整块的多晶体，也可用粉末压制。

c. 辐射探测器

辐射探测器是将 X 射线转换成电信号的部件，在衍射仪中常用的有正比计数管、盖革计数管、闪烁计数管和半导体硅（锂）探测器。

正比计数管和盖革计数管都属于充气计数管，它们是利用 X 射线能使气体电离的特性来进行工作的。如图 8-35 所示，计数管常有一个玻璃外壳，管内充有氩气、氪气等惰性气体，管内有一金属圆筒作为阴极，中心有一细金属丝作为阳极。管子的一端是用铍或云母制成的窗口，X 射线可以从此窗口射入。阴极和阳极之间加有一定的电压 V，X 射线进入窗口后就被气体分子吸收，并使气体分子电离成为电子和正离子。在电场作用下，电子向阳极丝移动而正离子则向圆筒形阴极移动，形成一定的电流。

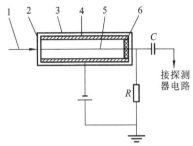

图 8-35　充气计数管结构示意图
1. X 射线；2. 窗口；3. 玻璃壳；4. 阴极（金属圆筒）；5. 阳极（金属丝）；6. 绝缘体

当阴阳极间的电压为 600～900 V 时，被 X 射线电离出的电子在此强电场作用下可获得很大动能，它们在飞向阳极途中又会与其他分子碰撞而产生次级电子，次级电子在强电场作用下，又使其他分子电离，这种过程反复进行，形成连锁反应，使阳极周围形成局部的径向"雪崩区"。这种"雪崩"过程可在外电路中形成电脉冲，经放大后可输入专用的计数电路中。正比计数管中，"雪崩区"范围小，一次"雪崩"所需时间仅 0.2～0.5 μs，因此对脉冲分辨能力高，即使计数率高达 10^6 cps（cps 即每秒脉冲数）时，也不会有明显的计数损失。

盖革计数管是另一种充气计数管，其阴阳极间的电压一般在 1500 V 左右，这时气体放大因数可增大到 10^8 以上。X 射线光子一进入计数管，就会触发整个阳极丝上的雪崩电离，因此所得脉冲都一样大，与入射光子能量无明显关系。盖革计数管中除了惰性气体外，还加放少量乙醇、二乙醚等有机气体作为猝灭剂，否则管子中一旦放电发生，就不能自动停止。盖革计数管从放电到猝灭再到放电，所需时间长，因而反应速率慢，故计数率一般不超过 10^3 cps，否则计数损失严重。

闪烁计数管是利用某些固体（磷光体）在 X 射线照射下会发出荧光的原理而制成的。把这种荧光偶合到具有光敏阴极的光电倍增管上，光敏阴极在荧光作用下会产生光电子，经光电倍增管的多级放大后，就可得到毫伏级的电脉冲信号。因为发光体的发光量与入射光子能量成正比，所以闪烁计数管的输出脉冲高度也与入射 X 射线光子能量成正比。但闪烁计数管的能量分辨率低于正比计数管。此外，闪烁计数管的噪声大，即使没有 X 射线照射，有时也会有计数。这是由光敏阴极中热电子发射效应造成的。闪烁计数管发光过程和光电倍增过程所需时间都很短，一般在 1 μs 以下，因此闪烁计数管计数率高达 10^5 cps 时，也不会有计数损失。

目前用作 X 射线探测器的还有半导体探测器，如硅（锂）探测器、碘化汞探测器等。半导体探测器利用 X 射线能在半导体中激发产生电子-空穴对的原理制成，使产生的电子-空穴对在外电场或内建电场作用下定向流动到收集电极，就可得到与 X 射线强度有关的电流信号。

半导体探测器的突出优点是对入射光子的能量分辨率高，分析速度快，并且几乎没有什么损失，它的缺点是室温时热激发的影响严重，噪声大，必须在低温（液氮温度）下使用，表面对污染十分敏感，所以需保持高的真空环境。

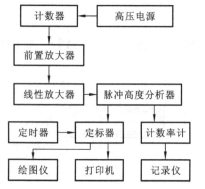

图 8-36　辐射测量电路示意图

d. 辐射测量电路

辐射测量电路是保证辐射探测器能有最佳状态的输出电信号，并将其转变为能够直观读取或记录数值的电子学电路，如图 8-36 所示。

由计数器出来的脉冲，首先经前置放大器作一级放大，倍率为 10 左右，输出信号为 20～200 mV，通过电缆线进入线性放大器，这是主放大器，可将输入脉冲放大到 5～100 V。

主放大器输出的齿形脉冲经过脉冲整形器变成 1 μs 的矩形脉冲，输入脉冲高度分析器，利用脉冲高度分析器只允许幅度介于上、下限之间的脉冲才能通过的特性，去除干扰，进行脉冲选择。

在一般 X 射线分析中，由脉冲高度分析器输出的脉冲直接输进计数率计。计数率计是一种能够连续测量平均脉冲计数速率的装置，它把给定时间间隔内输送来的脉冲累计起来并对时间平均，求得计数率（每秒脉冲数，它与衍射强度成正比），将单位时间内输入的平均脉冲数对 2θ 作图，得到 I（计数率）-2θ 衍射强度曲线。

由脉冲高度分析器选出的脉冲也可输进定标器。定标器是对输入脉冲进行累计计数的电路，记录给定时间间隔内的脉冲数，并且用数码管显示，将衍射强度量化。

3. 工作原理

衍射仪圆上的线状焦点 S 发出的 X 射线，照射到曲率半径为 R 的多晶试样 MON 表面上时，根据聚焦原理，试样各点的同一族晶面的反射线必能汇聚于一点 F，此时 S、MON、F 位于以 R 为半径的同一聚焦圆上，使探测器围绕聚焦圆旋转，就能记录不同晶面的衍射线的强度和位置。在这种情况下，聚焦圆的半径不变，焦点 S 到试样 MON 的距离保持不变，但不同晶面的衍射线的聚焦点与试样间的距离则随衍射角 2θ 改变，如图 8-37 所示。

但实际上探测器是围绕衍射仪圆旋转，而不是围绕聚焦圆旋转，所以不仅焦点到试样的距离保持不变，而且为了保证探测到衍射线的聚焦点，聚焦点到试样的距离也要求保持不变。

当试样相对于焦点的距离不变，而入射角改变时，聚焦圆的半径会发生变化。如图 8-38 所示，当衍射角 2θ 接近 $0°$ 时，聚焦圆半径接近无穷大，而 2θ 为 $180°$ 时，聚焦圆的半径最小，为衍射仪圆半径的 $1/2$。所以当试样转动时，有可能使聚焦点落在以试样为圆心的圆周上。通常衍射仪将试样与探测器始终保持 1∶2 的转动速度比，这样可以保证在试样的整个转动过程中，与试样表面平行的那些晶面族满足布拉格方程时，所产生的衍射线会在衍射仪圆上聚焦，进入探测器。这是因为，当这些晶面族满足布拉格方程时，入射线与晶面间的夹角为 θ，与反射线间的夹角为 2θ，因为晶面族平行于试样表面，所以入射线也与试样表面成 θ 角，此时探测器刚好转过 2θ 角，所以衍射线汇聚进入探测器。

衍射仪法和德拜-谢乐法的本质区别在于参与衍射的晶面不同。德拜相机中所有与埃瓦尔德球相交的倒易阵点对应的晶面都对衍射花样有贡献，衍射仪中只有平行于晶体表面的晶面才对衍射花样有贡献。

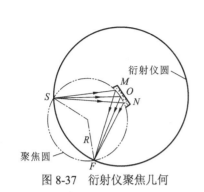

图 8-37 衍射仪聚焦几何

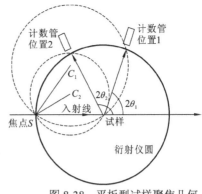

图 8-38 平板型试样聚焦几何

4. 参数选择

1）连续扫描法

在进行定性分析工作时常使用此法，即利用计数率计和记录设备连续记录试样的全部衍射花样。实验方法是：使探测器以一定的角速度和试样以 2∶1 的关系在选定的角度范围内进行自动扫描，并将探测器的输出与计数率计连接，获得 I-2θ 衍射谱图，如图 8-39 所示，纵坐标通常表示每秒的脉冲数。从谱图中很方便看出衍射线的峰位、线形和强度。连续扫描方式速度快、工作效率高，一般用于对样品的全扫描测量，对强度测量的精度要求不高，对峰位置的准确度和角分辨率要求也不太高，可选择较大的发散光阑和接收光阑，使计数器扫描速率较大以节约实验时间。

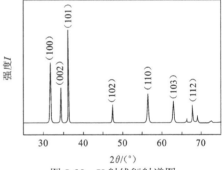

图 8-39 X 射线衍射谱图

2）步进扫描法

此法又称阶梯扫描法，当需要准确测量衍射线的峰形、峰位和累计强度时采用，适于定量分析。其步骤是：把计数器放在衍射线附近的某角度处，以足够的时间测量脉冲数，脉冲数除以计数时间即某角度的衍射角度，然后再把计数器向衍射线移动很小的角度，重复上述操作，也就是探测器以一定的角度间隔（步长）逐步移动，对衍射峰强度进行逐点测量。步进扫描法可以采用定时计数法或定数计数法。

8.2.5　X 射线衍射物相分析方法

X 射线衍射物相分析可确定材料由哪些相组成（即物相定性分析或称物相鉴定）和确定各组成相的含量（常以体积分数或质量分数表示，即物相定量分析）。

1. 定性分析

1）定性分析原理

X 射线衍射线的位置取决于晶胞参数（晶胞形状和大小），也即取决于各晶面的面间距，而衍射线的相对强度则取决于晶胞内原子的种类、数目及排列方式。每种晶态物质都有其特有的晶体结构，不是前者有异，就是后者有别。因而，X 射线在某种晶体上的衍射必然反映出带有晶体特征的特定的衍射花样。光具有一个特性，即两个光源发出的光互不干扰，所以对于含有 n 种物质的混合物或含有 n 相的多相物质，各个相的衍射花样互不干扰而是机械地叠加，即若材料中包含多种晶态物质，它们的衍射谱同时出现，不互相干涉（各衍射线位置及相对强度不变），只是简单叠加。于是在衍射谱图中发现和某种结晶物质相同的衍射花样，就可以断定试样中包含这种结晶物质，这就如同通过指纹进行人的识别一样，自然界中没有衍射谱图完全相同的两种物质。

2）PDF 卡片

衍射花样可以表明物相中元素的化学结合态，通过拍摄全部晶体的衍射花样，可以得到各晶体的标准衍射花样。在进行定性相分析时，首先将试样用粉晶法或衍射仪法测定各衍射线条的衍射角，将它换算为晶面间距 d，再用黑度计、计数管或肉眼估计等方法，测出各条衍射线的相对强度 I/I_1，然后只要把试样的衍射花样与标准的衍射花样相对比，从中选出相同者就可以确定该物质。定性分析实质上是信息的采集和查找核对标准花样。为了便于进行这种比较和鉴别，1938 年，Hanawalt 等首先开始收集和摄取各种已知物质的衍射花样，将其衍射数据进行科学整理和分类；1942 年，美国材料与试验协会（American Society for Testing and Materials，ASTM）将每种物质的面间距 d 和相对强度 I/I_1，以及其他数据以卡片形式出版，称为 ASTM 卡；1969 年，由粉末衍射标准联合委员会（Joint Committee on Powder Diffraction Standards，JCPDS）负责卡片的出版，称为 PDF（The Powder Diffraction File）粉末衍射卡，1978 年，与国际衍射资料中心（International Centre for Diffraction Data，ICDD）联合出版，1992 年以后卡片统由 ICDD 出版。

如图 8-40 为 PDF 卡片示意图，下面分 10 个区域进行介绍。

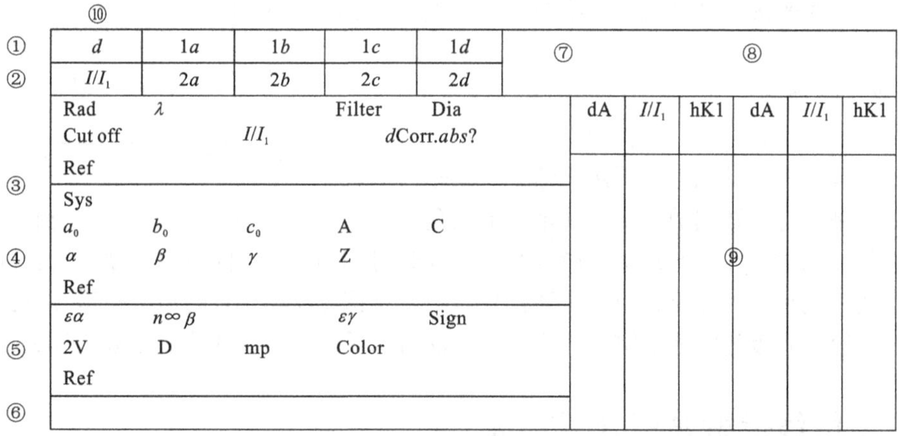

⑩					⑦		⑧			
① d	$1a$	$1b$	$1c$	$1d$						
② I/I_1	$2a$	$2b$	$2c$	$2d$						
③ Rad	λ		Filter	Dia	dA	I/I_1	hK1	dA	I/I_1	hK1
Cut off		I/I_1	dCorr.abs?							
Ref										
④ Sys										
a_0	b_0	c_0	A	C						
α	β	γ	Z					⑨		
Ref										
⑤ $\varepsilon\alpha$	$n\infty\beta$		$\varepsilon\gamma$	Sign						
2V	D	mp	Color							
Ref										
⑥										

图 8-40 PDF 卡片示例

①1a、1b、1c 分别列出透射区衍射图中最强、次强、再次强三强线的面间距，1d 是试样的最大面间距。

②2a、2b、2c、2d 分别列出上述各线条以最强线强度（I_1）为 100 时的相对强度 I/I_1。

③衍射时的实验条件。

④物质的晶体学数据。

⑤光学和物理性质数据。

⑥有关资料和数据，包括试样来源、制备方式。

⑦物质的化学式及英文名称。

⑧物质矿物学名称或通用名称，有机物为结构式。

⑨面间距、相对强度及密勒指数。

⑩卡片序号。

3）索引

目前使用的索引主要有三种编排格式：哈那瓦特（Hanawalt）数字索引、芬克（Fink）数字索引和字顺（Alphabetical）索引。被测样品的化学成分完全未知时，采用数字索引；若已知被测样品的主要化学成分，宜用字顺索引。

4）定性相分析的方法

数字索引的分析步骤如下：

（1）拍摄待测试样的衍射谱：粉末试样的粒度以 $10 \sim 40\ \mu m$ 为宜。

（2）测定衍射线对应的面间距 d 及相对强度 I/I_1：由衍射仪测得的谱线的峰位（2θ）一般按峰顶的部位确定，再根据 2θ 及光源的波长求出对应的面间距 d 值（目前的全自动衍射仪均可自动完成这一工作）。随后取扣除背底峰高的线强度，测算相对强度（以最强线强度作为 100），将数据依 d 值从大到小列表。

（3）以试样衍射谱中第一、第二强线为依据查 Hanawalt 数字索引。在包含第一强线的大组中，找到第二强线的条目，将此条中的 d 值与试样衍射谱对照，如不符合，则说明这两条衍射线不属于同一相（多相系统的情况），再取试样衍射谱中的第三强线作为第二强线检索，可找到某种物质的 d 值与衍射谱符合。

（4）按索引给出的卡片号取出卡片，对照全谱，确定出一相物质。

（5）将剩余线条中最强线的强度作为 100，重新估算剩余线条的相对强度，取三条强线并按前述方法查对 Hanawalt 数字索引，得出对应的第二相物质。

（6）如果试样谱线与卡片完全符合，那么定性完成。

在物相分析时，可能遇到三相或更多相，其分析方法同上。

字顺索引的分析步骤如下：

（1）根据被测物质的衍射谱，确定各衍射线的 d 值及相对强度。

（2）根据试样的成分及有关工艺条件，或参考文献，初步确定试样可能含有的物相。

（3）按物相的英文名称，从字顺索引中找出相应的卡片号，依此找出相应卡片。

（4）将实验测得的面间距和相对强度，与卡片上的值一一对比，如果吻合，则待分析试样中含有该卡片所记载的物相。

（5）同理，可将其他物相一一定出。

5）定性物相分析的范例

由待分析样品衍射花样得到其 $d\text{-}I/I_1$ 数据组，如表 8-1 所示。由表可知其三强线顺序为 2.848_x、3.27_8、2.726_7。检索 Hanawalt 数字索引，在 d_1 为 $0.284 \sim 0.28$ nm 的一组中，有几种物质的 d_2 值接近 0.247 nm，但将三强线对照来看，却没有一个物相可与其一致。由此判断可能待分析试样由两种以上物质组成。假设最强线 0.2848 nm 与次强线 0.247 nm 分别由两种不同相所产生，而第三强线 0.2726 nm 与最强线为同一相所产生，查找剩余 d 值中最大值 0.1596 nm，重新确定三强线顺序为 2.848_x、2.726_7、1.594_4。查找数字索引找到一个条目 11-557（LaNi$_2$O$_4$），其八强线条与待分析样品中 8 根线条数据相符，按卡片号取出 LaNi$_2$O$_4$，卡片进一步核对，发现 LaNi$_2$O$_4$ 大部分 $d\text{-}I/I_1$ 数据（表 8-2）与表 8-1 所列待分析样品部分 $d\text{-}I/I_1$，数据吻合（以*号标识），故可判定待分析样品中含有 LaNi$_2$O$_4$。将表 8-1 中属于 LaNi$_2$O$_4$ 的各线条数据去除，将剩余线条进行归一化处理（即将剩余线条中的最强线 0.327 nm 的强度设为 100，其余线条强度值也相应调整），按定性分析方法的步骤重新进行检索和核对，结果表明这些线条与 La$_2$O$_3$ 的 PDF 卡片所列数据一致（表 8-3）。至此，可以确定待分析样品由 LaNi$_2$O$_4$ 和 La$_2$O$_3$ 两相组成。

表 8-1　未知样品衍射花样数据

d	I/I_1	d	I/I_1
3.7*	25	2.003	32
3.27	80	1.927*	35
3.16*	15	1.702	20
2.848*	100	1.64*	25
2.832	28	1.596*	40
2.726*	70	1.423*	20
2.111*	30	1.365*	20
2.063*	35	1.249*	15

表 8-2　LaNi$_2$O$_4$ 的 PDF 卡片数据

d	I/I_1	hkl	d	I/I_1	hkl
6.3	1	002	1.668	10	116
3.7	25	101	1.64	25	107
3.16	15	004	1.596	40	213
2.848	100	103	1.581	5	008
2.726	70	110	1.423	20	206
2.502	3	112	1.365	20	220
2.111	30	006	1.279	3	301
2.063	35	114	1.249	15	217
1.927	35	200	1.229	10	303
1.707	10	211			

表 8-3　La$_2$O$_3$ 的 PDF 卡片数据

d	I/I_1	hkl	d	I/I_1	hkl
4.62	10	211	1.836	10	611
3.27	100	222	1.747	5	541
2.832	35	400	1.702	25	622
2.668	10	411	1.669	10	631
2.413	5	332	1.298	10	662
2.22	10	431	1.266	10	840
2.003	40	440			

2. 定量分析

X 射线物相定量分析的任务是根据混合相试样中各相物质的衍射线的强度来确定各相物质的相对含量。随着衍射仪的测量精度和自动化程度的提高，近年来定量分析技术有很大进展。

1）定量分析原理

从衍射线强度理论可知，多相混合物中某一相的衍射强度，随该相的相对含量的增加而增加。但由于试样的吸收等因素的影响，一般说来某相的衍射线强度与其相对含量并不呈线性的正比关系，而是曲线关系，如图 8-41 所示。

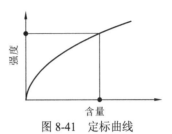

图 8-41　定标曲线

如果用实验测量或理论分析等方法确定了该关系曲线，就可从实验测得的强度算出该相的含量，这是定量分析的理论依据。虽然照相法和衍射仪法都可用来进行定量分析，但因用衍射仪法测量衍射强度比照相法方便简单，速度快，精确度高，而且现在衍射仪的普及率已经很高，因此定量分析的工作基本上都用衍射仪法进行。为此下面以衍射仪的强度公式为基础进行讨论。

在前面已经得到了衍射线的积分强度公式（8-34），即

$$I_m = \mathrm{e}^{-2M} A(\theta) P q \frac{\cos\theta}{2} \mathrm{d}\theta \, |G|^2 \, F_{hkl}^2 \, \frac{e^4}{m^2 c^4 R^2} \left(\frac{1+\cos^2 2\theta}{2} \right) I_0$$

式中多晶体作用项 $q\dfrac{\cos\theta}{2}$，与参与衍射的试样体积 V 有关，可以用 MV 表示，其中 M 为系数。另外，若试样为平板状的单相多晶体，其吸收因子为 $A(\theta) = \dfrac{1}{\mu}$，其中 μ 为试样的线吸收系数，则衍射线的积分强度公式变为

$$I_m = \mathrm{e}^{-2M} P \frac{MV}{\mu} |G|^2 \, F_{hkl}^2 \, \frac{e^4}{m^2 c^4 R^2} \left(\frac{1+\cos^2 2\theta}{2} \right) I_0 \tag{8-35}$$

这个公式虽是从单相物质导出的，但只要作适当修改，就可应用于多相物质。假设试样由几个相均匀混合而成，μ 为混合试样的线吸收系数，其中第 j 相所占的体积分数为 v_j，则式（8-35）中的 V 换成第 j 相的体积 $V_j = v_j V$，则第 j 相的某根衍射线强度为

$$I_j = \mathrm{e}^{-2M} P \frac{M v_j V}{\mu} |G|^2 \, F_{hkl}^2 \, \frac{e^4}{m^2 c^4 R^2} \left(\frac{1+\cos^2 2\theta}{2} \right) I_0 \tag{8-36}$$

若令 $B = I_0 \dfrac{e^4}{m^2 c^4 R^2} \cdot V$，$C_j = \dfrac{\mathrm{e}^{-2M} P \, |G|^2 \, F_{hkl}^2 \left(1+\cos^2 2\theta \right)}{2}$，则 I_j 表示为

$$I_j = B C_j \frac{v_j}{\mu} \tag{8-37}$$

这里 B 是一个只与入射光束强度 I_0 及受照射的试样体积 V 等实验条件有关的常数；而 C_j 只与第 j 相的结构及实验条件有关。当该相的结构已知、实验条件选定之后，C_j 为常数，并可计算出来。

在实用时，常以第 j 相的质量分数 ω_j 来代替体积分数 v_j，这是因为 ω_j 比 v_j 容易测量。若设混合物的密度为 ρ，质量吸收系数为 μ_m，参与衍射的混合试样的质量和体积分别为 W 和 V，而第 j 相的对应物理量分别用 ρ_j、$(\mu_m)_j$、W_j 和 V_j 表示，这时

$$v_j = \frac{V_j}{V} = \frac{1}{V}\frac{W_j}{\rho_j} = \frac{W\omega_j}{V\rho_j} = \rho\frac{\omega_j}{\rho_j} \tag{8-38}$$

$$\mu = \mu_m\rho = \rho\sum_{j=1}^{n}(\mu_m)_j\omega_j \tag{8-39}$$

将上述两式代入式（8-37）得

$$I_j = BC_j\frac{\omega_j/\rho_j}{\sum_{j=1}^{n}(\mu_m)_j\omega_j} \tag{8-40}$$

或

$$I_j = BC_j\frac{\omega_j/\rho_j}{\mu_n} \tag{8-41}$$

该公式直接把第 j 相的某条衍射线强度与该相的质量分数 W_j 联系起来，是定量分析基本公式。

2）直接对比法

这种方法只适用于待测试样中各相的晶体结构为已知的情况，此时与 j 相的某衍射线有关的常数 C_j 可直接由公式算出来。假设试样中有 n 相，则可选取一个包含各个相的衍射线的较小角度区域，测定此区域中每个相的一条衍射线强度，共得到 n 个强度值，分属于 n 个相，然后定出这 n 条衍射线的衍射指数和衍射角，算出它们的 C_j，于是可列出下列方程组：

$$I_1 = BC_1\frac{v_1}{\mu}, I_2 = BC_2\frac{v_2}{\mu}, I_3 = BC_3\frac{v_3}{\mu}, \cdots, I_n = BC_n\frac{v_n}{\mu}, v_1 + v_2 + v_3 + \cdots + v_n = 1$$

这个方程组有 $n+1$ 个方程，而其中未知数为 v_1、v_2、v_3、$\cdots$、v_n 和 μ，也是 $n+1$ 个，因此各相的体积分数可求得。这种方法应用于两相系统时特别简便，有

$$I_1 = BC_1\frac{v_1}{\mu}, \quad I_2 = BC_2\frac{v_2}{\mu}, \quad v_1 + v_2 = 1$$

解之可得

$$v_1 = \frac{I_1C_2}{I_1C_2 + I_2C_1}, \quad v_2 = \frac{I_2C_1}{I_1C_2 + I_2C_1}$$

3）外标法

外标法是用对比试样中待测的第 j 相的某条衍射线和纯 j 相（外标物质）的同一条衍射线的强度来获得第 j 相含量的方法，原则上它只能应用于两相系统。设试样中所含两相的质量吸收系数分别为 $(\mu_m)_1$ 和 $(\mu_m)_2$，则有

$$\mu_m = (\mu_m)_1\omega_1 + (\mu_m)_2\omega_2$$

根据式（8-40），所以有

$$I_1 = BC_1\frac{\omega_1/\rho_1}{(\mu_m)_1\omega_1 + (\mu_m)_2\omega_2} \tag{8-42}$$

因 $\omega_1 + \omega_2 = 1$，故

$$I_1 = BC_1\frac{\omega_1/\rho_1}{\omega_1[(\mu_m)_1 - (\mu_m)_2] + (\mu_m)_2} \tag{8-43}$$

若以 $(I_1)_0$ 表示纯的第 1 相物质（$\omega_2 = 0$，$\omega_1 = 1$）的某衍射线的强度，则有

$$(I_1)_0 = BC\frac{I/\rho}{(\mu_m)_1} \tag{8-44}$$

于是有

$$\frac{I_1}{(I_1)_0} = \frac{\omega_1(\mu_\mathrm{m})_1}{\omega_1\left[(\mu_\mathrm{m})_1-(\mu_\mathrm{m})_2\right]+(\mu_\mathrm{m})_2} \tag{8-45}$$

由此可见，在两相系统中若各相的质量吸收系数已知，则只要在相同实验条件下测定待测试样中某一相的某条衍射线强度 I_1（一般选择最强线来测量）。然后再测出该相的纯物质的同一条衍射线强度 $(I_1)_0$，就可以算出该相的质量分数 ω_1。但 $I_1/(I_1)_0$ 一般无线性正比关系，而呈曲线关系，这是由样品的基体吸收效应所造成的。但若系统中两相的质量吸收系数相同（如两相相同的同素异构体时），则 $I_1/(I_1)_0=\omega_1$，这时该相的含量 ω_1 与 $I_1/(I_1)_0$ 呈线性正比关系。

图 8-42 为从三种两相混合物中测定石英 $I_{石英}/(I_{石英})_0$ 与 $\omega_{石英}$ 的关系曲线，其中实线是从理论计算所得，而圆点是实验测得的数据，两者符合较好。习惯上，常称这种衍射线强度比与含量的关系曲线为定标曲线。由图可见，对石英-方石英系统（曲线 2）来说，因为它们是 SiO_2 的同素异构体，定标曲线为直线；对于石英-氧化铍系统（曲线 1）和石英-氧化钾系统（曲线 3），因为氧化铍和氧化钾的质量吸收系数分别比石英小和大，故曲线分别向上和向下弯曲。

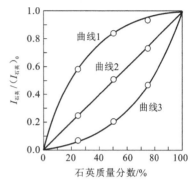

图 8-42 石英定标曲线

4）内标法

当试样中所含物相数 $n>2$，而且各相的质量吸收系数又不相同时，常需往试样中加入某种标准物质（称为内标物质）来帮助分析，这种方法统称为内标法。

设试样中有 n 个相，它们的质量为 W_1，W_2，$\cdots$，W_n，总质量 $W=\sum_1^n W_i$，在试样中加入标准物质作为第 s 个相，它的质量为 W_s。如果以 ω_j 表示待测的第 j 相在原试样中的质量分数，又以 ω_j' 表示它在混入标准物质后的试样中的质量分数，而用 ω_s 表示标准物质在它混入后的试样中的质量分数，则

$$\omega_j' = \frac{W_j}{W+W_s} = \frac{W_j}{W}\left(1-\frac{W}{W-W_s}\right) = \omega_j\left(1-\omega_s\right) \tag{8-46}$$

根据式（8-40），可得混入标准物质后第 j 相和标准物质的强度公式：

$$I_j = BC_j\frac{\omega_j'/\rho_j}{\sum_1^n(\mu_\mathrm{m})_j\omega_j'+\omega_s(\mu_\mathrm{m})_s} \tag{8-47}$$

$$I_s = BC_s\frac{\omega_s'/\rho_s}{\sum_1^n(\mu_\mathrm{m})_j\omega_j'+\omega_s(\mu_\mathrm{m})_s} \tag{8-48}$$

将以上两式相比，即得

$$\frac{I_j}{I_s} = \frac{C_j}{C_s}\cdot\frac{\omega_j'\rho_s}{\omega_s'\rho_j} = \frac{C_j}{C_s}\cdot\frac{(1-\omega_s)\rho_s}{\omega_s\rho_j}\omega_j \tag{8-49}$$

由于在配制试样时，可以控制质量 W 和加入的内标物质的质量 W_s，使得 ω_s 保持常数，于是可写为 $I_j/I_s = C\omega_j$，其中 $C = \dfrac{C_j}{C_s}\cdot\dfrac{(1-\omega_s)\rho_s}{\omega_s\rho_j}$ 为常数。该式即内标法的基本公式，它说明

待测的第 j 相的某一衍射线强度与标准物质的某衍射线强度之比，是该相在原试样中的质量分数 ω_j 的直线函数。

由于常数 C 难以用计算方法定准，实际使用内标法时也是先用实验方法作出定标曲线，再进行分析。首先配制一系列标准试样，其中包含已知量的待测相 j 和恒定质量分数 ω_s 的标准物质。然后用衍射仪测量对应衍射线的强度比，作出 I_j/I_s 与 ω_j 的关系曲线（定标曲线）。在分析未知试样中的第 j 相含量时，只要对试样加入相同质量分数的标准物质，然后测量出相同线条的强度比 I_j/I_s，查对定标曲线即可确定未知试样中第 j 相的含量。必须注意，在制作定标曲线与分析未知试样时，标准物质的质量分数 ω_s 应保持恒定，通常取 ω_s 为 0.2 左右。而测量强度所选用的衍射线，应选取内标物质以及第 j 相中衍射角相近、衍射强度也比较接近的衍射线，并且这两条衍射线应该不受其他衍射线的干扰，否则情况将变得更加复杂，影响分析精度的提高。对于一定的分析对象，在选取何种物质作为内标物质时，必须考虑到这些问题。除此之外，内标物质必须化学性能稳定、不氧化、不吸水、不受研磨影响、衍射线数目适中、分布均匀。

图 8-43 是用萤石作为内标物质，测定工业粉尘中石英含量的定标曲线，萤石的质量分数 ω_s 取为 0.2，$I_{石英}$ 是从石英的晶面间距等于 0.334 nm 的衍射线测得的强度，而 $I_{萤石}$ 是从萤石的晶面间距为 0.316 nm 的衍射线测得的强度。

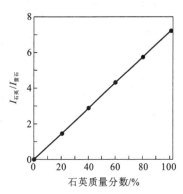

图 8-43　内标法石英定标曲线

5）K 值法

内标法的缺点是常数 C 与标准物质的掺入量 ω_s 有关，F.H.Chung 对内标法作了改进，消除了这一缺点，并改称为基体冲洗法，由于名称不易理解，现在多称为 K 值法。K 值法实际上也是内标法的一种，它与传统的内标法相比，不用绘制定标曲线，因而免去了许多繁复的实验，使分析手续更为简化。其实它的原理也是比较简单的，所用的公式是从内标法的公式演化而来的，注意到 $\omega'_j = \omega_j(1-\omega_s)$，根据式（8-49），进行变化可得

$$\frac{I_j}{I_s} = \frac{C_j}{C_s} \cdot \frac{\rho_s}{\rho_j} \cdot \frac{\omega'_j}{\omega_s} = \frac{C_j}{C_s} \cdot \frac{\rho_s}{\rho_j} \cdot \frac{(1-\omega_s)}{\omega_s} \cdot \omega_j \qquad (8-50)$$

式中：I_j 和 I_s 分别是加入了内标物质 s 后，试样中第 j 相和内标物质 s 选定的衍射线的强度；ω_j 和 ω'_j 则分别是内标物质加入以前和以后，试样中第 j 相的质量分数，ω_s 是内标物质加入以后内标物质的质量分数，在上式中若令 $K_s^j = \dfrac{C_j}{C_s} \cdot \dfrac{\rho_s}{\rho_j}$，则有

$$\frac{I_j}{I_s} = K_s^j \frac{(1-\omega_s)}{\omega_s} \cdot \omega_j \quad \text{或} \quad \frac{I_j}{I_s} = K_s^j \frac{\omega'_j}{\omega_s} \qquad (8-51)$$

若已知 K_s^j，又测定了 I_j 和 I_s，则通过此式可算出 ω'_j 或 ω_j（因加入的内标物质的质量分数 ω_s 是已知的）。从 K_s^j 的表达式可知，它是一个与第 j 相和 s 相含量无关，也与试样中其他相的存在与否无关的常数，而且它与入射光束强度 I_0、衍射仪圆的半径 R 等实验条件也无关。它是一个只与 j 和 s 相的密度、结构及所选的哪条衍射线有关。X 射线的波长也会影响 K_s^j 的值，因为 X 射线波长的变化会影响衍射角，从而影响角因子，也就影响 C_j、C_s 和 K_s^j。可见当 X 射线波长选定不变时，K_s^j 是一个只与 j 和 s 两相有关的特征常数，由于这个常数通

常以字母 K 来表示，故通常称为 K 值法。

K 值法的测试方法如下：选取纯的 j 相和 s 相物质，将它们配制成一定比例，例如 $1:1$ 的试样，这时 ω'_j 和 ω_s 都为 0.5（$\omega'_j/\omega_s=1$），只要测定该试样的衍射强度比，即可得 $K_s^j=I_j/I_s$。为了使测得的 K_s^j 有较高的准确度，选择各物相的被测衍射线时，在保证没有相互干扰的条件下，要尽量选择最强的衍射线。当应用 K 值法对某种具体样品进行相分析时，所需的 K 值除用实验测定外，在某些情况下，还可从 JCPDS 编制的 PDF 卡片中查出来。由于 K 值法简便易行，很受人们重视。因为在波长一定的条件下，K_s^j 值只与 j 和 s 两相有关，是一个通用常数，所以在 PDF 索引中，列出很多常用物质的 K 值可供参考。这些 K 值是以纯刚玉(α-Al$_2$O$_3$)作为通用标准物质测得的，也就是说，这些 K 值是将某物相 j 与刚玉配制成质量比为 $1:1$ 的混合物，然后测定该混合物中 j 相的最强线的强度和刚玉的最强线的强度 I_0，再取它们的强度比而得到 $K_s^j=I_j/I_0$。因为 K_s^j 是两相最强线的强度比，故称为参比强度。为什么选择刚玉作为通用的标准物质呢？因为纯刚玉容易得到，而且它的化学稳定性极好，再则因刚玉颗粒在各方向上的尺度比较接近，制备试样时不易产生择优取向。

K 值法应用于两相系统特别简单，这时若知道第 1 相对第 2 相的 K_2^1，又测定了两相的强度比 I_1/I_2，则无需加标准物质，即可求出各相的质量分数，因为这时有

$$\begin{cases} \omega_1 + \omega_2 = 1 \\ \dfrac{I_1}{I_2} = K\dfrac{\omega_1}{\omega_2} \end{cases}$$

解之，即得

$$\omega_1 = \frac{1}{1+\dfrac{KI_2}{I_1}}, \quad \omega_2 = \frac{1}{1+\dfrac{I_1}{KI_2}}$$

从前面叙述可知，K 值法也是内标法的一种，并且 K 值实际上也是定标曲线的斜率，但与一般内标法相比，具有明显的优点。首先，在 K 值法中，$K_s^j=\dfrac{C_j}{C_s}\cdot\dfrac{\rho_s}{\rho_j}$ 只与 X 射线波长及 j 与 s 两相的结构和密度有关，因此具有常数意义，精确测定的 K 值具有通用性；而在一般内标法中定标曲线的斜率为 $C=\dfrac{C_j}{C_s}\cdot\dfrac{(1-\omega_s)\rho_s}{\omega_s\rho_j}$，它是与内标物质的掺入量 ω_s 有关的值，因此没有通用性。其次，一般内标法中，为了确定定标曲线，至少要配制三个成分不同的试样进行重复测量，而 K 值法只要配制一个试样即能完全确定 K 值，方便很多。K 值法中，由于计算和测量的是待测相与内标物质的某衍射线的强度比 I_j/I_s，基体所产生的影响在求强度比的过程中被抵消了，或者说被冲洗掉了，反映在公式中与基体因素无关，因此内标物质又称冲洗剂，K 值法又称基体冲洗法。

8.2.6 X 射线衍射分析的应用

1. 非晶态物质的晶化

1）晶化过程的分析

非晶态在热力学上属于一种亚稳态，其自由能比相应的结晶态高。经过退火、高压、激

光辐射或其他物理手段处理后,它会通过结构弛豫逐渐向结晶态过渡。发生晶化之前的细微结构变化称为结构弛豫,它是通过原子位置的变动和调整来实现的,故测量该过程中原子分布函数的变化是直接且有效的方法。据有关报道,非晶合金随着加热保温时间的延长,其双体分布函数曲线 $g(r)$ 的第一峰逐渐变高变窄,第二峰的分裂现象逐渐缓和、减小和消失,而当接近晶化时,第二峰又开始急剧变化。短程有序范围 r_s 随保温时间延长而明显增大。这些结果表明,在弛豫过程中,原子排列是逐渐向有序化方向作局部调整的。晶化的过程往往相当复杂,有时要经过若干个中间阶段。随着结构的弛豫和晶化,材料的许多物理和化学性质也将随之改变。因此,这些过程的研究对了解非晶材料的稳定性、性能变化趋向以及材料的正确使用均有重要的现实意义。

非晶物质的衍射图由少数漫散峰组成,如图 8-44 所示。可利用此特征来鉴别物质属于晶态或非晶态。非晶衍射图还可给出一些信息:与非晶衍射峰峰位相对应的是相邻分子或原子间的平均距离,其近似值可由非晶衍射的准布拉格公式给出:

$$2d\sin\theta = 1.23\lambda \qquad (8-52)$$

与非晶衍射峰的半高宽相对应的是非晶的短程有序范围 r_s,它可由德拜-谢乐公式近似给出:

$$L = \lambda / (\beta\cos\theta) \qquad (8-53)$$

式中: L 为相干散射区尺度,可看作与 r_s 相当; β 为衍射峰的半高宽,单位为弧度。

当然,要得到非晶物质结构的较准确资料,仍须借助于径向分布函数分析。

当非晶物质中出现部分晶态物质时,漫散峰上会叠加明锐的结晶峰。图 8-44 为 Ni-P 合金衍射图的低角度部分,可看出全为非晶态结构。该合金经 500 ℃退火后的衍射图如图 8-45 所示,表明合金已发生相当完全的晶化。物相定性分析表明,此时已出现 Ni 及 Ni_3P 等多种物相。

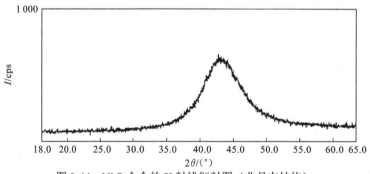

图 8-44 Ni-P 合金的 X 射线衍射图(非晶态结构)

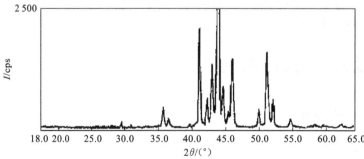

图 8-45 Ni-P 合金经 500 ℃退火后的衍射图(晶态+少量非晶态)

2）结晶度的测定

材料在晶化过程中，晶态物质的相含量会发生改变，这种变化对材料的理化性质有重要影响。材料中晶相所占的质量分数用结晶度 X_c 表示：

$$X_c = \frac{W_c}{W_c + W_a} \tag{8-54}$$

式中：W_c 为晶相的质量分数；W_a 为非晶相的质量分数。

用 X 射线衍射法测定结晶度是通过测定样品中晶相与非晶相的衍射强度来实现的：

$$X_c = \frac{I_c}{I_c + KI_a} \tag{8-55}$$

式中：I_c 为晶相的衍射强度；I_a 为非晶相的衍射强度；K 为常数，与实验条件、测量角度范围及晶态和非晶态的密度比值有关，可由实验测定。

为获得较准确的 I_c 和 I_a，通常需对衍射图进行分峰。即在测得样品主要衍射峰段之后，合理扣除背底，进行衍射强度修正，如原子散射因数、洛伦兹-偏振因数、温度因数修正等。其后，假设非晶峰及各结晶峰的峰形函数，通过多次拟合，将各个重叠峰分开，再测定各个峰的积分强度。以上工作须借助计算机完成。

2. 区别结晶和非晶聚合物

非晶聚合物的粉末衍射图是一个弥散环，如图 8-46（a）所示；而结晶聚合物应有比较明显的衍射环，如图 8-46（b）所示。

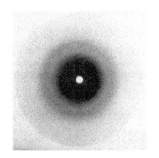 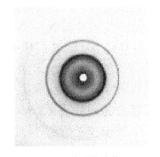

（a）非晶聚合物   （b）结晶聚合物

图 8-46 非晶和结晶聚合物的粉末衍射图

非晶聚合物的粉末衍射强度分布是一个弥散峰，如图 8-47（a）所示；而结晶聚合物通常有几个比较锐的衍射峰，如图 8-47（b）所示。

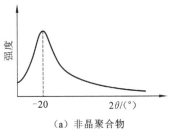 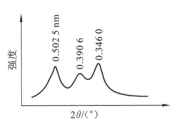

（a）非晶聚合物   （b）结晶聚合物

图 8-47 非晶和结晶聚合物的粉末衍射强度分布

3. 鉴别不同晶型

同种聚合物在不同的结晶条件下可能会形成不同的晶型,可用X射线衍射分析加以鉴别。

尼龙 6 的 α 晶型和 β 晶型同属单斜晶系,它们的区别是 β 型在 $2\theta = 11°$ 有明显的 (002) 晶面的峰;γ 型是拟六方晶系,衍射图上只有一个锐峰,如图 8-48 所示。

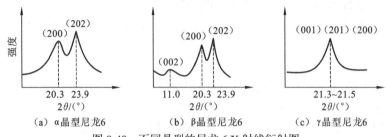

(a) α晶型尼龙6　　　(b) β晶型尼龙6　　　(c) γ晶型尼龙6

图 8-48　不同晶型的尼龙 6 X 射线衍射图

8.3　X 射线光谱仪及光谱分析

当用 X 射线、高速电子或其他高能粒子轰击样品时,试样中各元素的原子若受到激发,将处于高能量状态,当它们向低能量状态转变时,产生特征 X 射线。将产生的特征 X 射线按波长或能量展开,所得谱图即波谱或能谱,从谱图中可辨认元素的特征谱线,并测得它们的强度,据此进行材料的成分分析,这就是 X 射线光谱分析。

用于探测样品受激产生的特征 X 射线的波长和强度的设备,称为 X 射线谱仪。常用 X 射线谱仪有两种:一种是利用特征 X 射线的波长不同来展谱,实现对不同波长 X 射线检测的波长色散谱仪,称为波长色散 X 射线谱法(wave dispersive X-ray spectrometer,WDS),简称波谱仪;另一种是利用特征 X 射线能量不同来展谱,实现对不同能量射线分别检测的能量色散谱仪,称为能量色散 X 射线谱(X-ray energy dispersive spectrum,EDS),简称能谱仪。就 X 射线的本质而言,波谱和能谱是一样的,不同的仅仅是横坐标按波长标注还是按能量标注。但如果从它们的分析方法来说,差别就比较大,前者是用光学的方法,通过晶体的衍射来分光展谱,后者却是用电子学的方法展谱。

8.3.1　电子探针仪

任何能谱仪或波谱仪并不能独立地工作,它们均需要一个产生和聚焦电子束的装置,现代扫描电子显微镜和透射电子显微镜通常将能谱仪或波谱仪作为常规附件,能谱仪或波谱仪借助电子显微镜电子枪的电子束工作。但也有专门利用能谱仪或波谱仪进行成分分析的仪器,它使用微小的电子束轰击样品,使样品产生 X 射线光子,用能谱或波谱仪检测样品表面某一微小区域的化学成分,所以称这种仪器为电子探针 X 射线显微分析仪,简称电子探针仪。类似地有离子探针,它是用离子束轰击样品表面,使之产生 X 射线,得到元素组成的信息。计算机技术使波谱仪、能谱仪得到迅速发展。X 射线波谱、能谱分析已经广泛用于地质、矿冶、建筑、化工、半导体等各种材料的分析工作,也用于生产过程的质量监测和生产工艺的控制。

电子探针由电子光学系统(镜筒)、光学显微系统(显微镜)、真空系统和电源系统以及波谱仪或能谱仪组成。

（1）电子光学系统。电子光学系统包括电子枪、电磁聚光镜、样品室等部件。由电子枪发射并经过聚焦的极细的电子束打在样品表面的给定微区，激发产生 X 射线。样品室位于电子光学系统的下方。

（2）光学显微系统。为了便于选择和确定样品表面上的分析微区，镜筒内装有与电子束同轴的光学显微镜（100～500 倍），确保从目镜中观察到微区位置与电子束轰击点精确地重合。

（3）真空系统和电源系统。真空系统的作用是建立能确保电子光学系统正常工作、防止样品污染所必须的真空度，一般情况下要求保持优于 10^{-2} Pa 的真空度。电源系统由稳压、稳流及相应的安全保护电路组成。

8.3.2　能谱仪

目前最常用的能谱仪是应用 Si（Li）半导体探测器和多道脉冲高度分析器将入射 X 射线光子按能量大小展成谱的能量色散谱仪——Si（Li）X 射线能谱仪，这种谱仪既可将 X 射线展成谱，作化学成分分析，同时又可产生衍射花样，作结构分析，因而又称它为能量色散衍射仪，其关键部件是 Si（Li）半导体探测器，即锂漂移硅固态探测器。

1. Si（Li）半导体探测器

Si（Li）半导体探测器实质上是一个半导体二极管，只是在 p 型硅与 n 型硅之间有一层厚中性层。厚中性层的作用是使入射的 X 射线光子能量在层内全部被吸收，不让散失到层外，并产生电子-空穴对。在 Si（Li）半导体探测器中产生一对电子-空穴对所需能量为 3.8 eV，因此每一个能量为 E 的入射光子，可产生的电子-空穴对数目为 $N=E/3.8$。例如，一个 Mn 的 K_α 光子被吸收，由于它的能量为 5 895 eV，在中性层内产生 1 551 对电子-空穴对，这些电子-空穴对在外加电场作用下形成一个电脉冲，脉冲高度正比于光子能量。故半导体探测器的作用与正比计数器相仿，都是把所接收的 X 射线光子变成电脉冲信号，脉冲高度与被吸收光的能量成正比。由于半导体探测器有厚中性层，对 X 射线光子的计数率接近 100%，且不随波长改变而有所变化，这是它的优点。

Si（Li）探测器是用渗了微量锂的高纯硅制成的，加"漂移"二字是说明用漂移法渗锂。在高纯硅中渗锂的作用是抵消其中存在的微量杂质的导电作用，使中性层未吸收光子时，在外加电场作用下不漏电。因为锂在室温下也容易扩散，所以 Si（Li）半导体探测器不但要在液氮温度下使用，以降低电子噪声，而且要在液氮温度下保存，以免 Li 发生扩散，这显然是很不方便的。半导体探测器性能指标中最重要的是分辨率。由于标识谱线有一定的固有宽度，同时在探测器中产生的电离现象是一种统计性事件，这就使探测出来的能谱谱线有一定宽度，加上与之联用的场效应晶体管产生的噪声对半高宽有影响，能谱谱线就变得更宽些。

2. 能量色散谱仪的结构和工作原理

能量色散谱仪主要由 Si（Li）半导体探测器、多道脉冲高度分析器以及脉冲放大整形器和记录显示系统组成，如图 8-49 所示。由 X 射线发生器发射的连续辐射投射到样品上，使样品发射所含元素的荧光标识 X 射线谱和所含物相的衍射线束。这些谱线和衍射线被 Si（Li）半导体探测器吸收。进入探测器中被吸收的每一个 X 射线光子都使硅电离成许多电子-空穴对，构成一个电流脉冲，经放大器转换成电压脉冲，脉冲高度与被吸收的光子能量成正比。被放大了的电压脉冲输至多道脉冲高度分析器。多道脉冲高度分析器是许多个单道脉冲高度分析器的组合，一个单道分析器称为一个通道。各通道的窗宽都一样，都是满刻度值 V_m 的 1/1 024，但各通道的基线不同，依次为 0、$V_m/1 024$、$2V_m/1 024$……。由放大器来的电压脉冲按其脉冲高度分别进入相应的通道而被储存起来。每进入一个时钟脉冲数，存储单元记录一个光子数，因此通道地址和 X 射线光子能量成正比，而通道的计数则为 X 射线光子数，记录一段时间后，每一通道内的脉冲数就可迅速记录下来，最后得到以通道（能量）为横坐标、通道记数（强度）为纵坐标的 X 射线能量色散谱，如图 8-50 所示。

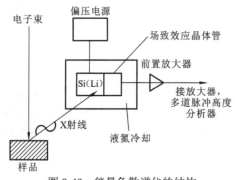

图 8-49　能量色散谱仪的结构　　　　图 8-50　X 射线能量色散谱

能谱中的各条谱线及衍射花样的各条衍射线是同时记录的；并且由试样发射到探测器的射线束未经任何滤光和单色化处理，因而保持原强度。基于这两方面的原因，用能量色散谱仪来记录能谱和衍射花样所需时间很短，一般只要十几分钟。如果把它与转动阳极管那样的强光源联用，记录时间就可能只要几十秒钟。

根据上面的分析，能量色散谱仪有下述优点。

（1）效率高，可以作衍射动态研究。

（2）各谱线和各衍射线都是同时记录的，在只测定各衍射线的相对强度时，稳定度不高的 X 射线源和测量系统也可以用。

（3）谱线和衍射花样同时记录，因此可同时获得试样的化学元素成分和相成分，提高相分析的可靠性。

8.3.3　波谱仪

1. 波谱仪的结构和工作原理

在电子探针中，X 射线是由样品表面以下微米数量级的作用体积中激发出来的，若这个体积中的样品是由多种元素组成，则可激发出各个相应元素的特征 X 射线。若在样品上方水平放置一块具有适当晶面间距 d 的晶体，入射 X 射线的波长、入射角和晶面间距三者符合布拉格方程时，这个特征波长的 X 射线就会发生强烈衍射。波谱仪利用晶体衍射把不同波长的 X 射线分开，故称这种晶体为分光晶体。被激发的特征 X 射线照射到连续转动的分光晶体上实现分光（色散），即不同波长的 X 射线将在各自满足布拉格方程的 2θ 方向上被检测器接收，如图 8-51 所示。

虽然分光晶体可以将不同波长的X射线分光展开，但就收集单一波长X射线信号的效率来看是非常低的。如果把分光晶体作适当弹性弯曲，并使射线源、弯曲晶体表面和检测器窗口位于同一个圆周上，这样就可以达到把衍射束聚焦的目的，此时整个分光晶体只收集一种波长的 X 射线，使这种单色 X 射线的衍射强度大大提高。这个圆周就称为聚焦圆或罗兰（Rowland）圆。在电子探针中常用的弯晶谱仪有约翰（Johann）型和约翰逊（Johansson）型两种聚焦方式，如图 8-52 所示。

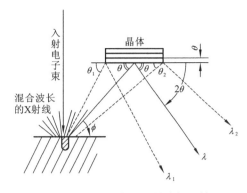

图 8-51　分光晶体对 X 射线的衍射

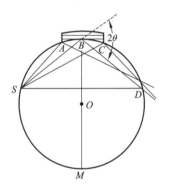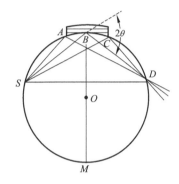

（a）约翰型聚焦法　　　　（b）约翰逊型聚焦法

图 8-52　弯曲晶体谱仪的聚焦方式

约翰型聚焦法[图 8-52（a）]：将平板晶体弯曲但不加磨制，使其中心部分曲率半径恰好等于聚焦圆的半径。聚焦圆上从 S 点发出的一束发散的 X 射线，经过弯曲晶体的衍射，聚焦于聚焦圆上的另一点 D，由于弯曲晶体表面只有中心部分位于聚焦圆上，不可能得到完美的聚焦，弯曲晶体两端与圆不重合会使聚焦线变宽，出现一定的散焦。所以，约翰型谱仪只是一种近似的聚焦方式。

另一种改进的聚焦方式称为约翰逊型聚焦法[图 8-52（b）]，这种方法是先将晶体磨制再加以弯曲，使之成为曲率半径等于聚焦圆半径的弯晶，这样的布置可以使 A、B、C 三点的衍射束正好聚焦在 D 点，所以这种方法称为全聚焦法。在实际检测 X 射线时，点光源发射的 X 射线在垂直于聚焦圆平面的方向上仍有发散性，分光晶体表面不可能处处精确符合布拉格条件，加之有些分光晶体虽然可以进行弯曲，但不能磨制，因此不大可能达到理想的聚焦条件，如果检测器上的接收狭缝有足够的宽度，即使采用不大精确的约翰型聚焦法，也能满足聚焦要求。

电子束轰击样品后，被轰击的微区就是 X 射线源。要使 X 射线分光、聚焦，并被检测器接收，两种常见的谱仪布置形式分别示于图 8-53。图 8-53（a）为回旋式波谱仪的工作原理，聚焦圆的圆心 O 不能移动，分光晶体和检测器在聚焦圆的圆周上以 1∶2 的角速度运动，以保证满足布拉格条件，这种结构比直进式结构简单，但由于出射方向改变很大，即 X 射线在样品内行进的路线不同，往往会因吸收条件变化造成分析上的误差。图 8-53（b）为直进式波谱仪的工作原理图。这种谱仪的优点是：X 射线照射分光晶体的方向是固定的，即出射角保持不变，这样可以使 X 射线穿过样品表面过程中所走的路线相同，也就是吸收条件相等。由图中的几何关系分析可知，分光晶体位置沿直线运动时，晶体本身应产生相应的转动，使不同波长的 X 射线以不同的角度入射，在满足布拉格条件的情况下，位于聚焦圆圆周上协调滑动的检测器都能接收到经过聚焦的不同波长的衍射线。分光晶体直线运动时，检测器能在几个位置上接收到衍射束，表明样品被激发的体积内存在着相应的几种元素，衍射束的强度大小和元素含量成正比。

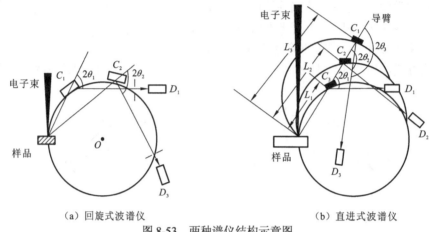

（a）回旋式波谱仪　　　　　　　　　（b）直进式波谱仪

图 8-53　两种谱仪结构示意图

2. 波谱图

X 射线探测器是检测 X 射线强度的仪器。波谱仪使用的 X 射线探测器有充气正比计数管和闪烁计数管等。探测器每接受一个 X 射线光子便输出一个电脉冲信号，脉冲信号输入计数仪，在仪表上显示计数率读数。波谱仪记录的波谱图是一种衍射谱图，由一些强度随 2θ 变化的峰曲线与背景曲线组成，每一个峰都是由分析晶体衍射出来的特征 X 射线；至于样品相干的或非相干的散射波，也会被分光晶体所反射，成为波谱的背景。连续谱各波长的散射是造成波谱背景的主要因素。直接使用来自 X 射线管的辐射激发样品，其中强烈的连续辐射被样品散射，引起很高的波谱背景，这对波谱的分析是不利的；用特征辐射照射样品，可克服连续谱激发的缺点。

图 8-54 为从一个测量点获得的波谱图，横坐标代表波长，纵坐标代表强度，谱线上有许多强度峰，每个峰在坐标上的位置代表相应元素特征 X 射线的波长，峰的高度代表这种元素的含量。

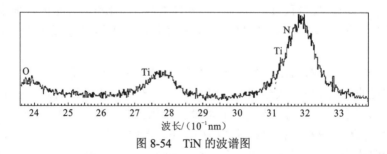

图 8-54　TiN 的波谱图

直接影响波谱分析的有两个主要问题，即分辨率和灵敏度，表现在波谱图上就是衍射峰的宽度和高度。

（1）分辨率。波长分散谱仪的波长分辨率很高。

（2）灵敏度。波谱仪的灵敏度取决于信号噪声比，即峰高度与背景高度的比值。实际上就是峰能否辨认的问题。高的波谱背景降低信噪比，使仪器的测试灵敏度下降。轻元素的荧光产率较低，信号较弱，是影响其测试灵敏度的因素之一。波长分散谱仪的灵敏度比较高，可能测量的最低浓度对于固体样品达 0.000 1%（质量分数），对于液体样品达 0.1 g/mL。

8.3.4 波谱仪和能谱仪的分析模式及应用

利用 X 射线波谱法进行微区成分分析通常有如下三种分析模式。

1. 以点、微区、面的方式测定样品的成分和平均含量

被分析的选区尺寸可以小到 1 μm，用电子显微镜直接观察样品表面，用电子显微镜的电子束扫描控制功能，选定待分析点、微区或较大的区域，采集 X 射线波谱或能谱，可对谱图进行定性和定量分析。定点微区成分分析是扫描电子显微镜成分分析的特色工作，它在合金沉淀相和夹杂物的鉴定方面有着广泛的应用。此外，在合金相图研究中，为了确定各种成分的合金在不同温度下的相界位置，提供了迅速而又方便的测试手段，并能探知某些新的合金相或化合物。

2. 测定样品在某一线长度上的元素分布分析模式

对于波谱和能谱，分别选定衍射晶体的衍射角或能量窗口，当电子束在样品上沿一条直线缓慢扫描时，记录被选定元素的 X 射线强度（它与元素的浓度成正比）分布，就可以获得该元素的线分布曲线。入射电子束在样品表面沿选定的直线轨迹（穿越粒子或界面）扫描，可以方便地取得有关元素分布不均匀性的资料。例如，测定元素在材料内部相区或界面上的富集或贫化。

3. 测定元素在样品指定区域内的面分布分析模式

与线分析模式相同，分别选定衍射晶体的衍射角或能量窗口，当电子束在样品表面的某区域做光栅扫描时，记录选定元素的特征 X 射线的计数率，计数率与显示器上亮点的密度成正比，则亮点的分布与该元素的面分布相对应。图 8-55 给出了一张元素的面分布图。

SE   ⊢——— 20 μm
300× kV:20.0 Tilt:0

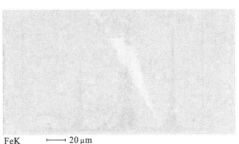
FeK   ⊢——— 20 μm
300× kV:20.0 Tilt:0

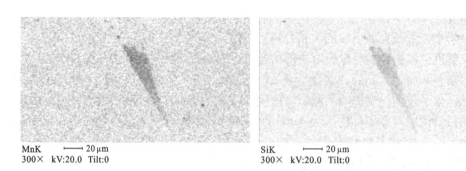

MnK   ——— 20 μm
300× kV:20.0 Tilt:0

SiK   ——— 20 μm
300× kV:20.0 Tilt:0

图 8-55 某金属腐蚀坑的元素面分布图

8.3.5 波谱仪与能谱仪的比较

波谱仪与能谱仪的异同可从以下几方面进行比较。

1. 分析元素范围

波谱仪分析元素的范围为 $_4B\sim_{92}U$。能谱仪分析元素的范围为 $_{11}Na\sim_{92}U$，对于某些特殊的能谱仪（如无窗系统或超薄窗系统）可以分析 $_6C$ 以上的元素，但对各种条件有严格限制。

2. 分辨率

谱仪的分辨率是指分开或识别相邻两个谱峰的能力，它可用波长色散谱或能量色散谱的谱峰半高宽——谱峰最大高度一半处的宽度 $\Delta\lambda$、ΔE 来衡量，也可用 $\Delta\lambda/\lambda$、$\Delta E/E$ 的百分数来衡量。半高宽越小，表示谱仪的分辨率越高，半高宽越大，表示谱仪的分辨率越低。如图 8-56（a）所示，目前能谱仪的分辨率在 $130\sim155\,eV$，波谱仪的分辨率在常用 X 射线波长范围内要比能谱仪高一个数量级以上，在 5 eV 左右，从而减少了谱峰重叠的可能性。

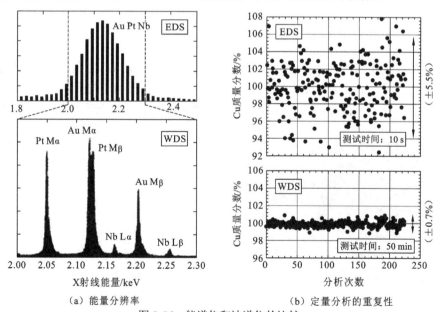

（a）能量分辨率   （b）定量分析的重复性

图 8-56 能谱仪和波谱仪的比较

3．探测极限

谱仪能测出的元素最小百分浓度称为探测极限，它与分析元素种类、样品的成分、所用谱仪以及实验条件有关。波谱仪的探测极限为 0.01%～0.1%；能谱仪的探测极限为 0.1%～0.5%。

4．X 射线光子几何收集效率

谱仪的 X 射线光子几何收集效率是指谱仪接收 X 射线光子数与光源出射的 X 射线光子数的百分比，它与谱仪探测器接收 X 射线光子的立体角有关。波谱仪的分光晶体处于聚焦圆上，聚焦圆的半径一般是 150～250 nm，照射到分光晶体上的 X 射线的立体角很小，X 射线光子收集效率很低，小于 0.2%，并且随分光晶体处于不同位置而变化。由于波谱仪的 X 射线光子收集效率很低，由辐射源射出的 X 射线需要精确聚焦才能使探测器接收的 X 射线有足够的强度，因此要求样品表面平整光滑。能谱仪的探测器放在离样品很近的位置（约为几厘米），探测器对辐射源所张的立体角较大，能谱仪有较高的 X 射线光子几何收集效率，约 2%。由于能谱仪的 X 射线光子几何收集效率高，X 射线不需要聚焦，因此对样品表面的要求不像波谱仪那样严格。

5．量子效率

量子效率是指探测器 X 射线光子计数与进入谱仪探测器的 X 射线光子数的百分比。能谱仪的量子效率很高，接近 100%；波谱仪的量子效率低，通常小于 30%。由于波谱仪的几何收集效率和量子效率都比较低，X 射线利用率低，不适于在低束流、X 射线弱的情况下使用，这是波谱仪的主要缺点。

6．瞬时的 X 射线谱接收范围

瞬时的 X 射线谱接收范围是指谱仪在瞬间所能探测到的 X 射线谱的范围。波谱仪在瞬间只能探测波长满足布拉格条件的 X 射线，能谱仪在瞬间能探测各种能量的 X 射线，因此波谱仪是对样品元素逐个进行分析，而能谱仪是同时进行分析。

7．最小电子束斑

电子探针的空间分辨率（能分辨不同成分的两点之间的最小距离）不可能小于电子束斑直径，束流与束斑直径的 8/3 次方成正比。波谱仪的 X 射线利用率很低，不适于低束流使用，分析时的最小束斑直径约为 200 nm。能谱仪有较高的几何收集效率和量子效率，在低束流下仍有足够的计数，分析时最小束斑直径为 5 nm。但对于块状样品，电子束射入样品之后会发生散射，也使产生特征 X 射线的区域远大于束斑直径，大体上为微米数量级。在这种情况下继续减小束斑直径对提高分辨率已无多大意义。要提高分析的空间分辨率，唯有采用尽可能低的入射电子能量 E_0，减小 X 射线的激发体积。综上所述，分析厚样品，电子束斑直径大小不是影响空间分辨率的主要因素，波谱仪和能谱仪均能适用；但对于薄膜样品，空间分辨率主要取决于束斑直径大小，因此使用能谱仪较好。

8．分析速度

能谱仪分析速度快，几分钟内能把全部能谱显示出来；而波谱仪一般需要十几分钟以上。

9. 谱的失真

波谱仪不大存在谱的失真问题。能谱仪在测量过程中存在使能谱失真的因素主要有：①X射线探测过程中的失真，如硅的X射线逃逸峰、谱峰加宽、谱峰畸变、铍窗吸收效应等；②信号处理过程中的失真，如脉冲堆积等；③由探测器样品室的周围环境引起的失真，如杂散辐射、电子束散射等。谱的失真使能谱仪的定量可重复性很差，如图8-56（b）所示，波谱仪的可重复性是能谱仪的8倍。

综上所述，波谱仪分析的元素范围广、探测极限小、分辨率高，适用于精确的定量分析；其缺点是要求试样表面平整光滑，分析速度较慢，需要用较大的束流，从而容易引起样品和镜筒的污染。能谱仪虽然在分析元素范围、探测极限、分辨率等方面不如波谱仪，但其分析速度快，可用较小的束流和微细的电子束，对样品表面要求不如波谱仪那样严格，因此特别适合于与扫描电子显微镜配合使用。目前扫描电子显微镜或电子探针仪可同时配用能谱仪和波谱仪，构成扫描电子显微镜-波谱仪-能谱仪系统，使两种谱仪互相补充、发挥长处，是非常有效的材料研究工具。

8.3.6 X射线光谱分析

1. 定性分析

对样品所含元素进行定性分析是比较容易的，根据谱线所在位置 2θ 和分光晶体的面间距 d，按布拉格方程就可测算出谱线波长，从而鉴定出样品中含有哪些元素。对于配备计算机的波谱仪，可以直接在谱图上打印谱线的名称，实际上完成了定性分析。

定性分析必须注意一些具体问题。例如，要确认一个元素的存在，至少应该找到两条谱线，以避免干扰线的影响而误认，要区分哪些峰是来自样品的，哪些峰是由X射线管特征辐射的散射而产生的。如果样品中所含元素的原子序数很接近，则其荧光波长相差甚微，就要注意波谱是否有足够的分辨率把间隔很近的两条谱线分离。

2. 定量分析

荧光X射线定量分析是在光学光谱分析方法基础上建立起来的。可归纳为数学计算法和实验标定法（实验标定法又分为外标法和内标法）。

（1）数学计算法。样品内元素发出的荧光X射线的强度应该与该元素在样品内的原子分数成正比，就是与该元素的质量分数 W_i 成正比，即 $W_i = k_i I_i$，原则上，系数 k_i 可从理论上计算出来，但计算结果误差可能比较大。一般情况下，采用相似物理化学状态和已知成分的标准样品进行实验测量标定。

（2）外标法。外标法是以样品中待测元素的某谱线强度，与标准样品中已知含量的这一元素的同一谱线强度相比较，来校正或测定样品中待测元素的含量。在测定某种样品中元素A的含量时，应预先准备一套成分已知的标准样品，测量该套标准样品中元素A在不同含量下荧光X射线的强度 I_A 与纯A元素的荧光X射线的强度 $(I_A)_0$，作出相对强度与元素A含量之间的关系曲线，即定标曲线。然后测出待测样品中同一元素的荧光X射线的相对强度，再从定标曲线上找出待测元素的含量。

（3）内标法。内标法是在未知样品中混入一定数量的已知元素 j，作为参考标准，然后

测出待测元素 i 和内标元素 j 相应的 X 射线强度 I_i、I_j；设它们在混合样品中的质量分数用 W_i、W_j 表示，则有

$$W_i / W_j = I_i / I_j$$

8.4　X 射线光电子能谱分析

早在 19 世纪末赫兹就观察到了光电效应，20 世纪初爱因斯坦建立了有关光电效应的理论公式，但由于受当时技术设备条件的限制，没有把光电效应用到实际分析中。直到 1954 年，瑞典 Uppsala 大学 K. Seigbahn 教授领导的研究小组创立了世界上第一台光电子能谱仪，他们精确地测定了元素周期表中各元素的内层电子结合能，但当时没有引起重视。到了 20 世纪 60 年代，他们在硫代硫酸钠（$Na_2S_2O_3$）的常规研究中，意外地观察到硫代硫酸钠的 X 射线光电子能谱（XPS）图上出现两个完全分离的 S 2p 峰，且这两个峰的强度相等。而在硫酸钠的 X 射线光电子能谱图中只有一个 S 2p 峰。这表明硫代硫酸钠中两个硫原子（+6 价，–2 价）周围的化学环境不同，从而造成了两者内层电子结合能的不同。正是由于这个发现，自 60 年代起，X 射线光电子能谱开始得到人们的重视，并迅速在不同的材料研究领域得到应用。随着微电子技术的发展，X 射线光电子能谱已发展成为具有表面元素分析、化学态和能带结构分析以及微区化学态成像分析等功能的强大的表面分析仪器。

8.4.1　X 射线光电子能谱分析的基本原理

1. 光电子的产生

1）光电效应

光与物质相互作用产生电子的现象称为光电效应。当一束能量为 $h\upsilon$ 的单色光与原子发生相互作用，而入射光量子的能量大于原子某一能级电子的结合能时，此光量子的能量很容易被电子吸收，获得能量的电子便可脱离原子核束缚，并获得一定的动能从内层逸出，成为自由电子，留下一个离子。电离过程可表示为

$$M + h\upsilon = M^{*+} + e^- \tag{8-56}$$

式中：M 为中性原子；$h\upsilon$ 为辐射能量；M^{*+} 为处于激发态的离子；e^- 为光激发下发射的光电子。

光与物质相互作用产生光电子的可能性称为光电效应概率。光电效应概率与光电效应截面成正比。光电效应截面 σ 是微观粒子间发生某种作用的可能性大小的量度，在计算过程中它具有面积的量纲（cm^2）。光电效应过程同时满足能量守恒和动量守恒。入射光子和光电子的动量之间的差额是由原子的反冲来补偿的。由于需要原子核来保持动量守恒，光电效应概率随着电子同原子核结合的紧密程度而很快地增加。所以只要光子的能量足够大，被激发的总是内层电子。如果入射光子的能量大于 K 壳层或 L 壳层的电子结合能，那么外层电子的光电效应概率就会很小，特别是价带，对于入射光来说几乎是"透明"的。

当入射光能量比原子 K 壳层电子的结合能大得多时，光电效应截面 σ_K 可用下式表示：

$$\sigma_K = \Phi_0 4\sqrt{2} \times \frac{Z^5}{1374} \left(\frac{mc^2}{h\upsilon} \right)^{\frac{1}{2}} \tag{8-57}$$

式中：mc^2 为静止电子的能量；Z 为受激原子的原子序数；$h\upsilon$ 为入射光子的能量；Φ_0 为汤姆孙散射截面（光子被静止电子散射），即

$$\Phi_0 = \frac{8\pi}{3}\left(\frac{e^2}{mc^2}\right)^2 = 6.65\times10^{-25}\ (\mathrm{cm}^2)$$

当入射光子的能量与原子 K 壳层电子的结合能相差不大时，可用以下近似表达式表示：

$$\sigma_{\mathrm{K}} \approx \frac{6.31\times10^{-18}}{Z^2}\left(\frac{\upsilon_{\mathrm{K}}}{\upsilon}\right)^{\frac{8}{3}} \tag{8-58}$$

式中：υ_{K} 为 K 吸收限的频率。

从以上两个关系式可以得出下面的结论：①因为光电效应必须由原子的反冲来支持，所以同一原子中轨道半径小的壳层，σ 较大；②轨道电子结合能与入射光能量越接近，σ 越大；③对于同一壳层，原子序数 Z 越大的元素，σ 越大。

2）电子结合能

一个自由原子中电子的结合能定义为：将电子从它的量子化能级移到无穷远静止状态时所需的能量。这个能量等于自由原子的真空能级与电子所在能级的能量差。在光电效应过程中，根据能量守恒原理，电离前后能量的变化为

$$h\upsilon = E_{\mathrm{B}} + E_{\mathrm{K}} \tag{8-59}$$

即光子的能量转化为电子的动能，并克服原子核对核外电子的束缚（结合能），因此有

$$E_{\mathrm{B}} = h\upsilon - E_{\mathrm{K}} \tag{8-60}$$

这便是著名的爱因斯坦光电发射定律，也是 XPS 谱分析中最基本的方程。如前所述，各原子的不同轨道电子的结合能是一定的，具有标识性。因此，可以通过光电子谱仪检测光电子的动能，由光电发射定律得知相应能级的结合能，来进行元素的鉴别。

如图 8-57 所示，设 $h\upsilon$ 大于标号分别为 1、2、3 的三个能级的电子结合能，由光电发射定律可知，光电子动能大小的次序为 $E_{\mathrm{K}}(1)>E_{\mathrm{K}}(2)>E_{\mathrm{K}}(3)$，便可以在 XPS 谱图上形成 3 个不同的锐峰，它们分别对应于三个不同能级的电子结合能及相应的离子激发态。由此建立了轨道电子结合能与谱峰位置的一一对应关系，从而确定原子的性质。

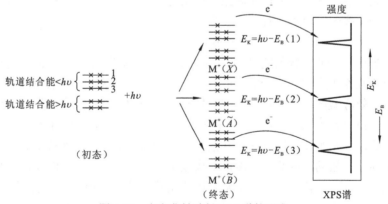

图 8-57　光电发射过程 XPS 谱的形成

对孤立原子（气态原子或分子），结合能可理解为把一个束缚电子从所在轨道（能级）移到完全脱离核势场束缚且处于最低能态时所需的能量，并假设原子在发生电离时其他电子维持原来的状态。

对固体样品，必须考虑晶体势场和表面势场对光电子的束缚作用以及样品导电特性所引起的附加项。电子的结合能可定义为：把电子从所在能级移到费米（Fermi）能级所需的能量。费米能级相当于 0 K 时固体能带中充满电子的最高能级。固体样品中电子由费米能级跃迁到自由电子能级所需的能量为逸出功。

图 8-58 给出了导体光电离过程的能级图。入射光子的能量 $h\upsilon$ 被分成了三部分：电子结合能 E_B、逸出功（功函数）Φ_s 和自由电子动能 E_K，即

$$h\upsilon = E_B^F + E_K + \Phi_s \tag{8-61}$$

因此，如果知道了样品的功函数，那么可以得到电子的结合能。由于固体样品逸出功不仅与材料性质有关，还与晶面、表面状态和温度等因素有关，其理论计算十分复杂，实验测定也不容易。但样品材料与谱仪材料的功函数存在确定的关系，因此可以避开测量样品功函数而直接获得电子结合能。对一台谱仪而言，当仪器条件不变时，它的材料功函数 Φ_{sp} 是固定的。如图 8-58 所示，当样品与样品台良好接触且一同接地时，若样品的功函数 Φ_s 小于仪器材料功函数 Φ_{sp}，则功函数小的样品中的电子向功函数大的仪器迁移，并分布在仪器的表面，使谱仪的入口处带负电，而样品则由于少电子而带正电。于是在样品和谱仪之间产生了接触电位差，其值等于谱仪的功函数与样品功函数之差。这个电场阻止电子继续从样品向仪器移动，当两者达到动态平衡时，它们的化学势相同，费米能级完全重合。当具有动能 E_K 的电子穿过样品至谱仪入口之间的空间时，便受到上述电位差的影响而被减速，使自由光电子进入谱仪后，其动能由 E_K 减小到 E_K'，如图 8-58 所示。

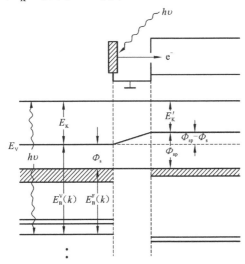

图 8-58 导体光电离过程的能级图

$$E_K + \Phi_s = E_K' + \Phi_{sp} \tag{8-62}$$

将式（8-62）代入式（8-61），则有

$$h\upsilon = E_B^F + E_K' + \Phi_{sp} \tag{8-63}$$

这样只需要测定光电子进入谱仪后的动能 E_K'，就能得到电子结合能。

3）弛豫效应

Koopmans 定理是按照突然近似假定而提出的，即原子电离后，除某一轨道的电子被激发外，其余轨道电子的运动状态不发生变化而处于一种"冻结状态"。但实际体系中这种状

态是不存在的。电子从内壳层出射，则原来体系中的平衡势场被破坏，形成的离子处于激发态，其余轨道电子结构将作出重新调整，原子轨道半径会发生1%～10%的变化。这种电子结构的重新调整称为电子弛豫。弛豫的结果使离子回到基态，同时释放出弛豫能。因为在时间上，弛豫过程大体与光电发射同时进行，所以弛豫加速了光电子的发射，提高了光电子的动能，结果使光电子谱线向低结合能一侧移动。

弛豫可区分为原子内项和原子外项。原子内项是指单独原子内部的重新调整所产生的影响，对自由原子只存在这一项。原子外项是指与被电离原子相关的其他原子电子结构的重新调整所产生的影响。对于分子和固体，这一项占有相当的比例。在XPS谱分析中，弛豫是一个普遍现象。例如，与自由原子相比，某原子组成的纯元素固体的XPS谱线向高结合能方向移动5～15 eV；当惰性气体注入贵金属晶格后，其结合能向低结合能方向移动2～4 eV；当气体分子吸附到固体表面后，结合能向低结合能方向移动1～3 eV。

2. 化学位移

同种原子处于不同化学环境而引起的电子结合能的变化，在谱线上造成的位移称为化学位移。所谓某原子所处的化学环境不同，大体上有两方面含义：一是指与它结合的元素种类和数量不同；二是指原子具有不同的价态。例如，$Na_2S_2O_3$中两个S原子价态不相同（+6价，-2价），与它们结合的元素的种类和数量也不同。这造成了它们的2p电子结合能不同而产生了化学位移。再如，纯金属铝原子在化学上为零价（Al^0），其2p轨道电子的结合能为75.3 eV；当它与氧结合，氧化合成Al_2O_3后，铝为正三价（Al^{3+}），这时2p轨道电子的结合能为78 eV，增加了2.7 eV。除少数元素（如Cu，Ag）内层电子结合能位移较小，在谱图上不太明显外，一般元素的化学位移在XPS谱图上均有可分辨的谱峰。正因为由XPS谱可以测出内层电子结合能位移，所以它在化学分析中获得了广泛应用。

1）化学位移的解释：分子电位-电荷势模型

因为轨道电子的结合能是由原子核和分子电荷分布在原子中所形成的静电电位所确定的，所以直接影响轨道电子结合能的是分子中的电荷分布。该模型假定分子中的原子可用一个空心的非重叠静电球壳包围一个中心核来近似，原子的价电子形成最外电荷壳层，它对内层轨道上的电子起屏蔽作用，因此价壳层电荷密度的改变必将对内层轨道电子结合能产生一定的影响。电荷密度改变的主要原因是发射光电子的原子在与其他原子化合成键时发生了价电子转移，而与其成键的原子的价电子结构的变化也是造成结合能位移的一个因素。这样，结合能位移可表示成

$$\Delta E_B^A = \Delta E_V^A + \Delta E_M^A \tag{8-64}$$

式中：ΔE_V^A为分子M中A原子本身价电子的变化对化学位移的贡献；ΔE_M^A为分子M中其他原子的价电子对A原子内层电子结合能位移的贡献。结合能位移也可表示为

$$\Delta E_B^A = K_A q^A + V_A + l \tag{8-65}$$

式中：q^A为A原子上的价电子所在壳层上的总电荷；V_A为分子M中除原子A以外其他原子的价电子在A原子处所形成的电荷势，这里把V_A称为原子间有效作用势；K_A、l为常数。

上述计算结合能位移的方法看起来不是很严格，但方法简单，且同实验结果比较一致。实验结果表明，ΔE_B^A和q^A之间有较好的线性关系，理论计算与实验结果相当一致。

2）化学位移与元素电负性的关系

化学位移的原因有原子价态的变化、原子与不同电负性元素结合等，且其中结合原子的

电负性对化学位移影响尤大。例如，用卤族元素 X 取代 CH_4 中的 H，由于卤族元素 X 的电负性大于 H 的电负性，C 原子周围的负电荷密度较未取代前有所降低，这时 C 1s 电子同原子核结合得更紧，因此 C 1s 的结合能会提高。可以推测，C 1s 的结合能必然随 X 取代数目的增加而增大，同时它还与电负性差 $\Sigma(X_i-X_H)$ 成正比，这里 X_i 是取代卤素原子的电负性，X_H 为氢原子的电负性。因此，取代基的电负性越大，取代数越多，它吸引电子后，使 C 原子变得更正，内层 C 1s 电子的结合能越大。

以三氟乙酸乙酯（$CF_3COOC_2H_5$）为例来观察 C 1s 电子结合能的变化。如图 8-59 所示，该分子中的四个 C 原子处于四种不同的化学环境中，即 $F_3C—$、$—\overset{\overset{\displaystyle O}{\|}}{C}—O$、$O—CH_2—$、$—CH_3$。元素的电负性大小次序为 F>O>C>H，所以 $F_3C—$ 中的 C 1s 电子结合能变化最大，由原来的 284.0 eV 正位移到 291.2 eV，$—CH_3$ 中的 C 1s 电子结合能变化最小。经研究表明，分子中某原子的内层电子结合能的化学位移与它结合的原子电负性之和有一定的线性关系。

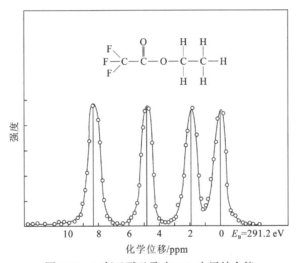

图 8-59　三氟乙酸乙酯中 C 1s 电子结合能

3）化学位移与原子氧化态的关系

当某元素的原子处于不同的氧化态时，它们的结合能也将发生变化。从一个原子中移去一个原子所需要的能量将随着原子中正电荷的增加，或负电荷的减少而增加。

理论上，同一元素随氧化态的升高，内层电子的结合能增加，化学位移增加。从原子中移去一个电子所需的能量将随原子中正电荷增加或负电荷的减少而增加。但通过实测表明也有特例，如 Co^{2+} 的电子结合能位移大于 Co^{3+}。图 8-60 给出了金属及其氧化物的结合能位移 ΔE_B 与原子序数 Z 之间的关系。

8.4.2　X 射线光电子能谱实验技术

1. X 射线光电子能谱仪

图 8-61 和图 8-62 分别为 X 射线光电子能谱仪的基本组成和工作原理示意图。从图中可知，实验过程大致如下：将制备好的样品引入样品室时，用一束单色的 X 射线激发。只要光

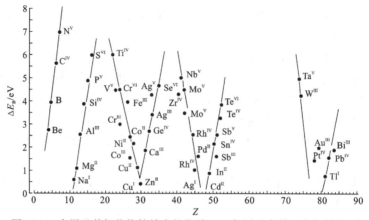

图 8-60　金属及其氧化物的结合能位移 ΔE_B 与原子序数 Z 之间的关系

子的能量大于原子、分子或固体中某原子轨道电子的结合能 E_B，便能将电子激发而离开原子，得到具有一定动能的光电子。光电子进入能量分析器，利用能量分析器的色散作用，可测得其按能量高低的数量分布。由能量分析器出来的光电子经电子倍增器进行信号的放大，再以适当的方式显示、记录，得到 XPS 谱图。

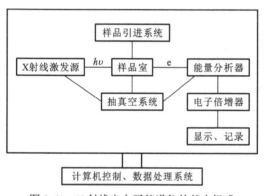

图 8-61　X 射线光电子能谱仪的基本组成

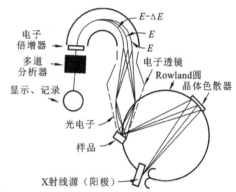

图 8-62　X 射线光电子能谱仪的工作原理示意图

评价 X 射线光电子谱仪性能优劣的最主要技术指标，是仪器的灵敏度和分辨率，在一张实测谱图上可分别用信号强度 S 和半高宽来表示。显然，仪器的灵敏度高，有利于提高元素最低检测限和一般精度，有利于在较短时间内获得高信噪比的测量结果。影响仪器灵敏度的最主要部件有 X 射线激发源、能量分析器和电子检测器。

1）X 射线激发源

X 射线光电子能谱仪中的 X 射线激发源的工作原理是：由灯丝所发出的热电子被加速到一定的能量，去轰击阳极靶材，引起其原子内壳层电离；当较外层电子以辐射跃迁方式填充内壳层空位时，释放出具有特征能量的 X 射线。X 射线的强度不仅同材料的性质有关，更取决于轰击电子束的能量高低。只有当电子束的能量为靶材料电离能的 5～10 倍时，才能产生强度足够的 X 射线。目前应用较广的是双阳极 X 射线枪，如图 8-63 所示。这种结构的特点是：灯丝的位置与阳极靶错开，以避免灯丝中的挥发物质对阳极的污染；设计一个很薄的铝窗将样品室和激发源分开，以防止 X 射线激发源中散射电子进入样品室，并能滤去相当一部分的韧致辐射所形成的 X 射线本底；阳极处于高的正电位，而灯丝接地。这样能使散射电子重新回到阳极不进入样品室。在具体实验时，这种双阳极结构还有一个优点，无须破坏超高真空操作条件，便能得到两种能量的激发源，这对鉴别 XPS 谱图中的俄歇峰是十分方便的。

2）能量分析器

样品在 X 射线的激发下发射出来的电子具有不同的动能，必须将它们按能量大小分离，这个工作是由能量分析器完成的。分辨率是能量分析器的主要指标之一。XPS 的独特功能在于它能从谱峰的微小位移来鉴别样品中各元素的化学状态及电子结构，因此能量分析器应有较高的分辨率，同时要有较高的灵敏度。

筒镜分析器在低分辨率下工作有较高的灵敏度；而半球形分析器在高分辨率下工作，且有较高的灵敏度。因此对于 XPS 来说，采用半球形分析器可以获得较高的分辨率和强度较高的谱图。图 8-64 为半球形电子能量分析器示意图。半球形电子能量分析器由两个通信半球面构成，内、外半球的半径分别是 r_1 和 r_2，两球间的平均半径为 r；两个半球间的电位差为 ΔV，内球接地，外球加负电压。若要能量为 E_K 的电子沿平均半径 r 轨道运动，则需满足条件：$\Delta V = \dfrac{1}{e}\left(\dfrac{r_2}{r_1} - \dfrac{r_1}{r_2}\right)E_K$，$e$ 为电子的电荷。

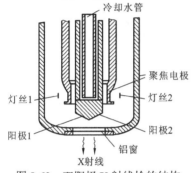

图 8-63 双阳极 X 射线枪的结构

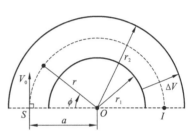

图 8-64 半球形电子能量分析器示意图

改变 ΔV 便可选择不同的 E_K，也就是说，如果在球形电容器上加一个扫描电压，同心球形电容器就会对不同能量的电子具有不同的偏转作用，从而把能量不同的电子分离开来。这样就可以使能量不同的电子，在不同的时间沿着中心轨道通过，从而得到 XPS 谱图。

能量分析器的绝对分辨率用光电子谱峰的半高宽 $\Delta E_{1/2}$ 表示。相对分辨率定义为 $(\Delta E_{1/2} / E_K) \times 100\%$，表示能量分析器能够区分两种相近电子能量的能力，它与能量分析器的几何形状、入口及出口狭缝和入口角 α 之间的关系为

$$\frac{\Delta E_{1/2}}{E_K} = \frac{(r_2 - r_1)}{2r} + \frac{\alpha^2}{2}$$

从上式可知，在同等条件下，能量分析器对高动能电子的分辨率差。

为了提高能量分析器的有效分辨率，在样品和能量分析器之间设有一组减速-聚焦透镜，将光电子从初始动能 E_0 预减速到 E_1 然后再进入能量分析器。它的作用是：使能量分析器获得较高的绝对分辨率；在保持绝对分辨率不变的情况下，预减速可增加能量分析器的亮度，使仪器的灵敏度提高 $(E_0/E_1)^{1/2}$ 倍；同时，透镜使样品室和能量分析器分开一段距离，这不仅有利于改进信号背景比，同时也使样品室结构有比较大的自由度，这对多功能谱仪设置带来很大的方便。

3）电子检测器

在 XPS 中使用最普遍的检测器是单通道电子倍增器。通常它是由高铅玻璃管制成，管内涂有一层具有很高次级电子发射系数的物质。工作时，倍增器两端施以 2 500～3 000 V 的电

压，当具有一定动能的光电子打到管口后，由于串级碰撞作用可得到 $10^6 \sim 10^8$ 增益，这样在倍增器的末端可形成很强的脉冲信号输出。这种单通道电子倍增器常制成螺旋状以降低倍增器内少量离子所产生的噪声。即使对于动能较低的电子，它也有很高的增益，同时具有每分钟不到一个脉冲的本底计数。倍增器输出的是一系列脉冲，将其输入脉冲放大-鉴频器，再进入数-模转换器，最后将信号输入多道分析器或计算机中作进一步记录、显示。

除以上四部分外，在谱仪上还常常配有作深度剖析用的离子枪和电子中和枪，它们可以用于清洁表面和中和样品表面的荷电。

2. 实验方法

1）样品制备

对于用于表面分析的样品，保持表面清洁是非常重要的。所以，在进行 XPS 分析前，除去样品表面的污染是重要的一步。除去表面污染的方法根据样品情况可以有很多种，如除气或清洗、Ar^+离子表面刻蚀、打磨、断裂或刮削及研磨制粉等。样品表面清洁后，可以根据样品的情况安装样品。块状样品可以用胶带直接固定在样品台上，导电的粉末样品可先压片，再固定。而对于不导电样品，可以通过压在钢箔上或以金属栅网做骨架压片的方法制样。

2）仪器校正

为了对样品进行准确测量，得到可靠的数据，必须对仪器进行校正。XPS 的实验结果是一张 XPS 谱图，将据此确定试样表面的元素组成、化学状态以及各种物理效应的能量范围和电子结构，因此谱图所给结合能准确、具有良好的重复性并能和其他结果相比较，是获得上述信息的基础。从 Siegbahn 及其同事研究 XPS 开始，对能量的标定及校正就很重视。

实验中最好的方法是用标准样品来校正谱仪的能量标尺，常用的标准样品是 Au、Ag、Cu，纯度在 99.8%以上。采用窄扫描（$\leqslant 20$ eV）以及高分辨（分析器的检测能量范围约 20 eV）的收谱方式。目前国际上公认的清洁 Au、Ag、Cu 的谱峰位置见表 8-4。因为 Cu $2p_{3/2}$、Cu L_3MM 和 Cu 3p 三条谱线的能量位置几乎覆盖常用的能量标尺（$0 \sim 1000$ eV），所以 Cu 样品可提供较快和简单的对谱仪能量标尺的检验。应用表 8-4 中的标准数据，可以建立能谱仪能量标尺的线性以及确定它的结合能位置。

表 8-4　清洁的 Au，Ag 和 Cu 各谱线结合能　　　　　　（单位：eV）

谱线	Al K_a	Mg K_a
Cu 3p	75.14	75.13
Au $4f_{7/2}$	83.98	84.0
Ag $3d_{5/2}$	368.26	368.27
Cu L_3MM	567.96	334.94
Cu $2p_{3/2}$	932.67	932.66
Ag M_4NN	1 128.78	85.75

当样品导电性不好时，在光电子的激发下，样品表面产生正电荷的聚集，即荷电。荷电会抑制样品表面光电子的发射，导致光电子动能降低，使得 XPS 谱图上的光电子结合能高移，偏离其标准峰位置，一般情况下这种偏离为 $3 \sim 5$ eV。这种现象称为荷电效应。荷电效应还会使谱峰宽化，是谱图分析中主要的误差来源。因此，当荷电不易消除时，要根据样品的情

况进行谱仪结合能基准的校正，校正通常采用的方法有内标法和外标法。

聚合物 XPS 分析中常用内标法，因为高分子聚合物中常含有共同的基团。内标法是将谱图中一个特定峰明确地指定一个准确的结合能（E_B），如在测得的谱中这个峰出现在 $E_B \pm \delta$（eV）处，那么所有其他谱峰能量一律按 $\pm \delta$（eV）荷电位移作适当校正。在聚合物 XPS 分析中常用的方法是令饱和碳氢化合物中 C 1s 结合能为 285.00 eV。这很方便，因为许多聚合物不是主链就是侧链中都会含有这种单元。曾经认为，所有那些只与碳本身或氢相结合的碳原子，不管其杂化模式如何，都具有这一相同的结合能（285.00 eV）。然而实验证明，非取代芳烃碳原子的结合能稍低（284.7 eV），因此非官能化的芳烃的 C 1s 结合能被建议为第二个标准。

当物质中以上两个参考结合能都不存在时，采用外标法。它利用谱仪真空扩散泵油中挥发物对材料表面的污染，在谱图中获得 C 1s 峰，将这种 C 1s 峰的结合能定为 284.6 eV，以此为基准对其他峰的峰位进行校正。

3）收谱

对未知样品的测量程序为：首先宽扫采谱，以确定样品中存在的元素组分[XPS 检测量一般为 1%（原子百分比）]，然后收窄扫描谱，包括所确定元素的各个峰以确定化学态和定量分析。

（1）接收宽谱：扫描范围为 0～1 000 eV 或更高，它应包括可能元素的最强峰，能量分析器的通能（pass energy）约为 100 eV，接收狭缝选最大，尽量提高灵敏度，缩短接收时间，增大检测能力。

（2）接收窄谱：用以鉴别化学态、定量分析和峰的解重叠，必须使峰位和峰形都能准确测定。扫描范围<25 eV，分析器通能选≤25 eV，并减小接收狭缝。可通过减少步长、延长接收时间来提高分辨率。

3. X 射线光电子能谱图分析

1）谱图的一般特点

图 8-65 为金属铝样品表面测得的一张 XPS 谱图，其中图 8-65（a）是宽能量范围扫描的全图，图 8-65（b）则是图 8-65（a）中高能端的放大图。从图 8-65 中可以归纳出 XPS 谱图的一般特点。

（1）图的横坐标是光量子动能或轨道电子结合能（eV），这表明每条谱线的位置和相应元素原子内层电子的结合能有一一对应的关系。谱图的纵坐标表示单位时间内检测到的光电子数。在相同激发源及谱仪接收条件下，考虑到各元素光电效应截面（电离截面）的差异，表面所含某种元素越多，光电子信号越强。在理想情况下，每个谱峰所属面积的大小应是表面所含元素丰度的度量，是进行定量分析的依据。

（2）谱图中有明显而尖锐的谱峰，它们是未经非弹性散射的光电子所产生的，而那些来自样品深层的光电子，由于在逃逸的路径上有能量的损失，其动能已不再具有特征性，成为谱图的背底或伴峰，由于能量损失是随机的，背底是连续的，在高结合能端的背底电子较多（出射电子能量低），反映在谱图上就是随结合能提高，背底电子强度呈上升趋势。

（3）谱图中除了 Al、C、O 的光电子谱峰外，还显示出 O KLL 俄歇电子谱线、铝的价带谱和等离子激元等伴峰结构。将在以下的谱图分析中讨论伴峰的产生及其所反映的信息。

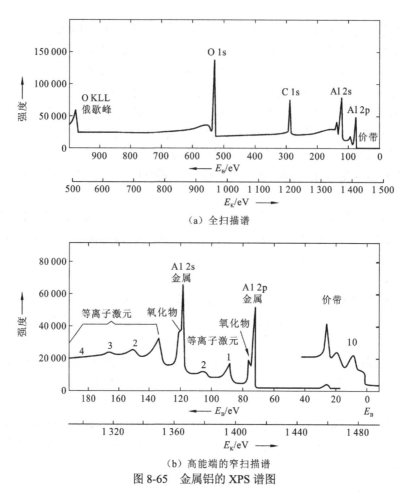

（a）全扫描谱

（b）高能端的窄扫描谱

图 8-65　金属铝的 XPS 谱图

（4）在谱图中有时会看见明显的"噪声"，即谱线不是理想的平滑曲线，而是锯齿形的曲线。通过增加扫描次数、延长扫描时间和利用计算机多次累加信号可以提高信噪比，使谱线平滑。

2）光电子线及伴峰

a. 光电子线

谱图中强度大、峰宽小、对称性好的谱峰一般为光电子峰。每种元素都有自己的最具表征作用的光电子线。它是元素定性分析的主要依据。一般来说，同一壳层上的光电子，总轨道角动量量子数（j）越大，谱线的强度越强。常见的强光电子线有 1s、$2p_{3/2}$、$3d_{5/2}$、$4f_{7/2}$ 等。除了主光电子线外，还有来自其他壳层的光电子线，如 O 2s、Al 2s、Si 2s 等。这些光电子线与主光电子线相比，强度有的稍弱，有的很弱，有的极弱，在元素定性分析中它们起着辅助的作用。纯金属的强光电子线常会出现不对称的现象，这是由光电子与传导电子的偶合作用引起的。光电子线的高结合能端峰比低结合能端峰加宽 1～4 eV，绝缘体光电子谱峰比良导体宽约 0.5 eV。

b. X 射线卫星峰（X-ray satellites）

如果用来照射样品的 X 射线未经过单色化处理，那么在常规使用的 Al $K_{\alpha 1,2}$ 和 Mg $K_{\alpha 1,2}$ 射线中可能混杂有 $K_{\alpha 3,4,5,6}$ 射线，这些射线统称为 $K_{\alpha 1,2}$ 射线的卫星线。样品原子在受到 X 射线照射时，除了特征 X 射线（$K_{\alpha 1,2}$）所激发的光电子外，其卫星线也激发光电子，由这些光电子形成的光电子峰，称为 X 射线卫星峰。由于这些 X 射线卫星峰的能量较高，它们激发的光电子具有较高的动能，表现在谱图上就是在主光电子线的低结合能端或高动能端产生强度较小的卫星峰。阳极材料不同，卫星峰与主峰之间的距离不同，强度也不同。

c. 多重分裂（multiple spliting）

当原子或自由离子的价壳层拥有未成对的自旋电子时，光致电离所形成的内壳层空位便将与价轨道未成对自旋电子发生偶合，使体系出现不止一个终态，相应于每一个终态，在 XPS 谱图上将会有一条谱线，这便是多重分裂。

下面以 Mn^{2+} 离子的 3s 轨道电离为例，说明 XPS 谱图中的多重分裂现象。基态锰离子 Mn^{2+} 的电子组态为 $3s^2 3p^6 3d^5$，Mn^{2+} 离子 2s 轨道受激后，形成两种终态，如图 8-66 所示。两者的不同在于（a）终态中，电离后剩下的 1 个 3s 电子与 5 个 3d 电子是自旋平行的，而在（b）终态中，电离后剩下的一个 3s 电子与 5 个 3d 电子是自旋反平行的。因为只有自旋反平行的电子才存在交换作用，显然（a）终态的能量低于（b）终态，导致 XPS 谱图上 Mn 的 3s 谱线出现分裂，如图 8-67 所示。在实用的 XPS 谱图分析中，除了具体电离时的终态数、分裂谱线的相对强度和谱线的分裂程度外，还关心影响分裂程度的因素。从总的分析来看，① 3d 轨道上未配对电子数越多，分裂谱线能量间距越大，在 XPS 谱图上两条多重分裂谱线分开的程度越明显；② 配体的电负性越大，化合物中过渡元素的价电子越倾向于配体，化合物的离子特性越明显，两终态的能量差值越大。

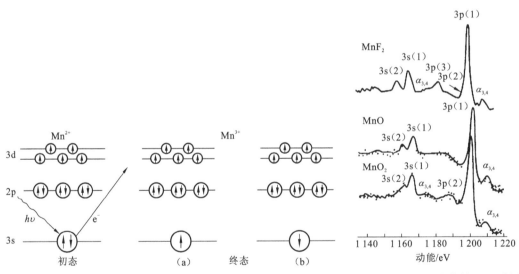

图 8-66 Mn 离子的 3s 轨道电子电离时的两种终态   图 8-67 Mn 化合物的 XPS 谱图

当轨道电离出现多重分裂时，如何确定电子结合能，至今无统一的理论和实验方法。一般地，对于 s 轨道电离只有两条主要分裂谱线，取两个终态谱线所对应的能量的加权平均，代表轨道结合能。对于 p 轨道，电离时终态数过多，谱线过于复杂，可取最强谱线所对应的结合能代表整个轨道电子的结合能。

在 XPS 谱图上，通常能够明显出现的是自旋-轨道耦合能级分裂谱线，如 $p_{3/2}$、$p_{1/2}$、$d_{3/2}$、$d_{5/2}$、$f_{5/2}$、$f_{7/2}$，但不是所有的分裂都能被观察到。

d. 电子的震激与震离

样品受 X 射线辐射时产生多重电离的概率很低，却存在多电子激发过程。吸收一个光子，出现多个电子激发过程的概率可达 20%，最可能发生的是两电子过程。

在光电发射过程中，当一个核心电子被 X 射线光电离除去时，由于屏蔽电子的损失，原子中心电位发生突然变化，将引起价壳层电子的跃迁，这时有两种可能的结果。① 价壳层的电子跃迁到最高能级的束缚态，则表现为不连续的光电子伴线，其动能比主谱线低，所低的数值是基态和具核心空位的离子激发态的能量差。这个过程称为电子的震激（shake-up）。② 如果电子跃迁到非束缚态成为自由电子，则光电子能谱示出从低动能区平滑上升到某一阈值的连续谱，其能量差与具核心空位离子基态的电离电位相等。这个过程称为震离（shake-off）。以 Ne 原子为例，这两个过程的差别和相应的谱峰特点如图 8-68 所示。震激、震离过程的特点是它们均属单极子激发和电离，电子激发过程只有主量子数变化，只能发生 $ns \rightarrow ns'$、$np \rightarrow np'$ 跃迁，电子的角量子数和自旋量子数均不改变。通常震激谱比较弱，只有高分辨的 XPS 谱仪才能测出。

电子的震激和震离是在光电发射过程中出现的，本质上也是一种弛豫过程，所以对震激谱的研究可获得原子或分子内弛豫信息，同时震激谱的结构还受到化学环境的影响，它的表现对分子结构的研究很有价值。图 8-69 为锰化合物中 Mn $2p_{3/2}$ 谱线附近的震激谱图。它们结构的差别同与锰相结合的配体上的电荷密度分布密切相关。

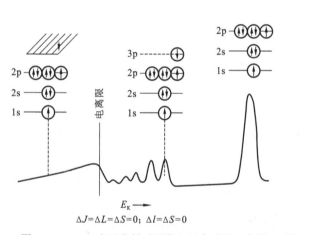
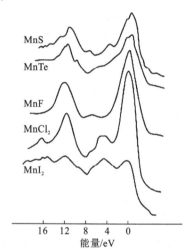

图 8-68 Ne 1s 电子发射时震激和震离过程示意图　图 8-69 锰化合物中 Mn $2p_{3/2}$ 谱线附近的震激谱图

e. 特征能量损失谱

部分光电子在离开样品受激区域并逃离固体表面的过程中，不可避免地要经历各种非弹性散射而损失能量，结果是 XPS 谱图上主峰低动能一侧出现不连续的伴峰，称为特征能量损失峰。能量损失谱和固体表面特性密切相关。

当光电子能量在 100～150 eV 范围时，它所经历的非弹性散射的主要方式是激发固体中的自由电子集体振荡，产生等离子激元。固体样品是由带正电的原子核和价电子云组成的中性体系，因此它类似于等离子体，在光电子传输到固体表面所行经的路径附近将出现带正电区域，而在远离路径的区域将带负电，由于正负电荷区域的静电作用，负区域的价电子向正电区域运动。当运动超过平衡位置后，负电区与正电区交替作用，从而引起价电子的集体振荡（等离子激元），这种振荡的角频率为 w_p，能量是量子化的，$E_p = hw_p$。一般金属 $E_p = 10$ eV。可见等离子激元造成光电子能量的损失相当大。图 8-65 中显示了 A1 2s 和 A1 2p 的特征能量损失峰（等离子激元）。

f. 俄歇电子谱线

XPS 谱图中，俄歇电子峰的出现（如图 8-67 与中 O KLL 峰）增加了谱图的复杂程度。由于俄歇电子的能量同激发源能量大小无关，而光电子的动能将随激发源能量增加而增加，因此，利用双阳极激发源很容易将其分开。事实上，XPS 谱图中的俄歇电子谱线给分析带来了有价值的信息，是 XPS 谱图中光电子信息的补充，主要体现在两方面。

（1）元素的定性分析。用 X 射线和用电子束激发原子内层电子时，不同的电离截面，相应于不同的结合能，两者的变化规律不同。对结合能高的内层电子，X 射线电离截面大，这不仅能得到较强的 X 射线光电子谱线，也为形成一定强度的俄歇电子创造了条件。

作元素定性分析时，俄歇电子谱线往往比光电子谱有更高的灵敏度。例如，Na 在 265 eV 的俄歇电子谱线 Na KLL，强度为 Na 2s 光电子谱线的 10 倍。显然这时用俄歇电子谱线作元素分析更方便。

（2）化学态的鉴别。某些元素在 XPS 谱图上的光电子谱线并没有显出可观测的位移，这时用内层电子结合能位移来确定化学态很困难。而这时 XPS 谱上的俄歇电子谱线却出现明显的位移，且俄歇电子谱线的位移方向与光电子谱线方向一致，如表 8-5 所示。

表 8-5　俄歇电子谱线和光电子谱线化学位移比较

状态变化	光电子位移/eV	俄歇电子位移/eV
$Cu \rightarrow Cu_2O$	0.1	2.3
$Zn \rightarrow ZnO$	0.8	4.6
$Mg \rightarrow MgO$	0.4	6.4

俄歇电子位移量之所以比光电子位移量大，是因为俄歇电子跃迁后的双重电离状态的离子能从周围易极化介质的电子获得较高的屏蔽能量。

g. 价电子线和价谱带

价电子线，指费米能级区间 10～20 eV 强度较低的谱图。这些谱线是由分子轨道和固体能带发射的光电子产生的。在一些情况下，XPS 内能级电子谱并不能充分反映给定化合物之间的特性差异以及表面过程中特性的变化。也就是说，难以从 XPS 的化学位移表现出来。然而，价带谱往往对这种变化十分敏感，具有像内能级电子谱那样的指纹特征。因此，可应用价带谱线来鉴别化学态和不同材料。

3）谱线识别

（1）首先要识别存在于任一谱图中的 C 1s、O 1s、C KLL 和 O KLL 谱线。有时它们还较强。

（2）对照样品所含元素，识别有关的次强谱线，同时注意有些谱线会受到其他谱线的干扰，尤其是 C 和 O 谱线的干扰。

（3）识别其他和未知元素有关的最强，但在样品中又较弱的谱线，此时要注意可能谱线的干扰。

（4）对自旋分裂的双重谱线，应检查其强度比以及分裂间距是否符合标准。一般地说，对 p 线双重分裂必应为 1∶2；对 d 线应为 2∶3；对 f 线应为 3∶4（也有例外，尤其是 4p 线，可能小于 1∶2）。

（5）对谱线背底的说明。在谱图中，明确存在的峰均由来自样品中出射的、未经非弹性散射能量损失的光电子组成。而经能量损失的那些电子就在峰的结合能较高的一侧增加背底。因为能量损失是随机和多重散射的，所以背底是连续的。谱中的噪声主要不是仪器造成的，而是计数中收集的单个电子在时间上的随机性造成的。所以，叠加于峰上的背底、噪声，是样品、激发源和仪器传输特性的体现。

4）样品中元素分布的测定

a. 深度分布

深度分布有以下四种测定方法：

（1）从有无能量损失峰来鉴别体相原子或表面原子。对表面原子，峰（基线以上）两侧应对称，且无能量损失峰。对均匀样品，来自所有同一元素的峰应有类似的非弹性损失结构。

（2）根据峰的减弱情况鉴别体相原子或表面原子。对表面物种而言，低动能的峰相对的要比纯材料中高动能的峰强，因为在大于 100 eV 时，对体相物种而言，动能较低的峰的减弱要大于动能较大的峰的减弱。用此法分析的元素为 Na、Mg（1s 和 2s），Zn、Ga、Ge 和 As（$2p_{3/2}$ 和 3d），Sn、Cd、In、Sb、Te、I、Cs 和 Ba（$3p_{3/2}$ 和 4d 或 $3d_{5/2}$ 和 4d）。观察这些谱线的强度比并与纯体相元素的值比较，有可能推断所观察的谱线来自表层、次表面或均匀分布的材料。

（3）采用 Ar 离子溅射进行深度剖析。也可用于有机样品，但须经校正。重要的是要知道离子溅射的速率。一些文献中的数据可供参考。但须注意，在离子溅射时，样品的化学态常常发生改变（常发生还原效应）。但是有关元素深度分布的信息还是可以获得的。

（4）改变样品表面和分析器入射缝之间的角度。在 90°（相对于样品表面）时，来自体相原子的光电子信号要大大强于来自表面的光电子信号。而在小角度时，来自表面层的光电子信号相对体相而言，会大大增强。在改变样品取向（或转动角度）时，注意谱峰强度的变化，就可以推定不同元素的深度分布。

前两种方法利用谱图本身的特点，只能提供有限的深度信息。第三种方法，刻蚀样品表面以得到深度剖面，可提供较详细的信息，但也产生一些问题。第四种方法，在不同的电子逃逸角度下记录谱线进行测量。

b. 表面分布

如果要测试样品表面一定范围（取决于分析器前入射狭缝的最小尺寸）内表面不均匀分布的情况，可采用切换分析器前不同入射狭缝尺寸的方式来进行。随着小束斑 XPS 谱仪的出现，分析区域的尺寸最小仅 5 μm。

8.4.3 X 射线光电子能谱的应用

X 射线光电子能谱原则上可以鉴定元素周期表上除氢、氦以外的所有元素。通过对样品进行全扫描，在一次测定中就可以检测出全部或大部分元素。另外，X 射线光电子能谱还可以对同一种元素的不同价态的成分进行定量分析。在对固体表面的研究方面，X 射线光电子能谱用于对无机表面组成的测定、有机表面组成的测定、固体表面能带的测定及多相催化的研究。它还可以直接研究化合物的化学键和电荷分布，为直接研究固体表面相中的结构问题开辟了有效途径。

因为 X 射线光电子能谱功能比较强，表面（约 5 nm）灵敏度又较高，所以它目前被广泛地用于材料科学领域，其大致应用可用表 8-6 加以概括。

表 8-6　X 射线光电子能谱的应用范围

应用领域	可提供的信息
冶金学	元素的定性，合金的成分设计
材料的环境腐蚀	元素的定性，腐蚀产物的化学（氧化）态，腐蚀过程中表面或体内（深度剖析）的化学成分及状态的变化
摩擦学	滑润剂的效应，表面保护涂层的研究
薄膜（多层）及黏合	薄膜的成分、化学状态及厚度测量，薄膜间的元素互相扩散，膜/基结合的细节，黏接时的化学变化
催化科学	中间产物的鉴定，活性物质的氧化态。催化剂和支撑材料在反应时的变化
化学吸附	基底及被吸附物在发生吸附时的化学变化，吸附曲线
半导体	薄膜涂层的表征，本体氧化物的定性，界面的表征
超导体	价态、化学计量比、电子结构的确定
纤维和聚合物	元素成分、典型的聚合物组合的信息。指示芳香族形成的携上伴峰，污染物的定性
巨磁阻材料	元素的化学状态及深度分布，电子结构的确定

下面介绍几个应用实例。

1. 半导体方面的研究

X 射线光电子能谱表面分析技术常常被用于半导体，如半导体薄膜表面氧化、掺杂元素的化学状态分析等。举例说明如下：SnO_2 薄膜是一种电导型气敏材料，常选用 Pd 作为掺杂元素来提高 SnO_2 薄膜器件的选择性和灵敏度，采用 X 射线光电子能谱可以对 Pd、Sn 元素的化学状态进行系统的表征，以此来分析影响薄膜性能的因素。

制备 $Pd-SnO_2$ 薄膜需要在空气气氛下进行热处理工序，图 8-70 示出处理温度自室温至 600 ℃的 Sn $3d_{5/2}$ 的 XPS 谱图。室温下，自然干燥的薄膜中，Sn 元素有两种化学状态，结合能为 489.80 eV 和 487.75 eV，分别标志为 P_1 和 P_2 两个特征峰，各自对应于聚合物状态—$(Sn—O)_n$—和 Sn 的氧化物状态。随着处理温度的升高，P_1 峰逐渐减弱，P_2 峰不断增强。当处理温度高于 250 ℃时，只有 P_2 峰，表明薄膜已形成稳定的 SnO_2 结构。从图 8-70 不难看出：不论是纯 SnO_2 还是 $Pd-SnO_2$ 薄膜，不同温度处理后，特征峰 P_2 所对应的结合能略有差别。低温处理后的试样特征峰 P_2 的结合能值略高，但经 450 ℃和 600 ℃处理后的试样没有差别。这可能同氧化是否完全以及氧化锡结晶效应有关。进一步对比纯膜与掺杂膜中对应 Sn $3d_{5/2}$ 的 P_2 特征峰，不难发现掺 Pd 对 SnO_2 薄膜中 Sn $3d_{5/2}$ 轨道结合能影响很小，在室温到 600 ℃范围内，其结合能差值约为 0.75 eV。这表明掺 Pd 将 SnO_2 半导体的费米能级降低了约 0.75 eV，图 8-71 系统地反映了不同温度处理后，薄膜中 Pd 元素化学状态的变化。室温下自然干燥的薄膜中 Pd $3d_{5/2}$ 轨道的结合能为 338.50 eV（特征峰 P_1），对应于 $[PdCl_4]^{2-}$ 结构。薄膜经 120 ℃热处理后，配合物 $[PdCl_4]^{2-}$ 分解为 $PdCl_2$（特征峰 P_3，$E_B=337.25$ eV），部分 $PdCl_2$ 氧化为 PdO（特征峰 P_3，$E_B= 336.00$ eV）和 PdO_2（特征峰 P_4，$E_B =338.00$ eV）。薄膜经 250 ℃热处理后，P_2 峰消失，Pd 元素主要以两种氧化态的形式存在，即 PdO 和 PdO_2。随着处理温度的进一步升高，峰 P_3 不断减弱，峰 P_4 不断增强。当处理温度高于 450 ℃时，Pd 元素主要以 PdO_2 形式存在。

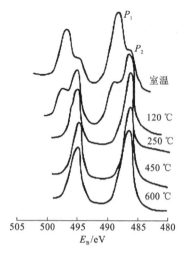

图 8-70　不同热处理温度时 Sn 3d 的 XPS 谱图　　　图 8-71　不同热处理温度时 Pd 3d 的 XPS 谱图

以上 X 射线光电子能谱分析结果清楚地表明：热处理温度不仅影响气敏薄膜中 Pd、Sn 元素的化合物结构，同时也影响其电子结构，这些必然会影响薄膜的气敏特性。

2. 生物医用材料聚醚氨酯的表面表征

嵌段聚醚氨酯高分子是一类重要的生物医用材料，它的表面性质如何，往往决定它的应用。聚醚氨酯的合成，通常采用分子量为 400～2000 的聚醚作为软段，二异氰酸酯加上扩链剂（二元胺或二元醇）构成聚醚氨酯的硬段。硬段和软段的组成以及相对含量的不同将使聚醚氨酯具有不同的性质，而且材料本体有微相分离的趋势，形成 10～20 nm 的微畴。因此，掌握聚醚氨酯的表面结构对于了解材料的生物相容性是非常重要的。

图 8-72（a）是以聚丙二醇（PPG）、二苯基甲烷二异氰酸酯（MDI）和扩链剂丁二醇为原料制备的聚醚氨酯 C 1s 谱，只含氨基甲酸酯基（NH—CO—O）。而图 8-72（b）中的聚醚氨酯，除扩链剂为乙二胺外，其他均相同，含有氨基甲酸酯基和脲基（NH—CO—NH）。总体上看，这两种聚醚氨酯的 C 1s 谱差别不大，主要是高结合能端的小峰（ C=O）在图 8-72（b）中更宽，而且能拟合成两个小峰。高分辨的 X 射线光电子能谱对这一聚醚氨酯的表面偏

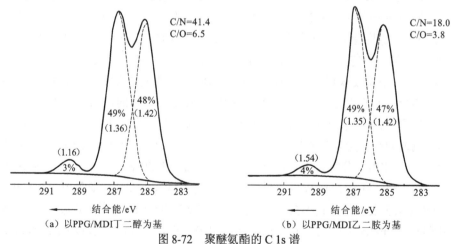

图 8-72　聚醚氨酯的 C 1s 谱

析作了研究，主要取决于对硬段中氮的定量分析。当 PPG 基聚醚氨酯的软段与硬段摩尔比为 3.5 时，取最大的取样深度，氮的原子浓度约为 2%。当取样深度减小时，氮的原子浓度也随之减少。目前大多数的 XPS 谱仪在光电子出射角很小时，信噪比大大降低，而氮的控制极限约为 0.3%（原子浓度）。因此，从低出射角数据可以得出聚醚氨酯表面层完全由软段组成的结论。

思考与练习

1. 简述 X 射线产生的基本条件。

2. 简述连续 X 射线产生实质。

3. 简述特征 X 射线产生的物理机制。

4. 简述 X 射线相干散射与非相干散射现象。

5. 简述光电子、荧光 X 射线的含义。

6. 简述 X 射线吸收规律、线吸收系数。

7. 简述晶面及晶面间距。

8. 简述反射级数与干涉指数。

9. 简述衍射矢量与倒易矢量。

10. 波谱仪和能谱仪各有什么缺点？

11. 直进式波谱仪和回转式波谱仪各有什么优缺点？

第 9 章　电子衍射及显微分析

9.1　透射电子显微镜概述

利用光学显微镜看物体的极限：

（1）人眼不能看到比 0.1 mm 更小的特体或物质结构细节，借助光学显微镜，可以看到细菌、细胞等小物体。

（2）因为光波的衍射效应，光学显微镜的分辨率极限大约是光波的半波长，可见光的短波长约为 0.4 μm，所以光学显微镜的极限分辨率是 0.2 μm。要观察更微小的物体，必须利用更短的波作光源。

（3）100 kV 电压加速的电子，相应的德布罗意波的波长为 3.7 pm，比可见光小六个数量级，物理学家利用"电子在磁场中运动与光在介质中传播相似的性质"，成功研制了电子透镜，并于 1932～1933 年制成了第一台电子显微镜，现代高性能的透射电子显微镜，点分辨率优于 0.3 nm，晶格分辨率达到 0.1～0.2 nm，而且自动化程度高，具有多方面的综合分析功能，是自然科学一些领域中观察微观世界的"科学之眼"。在生物学、医学、材料科学中，在物理、化学等学科和矿物、地质部门中，电子显微分析都发挥着重要作用，电子显微镜使人们进入观察"纳米粒子"结构的时代，已直接看到了某些特殊的大分子结构（氯代酞菁铜），还看到了某些物质的原子像。

9.1.1　透射电子显微镜仪器

透射电子显微镜是以波长很短的电子束作照明源，用电磁透镜聚焦成像的一种具有高分辨率、高放大倍数的光学电子仪器，图 9-1 给出了一种透射电子显微镜外观图。它同时具备两大功能：物相分析和组织分析。物相分析是利用电子和晶体物质作用可以发生衍射的特点，获得物相的衍射花样；而组织分析则是利用电子波遵循阿贝成像原理，可以通过干涉成像的特点，获得各种衬度图像。

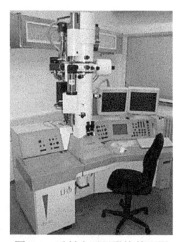

图 9-1　透射电子显微镜外观图

9.1.2　透射电子显微镜发展简史

光学显微镜的分辨率受制于可见光波长，寻找短波长的照明光源便成为制造高分辨率显微镜的关键。顺着电磁波谱短波长方向，紫外线波长比可见光短，范围在 13～390 nm。由于绝大多数样品物质都强烈地吸收波长小于 200 nm 的短波长紫外线，可供照明使用的紫外线限于波长 200～250 nm。这样，用紫外线作照明源，用石英玻璃透镜聚焦成像的紫外线显微镜分辨率可达 100 nm 左右，比可见光显微镜提高了一倍。X 射线波长很短，范围在 0.05～10 nm，γ 射线的波长更短，但是由于它们具有很强的穿透能力，不能直接被聚焦，不能得到足够强的光束作为微区照明和高倍率放大的显微镜光源。那么，是否存在一种波长很短，又能被聚焦成像的入射波呢？

1925 年，德布罗意提出了物质波的理论，即粒子具有波动性，这是一个对显微学领域意义重大、影响深远的发现。因为根据这个理论，不仅是电磁波，各种微观粒子都可以作为入射波与物质作用，发生衍射现象。更重要的是，物质波的波长与其动量成反比，$\lambda = h/P$，只要将粒子加速到足够的动量，就能得到波长很短的物质波。1927 年 Davisson 与助手 Cermer、Thomson 和 Reid 分别独立地进行了电子衍射实验，他们将电子加速，轰击在多晶体上，获得了电子衍射的照片，如图 9-2 所示，他们的实验充分证明了物质波的存在，第一次利用物质波探测了物质的内部结构。

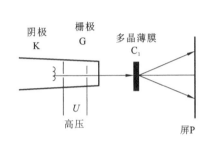
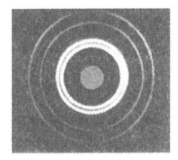

（a）电子衍射实验示意图 　　　　　　 （b）电子衍射花样

图 9-2　汤姆孙的电子衍射实验

另一个重大事件是发生在 1926 年，Busch 指出具有轴对称性的磁场对电子束起着透镜的作用，有可能使电子束聚焦成像。这一发现直接导致电磁透镜的产生，并为电子显微镜提供了可行的技术。因为利用电磁透镜聚集电子束可以为高倍率的放大提供明亮的电子源，同时电磁透镜可以作为放大镜对电子图像逐级放大，至此，透射电子显微镜的理论基础和技术手段均已具备，电子显微镜的发明水到渠成。

1932 年柏林大学 Knoll 和 Ruska 提出了透射电子显微镜的概念，并于 1933 年制出第一台带双透镜电子源的电子显微镜。点分辨率为 500 nm，比光学显微镜高 4 倍左右。仅仅四年以后，英国的厂家就生产出第一台商品透射电子显微镜，1939 年西门子开始批量生产透射电子显微镜（分辨率优于 100 nm），到 1954 年 Siemens Elmiskop I 型透射电子显微镜的分辨率已经优于 10 nm。

1949 年，Heideneich 用透射电子显微镜观察了电解减薄的铝试样，这对材料研究领域来讲是一个重要的历史事件。20 世纪 50～60 年代，英国牛津大学材料系 P.B.Hisch 和 M.J.Whelan，以及英国剑桥大学物理系 A.Howie 随之开展了一系列的理论研究，建立了直接观察薄晶体缺陷和结构的实验技术及电子衍射衬度理论。70 年代初，美国亚利桑那州立大学物理系 J.M.Cowley，发展了高分辨电子显微像的理论与技术。70 年代末 80 年代初，在各国科学家的共同努力下，一门崭新的学科——高空间分辨分析电子显微学逐步形成和成熟起来，其主要内容是采用高分辨分析电子显微镜对很小范围（约 5 nm）的区域进行电子显微研究（如晶体结构、电子结构、化学成分）。

9.1.3 透射电子显微镜的优点

与光学显微镜和 X 射线衍射仪相比，透射电子显微镜具有明显的优势。

200 nm

图 9-3 GaP 纳米线的形貌
及其衍射花样

1. 可以实现微区物相分析

由于电子束可以汇聚到纳米量级，它可实现样品选定区域电子衍射（选区电子衍射）或微小区域衍射（微衍射），同时获得目标区域的组织形貌，从而将微区的物相结构（衍射）分析与其形貌特征严格对应起来，如图 9-3 所示。

2. 图像分辨率高

显微镜的分辨率和照明光源的波长存在以下关系：

$$\Delta r_0 = \frac{0.61\lambda}{n\sin\alpha}$$

由于电子可以在高压电场下加速，可以获得波长很短的电子束。相应地，电子显微镜的分辨率大大提高。电子束的波长

$$\lambda = \frac{h}{P} = \frac{h}{\sqrt{2meV}}$$

在高加速电压下，需要对电子的能量和静止质量引入相对论修正，即

$$eV = mc^2 - m_0c$$

$$m = \frac{m_0}{\sqrt{1 - \frac{V^2}{c^2}}}$$

$$\lambda = \frac{h}{\sqrt{2m_0eV\left(1 + \frac{eV}{2m_0c^2}\right)}} = \frac{12.25}{\sqrt{V(1 + 10^{-6}V)}} \tag{9-1}$$

在各种加速电压下的电子束的波长见表 9-1。

表 9-1 不同加速电压下电子束的波长

V/kV	λ/nm
100	0.037 0
200	0.025 1
300	0.0197
1 000	0.008 7

可见光波长为 4 000~8 000 nm，电子波长是光波长的十万分之一，只要能使加速电压提高到一定值就可得到很短的电子波。目前常规的透射电子显微镜的加速电压为 200~300 kV，虽然存在透镜像差等降低透射电子显微镜分辨率的因素，最终的图像分辨率仍然可以达到 1 nm 左右，从而获得原子级的分辨率，直接观测原子像，如图 9-4 所示。

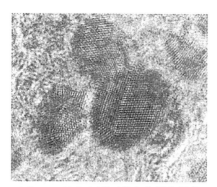

图 9-4 纳米金刚石的高分辨率图像

3. 获得立体丰富的信息

如果配备能谱、波谱、电子能量损失谱，透射电子显微镜可以实现微区成分和价键的分析。以上这些功能的配合使用，可以获得物质微观结构的综合信息。

在图 9-5 的图像中，亮区由散射能力强的硅原子组成，对应硅晶体相，暗区包含大量散射能量弱的氧原子，对应含氧量高的非晶氧化硅，电子能量损失谱表明在硅和氧化硅的界面处存在一个厚度为 1 nm 的过渡层。

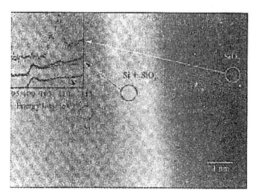

图 9-5 三极管的沟道边界的高分辨环形探测器（ADF）图像及电子能量损失谱

与光学显微镜和 X 射线衍射仪相化，透射电子显微镜具有更强的分析能力，具体比较见表 9-2。

表 9-2 三种典型分析手段的比较

仪器	波长/nm	分辨率/nm	聚焦	优点	局限性
光学显微镜	4 000~8 000	2 000	可聚焦	简单，直观	只能观察表面形态，不能作微区成分分析
X 射线衍射仪	0.01~100		无法聚焦	相分析简单精确	无法观察形貌
透射电子显微镜	0.025~1 （200 kV）	0.09~0.1	可聚焦	组织分析，物相分析（电子衍射），成分分析（能谱、波谱、电子能量损失谱）	价格昂贵，不直观，操作复杂，样品制备复杂

9.2 透射电子显微镜的工作原理——阿贝成像原理

和光学显微镜一样，透射电子显微镜的工作原理仍然是阿贝成像原理，即平行入射波受到有周期性特征物体的散射作用在物镜的后焦面上而形成衍射谱，各级衍射波通过干涉重新在像平面上形成反映物体特征的像。

阿贝认为在相干平行光照射下，显微镜的成像可分为两个步骤。第一个步骤是通过物的衍射在物镜后焦面上形成一个初级干涉图；第二个步骤则是物镜后焦面上的初级干涉图复合为像。这就是通常所说的阿贝成像原理。

成像的这两个步骤本质上就是两次傅里叶变换。如果物的复振幅分布是 $g(x_0, y_0)$，可以证明在物镜的后焦面(x_f, y_f)上的复振幅分布是 $g(x_0, y_0)$ 的傅里叶变换 $G(x_f, y_f)$（只要令 $f_x = x_f/\lambda f$，$f_y = y_f/\lambda f$；λ 为光的波长，f 为物镜焦距）。所以第一个步骤起的作用就是把光场分布变为空间频率分布。而第二个步骤则是又一次傅里叶变换将 $G(x_f, y_f)$ 又还原到空间分布。按频谱分析理论，谱面上的每一点均具有以下四点明确的物理意义。

（1）谱面上任一光点对应着物面上的一个空间频率成分。

（2）光点离谱面中心的距离，标志着物面上该频率成分的高低，离中心远的点代表物面上的高频成分，反映物的细节部分。靠近中心的点，代表物面上的低频成分，反映物的粗轮廓，中心亮点是零级衍射即零频，它不包含任何物的信息，所以反映在像面上呈现均匀光斑而不能成像。

（3）光点的方向，指出物平面上该频率成分的方向，如横向的谱点表示物面有纵向栅缝。

（4）光点的强弱则显示物面上该频率成分的幅度大小。

图 9-6 显示了成像的这两个步骤。如果以一个光栅作为物，平行光照在光栅上，经衍射分解成为不同方向传播的多束平行光（每一束平行光相应于一定的空间频率），经过物镜分别聚焦在后焦面上形成点阵。然后，代表不同空间频率的光束又重新在像平面上复合而成像。

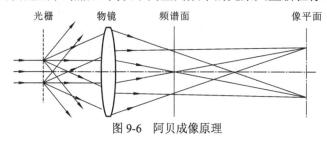

图 9-6 阿贝成像原理

如果这两次傅里叶变换完全是理想的，信息在变换过程中没有损失，则像和物完全相似。但由于透镜的孔径是有限的，总有一部分衍射角度较大的高次成分（高频信息）不能进入物镜而被丢弃了。所以，物所包含的超过一定空间频率的成分就不能包含在像上。高频信息主要反映物的细节。如果高频信息没有到达像平面，则无论显微镜有多大的放大倍数，也不能在像平面上分辨这些细节。这是显微镜分辨率受到限制的根本原因。特别当场的结构非常精细（如很密的光栅），或物镜的孔径非常小时，有可能只有零级衍射（直流成分）能通过，则在像平面上只有光斑而完全不能形成图像。

在对布拉格方程的讨论中提到，入射线的波长决定了结构分析的能力。只有晶面间距大于 $\lambda/2$ 的晶面才能产生衍射。换言之，只有入射波长小于 2 倍的晶面间距才能产生衍射。一般的晶体晶面间距与原子直径在一个数量级，为十分之几纳米。光学显微镜显然无法满足这种要求，因此无法对晶体的结构进行分析，只能进行低分辨率的形貌观察。而透射电子显微镜的电子束波长很短，完全满足晶体衍射的要求。例如，200 kV 加速电压下电子束波长为 0.025 1 nm。因此，根据阿贝成像原理，在电磁透镜的后焦面上可以获得晶体的衍射谱，故透射电子显微镜可以作物相分析；在物镜的像面上形成反映样品特征的形貌像，故透射电子显微镜可以作组织分析。

9.3 透射电子显微镜的结构

透射电子显微镜由电子光学系统、真空系统及电源与控制系统三部分组成。电子光学系统是透射电子显微镜的核心，而其他两个系统为电子光学系统顺利工作提供支持。电磁透镜是电子光学系统的核心，是透射电子显微镜核心中的核心，十分重要，下面将单独介绍，透射电子显微镜的结构见图 9-7。

9.3.1 电子光学系统

电子光学系统通常称为镜筒，由于工作原理相同，在光路结构上透射电子显微镜与光学显微镜有很大的相似之处。只不过在透射电子显微镜中，用高能电子束代替可见光源，以电磁透镜代替光学透镜，获得了更高的分辨率（图 9-8）。电子光学系统分为三部分，即照明部分、成像部分和观察记录部分。

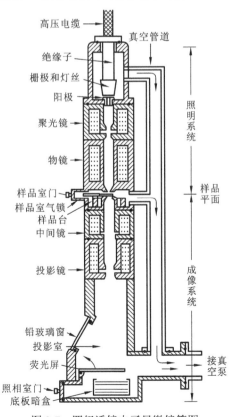

图 9-7 四级透镜电子显微镜简图

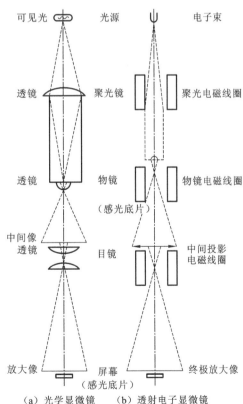

图 9-8 光学显微镜的放大原理示意图

1. 照明部分

照明部分的作用是提供亮度高、相干性好、束流稳定的照明电子束。它主要由发射并使电子加速的电子枪，汇聚电子束的聚光镜，以及电子束平移、倾斜调节装置组成。

1）电子枪

电子枪是电子束的来源，它不但能够产生电子束，而且采用高压电场将电子加速到所需的能量。电子枪包括热发射和场发射两种类型，光源对于成像质量起重要作用。

人们一直在努力获得亮度高、直径小的电子源，在此过程中，电子枪的发展经历了发卡式钨灯丝热阴极电子枪、六硼化镧（LaB_6）热阴极电子枪和场发射电子枪三个阶段。

热阴极电子枪（图 9-9）是依靠电流加热灯丝，使灯丝发射热电子，并经过阳极和灯丝之间的强电场加速得到高能电子束。栅极的作用是利用负电场排斥电子，使电子束得以汇聚。

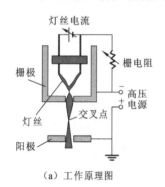

（a）工作原理图

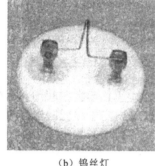

（b）钨丝灯

（c）六硼化镧灯丝

图 9-9　热阴极电子枪

钨灯丝热阴极电子枪发射率较低，只能提供亮度 $10^4 \sim 10^5 \, A/cm^2$、直径 $20 \sim 50 \, \mu m$ 的电子源。经电子光学系统中二级或三级聚光镜缩小聚焦后，在样品表面束流强度为 $10^{11} \sim 10^{13} \, A/cm^2$ 时，扫描电子束最小直径才能达到 $60 \sim 70 \, nm$。

六硼化镧热阴极电子枪发射率比较高，有效发射截面可以做得小些（直径约为 $20 \, \mu m$），无论是亮度还是电子源直径等性能都比钨灯丝热阴极电子枪极好。如果用 30%六硼化钡和70%六硼化镧混合制成阴极，性能还要好些。

场发射电子枪如图 9-10 所示。它是利用靠近曲率半径很小的阴极尖端附近的强电场，使阴极尖端发射电子，所以称为场致发射或简称场发射。就目前的技术水平来说，建立这样的强电场并不困难。如果阴极尖端半径为 $1\,000 \sim 5\,000 \, nm$，若在尖端与第一阳极之间加 $3 \sim 5 \, kV$

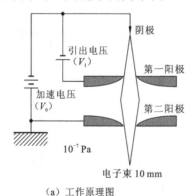

（a）工作原理图

（b）场发射灯丝

图 9-10　场发射电子枪

的电压，在阴极尖端附近建立的强电场足以使它发射电子。在第二阳极几十千伏甚至几百千伏正电势的作用下，阴极尖端发射的电子被加速到足够高的动量，以获得短波长的入射电子束，然后电子束被汇聚在第二阳极孔的下方（即场发射电子枪第一交叉点位置上），直径小至 100 nm。经聚光镜缩小聚焦，在样品表面可以得到 3～5 nm 的电子束斑。

三种电子枪的具体指标在表 9-3 中做了比较，可以明显地看出，场发射电子枪在亮度、能量分散、束斑尺寸和寿命等方面均表现出明显的优势。

表 9-3　三种电子枪性能对照表

性能参数	钨灯丝热阴极电子枪	六硼化镧热阴极电子枪	场发射电子枪
功函数 ϕ/eV	4.5	2.4	4.5
温度 T/K	2 700	1 700	300
电流密度 J/（A/cm^2）	5×10^4	1×10^6	1×10^{10}
交叉点尺寸 ϕ/μm	50	10	<0.01
亮度/（A/m^2）	10^9	5×10^{10}	1×10^{13}
能量分散/eV	3	1×5	0.3
电流稳定性/%	<1	<1	5
真空度/Pa	10^{-2}	10^{-4}	10^{-8}
寿命/h	100	500	>1 000

2）聚光镜

样品上需要照明的区域大小与放大倍数有关。放大倍数越高，照明区域越小，相应地要求以更细的电子束照明样品。由电子枪直接发射出的电子束的束斑尺寸较大，发散度大，相干性也较差。为了更有效地利用这些电子，由电子枪发射出来的电子束还需要进一步汇聚，获得亮度高、近似平行、相干性好的照明束，这个任务通常由聚光镜来完成。现代电子显微镜采用双聚光镜系统（图 9-11），第一聚光镜是一个短焦距强激磁透镜，它把电子枪交叉点（gun crossover）的像缩小为 1～5 nm；第二聚光镜是一个长焦距透镜，它可调节照明强度、孔径角和束斑大小。

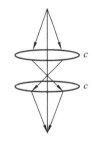

图 9-11　双聚光镜系统

3）电子束平移、倾斜调节装置

为满足明场和暗场成像需要，照明束范围可在 2°～3° 倾斜，以便以某些特定的倾斜角度照明样品。

2. 成像部分

这部分主要由物镜、中间镜、投影镜及物镜光阑和选区光阑组成。穿过试样的透射电子束在物镜后焦面呈衍射花样，在物镜像面呈放大的组织像，并经过中间镜、投影镜的接力放大，获得最终的图像。

1）物镜

物镜是透射电子显微镜的关键部分，它形成第一幅衍射谱或电子像，成像系统中其他透镜只是对衍射谱或电子像进一步放大。物镜基本决定了电子显微镜的分辨能力，物镜的任何像差都将在被进一步放大时加以保留，因此要求物镜像差尽可能小且放大倍数大（100~200）。

为了减小物镜的球差，往往在物镜的后焦面上安放一个物镜光阑。在后焦面处，除了有近似平行于轴的透射电子束外，还有更多地从样品散射的电子也在此汇聚。把物镜光阑放在这里的好处是：①挡掉大角度散射的非弹性电子，使色差和球差减少及提高衬度，同时，还可以得到样品更多的信息；②可选择后焦面上的晶体样品衍射束成像，获得明、暗场像。

在物镜的像平面上，装有选区光阑，该光阑是实现选区衍射功能的关键部件。

2）中间镜

中间镜主要用于选择成像或衍射模式和改变放大倍数。当中间镜物面取在物镜的像面上时，则将图像进一步放大，这就是透射电子显微镜中的成像操作；当中间镜散焦，物面取在物镜后焦面时，则将衍射谱放大，在荧光屏上得到一幅电子衍射花样，这就是透射电子显微镜中的电子衍射操作，如图9-12所示。

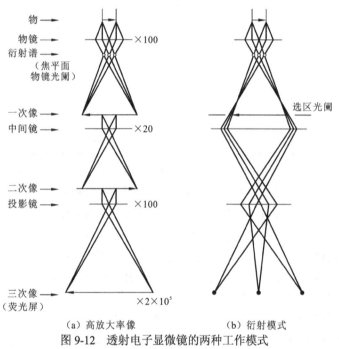

图9-12 透射电子显微镜的两种工作模式

在透射电子显微镜操作过程中，主要是利用中间镜的可变倍率来控制透射电子显微镜的总放大倍数。中间镜是一个弱激磁的长焦距变倍透镜，可在0~20倍范围调节。当放大倍数大于1时，用来进一步放大物镜像；当放大倍数小于1时，用来缩小物镜像。

3）投影镜

投影镜的作用是把经中间镜放大（或缩小）的像（或电子衍射花样）进一步放大，并投影到荧光屏上，它和物镜一样，是一个短焦距的强磁透镜。投影镜一般用于固定的放大倍数。投影镜的内孔径较小，电子束进入投影镜孔径角很小（约 10^{-5} rad）。小的孔径角带来两个重要的特点：第一，景深大。所谓景深是指在保持清晰度的情况下，试样或物沿镜轴可以移动的距离范围。第二，焦深长。所谓焦深是指在保持清晰度前提下，像平面沿镜轴可以移动的距离范围。长的焦深可以放宽透射电子显微镜荧光屏和底片平面严格位置的要求，对仪器的制造和使用都很方便。

3. 观察记录部分

这部分由荧光屏及照相机组成。试样图像经过透镜多次放大后，在荧光屏上显示出高倍放大的像。如需照相，掀起荧光屏，使相机中底片曝光，底片在荧光屏之下，由于透射电子显微镜的焦长很大，虽然荧光屏和底片之间有数厘米的间距，但仍能得到清晰的图像。

其他记录方法包括：TV 录像，可作动态记录；电荷耦合器件（charge-coupled device, CCD）相机，简称 CCD 相机，可以获得可加工的信息；成像板（imaging plate），可反复读写，像的质量比普通胶片好。

9.3.2 真空系统

电子光学系统的工作过程要求在真空条件下进行，这是因为在充气条件下会发生以下情况：栅极与阳极间的空气分子电离，导致高电位差的两极之间放电；炽热灯丝迅速氧化，无法正常工作；电子与空气分子碰撞，影响成像质量；试样易于氧化，产生失真。

目前，一般透射电子显微镜的真空度为 10^{-3} Pa 左右。真空泵组经常由机械泵和扩散泵两级串联成。为了进一步提高真空度，可采用分子泵、离子泵，真空度可达到 10^{-6} Pa 或更高。

9.3.3 电源与控制系统

供电系统主要用于提供两部分电源：一是电子枪加速电子用的小电流高压电源；二是透镜激励磁场用的大电流低压电源。一个稳定的电源对透射电子显微镜非常重要，对电源的要求为：最大透镜电流和高压的波动引起的分辨率下降要小于物镜的极限分辨本领。

现在的透射电子显微镜都用计算机控制其使用参数和调整对中，使复杂的操作程序得以简化。

9.3.4 电磁透镜

1. 电磁透镜的种类

电子显微镜可以利用电场或磁场使电子束聚焦成像，其中用静电场成像的透镜称为静电透镜，用电磁场成像的称为电磁透镜。因为静电透镜在性能上不如电磁透镜，所以在目前研制的电子显微镜中大多采用电磁透镜。

现在使用的电磁透镜有三种，如图 9-13 所示。最简单的电磁透镜只有一个线圈，产生非均匀轴对称磁场，如图 9-13（a）所示。励磁效果较好的电磁透镜将线圈用内部开口的铁壳封装起来，可以降低磁通的泄漏，同时使开口处的磁场增强，如图 9-13（b）所示。为了实现更强的磁场，可以在开口的两侧装上两个极靴，极靴是由软磁材料制成的中心穿孔的柱体芯子，当电流通过线圈时，极靴被磁化，使磁力线集中在上下极靴间隙附近区域，如图 9-13（c）所示。

2. 电磁透镜工作原理

运动电子在磁场中受到洛伦兹力的作用，其表达式为

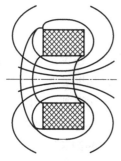

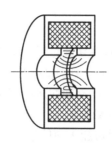
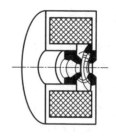

（a）简单电磁透镜　　　（b）带铁壳的电磁透镜　　　（c）带有极靴和铁壳的电磁透镜

图 9-13　三种不同类型的电磁透镜

$$F = -eV \times B$$

式中：e 为运动电子电荷；V 为电子运动速度矢量；B 为磁感应强度矢量；F 为洛伦兹力，F 的方向垂直于矢量 V 和 B 所决定的平面，力的方向可由右手定则确定。若 $V /\!/ B$，则 $F=0$，电子不受磁场力作用，其运动速度的大小及方向不变；若 $V \perp B$，则 F 方向反平行于 $V \times B$，即只改变运动方向，不改变运动速度，从而使电子在垂直于磁力线方向的平面上做匀速圆周运动（图 9-14）。若 V 与 B 既不垂直也不平行，而成一定夹角，则其运动轨迹为螺旋线。如果电子只是在均匀磁场中运动，则电子至多只能做螺旋运动，无法起到放大作用。

　　电磁透镜可以放大和汇聚电子束，是因为它产生的磁场沿透镜长度方向是不均匀的，但却是轴对称的，其等磁位面的几何形状与光学玻璃透镜的界面相似，使得电磁透镜与光学玻璃凸透镜具有相似的光学性质（图 9-15）。

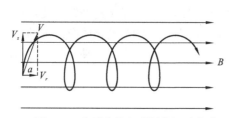

图 9-14　电子在均匀磁场的运动方式

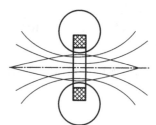

图 9-15　电磁透镜的磁场

　　把磁场任一点 A 的磁场强度 H 分解为 H_z 和 H_r，将运动到 A 点的电子运动速度 V 也分解成 V_z 和 V_r。当 $H_z /\!/ V_z$，$H_r /\!/ V_r$ 时，两者不发生作用。当 $H_z \perp V_r$，$H_r \perp V_z$，电子分别受到作用力 F_1 和 F_2，力的方向都是由里向外。电子在力 F_1+F_2 作用下获得切向速度 $V_{1,2}$，而 $V_{1,2} \perp H_z$，于是又使电子受 F_r 向心力，使电子向轴偏转，同时电子束旋转了一个角度。电子束离轴越远，作用力也就越大。因此，电子束（平行的或从一点发出的）都将汇聚在一点，如图 9-16 所示。

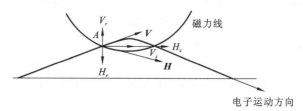

图 9-16　运动电子和非均匀磁场的相互作用

9.4　电子衍射物相分析

9.4.1　电子衍射花样的形成

　　由埃瓦尔德作图法可知，倒易点 G（指数为 hkl）正好落在衍射球的球面上时，其对应的晶面可以发生衍射，产生的衍射线沿着球心 O_1 到倒易点 G 的方向，当该衍射线与底片（或荧光屏）相交时，形成一个衍射斑点 G'，所有参与衍射晶面的衍射斑点构成了一张电子衍射花样。所以说，电子衍射花样实际上是晶体的倒易点阵与衍射球面相截部分在荧光屏上的投影，电子衍射图取决于倒易阵点相对于衍射球面的分布情况。

　　由于晶体样品的点阵单胞参数是确定的，它的倒易阵点的空间分布也是确定的，与衍射球面相交的倒易阵点取决于衍射球曲率 $\frac{1}{\lambda}$ 的大小。入射电子束的波长决定了衍射球面的曲率和衍射球面与倒易点阵的相对位置。在高能电子衍射的情况下，100 kV 加速电压产生的电子束的波长是 0.003 7 nm，衍射球的半径是 2.7 nm。而典型金属晶体低指数晶面间距约为 0.2 nm，相应的倒易矢量长度约为 0.05 nm。这就是说，衍射球的半径比晶体低指数晶面的倒易矢量长度大 50 多倍。在倒易点阵原点附近的低指数倒易点阵范围内，衍射球面非常接近平面。透射电子显微镜的加速电压越高，衍射球的半径越大，衍射球面越接近平面。在衍射球面近似为一个平面的情况下，它与三维倒易点阵交截得到的曲面为一个平面，即一个二维倒易点阵平面。在这个倒易点阵平面上的低指数倒易阵点都和衍射球面相交，满足衍射方程，产生相应的衍射电子束。所以，电子衍射图的几何特征与一个二维倒易点阵平面相同。

9.4.2　电子衍射的基本公式

　　根据图 9-17，可以方便地推导建立衍射花样与晶面间距的关系。

　　图中，O' 是荧光屏上的透射斑点，G' 是衍射斑点。衍射球的曲率很大，画成平面只是一个近似的画法。如上所述，由于电子束波长很短，衍射球的半径很大，在倒易点阵原点 O 附近，衍射球面非常接近平面。因此如果倒易点 G 落在衍射球面上，$OG \perp O_1O$，$\triangle O_1OG$ 和 $\triangle O_1O'G'$ 都是直角三角形，且共用一个顶角，所以是相似三角形。

$$\frac{O_1O}{O_1O'} = \frac{OG}{O'G'}$$

将它们的长度值代入上式，得

$$\frac{\frac{1}{\lambda}}{L} = \frac{\frac{1}{d}}{R}$$

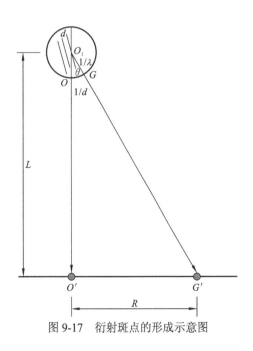

图 9-17　衍射斑点的形成示意图

即

$$Rd = L\lambda \tag{9-2}$$

这就是电子衍射的基本公式。在恒定的实验条件下，$L\lambda$ 是一个常数，称为衍射常数，或仪器常数。已知 $L\lambda$，可由 R 值求出 d 值。因此，可以根据衍射谱求出晶面间距及某些晶面的夹角，这是利用电子衍射谱进行结构分析的基本原理。

9.4.3　各种结构的衍射花样

材料的晶体结构不同，其电子衍射图也存在明显的差异。

1. 单晶体的衍射花样

单晶材料的衍射斑点形成规则的二维网格形状（图 9-18）；衍射花样与二维倒易点阵平面上倒易阵点的分布是相同的；电子衍射图的对称性可以用一个二维倒易点阵平面的对称性加以解释。随着与电子束入射方向平行的晶体取向不同，其与衍射球相交得到的二维倒易点阵不同，因此衍射花样也不同。

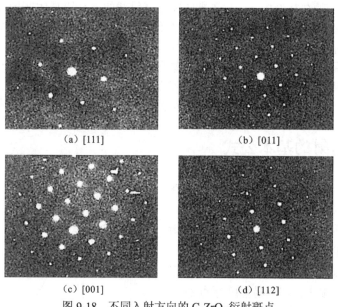

(a) [111]　　　　　　　　　(b) [011]

(c) [001]　　　　　　　　　(d) [112]

图 9-18　不同入射方向的 C-ZrO$_2$ 衍射斑点

2. 多晶材料的电子衍射

如果晶粒尺度很小，且晶粒的结晶学取向在三维空间是随机分布的，任意晶面组 $\{hkl\}$ 对应的倒易阵点在倒易空间中的分布是等概率的，形成以倒易原点为中心，$\{hkl\}$ 晶面间距的倒数为半径的倒易球面。无论电子束沿任何方向入射，$\{hkl\}$ 倒易球面与反射球面相交的轨迹都是一个圆环形，由此产生的衍射束为圆形环线。所以细小多晶的衍射花样是一系列同心的环，环半径正比于相应的晶面间距的倒数。当晶粒尺寸较大时，参与衍射的晶粒数减少，使得这些倒易球面不再连续，衍射花样为同心圆弧线或衍射斑点，如图 9-19 所示。

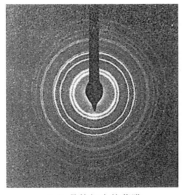
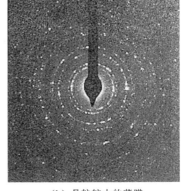

(a) 晶粒细小的薄膜　　　　　　　　　(b) 晶粒较大的薄膜

图 9-19　　NiFe 多晶纳米薄膜的电子衍射

3. 非晶态物质衍射

非晶态物质的特点是短程有序、长程无序，即每个原子的近邻原子的排列仍具有一定的规律，仍然较好地保留着相应晶态结构中所存在的近邻配位情况；但非晶态物质中原子团形成的这些多面体在空间的取向是随机分布的，非晶的结构不再具有平移周期性，因此也不再有点阵和单胞。由于单个原子团或多面体中的原子只有近邻关系，反映到倒空间也只有对应这种原子近邻距离的一个或两个倒易球面。反射球面与它们相交得到的轨迹都是一个或两个半径恒定的，并且以倒易点阵原点为中心的同心圆环。由于单个原子团或多面体的尺度非常小，其中包含的原子数目非常少，倒易球面也远比多晶材料的厚。所以，非晶态物质的电子衍射图只含有一个或两个非常弥散的衍射环，如图 9-20 所示。

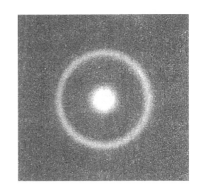

图 9-20　　典型的非晶衍射花样

9.4.4　选区电子衍射

电子衍射的一个长处是可以对特定微小区域的物相进行分析，这种功能是通过选区衍射实现的。由于选区衍射所选的区域很小，能在晶粒十分细小的多晶体样品内选取单个晶粒进行分析，从而为研究材料单晶体结构提供了有利的条件。如图 9-21 所示，在 NiAl 多层膜组织中含有很多晶粒，如果对整个观察区域进行物相分析，只能得到多晶环，如图 9-21（b）所示，无法知道每个晶粒具体属于哪种物相；但通过选取特定区域（如白色环内区域）进行衍射分析，可得到该区域的物相信息，如图 9-21（c）所示。

实现选区衍射的方式如下：首先得到组织形貌像，此时中间镜的物平面落在物镜的像平面上；在物镜像平面内插入选区光阑，套住目标微区，此时除目标微区以外，其他部分的电子束全部被选区光阑挡掉，只能看到所选微区的图像；降低中间镜激磁电流，使中间镜的物平面落在物镜的后焦面上，使电子显微镜从成像模式转变为衍射模式，这时得到的衍射花样就只包括来自所选区域的信息。

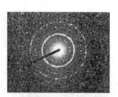

（b）大范围衍射花样

（a）NiAl多层模的组织形貌

（c）单个晶粒的选区衍射

图9-21　选区衍射的图像

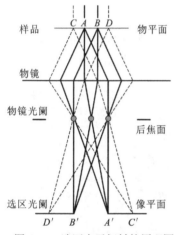

图9-22　选区电子衍射的原理图

为什么在图像上选择区域，就能对样品上对应的区域进行衍射分析呢？这是因为电子束的光路具有可逆回溯的特点。图9-22为选区电子衍射的原理图，入射电子束通过样品后，透射束和衍射束将汇集到物镜的背焦面上而形成衍射花样，然后各斑点经干涉后重新在像平面上成像。如果在物镜的像平面处加入一个选区光阑只有$A'B'$范围内的成像电子能通过选区光阑，并最终在荧光屏上形成衍射花样，这一部分花样实际上是由样品上AB区域提供的，所以在像平面上放置选区光阑的作用等同于在物平面上放置一个光阑。

选区光阑的直径在20～300 μm，若物镜放大倍数为50倍，那么在物镜的像平面上放直径为50 μm的选区光阑就相当于在物平面处放 1 μm 的视野光阑，可以套取样品上任何直径1 μm的结构细节，可实现对1 μm范围的微区做选区衍射。

选区光阑的水平位置在电子显微镜中是固定不变的，因此在进行正确的选区操作时，物镜的像平面和中间镜的物平面都必须与选区光阑的水平位置平齐，即图像和光阑孔边缘都聚焦清晰，说明它们在同一个平面上。如果物镜的像平面和中间镜的物平面重合于光阑的上方或下方，在荧光屏上仍能得到清晰的图像，但因所选的区域发生偏差而使衍射斑点不能和图像一一对应。

9.4.5　衍射花样分析

1.多晶体结构分析

如前所述，完全无序的多晶体的衍射花样为一系列同心的环。根据电子衍射基本公式（9-2）$Rd=L\lambda$，得

$$R = \frac{L\lambda}{d}$$

$L\lambda$ 为相机常数，环半径正比于相应的晶面间距的倒数，即

$$R_1 : R_2 : \cdots : R_j : \cdots = \frac{1}{d_1} : \frac{2}{d_2} : \cdots : \frac{1}{d_j} : \cdots \tag{9-3}$$

式（9-3）反映了 R 的比值与各种晶体结构的晶面间距的关系。

根据结构消光原理，不同结构有各自不同的消光条件，因而其参与衍射的等同晶面组也不相同。在衍射花样上，因为每个衍射环对应一种等同晶面组，所以衍射环半径之比的规律不同。每种结构显示出自己的特征衍射环，这是鉴别不同结构类型晶体的依据。

立方晶系结构是材料科学研究中最经常碰到，也是最简单的，以这一晶系为例讨论结构与衍射花样的关系。立方晶体的晶面间距：

$$d = \frac{a}{\sqrt{h^2 + k^2 + l^2}} = \frac{a}{\sqrt{N}} \tag{9-4}$$

式中：a 为点阵常数；$N = h^2 + k^2 + l^2$。将式（9-4）代入式（9-3），于是得

$$R_1 : R_2 : R_3 : \cdots = \sqrt{N_1} : \sqrt{N_2} : \sqrt{N_3} \cdots$$

或

$$R_1^2 : R_2^2 : R_3^2 : \cdots = N_1 : N_2 : N_3 \cdots \tag{9-5}$$

因为 N 都是整数，所以立方晶体的电子衍射花样中各个衍射环半径的平方比值一定满足整数比。

立方晶系包括四种不同类型的常见结构，各类结构根据消光条件产生衍射的指数如下。

简单立方结构：100，110，111，200，210，220，221，…

体心立方结构：110，200，112，220，310，222，312，…

面心立方结构：111，200，220，311，222，400，…

金刚石立方结构：111，220，311，400，331，422，…

相应地，各种结构的衍射花样中，衍射环半径平方之比遵循如下规律。

简单立方结构：1∶2∶3∶4∶5∶6∶8∶9∶10∶11∶…

体心立方结构：2∶4∶8∶10∶12∶14∶16∶18∶…

面心立方结构：3∶4∶8∶11∶12∶16∶19∶20∶24∶…

金刚石立方结构：3∶8∶11∶16∶19∶24∶27∶…

因此在测量了衍射环的半径，并对其平方之比进行对照后，可以确定晶格类型。多晶衍射花样的分析是非常简单的。其基本程序如下：

（1）测量环的半径 R。

（2）计算 R_i^2 及 R_i^2 / R_1^2，其中 R_1 为直径最小的衍射环的半径，找出最接近的整数比规律，由此确定了晶体的结构类型，并可写出衍射环的指数。

（3）根据 $L\lambda$ 和 R_i 值可计算出不同晶面族的 d_i。根据衍射环的强度确定 3 个强度最大的衍射环的 d 值，借助索引就可找到相应的 ASTM 卡片。全面比较 d 值和强度，就可最终确定晶体是什么物相。

2. 单晶体结构分析

对于单晶体的衍射花样分析主要有两类工作：对已知的晶体结构，确定晶面取向；对未知的结构，进行物相鉴定。

单晶体结构分析的理论依据为：单晶电子衍射谱相当于一个倒易平面，每个衍射斑点与中心斑点的距离符合电子衍射的基本公式（$Rd=L\lambda$），从而可以确定每个倒易矢量对应的晶面间距和晶面指数；两个不同方向的倒易点矢量遵循晶带定律（$hu+kv+lw=0$），因此可以确定倒易点阵平面（uvw）的指数；该指数也是平行于电子束的入射方向的晶带轴的指数。

1）已知晶体结构，需要确定晶面取向

这类工作的基本程序如下：

（1）测量距离中心斑点最近的三个衍射斑点到中心斑点的距离 R。

（2）测量所选衍射斑点之间的夹角 ϕ。

（3）根据公式 $Rd=L\lambda$，将测得的距离换算成面间距 d。

（4）因为晶体结构是已知的，将求得的 d 值与该物质的面间距表（如 PDF 卡片）相对照，得出每个斑点的晶面族指数 $\{hkl\}$。

（5）决定离中心斑点最近衍射斑点的指数。若 R_1 最短，则相应斑点的指数可以取等价晶面 $\{h_1k_1l_1\}$ 中的任意一个 $(h_1k_1l_1)$。

（6）决定第二个斑点的指数。第二个斑点的指数不能任选，因为它和第一个斑点间的夹角必须符合夹角公式。对立方晶系来说，两者的夹角可用下式求得

$$\cos\phi = \frac{h_1h_2 + k_1k_2 + l_1l_2}{\sqrt{\left(h_1^2 + k_1^2 + l_1^2\right)}\sqrt{\left(h_2^2 + k_2^2 + l_2^2\right)}} \tag{9-6}$$

在决定第二个斑点指数时，应进行尝试校核，即只有 $(h_2k_2l_2)$ 代入夹角公式后求出的角度和实测的一致时，$(h_2k_2l_2)$ 指数才是正确的，否则必须重新尝试。应该指出的是 $\{h_2k_2l_2\}$ 晶面族可供选择的特定 $(h_2k_2l_2)$ 值往往不止一个，因此第二个斑点的指数也带有一定的任意性。

（7）决定了两个斑点后，其他斑点可以根据矢量运算法则求得

$$\left(h_3k_3l_3\right) = \left(h_1k_1l_1\right) + \left(h_2k_2l_2\right)$$

（8）根据晶带定律，求晶带轴的指数，即零层倒易截面法线的方向：

$$[uvw] = (h_1k_1l_1) \times (h_2k_2l_2)$$

其中

$$u = k_1l_2 - k_2l_1$$
$$v = l_1h_2 - l_2h_1$$
$$w = h_1k_2 - h_2k_1$$

下面用一个例子说明以上的标定程序。

已知纯镍的结构为面心立方（fcc），晶格常数 $a=0.3523$ nm，相机常数为 1.12 mm·nm。根据衍射花样（图 9-23）确定晶面指数和晶体取向。

（1）测量各衍射斑点离中心斑点的距离为 $R_1=5.5$ mm，$R_2=13.9$ mm，$R_3=14.25$ mm；夹角为 $\phi_1=82°$，$\phi_2=76°$。

（2）由 $Rd=L\lambda$ 算出 d：

$d_1=0.2038$ nm，查表得 $\{111\}$；

$d_2=0.0805$ nm，查表得 $\{331\}$；

$d_3=0.0784$ nm，查表得 $\{420\}$。

（3）任意确定 $(h_1k_1l_1)$ 为 (111)。

（4）试选 $(h_2k_2l_2)$ 为 $(\bar{3}31)$。

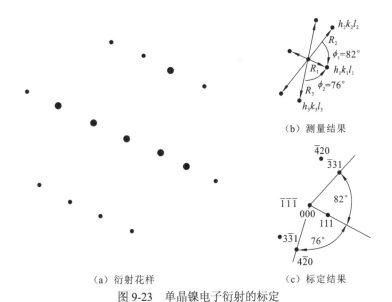

（b）测量结果

（a）衍射花样　　　　　　　　（c）标定结果

图 9-23　单晶镍电子衍射的标定

由立方晶系夹角公式：

$$\cos\phi = \frac{h_1 h_2 + k_1 k_2 + l_1 l_2}{\sqrt{\left(h_1^2 + k_1^2 + l_1^2\right)}\sqrt{\left(h_2^2 + k_2^2 + l_2^2\right)}} = \frac{(-3) + 3 + 1}{\sqrt{3}\sqrt{19}} = 0.132\,4$$

得 $\phi = 83.388°$，符合实测值，而其他指数如（$\bar{3}13$）、（$3\bar{3}1$）不符合夹角要求。

（5）根据矢量运算得

$$\left(h_3 k_3 l_3\right) = \left(h_1 k_1 l_1\right) + \left(\overline{h_2 k_2 l_2}\right) = (111) + (3\bar{3}1) = (4\bar{2}0)$$

（6）由晶带定律可求得晶带方向为

$$(111) \times (\bar{3}31) = [\bar{1}23]$$

2）对未知的结构进行物相鉴定

一张电子衍射图能列出三个独立的方程（两个最短的倒易矢量长度和它们之间的夹角），而一个点阵单胞的参数有六个独立变量（a，b，c，α，β，γ）；从另一个角度来看，一张电子衍射图给出的是一个二维倒易面，无法利用二维信息唯一地确定晶体结构的三维单胞参数，因此从一张电子衍射图上无法得到完整的晶体结构的信息。为了得到晶体的三维倒易点阵，需要绕某一倒易点阵方向倾转晶体，得到包含该倒易点阵方向的一系列衍射图，由它们重构出整个倒易空间点阵。

具体操作时，应在几个不同的方位摄取电子衍射花样，保证能测出长度最小的 8 个 R 值。根据公式 $Rd = L\lambda$，将测得的距离换算成晶面间距 d；查 ASTM 卡片和各 d 值都相符的物相即待测晶体。因为电子显微镜的精度所限，很可能出现几张卡片上 d 值均和测定的 d 值相近，此时应根据待测晶体的其他资料，如化学成分、处理工艺等，来排除不可能出现的物相。

3）标准花样对照法

以上介绍的衍射花样的标定是建立在计算基础上的，实际操作过程中常常用到另外一种经验方法——标准花样对照法，即将实际观察、记录到的衍射花样直接与标准花样对比，写出斑点的指数并确定晶带轴的方向。所谓标准花样就是各种晶体点阵主要晶带的倒易截面，它可以根据晶带定律和相应晶体点阵的消光规律绘出。一个较熟练的电子显微镜工作者对常见晶体的主要晶带标准衍射花样是熟悉的。因此，在观察样品时，一套衍射斑点出现（特别是当样品的材料已知时），基本可以判断是哪个晶带的衍射斑点。应注意的是，在摄取衍射斑点图像时，应尽量将斑点调得对称，即通过倾转使斑点的强度对称均匀，这时表明晶带轴与电子束平行，这样的衍射斑点特别是在晶体结构未知时更便于和标准花样比较。在系列倾转摄取不同晶带斑点时，应采用同一相机常数，以便对比。综上所述，标准花样对照法是种简单易行而又常用的方法，可以收到事半功倍的效果。

4）单晶花样出现大量斑点的原因

在实际观察单晶花样时，可看到大量强度不等的斑点，如果按照严格符合布拉格方程或埃瓦尔德图解才能发生衍射的理论，不能圆满解释这种现象，应从以下四点来说明。

（1）在第 8 章中曾经讲到，由于实际样品有确定的形状和有限的尺寸，它们的衍射点在空间上沿晶体尺寸较小的方向会有扩展，扩展量为该方向上实际尺寸的倒数。晶体在电子束入射方向很薄，衍射点（倒易点）在这个方向拉长成倒易杆。当与精确的布拉格条件存在偏差时，只要扩展后的倒易点接触埃瓦尔德球面，就将产生衍射，如图 9-24 所示。用偏离矢量 s 来表示这种偏差，s 是一个矢量，由倒易点阵的中心指向埃瓦尔德球面。$s=g\cdot\Delta\theta$，s 越大，衍射强度就越弱。

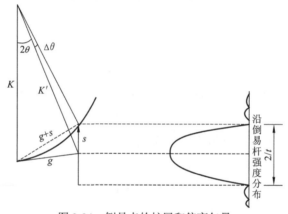

图 9-24　倒易点的扩展和偏离矢量

（2）电子束有一定的发散度，这相当于倒易点不动，而入射电子束在一定角度内摆动。

（3）薄晶体试样弯曲，相当于入射电子束不动而倒易点阵在一定角度内摆动。

（4）当加速电压不稳定，入射电子束波长并不单一，埃瓦尔德球面实际上具有一定的厚度，也使衍射机会增多。

所有这些都增大了与反射球面相截的可能性，因此只要被衍射的单晶样品足够薄，就可得到有大量衍射斑点的电子衍射谱。

3. 复杂电子衍射花样

除了以上介绍的简单的晶体衍射花样，在复杂的晶体结构和不同的电子作用方式下，还会出现一些复杂的电子衍射花样，这里介绍几种最常见的情况。

1）超点阵花样

在无序的晶体结构（如体心立方、面心立方、金刚石结构）中，结构因子的存在，会造成某些晶面的衍射线消失，称为结构消光。但当晶体为有序结构时，情况就会发生变化。在无序结构中，各个晶体阵点的原子类型是随机的，如在 $AuCu_3$ 的无序相 α 中，Au 原子和 Cu 原子随机地出现在各个阵点上，可以认为每个晶体阵点上出现 Au 原子的概率为 25%，而 Cu 原子的概率为 75%，记为 0.75Cu0.25Au[图 9-25（a）]，每个阵点上的原子散射因子为考虑了两种原子权重的混合因子，且所有阵点的散射因子 f_j 相同。有序相是指不同种类的原子分别占据晶格中不同的位置，在 AuCu$_3$ 有序相 α' 中，Au 原子占据顶点位置，而 Cu 原子位于面心位置[图 9-25（b）]。因此各个阵点上的原子类型不同，原子散射因子分别为 Au 原子的散射因子 f_{Au} 和 Cu 原子的散射因子 f_{Cu}。这种在晶体点阵之上仍然存在原子有序分布的结构称为超点阵结构。

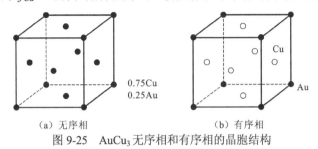

（a）无序相　　　（b）有序相

图 9-25　AuCu$_3$ 无序相和有序相的晶胞结构

这种有序相 α' 的结构因子为

$$|F_{hkl}|^2 = \left[\sum_{j=1}^{n} f_j \cos 2\pi\left(hx_j + ky_j + lz_j\right)\right]^2 + \left[\sum_{j=1}^{n} f_j \sin 2\pi\left(hx_j + ky_j + lz_j\right)\right]^2$$

$$= \left[f_{Au}\cos 2\pi(0) + f_{Cu}\cos 2\pi\left(\frac{h+k}{2}\right) + f_{Cu}\cos 2\pi\left(\frac{k+l}{2}\right) + f_{Cu}\cos 2\pi\left(\frac{h+l}{2}\right)\right]^2$$

$$+ \left[f_{Au}\sin 2\pi(0) + f_{Cu}\sin 2\pi\left(\frac{h+k}{2}\right) + f_{Cu}\sin 2\pi\left(\frac{k+l}{2}\right) + f_{Cu}\sin 2\pi\left(\frac{h+l}{2}\right)\right]^2$$

$$= \left[f_{Au} + f_{Cu}\cos\pi(h+k) + f_{Cu}\cos\pi(k+l) + f_{Cu}\cos\pi(h+l)\right]^2$$

当 h、k、l 全奇全偶时，$h+k$、$h+l$、$k+l$ 全为偶数，所以

$$|F_{hkl}|^2 = \left[f_{Au} + 3f_{Cu}\right]^2$$

有衍射产生。

当 h、k、l 中奇偶混杂时，$h+k$、$h+l$、$k+l$ 中必有两个为奇数，一个为偶数，故

$$|F_{hkl}|^2 = \left[f_{Au} - f_{Cu} + f_{Cu} - f_{Cu}\right]^2 = \left[f_{Au} - f_{Cu}\right]^2$$

由于两种原子的散射因子不同，结构因子不为零，有衍射产生，只不过衍射强度很低。

图 9-26 为实际的电子束沿 AuCu$_3$[001]方向入射的衍射花样。在无序相中只有符合晶面指数全奇全偶，如（020）（200）（220）等的衍射斑点，而在有序相中出现了奇偶混杂的晶面的衍射斑点，如（010）（100）（110），但这些超点阵斑点的强度相对正常斑点要弱很多。

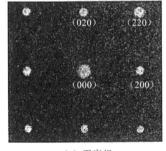

（a）无序相　　　　　　（b）有序相

图 9-26　AuCu$_3$ 无序相和有序相沿[001]方向的衍射花样

2）高阶劳厄带

由于衍射球的半径不是无穷大，除了通过倒易原点的零层倒易面上的阵点可能与衍射球相截外，与此平行的其他高阶倒易面上的阵点也可能与埃瓦尔德球相截，从而产生另外一套或几套斑点，称为高阶劳厄带，如图 9-27（a）所示。这些高阶劳厄带中的斑点满足广义晶带定律：

$$hu + kv + lw = N, \quad N = 0, \ \pm1, \ \pm2, \ \cdots$$

$N=0$，为零阶劳厄带（即简单电子衍射谱）；$N \neq 0$，为 N 阶劳厄带。

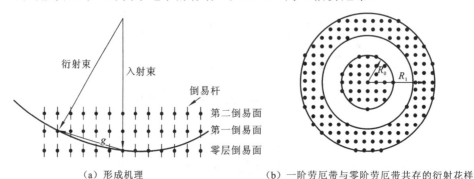

（a）形成机理 　　　（b）一阶劳厄带与零阶劳厄带共存的衍射花样

图 9-27　高阶劳厄带的形成机理和衍射花样

零阶与高阶劳厄带结合在一起就相当于二维倒易平面在三维空间的堆垛。高阶劳厄带提供了倒空间中的三维消息，弥补了二维电子衍射谱不唯一性的缺陷，对于相分析和研究取向关系极为有用。

3）菊池线

若样品厚度较大（100～150 nm）时，且单晶又较完整，在衍射照片上除了衍射斑点外，还会有一系列平行且成对出现的亮暗线。其亮线通过衍射斑点或在其附近，暗线通过透射斑点或在其附近，当厚度再继续增加时，点状花样会完全消失，只剩下大量亮、暗平行线对（图 9-28）。这些线对是菊池正士于 1928 年在云母的电子衍射花样中首次发现的，人们用发现者的名字称其为菊池线。

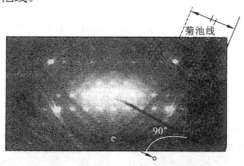

图 9-28　晶体衍射花样中的菊池线

菊池线是晶体内一次非弹性散射电子再发生弹性散射的现象，产生的机理如下（图 9-29）：由于样品的尺寸较厚，入射电子在晶体运动的过程中受到非弹性散射，散射强度随散射方向而变，此时犹如在晶体内部形成一个新的散射光源，光源的发射强度随方向变化而有所不同。在入射电子束周围低角度的散射波具有较大的强度，而高角度的散射波具有较低的强度，这些非弹性散射的电子构成了背底强度。对于一组特定的晶面在散射光源两侧均有分布，每一侧分别会有一束散射光符合布拉格方程，发生衍射，成为衍射光束，但这两束入射光的强度不同，$S_1 < S_2$，由于衍射束的强度等于入射束的强度，所以 $T_2 = S_2 > S_1$，$T_1 = S_1 < S_2$。

左侧菊池线的强度：

$$I = I_B + T_2 - S_1 > I_B$$

其中 I_B 为背底强度。其强度比背景强度强，所以表现为亮的菊池线。右侧菊池线的强度：

$$I = I_B + T_1 - S_2 < I_B$$

其强度比背景强度弱，所以表现为暗的菊池线。

菊池线具有以下特点：hkl 菊池线对与中心斑点到 hkl 衍射斑点的连线正交，而且菊池线对的间距与上述两个斑点的距离相等。一般情况下，菊池线对的增强线在衍射斑点附近，减

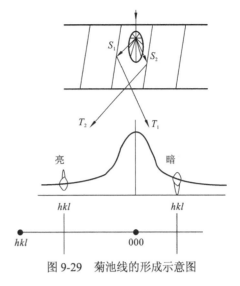

图 9-29　菊池线的形成示意图

弱线在透射斑点附近。hkl 菊池线对的中线，对应于（hkl）面与荧光屏的截线。两条中线的交点称为菊池极，为两晶面所属晶带轴与荧光屏的交点；倾动晶体时，菊池线好像与晶体固定在一起一样发生明显的移动，精度达 0.1°。

菊池花样随入射电子束相对于晶体的取向连续地变化。对晶体的转动非常敏感，所以可以被用来准确地确定晶体的取向，也可以用来测定偏离矢量 s。

9.5　电子显微衬度像

以上电子衍射花样是对物镜后焦面的图像的放大结果，如果对物镜像面上的图像进行放大，就可得到电子显微图像。电子显微图像携带材料组织结构信息，电子束受物质原子的散射离开下表面时，除了沿入射方向的透射束以外，还有受晶体结构调制的衍射束，它们的振幅和相位都发生了变化。选取不同的成像信息，可以形成不同类型的电子衬度图像。例如，选择单束（透射束或一个衍射束）可以形成衍射衬度像，选择多束（透射束和若干衍射束）可以形成相位衬度像，选择高角衍射束可以形成原子序数衬度像等。

从 1965 年开始，Hirsh 等将透射电子显微镜用于直接观察薄晶体样品，并利用电子衍射效应来成像（阿贝成像原理）。不仅显示了材料内部的组织形貌衬度，而且获得许多与材料晶体结构有关的信息（包括点阵类型、位向关系、缺陷组态等），如果配备加热、冷却、拉伸等装置，还能在高分辨率条件下进行金属薄膜的原位动态分析，直接研究材料的相变和形变机理，以及材料内部缺陷的发生、发展、消失的全过程，能更深刻地揭示其微观组织和性能之间的内在联系。目前还没有任何其他的方法可以把微观形貌和结构特征如此有机地联系在一起。

9.5.1　衬度定义

透射电子显微镜中，所有的显微像都是衬度像。所谓衬度是指两个相邻部分的电子束强

度差，衬度 C 大小用下式表示，即

$$C = \frac{I_1 - I_2}{I_2} = \frac{\Delta I}{I_2} \qquad (9\text{-}7)$$

对于光学显微镜，衬度来源于材料各部分反射光的能力不同。在透射电子显微镜中，当电子逸出样品下表面时，由于样品对电子束的作用，透射到荧光屏上的强度是不均匀的，这种强度不均匀的电子像称为衬度像。

9.5.2　四种衬度

透射电子显微镜中按照成像机制不同，可以将衬度像分为四种。

（1）质量厚度衬度（mass-thickness contrast）简称质厚衬度：材料的质量、厚度差异造成的透射束强度的差异而产生的衬度（主要用于非晶材料）。

（2）衍射衬度（diffraction contrast）：由于样品各部分满足布拉格条件的程度不同，以及结构振幅不同而产生的（主要用于晶体材料）。

（3）相位衬度（phase contrast）：样品内部各点对入射电子作用不同，导致它们在样品出口表面上相位不一，经放大让它们重新组合，使相位差转换成强度差而形成的。

（4）原子序数衬度（Z contrast）：衬度正比于 Z^2。在原子序数衬度中同时包含相位衬度和振幅衬度的贡献。

质厚衬度和衍射衬度都是由入射波的振幅改变引起的，都属于振幅衬度。样品厚度大于 10 nm 时，以振幅衬度为主；样品厚度小于 10 nm 时，以相位衬度为主。

1. 质厚衬度

质厚衬度是由于样品各处组成物质的原子种类不同和厚度不同造成的衬度。在元素周期表上处于不同位置（原子序数不同）的元素，对电子的散射能力不同。重元素比轻元素散射能力强，成像时被散射出光阑以外的电子也越多；样品越厚，对电子的吸收越多，被散射到物镜光阑外的电子就越多，而通过物镜光阑参与成像的电子强度就越低，即衬度与质量、厚度有关，故称为质厚衬度。衬度与原子序数 Z、密度 ρ 及厚度 t 有关。

$$C = \frac{\pi N_0 e^2}{V^2 \theta^2} \left(\frac{Z_2^2 \rho_2 t_2}{A_2} - \frac{Z_1^2 \rho_1 t_1}{A_1} \right) \qquad (9\text{-}8)$$

用小的光阑（θ 小）衬度大；降低电压 V，能提供高质厚衬度。

图 9-30（b）给出了 GaAs 表面上的 $In_x Ga_{1-x} As$ 量子点的质厚衬度像，由于量子点含有较重的 In 原子，同时量子点在薄膜的表面上，厚度较大，所以量子点在图中为黑色斑点区域。

2. 衍射衬度

衍射衬度是由晶体满足布拉格反射条件程度不同而形成的衍射强度差异。如图 9-31 所示，晶体薄膜里有两个晶粒 A 和 B，它们之间唯一的差别在于它们的晶体学位向不同，其中 A 晶粒内的所有晶面组与入射束不成布拉格角，强度为 I_0 的入射束穿过样品时，A 晶粒不产生衍射，透射束强度等于入射束强度，即 $I_A = I_0$；而 B 晶粒的某（hkl）晶面组恰好与入射方向成精确的布拉格角，而其余的晶面均与衍射条件存在较大的偏差，即 B 晶粒的位向满足"双光束条件"。此时，（hkl）晶面产生衍射，衍射束强度为 I_{hkl}，如果假定对于足够薄的样品，

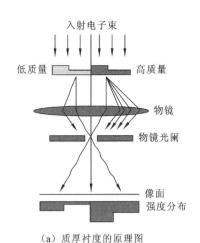

（a）质厚衬度的原理图

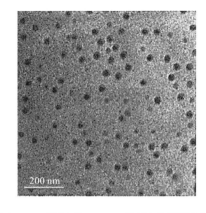

（b）GaAS表面上的In$_x$Ga$_{1-x}$As量子点的质厚衬度像

图 9-30　质厚衬度的原理和实例

入射电子受到的吸收效应可不予考虑，且在"双光束条件"下忽略所有其他较弱的衍射束，则强度为 I_0 的入射电子束在 B 晶粒区域内经过散射之后，将成为强度为 I_{hkl} 的衍射束和强度为 $I_0 - I_{hkl}$ 的透射束两个部分。如果让透射束进入物镜光阑，而将衍射束挡掉，在荧光屏上，A晶粒比 B 晶粒亮，就得到明场像。如果把物镜光阑孔套住（hkl）衍射斑，而把透射束挡掉，则 B 晶粒比 A 晶粒亮，就得到暗场像。

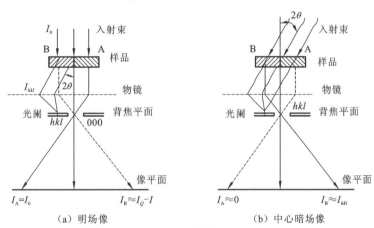

（a）明场像　　　　　　　　　（b）中心暗场像

图 9-31　衍射衬度的形成

图 9-32 的 Al-Cu 合金的衍射衬度明场像形貌中，较暗的晶粒都含有符合布拉格方程较好的晶面，经过这些晶粒的大部分入射束都被衍射开来，并被光阑挡掉，无法参与成像，因此图像较暗；而越明亮的晶粒，透过的电子越多，说明衍射束较弱，偏离布拉格条件较远。

　　衍射衬度成像中，某一最符合布拉格条件的（hkl）晶面组起十分关键的作用，它直接决定了图像衬度。特别是暗场像条件下，像点的亮度直接等于样品上相应物点在光阑孔所选定的那个方向上的衍射强度；而明场像的衬度特征是与暗场像互补的，如图 9-33 所示。正因为

图 9-32　Al-Gu 合金的衍射衬度明场像

衍射衬度像是由衍射强度差别所产生的，所以衍射衬度像是样品内不同部位晶体学特征的直接反映。

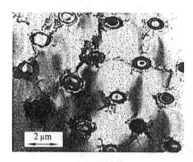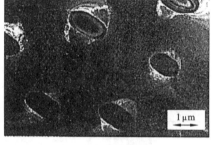

（a）明场像　　　　　　　　　　　　　　（b）暗场像

图 9-33　晶体的衍射衬度像

3. 相位衬度

以上两种衬度像发生在较厚的样品中，透射束的振幅发生变化，因而透射波的强度发生了变化，产生了衬度。当在极薄的样品（小于 10 nm）条件下，不同样品部位的散射差别很小，或者说在样品各点散射后的电子，基本上不改变方向和振幅。因此，无论衍射衬度或质厚衬度都无法显示，但在一个原子尺度范围内，电子在距原子核不同距离经过时，散射后的电子能量会有 10~20 eV 的变化，从而引起频率和波长的变化，并引起相位差别。

例如，一个电子在离原子核较远处经过，基本上不受散射，用波 T 表示；另一个电子在距离原子核很近处经过，被散射，变成透射波 I 和散射波 S，T 波和 I 波相差一个散射波 S，而 S 波和 I 波相位差为 $\frac{\pi}{2}$。在无像差的理想透镜条件下，S 波和 I 波在像平面上可以无像差地再叠加成像，所得结果振幅和 T 一样（图 9-34），仍然不会有振幅的差别，但如果使 S 波改变相位 $\frac{\pi}{2}$，$I+S$ 波与 T 波的振幅就会产生差异，造成相位衬度，如图 9-34（c）所示。因为这种衬度变化是在一个原子的空间范围内，所以可以用来辨别原子，形成原子分辨率的图像。

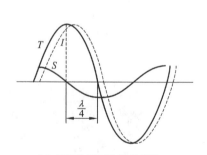

（a）不同的透射波及其差别　　　（b）不改变散射波的相位　　　（c）改变散射波相位

图 9-34　相位衬度形成示意图

在透射电子显微镜中，有两种方法可以引入附加相位：物镜的球差（C_a）和欠焦量，如图 9-35 所示。由于透镜球差引入的光程差：

$$ABC - ABC' = C_a\beta^4$$

如果观察面位于像面之下（物镜欠焦量 Δf），引进的光程差则是

$$DC-D'C' \approx -0.5\Delta f \beta^2$$

虽然物镜的球差是无法改变的，但通过适当选择欠焦量，两种效应引起的附加相位变化是 $\dfrac{\pi}{2}$，就可使相位差转换成强度差，使相位衬度得以显现。

图 9-36 展示了在 Al-Cu-Li 合金中的一片 T_1 析出物的高分辨相位衬度像，该析出物只有一层原子厚，在析出物附近的基体相原子发生了弛豫，偏离了正常晶格节点位置。对于这种单原子层析出物的直接观察，透射电子显微镜的相位衬度像显示了强大的优势。

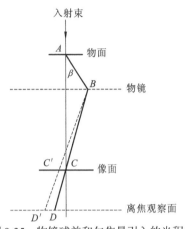

图 9-35 物镜球差和欠焦量引入的光程差

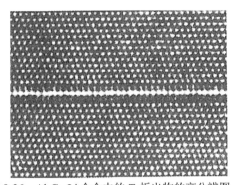

图 9-36 Al-Cu-Li 合金中的 T_1 析出物的高分辨图像

4. 原子序数衬度

原子序数衬度的产生，基于扫描透射电子显微术（scanning transmission electron microscopy，STEM），STEM 是将扫描附件加于透射电子显微镜上，STEM 的像来源于当精细聚焦电子束（<0.2 nm）扫描样品时，逐一照射每个原子柱，在环形暗场探测器上产生强度的变化图，从而提供原子分辨水平的图像（图 9-37）。因为电子束是精确聚焦和高度汇聚的，所以每个衍射点实际上是个盘。环形暗场探测器收集很高角度的衍射盘，角度在 35～100 mrad［由 200 kV 电子引起 Au 的（200）面的衍射角约为 6 mrad］。

当探测高角度散射信号时，探测器上的强度主要来自声子散射项，即热漫散射（thermal diffuse scattering，TDS），每一个被照明的原子柱的强度

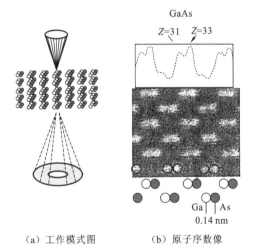

（a）工作模式图　　（b）原子序数像

图 9-37 STEM 的原理和实例

与热漫散射截面（σ_{TDS}）直接相关，σ_{TDS} 的值等于在探测器的环形范围内对原子类型因子进行积分，即

$$\sigma_{TDS} \propto \int_{\text{detector}} f^2(s)\left[1-\exp\left(-2Ms^2\right)\right]\mathrm{d}^2 s \tag{9-9}$$

式中：$f(s)$ 为原子对于弹性散射的波形系数；$s=\dfrac{\theta}{2\lambda}$，$\theta$ 为散射角，λ 为电子波长；M 为德拜

-沃勒因子，定义为原子的均方热振动振幅。

由于 σ_{TDS} 正比于 $f(s)$ 的平方，而 $f(s)$ 同原子序数成正比，STEM 提供了原子序数衬度，衬度比例于原子序的平方。

9.6 衍射衬度理论解释——运动学理论

目前，透射电子显微镜获得的电子显微图像大部分都是衍射衬度像，在衍射衬度像中，存在许多常见的现象，如等厚条纹、等倾条纹、位错图像的规律性出现与消失等，对于这些现象，透射电子显微镜的工作者提出了一整套完备的理论解释。最初产生的是运动学理论，这种理论假定透射束与衍射束之间无相互作用，随着电子束进入样品的深度增加，透射束不断减弱，衍射束不断加强。用运动学理论能解释大部分衍射衬度现象。随后又发展出动力学理论，这种理论认为随着电子束进入样品的深度增加，透射束和衍射束的能量交互变换，动力学理论更加符合实际，可以很好地解释衍射衬度图像的各种现象。由于动力学理论较为复杂，本书只介绍运动学理论。

在衍射衬度像中，暗场像是由衍射束形成的图像，计算衍射束强度 I_D 就是求完整晶体的暗场像衬度。而明场像和暗场像是互补的，因此，通过计算衍射束强度可以解释所有的衍射衬度。

在第 8 章已经介绍了衍射强度理论，这些理论对于所有的衍射现象是普遍适用的。运动学理论对电子衍射的物理模型作了许多简化，例如，假设晶体中只形成一束衍射束，使衍射束的强度与普通衍射束的强度有了明显的不同，而且计算也得到了简化，使衍射强度公式变得简单具体。

9.6.1 运动学理论的基本假设

运动学理论是以下面的基本假设为推导基础的：

（1）透射束与衍射束无相互作用（偏离矢量 s 越大，厚度 t 越小，这一假设就越成立）。

（2）电子束在晶体内部多次反射及吸收可忽略不计（当样品很薄，电子速度很快时，假设成立）。

（3）双束近似。当电子通过薄晶体时，除透射束外，只存在一束较强的衍射束（其他衍射束大大偏离布拉格条件，强度为零），该衍射束不精确满足布拉格条件（存在偏离矢量 s）。该衍射束对应的倒易矢量称为操作矢量。作双束近似的目的是使衍射束强度比入射束小很多，以便二者的交互作用可被忽略；并且透射束强度和衍射束强度互补，$I_0 = I_T + I_g$。

（4）柱体近似。所谓柱体近似就是把成像单元缩小到一个晶胞的尺度。可以假定透射束和衍射束都能在一个和晶胞尺寸相当的晶柱内通过，此晶柱的截面积等于一个晶胞的底面积，相邻晶柱内的衍射波不相干扰，晶柱底面上的衍射强度代表一个晶柱内晶体结构的情况，每个晶胞作为一个像点，将每个像点的衬度结果连接成像，可以得到组织缺陷形貌。

9.6.2 完整晶体衍射衬度的运动学理论

1. 完整晶体的衍射束强度

完整晶体是指无点、线、面缺陷（如位错、层错、晶界和第二相物质等微观晶体缺陷）

的晶体。根据以上假设，将晶体看成由沿入射电子束方向 n 个晶胞叠加组成一个小晶柱，并将每个小晶柱分成平行于晶体表面的若干层，相邻晶柱之间不发生任何作用，则 P 点的衍射振幅是入射电子束作用在柱体内各层晶体上产生振幅的叠加。

考虑厚度为 t 的理想晶体内柱体 OA 所产生的衍射强度，对于在柱体内距上表面 r 处单位厚度的晶体，由倒易矢量为 $\boldsymbol{k}$ 的晶面造成的衍射波振幅为

$$\mathrm{d}\phi_g = \frac{\mathrm{i}\lambda F_g}{\cos\theta}\mathrm{e}^{-2\pi\mathrm{i}\boldsymbol{k}\cdot\boldsymbol{r}}$$

明场像与暗场像是互补的，入射波与衍射波的相位相差 $\dfrac{\pi}{2}$，i 表示衍射束相对于入射束相位改变 $\dfrac{\pi}{2}$，$\dfrac{\lambda F_g}{\cos\theta}$ 是单位厚度的散射振幅，F_g 是一个单胞在反射 g 方向上的结构因子。当衍射方向偏离布拉格条件时，$\boldsymbol{k} = \boldsymbol{k}_g - \boldsymbol{k}_0 = \boldsymbol{g} + \boldsymbol{s}$，则

$$-2\pi\mathrm{i}\boldsymbol{k}\cdot\boldsymbol{r} = -2\pi\mathrm{i}(\boldsymbol{g}+\boldsymbol{s})\cdot\boldsymbol{r} = -2\pi\mathrm{i}(\boldsymbol{g}\cdot\boldsymbol{r}+\boldsymbol{s}\cdot\boldsymbol{r})$$

因为 $\boldsymbol{g} = h\boldsymbol{a}^* + k\boldsymbol{b}^* + l\boldsymbol{c}^*$，$\boldsymbol{r} = u\boldsymbol{a} + v\boldsymbol{b} + w\boldsymbol{c}$，所以 $\boldsymbol{g}\cdot\boldsymbol{r} =$ 整数，$\mathrm{e}^{-2\pi\mathrm{i}\boldsymbol{k}\cdot\boldsymbol{r}}=1$，且 $\boldsymbol{s}\mathbin{/\!/}\boldsymbol{r}\mathbin{/\!/}\boldsymbol{z}$，$r=z$，于是

$$\mathrm{d}\phi_g = \frac{\mathrm{i}\lambda F_g}{\cos\theta}\mathrm{e}^{-2\pi\mathrm{i}\boldsymbol{g}\cdot\boldsymbol{r}}\cdot\mathrm{e}^{-2\pi\mathrm{i}\boldsymbol{s}\cdot\boldsymbol{r}} = \frac{\mathrm{i}\lambda F_g}{\cos\theta}\mathrm{e}^{-2\pi\mathrm{i}sz}$$

如果该原子面的间距为 d，则在厚度元 $\mathrm{d}z$ 范围内原子面数为 $\dfrac{\mathrm{d}z}{d}$，而散射振幅为

$$\mathrm{d}\phi_g = \frac{\mathrm{i}n\lambda F_g}{\cos\theta}\mathrm{e}^{-2\pi\mathrm{i}sz}\frac{\mathrm{d}z}{d} = \frac{\mathrm{i}n\lambda F_g}{d\cos\theta}\mathrm{e}^{-2\pi\mathrm{i}sz}\mathrm{d}z$$

引入消光距离，$\xi_g = \dfrac{\pi d\cos\theta}{\lambda F_g}$，则有

$$\mathrm{d}\phi_g = \frac{\mathrm{i}\pi}{\xi_g}\exp(-2\pi\mathrm{i}sz)\cdot\mathrm{d}z$$

于是，柱体 OA 内所有厚度元的散射振幅按相互之间的位置关系叠加，即得晶体表面 A 点处衍射能的合成振幅：

$$\phi_g = \frac{\mathrm{i}\pi}{\xi_g}\sum_{\text{柱体}}\mathrm{e}^{-2\pi\mathrm{i}sz}\mathrm{d}z = \frac{\mathrm{i}\pi}{\xi_g}\int_0^t\mathrm{e}^{-2\pi\mathrm{i}sz}\mathrm{d}z = \frac{\mathrm{i}\pi}{\xi_g}\cdot\frac{\sin(\pi st)}{\pi s}\mathrm{e}^{-\pi\mathrm{i}st} \qquad (9\text{-}10)$$

于是，衍射束的强度：

$$I_g = \Phi_g\cdot\Phi_g^* = \left(\frac{\pi}{\xi_g}\right)^2\cdot\frac{\sin^2(\pi ts)}{(\pi s)^2} \qquad (9\text{-}11)$$

式（9-11）表明，暗场像的强度 I_g 是厚度 t 与偏离矢量 s 的正弦周期函数。

2. 等厚消光

当偏离矢量 $\boldsymbol{s}$ 一定时，厚度 t 变化会引起衍射强度变化。

$$I_g = \frac{\sin^2(\pi ts)}{\xi_g^2 s^2} = \frac{1-\cos^2\pi st}{\xi_g^2\cdot s^2}$$

当 $t = \dfrac{n}{s}$（n 为整数），$I_D=0$。这称为等厚消光，相应的衍射衬度像称为等厚消光轮廓线。

厚度 t 的变化成为周期性振荡曲线，如图9-38（b）所示，振荡周期 $t_g = \dfrac{1}{s}$。

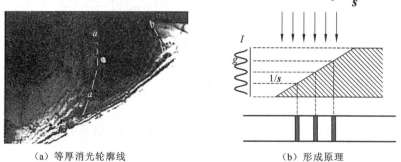

（a）等厚消光轮廓线　　　　　（b）形成原理

图9-38　等厚消光轮廓线和形成原理

3. 等倾消光

当厚度 $t=$ 常数时，I_D 随 s 而变化。$s=0$，衍射强度有极大值；$s=\dfrac{n}{t}$（n 为整数）时，$I_D=0$，出现衍射极小值，称为等倾消光，相应的衍射衬度像称为等倾消光轮廓线，如图9-39所示。

 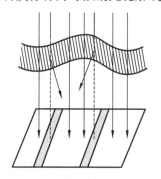

（a）等倾消光轮廓线　　　　　（b）形成示意图

图9-39　等倾消光轮廓线和形成原理

等倾消光轮廓线说明存在样品弯曲和晶面倾斜的现象。晶面倾斜相当于入射电子束发生了转动，使得偏离矢量发生连续的变化，如图9-40所示。晶面从严格符合布拉格条件的位置绕入射点 O 顺时针转动，$s<0$。随后，当晶面逆时针旋转时，$|s|$ 开始减少，通过倒易点后增大，最后 $s>0$。样品的弯曲使得晶面发生渐变的倾斜，偏离矢量也连续变化，因此会出现 $s=\dfrac{n}{t}$（n 为整数）的情况，发生等倾消光，形成等倾条纹。

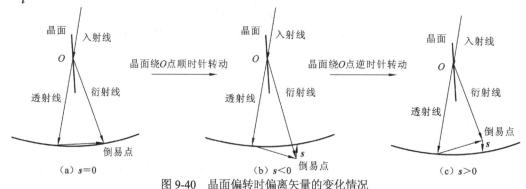

（a）$s=0$　　　　　　（b）$s<0$　　　　　　（c）$s>0$

图9-40　晶面偏转时偏离矢量的变化情况

9.6.3 不完整晶体的衍射衬度理论

1. 不完整晶体的衍射束强度

完整晶体样品中，各处的衍射强度 I_D 一样，除了等厚和等倾条纹以外，完整晶体不显示衬度。而实际晶体是不完整的，包括各种晶体缺陷（如点、线、面、体缺陷）。由于缺陷的存在，晶体中某一区域的原子偏离了原来正常位置而产生畸变。畸变使缺陷处晶面与电子束相对方向发生了变化，有缺陷区域和无缺陷区域满足布拉格条件的程度不同，产生了衬度。根据这种衬度效应，人们可以判断晶体内存在什么缺陷和相变。

对不完整晶体的暗场像，可采用与完整晶体相似的处理方法。唯一的不同是，非理想晶体由于畸变产生了缺陷位移 R，理想晶体中的位移矢量 r 变成 $r'=r+R$。于是，非理想晶体晶柱底部衍射波振幅

$$\phi_g = \frac{\mathrm{i}\pi}{\xi_g} \sum_{柱体} \mathrm{e}^{-2\pi \mathrm{i} k \cdot r'} \mathrm{d}z$$

其中 $k \cdot r' = (g_{hkl} + s) \cdot (r + R) = g \cdot r + g \cdot R + s \cdot r + s \cdot R$，$g \cdot r$ 为整数，$s \cdot r = s \cdot z$，$s \cdot R$ 很小。所以，可得到

$$\phi_g = \frac{\mathrm{i}\pi}{\xi_g} \sum_{柱} \mathrm{e}^{-\mathrm{i}2\pi(s \cdot z + g \cdot R)} \mathrm{d}z = \frac{\mathrm{i}\pi}{\xi_g} \sum_{柱} \mathrm{e}^{-\mathrm{i}(\varphi + \alpha)} \mathrm{d}z \qquad (9\text{-}12)$$

对照式（9-10）和式（9-12）可以看出，两者的差别在于，式（9-12）多出一项 $\mathrm{e}^{-2\pi \mathrm{i} g \cdot R}$。$\mathrm{e}^{-2\pi \mathrm{i} g \cdot R}$ 为晶体结构不完整性引入的相位因子，称为附加相位因子。当 $g \cdot R=$整数或 0 时，$\mathrm{e}^{-2\pi \mathrm{i} g \cdot R}=1$，$\phi_g$ 与完整晶体一样，故缺陷不可见。$g \cdot R = n$ 是缺陷晶体学定量分析的重要依据和出发点。如果 $g \cdot R \neq$ 整数，则有 $\mathrm{e}^{-2\pi \mathrm{i} g \cdot R}$ 这一项，ϕ_g 与完整晶体不同，缺陷可见；当 $g /\!/ R$ 时，$g \cdot R$ 有最大值，此时晶体缺陷有最大的衬度。

2. 位错分析

对于位错这种缺陷而言，其引起的缺陷位移 R 通常用位错的柏氏矢量 b 表示，根据以上分析，如果 $g \cdot b = 0$，则位错的衍射衬度像不可见。因此 $g \cdot b = 0$ 是位错不可见的判据。由此规则可以确定位错的 Burgers 矢量：$g_1 \cdot b = 0$，$g_2 \cdot b = 0$，则 $b /\!/ g_1 \times g_2$。图 9-41 是通过变化操作矢量 g，判别位错柏氏矢量 b 的例子。六张图分别是在六个操作矢量 $(\overline{2}00)$、$(11\overline{1})$、$(01\overline{1})$、$(1\overline{1}1)$、$(\overline{1}01)$、$(\overline{1}0\overline{1})$ 下获得的位错图像。

将位错不可见条件与表 9-4 的结果结合，就可以计算出图像中出现的所有位错的柏氏矢量，结果列于表 9-4 的最后一行。

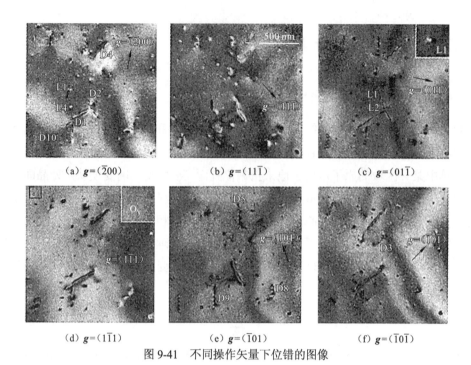

(a) $g=(\overline{2}00)$　　　　(b) $g=(11\overline{1})$　　　　(c) $g=(01\overline{1})$

(d) $g=(1\overline{1}1)$　　　　(e) $g=(\overline{1}01)$　　　　(f) $g=(\overline{1}0\overline{1})$

图 9-41　不同操作矢量下位错的图像

表 9-4　各种操作矢量条件下位错的出现与消失情况

g	$D1$	$D2$	$D3$	$D4$	$D5$	$D8$	$D9$	$D10$
$\overline{2}00$	v	v	i	v	r	i	r	v
$11\overline{1}$	r	v	i	r	r	i	r	v
$01\overline{1}$	v	v	i	v	i	i	r	v
$1\overline{1}1$	v	i	i	v	i	i	i	r
$\overline{1}01$	i	v	v	i	v	v	v	v
$\overline{1}0\overline{1}$	v	i	v	v	v	v	v	i
b	110	$\overline{1}10$	011	101	011	011	011	$\overline{1}01$

注：i 表示不可见（invisible），v 表示可见（visible），r 表示有残余衬度（residual contrast）。

3. 层错分析

层错是在完整晶体中插入或抽出一层原子面，由于层错的存在，晶体以层错为界，分为上下两部分，其中上半部分为完整晶体，而下半部分存在一个缺陷位移，如图 9-42 所示。

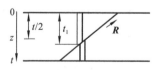

图 9-42　层错对衍射束的影响

衍射束振幅是上下两部分贡献的合成，即

$$\phi_g = \frac{i\pi}{\xi_g}\phi_0 \int_0^t e^{-2\pi igR} e^{-2\pi isz} dz$$

$$\boldsymbol{g} \cdot \boldsymbol{R} = 0, \quad 0 \leqslant z \leqslant t_1$$

$$\boldsymbol{g} \cdot \boldsymbol{R} \neq 0, \quad t_1 < z \leqslant t$$

令 $\phi_0 = 1$，则有

$$\phi_g = \frac{\mathrm{i}}{\xi_g} \exp\left(-\frac{\mathrm{i}\alpha}{2}\right) \exp(-\pi \mathrm{i} s t) \left\{ \sin\left(\pi s t + \frac{\alpha}{2}\right) - \sin\frac{\alpha}{2} \exp\left[2\pi \mathrm{i} s \left(\frac{t}{2} - t_1\right)\right]\right\}$$

$$I_g = \frac{1}{\left(\xi_g s\right)^2} \left\{ \sin^2\left(\pi s t + \frac{\alpha}{2}\right) - \sin^2\frac{\alpha}{2} - 2\sin\frac{\alpha}{2}\sin\left(\pi \mathrm{i} s + \frac{\alpha}{2}\right)\cos\left[2\pi s\left(\frac{t}{2} - t_1\right)\right]\right\}$$

衍射强度公式给出了以下的重要信息：

（1）I_g 随 $t/2 - t_1$ 作周期性变化，故层错图像为平行于层错与膜面交线的条纹，如图 9-43 所示。

图 9-43　GaN 晶体中的层错图像

（2）$\boldsymbol{g} \cdot \boldsymbol{R} = n$ 时，层错条纹不可见，由此可测定 $\boldsymbol{R}$。

9.7　透射电子显微镜样品的制备

供透射电子显微镜观察的样品既小又薄，可观察的最大尺度不超过 1 mm 左右。在常用的 50～100 kV 的加速电压下，样品的厚度一般应小于 100 nm。较厚的样品会产生严重的非弹性散射，因色差而影响图像质量，过薄的样品没有足够的衬度也不行。

透射电子显微镜测试时，样品载在金属网上使用，当样品比金属网眼小时还必须有透明的支持膜。

金属网的材质一般用铜，因而称为铜网。铜网很小，一般为直径 2～3 mm、厚度 20～100 μm 的圆形。常见的铜网如图 9-44 所示。纤维、薄膜、切片等可直接放在铜网上。

对于很小的切片、颗粒、聚合物单晶、乳胶粒等细小的材料就不能直接安放，而必须有支持膜支撑。支持膜主要有塑料膜、碳膜、碳补强塑料膜和微栅膜等。

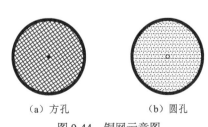

（a）方孔　　　　　（b）圆孔

图 9-44　铜网示意图

9.7.1 直接样品的制备

1. 粉末样品制备

粉末样品制备的关键是如何将超细粉的颗粒分散开来，各自独立而不团聚。常用的有以下两种方法。

胶粉混合法：在干净玻璃片上滴火棉胶溶液，然后在玻璃片胶液上放少许粉末并搅匀，再将另一玻璃片压上，两玻璃片对研，并突然抽开，稍候，待膜干。用刀片划成小方格，将玻璃片斜插入水杯中，在水面上下空插，膜片逐渐脱落，用铜网将方形膜捞出，待观察。

支持膜分散粉末法：需透射电子显微镜分析的粉末颗粒一般都远小于铜网小孔，因此要先制备对电子束透明的支持膜。常用的支持膜有火棉胶膜和碳膜，将支持膜放在铜网上，再把粉末放在膜上送入透射电子显微镜分析。

2. 晶体薄膜样品的制备

一般程序：

（1）初减薄——制备厚度为 $100\sim200\ \mu m$ 的薄片；

（2）从薄片上切取 $\phi3\ mm$ 的圆片；

（3）预减薄——从圆片的一侧或两侧将圆片中心区域减薄至数微米；

（4）终减薄。

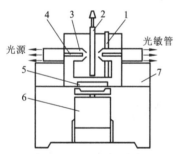

图 9-45　磁力驱动双喷电解减薄装置原理

1.阴极；2.样品夹座（阳极）；3.喷嘴；4.导光管；
5.转子；6.马达；7.冷却管

常用的终减薄技术如下：

（1）化学腐蚀法。在合适的浸蚀剂下均匀薄化晶体获得晶体薄膜。这只适用于单相晶体，对于多相晶体，化学腐蚀优先在母相或沉淀相处产生，造成表面不光滑和出现凹坑，且控制困难。

（2）电解抛光法。选择合适的电解液及相应的抛光手段均匀薄化晶体片（图 9-45），然后在晶体片穿孔周围获得薄膜。这种方法是薄化金属的常用方法。

（3）离子轰击法。这种方法是利用适当能量的离子束，轰击晶体，均匀地打出晶体原子而得到薄膜。离子轰击装置仪器（图 9-46）复杂，薄化时间长。这是薄化无机非金属材料和非导体矿物唯一有效的方法。

3. 高分子及生物类样品的制备

用超薄切片机可获得 50 nm 左右的薄片样品，常用于研究大块聚合物样品的内部结构。一般先将样品在液氮或液态空气中冷冻，或将样品包埋在一种可以固化的介质中。

1）超薄切片

制备超薄切片的设备为超薄切片机，使用的刀为玻璃刀或钻石刀。为了能切成薄片，包埋标本的包埋剂一定要达到一定的硬度，通常用树脂聚合包埋。

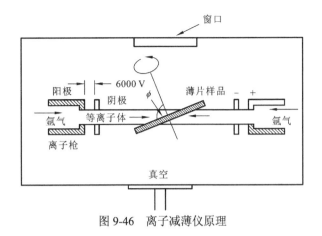

图 9-46　离子减薄仪原理

2）染色技术

在透射电子显微镜中衬度是由于结构中存在电子密度差异的结果，但由于多数聚合物是由 C、H 等低原子序数的元素组成，电子密度差别很小，加上样品很薄，所以聚合物样品的反差很小。

染色可用于增加反差，所谓染色是指给特定的结构引入重原子而改变衬度的方法[33]。

常用的染色剂有四氧化锇、四氧化钌、三氟乙酸汞、磷钨酸、碘、氯磺酸和硫化银等。其中四氧化锇广泛应用于含不饱和双键的聚合物染色，染色反应如图 9-47 所示。

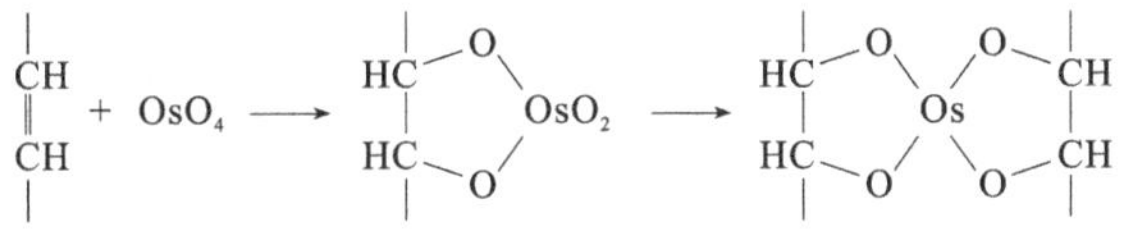

$$\begin{matrix} CH \\ \| \\ CH \end{matrix} + OsO_4 \longrightarrow \begin{matrix} HC\ \ O \\ \diagdown\diagdown OsO_2 \\ HC\ \ O \end{matrix} \longrightarrow \begin{matrix} HC\ O\ \ \ O\ CH \\ \diagdown\ Os\ \diagup \\ HC\ O\ \ \ O\ CH \end{matrix}$$

图 9-47　四氧化锇染色反应

用四氧化锇染色的实施方法有溶液浸泡和蒸气熏蒸两种。

9.7.2　间接样品的制备

透射电子显微镜不能直接观察块状样品，因此必须采用复型技术。

复型是利用一种薄膜（如碳、塑料、氧化物薄膜）将固体样品表面的浮雕复制下来的一种间接样品。

它只能作为样品形貌的观察和研究，而不能用来观察样品的内部结构。

常用的复型技术主要有下述三种。

（1）一级复型法：用复型材料直接沉积在样品的表面上，然后将两者分离。

（2）二级复型法：先用塑性材料制备样品表面的初级复型，再用质密的复型材料覆盖初级复型的表面，然后将两者分离。

两种复型的制作过程见图 9-48。

（3）萃取复型：也称抽取复型。这是在上述两种复型的基础上发展起来的唯一能提供样品本身信息的复型。它是利用一种薄膜（现多用碳薄膜），把经过深浸蚀的样品表面上的第二相粒子黏附下来。此外，还有适用于铝及其合金的氧化物复型，它是利用铝及其合金表面经阳极氧化后生成的致密的三氧化二铝膜来制备复型。这种复型的分辨本领与塑料复型差不多，也能达到 10 nm。

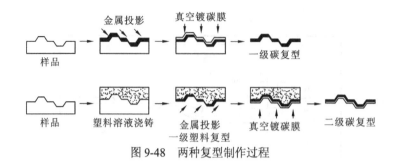

图 9-48　两种复型制作过程

思考与练习

1. 简述透射电子显微镜的成像原理。

2. 比较光学显微镜和透射电子显微镜成像的异同。

3. 透射电子显微镜主要由几大系统构成? 各系统之间关系如何?

4. 分析电磁透镜对波的聚焦原理，说明电磁透镜的结构对聚焦能力的影响。

5. 透射电子显微镜中有哪些主要光阑? 分别安装在什么位置? 其作用如何?

6. 电磁透镜的像差是怎样产生的，如何来消除或减小像差?

7. 与 X 射线相比（尤其透射电子显微镜中的），电子衍射的特点?

8. 分别说明成像操作和衍射操作时各级透镜（像平面和物平面）之间的相对位置关系，并画出光路图。

9. 如何测定透射电子显微镜的分辨率与放大倍数? 透射电子显微镜的哪些主要参数控制着分辨率与放大倍数?

10. 制备薄膜样品的基本要求是什么? 具体工艺过程如何?

11. 画图说明衍射成像的原理并说明什么是明场像、暗场像与中心暗场像?

12. 简要说明透射电子显微镜的工作原理及在材料科学研究中的应用。

第 10 章　扫描电子显微镜

10.1　扫描电子显微镜的特点

反射式的光学显微镜虽可以直接观察大块样品，但分辨率、放大倍数、景深都比较低；透射电子显微镜分辨率、放大倍数虽高，但对样品的厚度要求却十分苛刻，因此在一定程度上限制了它们的应用。扫描电子显微镜（图 10-1）的成像原理与光学显微镜或透射电子显微镜不同，不用透镜放大成像，而是以类似电视或摄像的成像方式，用聚焦电子束在样品表面扫描时激发产生的某些物理信号来调制成像。

图 10-1　扫描电子显微镜

由于采用精确聚焦的电子束作为探针和独特的工作原理，扫描电子显微镜表现出独特的优势，包括以下几个方面。

（1）分辨率高。由于采用精确聚焦的电子束作为探针和独特的工作原理，扫描电子显微镜具有比光学显微镜高得多的分辨率。近些年来，由于超高真空技术的发展，场发射电子枪的应用得到普及，使扫描电子显微镜的分辨率获得较显著的提高，现代先进的扫描电子显微镜的分辨率已经达到 1 nm 左右。

（2）放大倍数较高，20～20 万倍连续可调。

（3）景深很大，视野大，成像富有立体感，可直接观察各种样品凹凸不平表面的细微结构。

（4）配有 X 射线能谱仪装置，可以同时进行显微组织形貌的观察和微区成分分析。低加速电压、低真空、环境扫描电子显微镜和电子背散射花样分析仪相继商品化，这大大提高了扫描电子显微镜的综合、在线分析的功能。

（5）试样制备简单。图 10-2 为多孔硅样品在光学显微镜和扫描电子显微镜下所成的图像。两者相比，光学显微镜的图像景深很小，只能看清硅柱在某一高度附近的形貌，成像质量很差；但扫描电子显微镜的图像景深很大，多孔硅柱的不同高度都能呈清晰的像，而且分辨率很高，因此可以得到完整的多孔硅的形貌像。

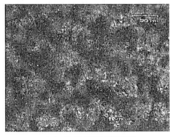
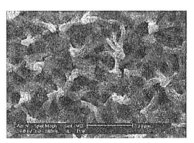

（a）光学显微镜图像　　　　　　　　（b）扫描电子显微镜图像

图 10-2　多孔硅的两种图像比较

10.2　电子束与固体样品作用时产生的信号

扫描电子显微镜利用电子束激发样品中的原子，收集各种信号，并加以分析处理，得到样品的形貌和成分信息。下面对电子束与固体物质作用的机制和产生的信号作全面的介绍。

10.2.1　弹性散射和非弹性散射

当一束聚焦电子束沿一定方向入射到样品内时，由于受到固体物质中晶格位场和原子库仑场的作用，其入射方向会发生改变，这种现象称为散射。按照电子的动能是否变化，可以将散射分为两类。

1）弹性散射

如果在散射过程中入射电子只改变方向，但其总动能基本无变化，那么这种散射称为弹性散射。弹性散射的电子符合布拉格定律，携带有晶体结构、对称性、取向和样品厚度等信息，在电子显微镜中用于分析材料的结构。

2）非弹性散射

如果在散射过程中入射电子的方向和动能都发生改变，那么这种散射称为非弹性散射。在非弹性散射情况下，入射电子会损失一部分能量，并伴有各种信息的产生。非弹性散射电子损失了部分能量，方向也有微小变化。非弹性散射能用于电子能量损失谱，提供成分和化学信息，也能用于特殊成像或衍射模式。

在电子显微镜收集的某一种信号中，常常既包括弹性散射电子，又包括非弹性散射电子。

10.2.2　电子显微镜常用的信号

电子显微镜通常采集的信号包括二次电子、背散射电子、X 射线等，如图 10-3 所示。

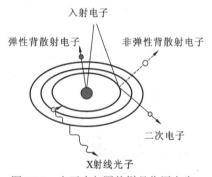

图 10-3　电子束与固体样品作用产生的三种主要信号

（1）二次电子。二次电子是指被入射电子轰击出来的样品中原子的核外电子。当入射电子和样品中原子的价电子发生非弹性散射作用时，会损失其部分能量（30～50 eV），这部分能量激发核外电子脱离原子，能量大于材料逸出功的价电子可从样品表面逸出，变成真空中的自由电子，即二次电子。二次电子对样品表面状态非常敏感，能有效地显示样品表面的微观形貌。因为它发自样品表层，产生二次电子的面积与入射电子的照射面积没有多大区别，所以二次电子的分辨率较高，一般可达到 5～10 nm。扫描电子显微镜的分辨率一般就是二次电子分辨率。

（2）背散射电子。背散射电子是指被固体样品原子反射回来的一部分入射电子，既包括与样品中原子核作用而形成的弹性背散射电子，又包括与样品中核外电子作用而形成的非弹性散射电子，其中弹性背反射电子远比非弹性背反射电子所占的份额多。背反射电子反映样品表面不同取向、不同平均原子量的区域差别，产额随原子序数的增加而增加。利用背反射电子作为成像信号，不仅能分析形貌特征，也可以用来显示原子序数衬度，进行定性成分分析。

（3）X射线。当入射电子和原子中内层电子发生非弹性散射作用时也会损失其部分能量（约几百电子伏特），这部分能量将激发内层电子发生电离，从而使一个原子失掉一个内层电子而变成离子，这种过程称为芯电子激发。在芯电子激发过程中，除了能产生二次电子外，同时还伴随着另外一种物理过程。失掉内层电子的原子处于不稳定的较高能量状态，它们将依据一定的选择定则向能量较低的量子态跃迁，跃迁的过程中将可能发射具有特征能量的X射线光子。由于X射线光子反映样品中元素的组成情况，可以用于分析材料的成分。

此外，电子束与样品作用还可以产生俄歇电子和透射电子等信息。入射电子在样品原子激发内层电子后，外层电子跃迁至内层时，多余能量如果不是以X射线光子的形式放出，而是将能量传递给一个最外层电子，该电子获得能量挣脱原子核的束缚，并逸出样品表面，成为自由电子，这样的自由电子称为俄歇电子。俄歇电子是俄歇电子能谱仪的信号源。

透射电子是穿透样品的入射电子，其中包括未经散射的入射电子、弹性散射电子和非弹性散射电子。这些电子携带着被样品衍射、吸收的信息，用于透射电子显微镜的成像和成分分析。

10.2.3　各种信号的深度和区域大小

当一束高能电子照射在材料上时，电子束将受到物质原子的散射作用，偏离原来的入射方向，向外发散，所以随着电子束进入样品的深度不断增加，入射电子的分布范围不断增大，同时动能不断降低，直至动能降低为零，最终形成一个规则的作用区域。对于轻元素样品，入射电子经过许多次小角度散射，在尚未达到较大散射角之前即已深入样品内部一定的深度，然后随散射次数的增多，散射角增大，才达到漫散射的程度。此时电子束散射区域的外形被称为"梨形作用体积"。如果是重元素样品，入射电子在样品表面不很深的地方就达到漫散射的程度，则电子束散射区域形状呈现半球形，故称为"半球形作用体积"。可见电子在样品内散射区域的形状主要取决于原子序数。改变电子能量只引起作用体积大小的变化，而不会显著地改变形状。

除了在作用区的边界附近外，入射电子的动能很小，无法产生各种信号，在作用区内的大部分区域，均可以产生各种信号，可以产生信号的区域称为有效作用区，有效作用区的最深处为电子有效作用深度。但在有效作用区内的信号并不一定都能逸出材料表面，成为有效的可供采集的信号。这是因为各种信号的能量不同，样品对不同信号的吸收和散射也不同。只有在距离表层0.4～2 nm深度范围内的俄歇电子才能逸出材料表面。所以，俄歇电子信号是一种表面信号。与背散射电子相比，二次电子的能量较小，因此只有在距离表面 5～10 nm 深度范围内的二次电子才能逸出材料表面，而背散射电子却能够从更深的作用区（100 nm～1 μm）逃逸出来。与电子相比，X射线光子不带电荷，受样品材料的原子核及核外电子的作用较小，因此穿透深度更大，可以从较深的作用区（500 nm～5 μm）逸出材料表面。

另外从图 10-4 可以看出，随着信号的有效作用深度

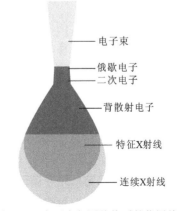

电子束

俄歇电子
二次电子

背散射电子

特征X射线

连续X射线

图10-4　电子束与固体物质的作用体积

增加，作用区的范围增加，信号产生的空间范围也增加，这对于信号的空间分辨率是不利的。因此在各种信号中，俄歇电子和二次电子的空间分辨率最高，背散射电子的分辨率次之，X射线信号的空间分辨率最低。理论分析表明，二次电子像的分辨率主要取决于电子探针束斑尺寸（场发射电子枪）和电子枪的亮度，目前最高可达 0.25 nm。因此扫描电子显微镜的分辨率指的是二次电子的分辨率。

10.3　扫描电子显微镜的工作原理

扫描电子显微镜的工作原理（图 10-5）可以简单地归纳为"光栅扫描，逐点成像"。"光栅扫描"的含义是指：电子束受扫描系统的控制，在样品表面上进行逐行扫描。同时，控制电子束的扫描线圈上的电流与显示器相应偏转线圈上的电流同步。因此，样品上的扫描区域与显示器上的图像相对应，每一物点均对应于一个像点。"逐点成像"的含义为：电子束所到之处，每一物点均会产生相应的信号（如二次电子等），产生的信号被接收放大后用来调制像点的亮度，信号越强，像点越亮。这样，就在显示器得到与样品上扫描区域相对应但经过高倍放大的图像，图像客观地反映样品上的形貌（或成分）信息。

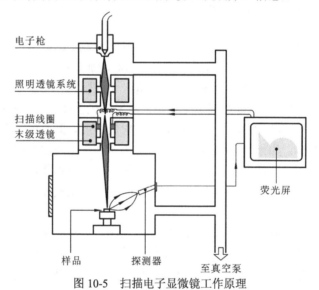

电子枪
照明透镜系统
扫描线圈
末级透镜
荧光屏
样品　　　探测器　　　至真空泵

图 10-5　扫描电子显微镜工作原理

扫描电子显微镜图像的放大倍数定义为：显像管中电子束在荧光屏上的扫描振幅和电子光学系统中电子束在样品上扫描振幅的比值，即

$$M = L/l \tag{10-1}$$

式中：M 为放大倍数；L 为显像管的荧光屏尺寸；l 为电子束在样品上扫描距离。

10.4　扫描电子显微镜的构造

扫描电子显微镜主要由电子光学系统、信号收集和显示系统、真空系统和电源系统三部分组成，其结构方框见图 10-6，下面对各部分的组成和功能分别给以介绍。

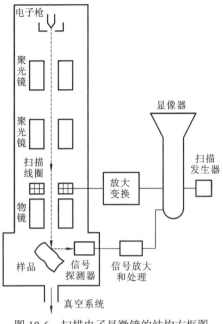

图 10-6　扫描电子显微镜的结构方框图

10.4.1　电子光学系统

　　扫描电子显微镜的电子光学系统由电子枪、电磁透镜、扫描系统和样品室等部件组成，见图 10-7，其作用是获得扫描电子束，作为信号的激发源。为了获得较高的信号强度和图像（尤其是二次电子像）分辨率，扫描电子束应具有较高的强度和尽可能小的束斑直径。电子束的强度取决于电子枪的发射能力，而束斑尺寸除了受电子枪的影响之外，还取决于电磁透镜的汇聚能力。

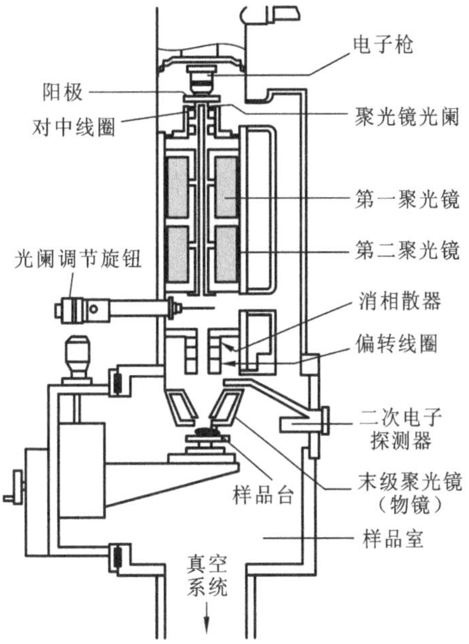

　　1. 电子枪

　　电子显微镜的光源要提供足够数量的电子，发射的电子越多，图像越亮；电子速度越大，电子对样品的穿透能力越强；电子束的平行度、束斑直径和电子运动速度的稳定性都对成像质量产生重要影响。

　　2. 电磁透镜

　　在扫描电子显微镜中（图 10-6），电子枪发射出来的电子束，经三个电磁透镜聚焦后，作用于样品上。如果要求在样品表面扫描的电子束直径为 d_p，电子源（即电子枪第一交叉点）直径为 d_c，则电子光学系统必须提供的缩小倍数：

图 10-7　扫描电子显微镜的
电子光学系统示意图

$$M = d_p / d_c \qquad \text{(10-2)}$$

经过电磁透镜二级或三级聚焦，在样品表面上可得到极细的电子束斑，在采用场发射电子枪的扫描电子显微镜中，可形成一个直径为几纳米的电子束斑。最末级聚光镜由于紧靠样品上方，且在结构设计等方面有一定特殊性，故也称为物镜。扫描电子束的发散度主要取决于物镜光阑的半径与其至样品表面的距离（工作距离 L）之比。

3. 扫描系统

扫描电子显微镜的扫描系统由扫描信号发生器、放大控制器等电子线路和相应的扫描线圈组成。其作用是提供入射电子束在样品表面上以及阴极射线管电子束在荧光屏上的同步扫描信号，改变入射电子束在样品表面扫描振幅，以获得所需放大倍数的扫描像。在物镜的上方，装备有两组扫描线圈，每一组扫描线圈包括一个上偏转线圈和一个下偏转线圈，上偏转线圈装在末级聚光镜的物平面位置上。当上、下偏转线圈同时起作用时，电子束在样品表面上作光栅扫描，既有 x 方向的扫描（行扫），又有 y 方向的扫描（帧扫），通常电子束在 x 方向和 y 方向的扫描总位移量相等，所以扫描光栅是正方形的（图 10-8）。

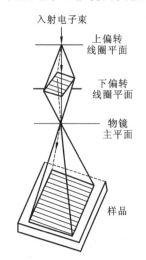

图 10-8　电子束在样品表面的光栅扫描方式

4. 样品室

扫描电子显微镜主要接收来自样品表面一侧的信号，而且景深比光学显微镜大得多，很适合于观察表面粗糙的大尺寸样品，所以扫描电子显微镜的样品室可以做得很大，同时也为安装各种功能的样品台和检测器提供了空间。根据各种需要，现已开发出高温、低温、冷冻切片及喷镀、拉伸、半导体、五维视场全自动跟踪、精确拼图控制等样品台，还在样品室中安装了 X 射线波谱仪、能谱仪、电子背散射花样（EBSP）大面积 CCD、实时监视 CCD 等探测器。

10.4.2　信号收集和显示系统

1. 信号收集系统

信号收集系统的作用是检测样品在入射电子作用下产生的物理信号，然后经视频放大作为显像系统的调制信号。不同的物理信号，要用不同类型的检测系统。二次电子、背散射电子等信号通常采用闪烁计数器来检测。

闪烁计数器是扫描电子显微镜中最主要的信号检测器。它由法拉第杯、闪烁体、光导管和光电倍增器组成，如图 10-9 所示。当用来检测二次电子时，在法拉第杯上加 200～500 V 正偏压（相对于样品），吸引二次电子，增大检测有效立体角。当用来检测背散射电子时，在法拉第杯上加 50 V 负偏压，阻止二次电子到达检测器，并使进入检测器的背散射电子聚焦在闪烁体上。闪烁体加工成半球形，其上喷镀几十纳米厚的铝膜作为反光层，既可阻挡杂散光的干扰，又可作为 12 kV 的正高压电极，吸引和加速进入栅网的电子。当信号电子撞击并进入闪烁体时，将引起电离，当离子与自由电子复合时，产生可见光信号，经由与闪烁体相接的光导管，送到光电倍增器进行放大，输出电信号可达 10 mA 左右，经视频放大器稍加放大后作为调制信号。这种检测系统线性范围很宽，具有很宽的频带（10 Hz～1 MHz）和高的增益（10^8），而且噪声很小。

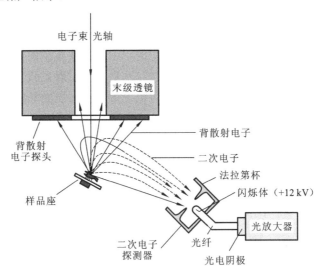

图 10-9　闪烁体光电倍增管电子检测器

2. 图像显示和记录系统

图像显示和记录系统的作用是将信号检测放大系统输出的调制信号转换为能显示在阴极射线管荧光屏上的图像或数字图像信号，供观察或记录，将数字图像信号以图形格式的数据文件存储在硬盘中，可随时编辑或用办公设备输出。

10.4.3　真空系统和电源系统

真空系统的作用是为保证电子光学系统正常工作，防止样品污染提供高的真空度，一般情况下要求保持 $10^{-2}～10^{-3}$ Pa 的真空度。电源系统由稳压、稳流及相应的安全保护电路组成，其作用是提供扫描电子显微镜各部分所需的电源。

10.5　扫描电子显微镜衬度像

扫描电子显微镜图像衬度的形成：主要是利用样品表面微区特征（如形貌、原子序数或化学成分、晶体结构或位向等）的差异，在电子束作用下产生不同强度的物理信号，使阴极射线管荧光屏上不同的区域呈现出不同的亮度，而获得具有一定衬度的图像。在扫描电子显微镜的各种图像中，因为二次电子像分辨率高，立体感强，所以在扫描电子显微镜中主要是靠二次电子成像。背散射电子受元素的原子序数影响大，背散射电子图像能够粗略地反映轻重不同的元素的分布信息，所以常用来定性地探测不同成分的元素的分布。X 射线光子可以较为准确地进行化学成分的定性与定量分析，所以可以用 X 射线信号作元素分布图。

10.5.1　二次电子像

利用二次电子所成的像，称为二次电子像。如前所述，二次电子信号的空间分辨率最高，二次电子像的分辨率一般为 3～6 nm。它代表着扫描电子显微镜的分辨率。

表面形貌衬度是由样品表面的不平整性引起的。因为二次电子的信息主要来自样品表面层 5～10 nm 的深度范围，所以表面形貌特征对二次电子的发射系数（也称发射率）有很大影响。实验证明，二次电子的发射系数，与入射电子束和样品表面法线 n 之间的夹角 α 有如下关系：

$$\delta = \frac{\delta_0}{\cos \alpha} \qquad (10\text{-}3)$$

式中：δ_0 为物质的二次电子发射系数，是一个与具体物质有关的常数（图 10-10）。

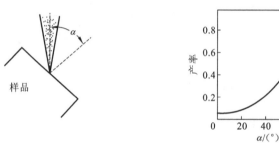

（a）入射电子束与样品表面的夹角（入射角）　　　（b）二次电子产率与入射角的关系

图 10-10　二次电子发射吸收和入射角的关系

可见二次电子的发射系数随 α 角的增加而增大。这是因为随着 α 的增加，入射电子束的作用体积较靠近样品的表面，使作用体积内产生的大量自由电子离开表面的机会增多；其次随 α 角的增加，总轨迹增长，引起价电子电离的机会增多。正因为如此，在样品表面凸凹不平的部位，在入射电子束作用下产生的二次电子信号的强度要比在样品表面其他平坦部分产生的信号强度大，因而形成表面形貌衬度（图 10-11 和图 10-12）。

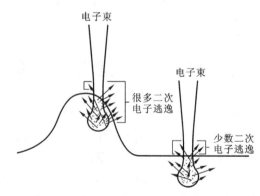

图 10-11　表面形貌对二次电子产率的影响

 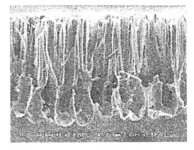

（a）陶瓷烧结体的表面图像　　　　　　　　（b）多孔硅的剖面图

图 10-12　二次电子的形貌像

将收集器上加 250～500 V 的正偏压，可以使低能二次电子走弯曲轨迹到达收集器，如图 10-11 所示。这样，既可以提高有效的收集立体角，增加二次电子信号的强度，又可以将样品上那些背向收集器的部位产生的二次电子吸收到收集器中，显示出样品背向收集器部位的细节，不至于形成阴影。

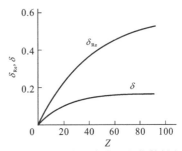

因为二次电子大部分是由价电子激发出来的，所以原子序数的影响不大明显。当原子序数 $Z<20$ 时，δ 随着 Z 的增加而增大；当 $Z>20$ 时，δ 与 Z 几乎无关（图 10-13）。

图 10-13　二次电子产率 δ 和背散射电子产率 δ_{Re} 随原子序数的变化

10.5.2　背散射电子像

背散射电子是被固体样品原子反射回来的一部分入射电子，因而也称为反射电子或初级背散射电子，其能量在 50 eV 到接近于入射电子的能量。利用背散射电子的成像，称为背散射电子像。背散射电子像既可以用来显示形貌衬度，也可以用来显示成分衬度。

1. 形貌衬度

同二次电子一样，样品表面的形貌也影响着背散射电子的产率，在 α 角较大（尖角）处，背散射电子的产率高；在 α 角较小（平面）处，背散射电子的产率低。因为背反射电子是来自一个较大的作用体积，用背反射信号进行形貌分析时，其分辨率远比二次电子低。此外，背反射电子能量较高，它们以直线轨迹逸出样品表面，对于背向检测器的样品表面，因检测器无法收集到背反射电子，而掩盖了许多有用的细节。

2. 成分衬度

成分衬度是由样品微区的原子序数或化学成分的差异形成的。背散射电子大部分是受原子反射回来的入射电子，因此受核效应的影响比较大。根据经验公式，对于原子序数大于 10 的元素，背散射电子发射系数可表示为

$$\eta = \frac{\ln Z}{6} - \frac{1}{4} \qquad (10\text{-}4)$$

所以，背散射电子发射系数 η 随原子序数 Z 的增大而增加，如图 10-13 所示。

如果在样品表面存在不均匀的元素分布，那么平均原子序数较大的区域将产生较强的背散射电子信号，因而在背散射电子像上显示出较亮的衬度；反之，平均原子序数较小的区域在背散射电子图像上是暗区。因此，根据背散射电子像的亮暗程度，可判别出相应区域的原子序数的相对大小，由此可对金属及其合金的显微组织进行成分分析。如图 10-14 所示，在二次电子图像中，基本上只有表面起伏的形貌信息，而在背散射电子图像中，铅富集的区域亮度高，而锡富集的区域较暗。

 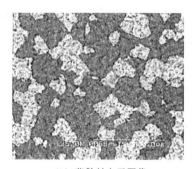

（a）二次电子图像　　　　　　　（b）背散射电子图像

图 10-14　锡铅镀层的表面图像

3. 背散射电子图像的获得

背散射电子信号接收器由两个独立的检测器组成，位于样品的正上方，对有些既要进行形貌观察又要进行成分分析的样品，将左右两个检测器各自得到的电信号进行电路上的加减处理，便能得到单一信息（图 10-15）。

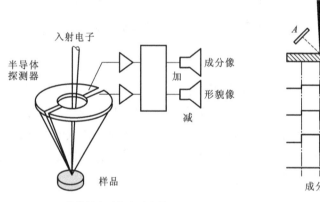 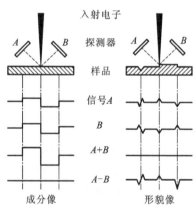

（a）背散射电子探头示意图　　　　　　　（b）工作原理图

图 10-15　背散射电子探头的空间配置及其工作原理

对于原子序数信息来说，进入左右两个检测器的信号，其大小和极性相同，而对于形貌信息，两个检测器得到的信号绝对值相同，其极性恰恰相反。将检测器得到的信号相加，能得到反映样品原子序数的信息[图 10-16（a）]；相减能得到形貌信息[图 10-16（b）]。

（a）成分相   （b）形貌相

图 10-16　用背散射电子探头采集的图像

10.6　扫描电子显微镜的主要优势

在形貌分析的各种手段中，扫描电子显微镜的主要优势表现在分辨率高、放大倍数高、景深大。以下根据扫描电子显微镜的工作原理逐一说明扫描电子显微镜具有这些优势的原因。

10.6.1　分辨率

分辨率是扫描电子显微镜的最重要指标。同光学显微镜一样，分辨率是指扫描电子显微镜图像上可以分开的两点之间的最小距离。扫描电子显微镜的分辨率主要与下面几个因素有关。

1）入射电子束束斑直径

入射电子束束斑直径是扫描电子显微镜分辨率的极限。如束斑为 10 nm，那么分辨率最高也是 10 nm。一般配备热阴极电子枪的扫描电子显微镜的最小束斑直径可缩小到 6 nm，相应的仪器最高分辨率也就在 6 nm 左右。利用场发射电子枪可使束斑直径小于 3 nm，相应的仪器最高分辨率也就可达 3 nm。

2）入射电子束在样品中的扩展效应

如前所述，电子束打到样品上，会发生散射，从而发生电子束的扩散。扩散程度取决于入射束电子能量和样品原子序数的高低，入射束能量越大，样品原子序数越小，则电子束作用体积越大。这样，产生信号的区域随电子束的扩散而增大，从而降低了分辨率。

3）成像方式及所用的调制信号

成像方式不同，所得图像的分辨率也不同。当以二次电子为调制信号时，由于二次电子能量比较低（小于 50 eV），在固体样品中平均自由程只有 10～100 nm，只有在表层 50～100 nm 的深度范围内的二次电子才能逸出样品表面。在这样浅的表层里，入射电子与样品原子只发生次数很有限的散射，基本上未向侧向扩展。因此，在理想情况下，二次电子像分辨率约等于束斑直径。正是基于这个缘故，总是以二次电子像的分辨率作为衡量扫描电子显微镜性能的主要指标。

当以背散射电子为调制信号时，由于背散射电子能量比较高，穿透能力比二次电子强得多，可以从样品中较深的区域逸出（约为有效作用深度的 30%左右）。在这样的深度范围，入射电子已经有了相当宽的侧向扩展。在样品上方检测到的背散射电子来自比二次电子大得多的区域，所以背散射电子像分辨率要比二次电子像低，一般在 500～2 000 nm。

至于以吸收电子、X 射线、阴极荧光、电子束感生电导或电位等作为调制信号的其他操作方式，由于这些信号均来自整个电子束散射区域，所得扫描像的分辨率都比较低，一般在 1 000 nm 或 10 000 nm 以上不等。

影响分辨率的因素还有信噪比、杂散电磁场和机械振动等。

10.6.2 放大倍数

扫描电子显微镜的放大倍数可用以下表达式：

$$M = \frac{A_c}{A_s} \tag{10-5}$$

来计算。式中 A_c 是荧光屏上图像的边长；A_s 是电子束在样品上的扫描振幅。一般地，A_c 是固定的（通常为 100 mm）。这样，可简单地通过改变 A_s 来改变放大倍数。目前大多数商品扫描电子显微镜放大倍数为 20～2 000 倍，介于光学显微镜和透射电子显微镜之间。这就使扫描电子显微镜在某种程度上弥补了光学显微镜和透射电子显微镜的不足。

10.6.3 景深

景深是指焦点前后的一个距离范围，该范围内所有物点所成的图像符合分辨率要求，可以成清晰的图像。换句话说，景深是可以被看清的距离范围。扫描电子显微镜的景深比透射电子显微镜大 10 倍，比光学显微镜大几百倍。由于图像景深大，故所得扫描电子像富有立体感，并很容易获得一对同样清晰聚焦的立体对照片，进行立体观察和立体分析。

当一束略微汇聚的电子束照射在样品上时，在焦点处电子束的束斑最小，离开焦点越远，电子束发散程度越大，束斑变得越来越大，分辨率随之下降，当束斑大到一定程度后，会超过对图像分辨率的最低要求，即超过了景深的范围。由于电子束的发散度很小，它的景深取决于临界分辨率 d_0 和电子束入射半角 α_c。其中临界分辨率 d_0 与放大倍数有关，人眼的分辨率大约是 0.2 mm，在经过放大后，要使人感觉物像清晰，必须使电子束的分辨率高于临界分辨率 d_0（单位为 mm）。

$$d_0 = \frac{0.02}{M} \tag{10-6}$$

由图 10-17 可知，扫描电子显微镜的景深（单位为 mm）

$$F = \frac{d_0}{\tan \alpha_c} = \frac{0.02}{M \tan \alpha_c} \tag{10-7}$$

因此随放大倍数降低和入射电子角的减小，景深会增加。电子束的入射角可以通过改变光阑尺寸和工作距离来调整，用小尺寸的光阑和大的工作距离可以获得小的入射电子角 [图 10-17（b）]。

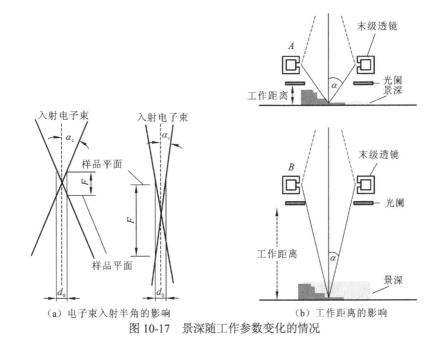

（a）电子束入射半角的影响　　　　　　　（b）工作距离的影响

图 10-17　景深随工作参数变化的情况

10.7　扫描电子显微镜的制样方法

扫描电子显微镜的优点是能直接观察块状样品。但为了保证图像质量，对样品表面的性质有如下要求：

（1）导电性好，以防止表面积累电荷而影响成像。

（2）具有抗热辐照损伤的能力，在高能电子轰击下不分解、变形。

（3）具有高的二次电子和背散射电子系数，以保证图像良好的信噪比。

对于不能满足上述要求的样品，如陶瓷、玻璃和塑料等绝缘材料，导电性差的半导体材料，热稳定差的有机材料和二次电子、背散射电子系数较低的材料，都需要进行表面镀膜处理。某些材料，虽然有良好的导电性，但为了提高图像的质量，仍需进行镀膜处理。例如，在高倍下（如大于 2 000 倍）观察金属断口时，存在电子辐照所造成的表面污染或氧化，影响二次电子逸出，喷镀一层导电薄膜能使分辨率大幅度提高。

在扫描电子显微镜制样技术中用得最多的是：真空蒸发和离子溅射镀膜法。最常用的镀膜材料是金。金的熔点较低，易蒸发；与通常使用的加热器不发生反应；二次电子和背散射电子的发射效率高；化学稳定性好。对于下列情况：如 X 射线显微分析、阴极荧光研究和背散射电子像观察等，碳、铝或其他原子序数较小的材料作为镀膜材料更为合适。

膜厚的控制应根据观察的目的和样品性质来决定。一般来说，从图像真实性出发，膜厚应尽量薄一些。对于金膜，通常控制在 20～80 nm。如果进行 X 射线成分分析，为减小吸收效应，膜厚也应尽可能薄一些。

10.8　扫描电子显微镜应用实例

10.8.1　断口形貌分析

因为扫描电子显微镜的景深大，放大倍数高，所以在对表面凹凸不平的断口进行形貌分析时，具有得天独厚的优势。图 10-18 是一组 1018 钢在不同温度下的断口形貌。在室温和高于室温的温度下，1018 号钢发生塑性断裂，呈现出典型的韧窝状形貌。韧窝的形成与材料中的夹杂物有关，在外加应力作用下，夹杂物成为应力集中的中心点，周围的基体在高度集中的应力的作用下与夹杂物分离，形成微空洞，微空洞不断长大互相连接，形成大的孔洞，当大的孔洞继续长大并连接后，材料会发生断裂。图 10-18（a）中不仅可以看到微空洞，而且可以看到明显的夹杂物存在，非常直观地说明韧性断裂的机制。

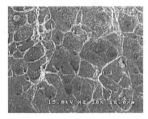 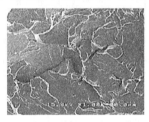 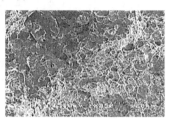

（a）塑性断裂　　　　　　　　　（b）脆性断裂　　　　　　　（c）塑性和脆性断裂同时存在

图 10-18　1018 号钢在不同温度下的断口形貌

当试验温度低于 1018 号钢的韧脆转变温度以后，在拉伸应力的作用下，材料会发生脆性断裂。这种断裂方式吸收的能量很少，通常沿低指数晶面发生开裂，故也称为解理断裂。脆性断裂通常发生在体心立方和密排六方结构中，因为这些结构没有足够多的滑移系来满足塑性变形。脆性断裂的特征是存在一些光滑的解理面，如图 10-18（b）所示。

1018 号钢的韧脆转变温度在 295 K 左右，在此温度下，材料的断裂表现出明显的二重性，既有脆性断裂的特征，也有塑性断裂的特征，如图 10-18（c）所示，图的左上部分是脆性断裂区，右下部分是塑性断裂区。

10.8.2　纳米材料形貌分析

因为扫描电子显微镜具有极高的分辨率和放大倍数，所以非常适合分析纳米材料的形貌和组态。图 10-19 是利用多孔氧化铝模板制备的金纳米线的形貌，其中模板已经被溶解掉。可以看出纳米线排列非常整齐，直径在 100 nm 以下。

 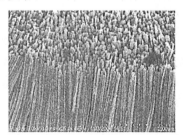

（a）低倍像　　　　　　　　　　　　　（b）高倍像

图 10-19　多孔氧化铝模板制备的金纳米线的形貌

图 10-20 是铅笔状 ZnO 纳米线，除了在形状上保持规则的排列以外，它们在底部连接成梳状。这种材料由于尖端非常细小，可以用来制造场发射的电极。

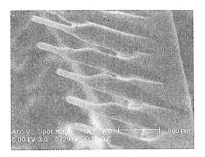

图 10-20　ZnO 纳米线的二次电子图像

10.8.3　在微电子工业方面的应用

由于现代微电子制造的集成度越来越高，器件的尺寸已经达到纳米尺度，必须有相应的高分辨率的检测手段，扫描电子显微镜适逢其时，在现场检测和后续失效分析中发挥着不可替代的作用。图 10-21（a）是芯片连线的表面扫描电子显微镜图像，图 10-21（b）是 CCD 相机的 EOS 10DCMOS 光电二极管剖面图。利用这些扫描电子显微镜图像，可以用来判定器件的尺寸及形状是否符合工艺要求，从而确定工艺是否正常。

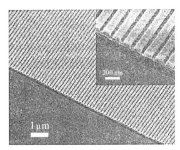 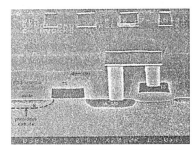

（a）芯片导线的表面形貌图　　　　（b）CCD相机的光电二极管剖面图

图 10-21　芯片连线的表面扫描电子显微镜图像

思考与练习

1. 电子束入射固体样品表面会激发哪些信号？它们有哪些特点和用途？

2. 扫描电子显微镜的分辨率受哪些因素影响，用不同的信号成像时，其分辨率有何不同？

3. 扫描电子显微镜的分辨率是指用何种信号成像时的分辨率？

4. 扫描电子显微镜的成像原理与透射电子显微镜有何不同？

5. 二次电子像和背散射电子像在显示表面形貌衬度时有何相同与不同之处？

6. 二次电子像景深很大，样品凹坑底部都能清楚地显示出来，从而使图像的立体感很强，其原因何在？

7. 电子探针仪与扫描电子显微镜有何异同？电子探针仪如何与扫描电子显微镜和透射电子显微镜配合进行组织结构与微区化学成分的同位分析？

8. 简述扫描电子显微镜的工作原理及其在材料研究中的应用。

第11章 其他显微分析技术

19世纪80年代初期，扫描探针显微镜（scanning probe microscope，SPM）因首次在实空间展现了硅表面的原子图像而震动了世界。从此，扫描探针显微镜在基础表面科学、表面粗糙度分析，特别是从硅原子结构到活体细胞表面微米尺度的突出物的三维成像等学科中，发挥着重要的作用。

扫描探针显微镜是一种具有宽广观察范围的成像工具，它延伸至光学和电子显微镜的领域。它也是一种具有空前高的 3D 分辨率的轮廓仪。在某些情况，扫描探针显微镜可以测量诸如表面电导率、静电电荷分布、区域摩擦力、磁场和弹性模量等物理特性。

扫描探针显微镜是一类仪器的总称，它们以从原子到微米级别的分辨率研究材料的表面特性。所有的扫描探针显微镜都包含图 11-1 所示的基本部件。

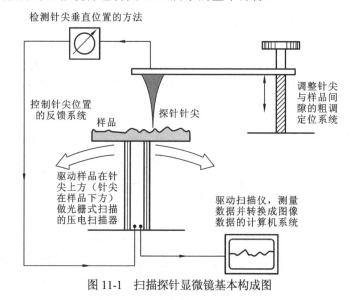

图 11-1 扫描探针显微镜基本构成图

这一章介绍扫描隧道显微镜、原子力显微镜和一些常用的扫描探针显微镜的工作原理。

11.1 扫描隧道显微镜

扫描隧道显微镜（scanning tunnel microscope，STM）是所有扫描探针显微镜的祖先，它是在 1981 年由 Gerd Binnig 和 Heinrich Rohrer 在苏伊士 IBM 实验室发明的。5 年后，他们因此项发明被授予诺贝尔物理奖。STM 是第一种能够在实空间获得表面原子结构图像的仪器。

STM 使用一种非常锐化的导电针尖，而且在针尖和样品之间施加偏置电压，当针尖和样品接近至大约 1 nm 间隙时，取决于偏置的电压的极性，样品或针尖中的电子可以"隧穿"过间隙到达对方（图 11-2）。由此产生的隧道电流随着针尖-样品间隙的变化而变化，故被用作得到 STM 图像的信号。上述隧穿效应产生的前提是，样品应是导体或半导体，所以 STM 不能像原子力显微镜那样对绝缘体样品成像。

隧道电流是间距的指数函数。如果针尖与样品间隙（0.1 nm 级尺度）变化 10%，隧道电流则变化一个数量级。这种指数关系赋予 STM 很高的灵敏度，所得样品表面图像具有高于 0.1 nm 的垂直精度和原子级的横向分辨率。

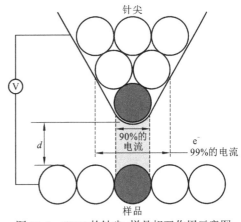

STM 可工作于两种扫描模式，即恒定高度模式和恒定电流模式。在恒定高度模式下，针尖在样品上方的一个水平面上运行，隧道电流随样品表面形貌和局域电子特性而变化。在样品表面每个局域检测到的隧道电流构成数据组，并进而转化成形貌图像。

图 11-2　STM 的针尖-样品相互作用示意图

在恒定电流模式下，STM 的反馈控制系统通过调整扫描器在每个测量点的高度动态地保证隧道电流不变。例如，当系统检测到隧道电流增加时，就会调整加在压电扫描器上的电压来增加针尖-样品间隙。如果系统把隧道电流恒定在 2% 的范围以内，则针尖与样品间的距离变化可以保持在 1 pm 以内。因此，STM 在与样品表面垂直的方向上的深度分辨率可以达到几皮米。

两种模式各有利弊。恒定高度模式扫描速率较高，因为控制系统不必上下移动扫描器，但这种模式仅适用于相对平滑的表面。恒定电流模式可以较高的精度测量不规则表面，但比较耗时。

近似地讲，隧穿电流像表述样品的形貌，但更为精确地，隧穿电流对应的是表面电子态密度。实际上，STM 检测的是在由偏压决定的能量范围之间、费米能级附近被充满和未充满的电子态的数量，或者说是具有恒定隧穿概率的曲面，而不是物理形貌。

11.2　原子力显微技术

11.2.1　原子力显微镜的结构

原子力显微镜（atomic force microscope，AFM）的研究对象除导体和半导体之外，还扩展至绝缘体。原子力显微镜的工作原理如图 11-3 所示。原子力显微镜针尖长为若干微米，直径通常小于 100 nm，被置于 100～200 μm 长的悬臂的自由端。针尖和样品表面间的力导致悬臂弯曲或偏转。当针尖在样品上方扫描或样品在针尖下做光栅式运动时，探测器可实时地检测悬臂的状态，并将其对应的表面形貌像显示记录下来。大多数商品化的原子力显微镜利用光学技术来检测悬臂的位置。一束激光被悬臂折射到位置敏光探测器（position sensitive photo-detector，PSPD），当悬臂弯曲时投射在传感器上的激光光斑的位置发生偏移，PSPD 可以 1 mm 的精度测量出这种偏移。激光从悬臂到探测器的折射光程

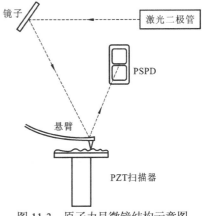

图 11-3　原子力显微镜结构示意图

与悬臂臂长的比值是此种微位移测量方法的机械放大率，所以此系统可检测悬臂针尖小于0.1 nm 的垂直运动。

检测悬臂偏转还有干涉法和隧道电流法。一种特别巧妙的技术是采用压电材料来制作悬臂，这样可直接用电学法测量到悬臂偏转，故不必使用激光束和 PSPD。

11.2.2 造成原子力显微镜悬臂偏转的力

1. 范德瓦耳斯力

范德瓦耳斯力与针尖-样品间隙的关系如图 11-4 所示，图中标出了两个区间：非接触区

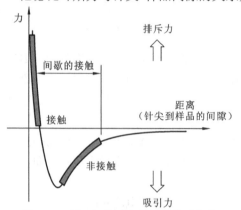

图 11-4 原子间作用力与间隙关系曲线

间与接触区间。在非接触区间，悬臂和样品间的原子距离保持在几至几十纳米量级，相互间存在的是吸引力，这种吸引力来自长程范德瓦耳斯力。当悬臂和样品间距离达到约为化学键长时（小于 1 nm），原子间作用力变为零。若缝隙进一步变小，范德瓦耳斯力成为正值的排斥力，此时原子是接触的，悬臂和样品间是排斥力。在排斥区间，范德瓦耳斯力曲线的斜率是非常陡的，所以范德瓦耳斯斥力可以平衡掉任何试图强迫原子更为接近的力。在 AFM 中，这意味着当悬臂向样品推动针尖时，只能引起悬臂的弯曲，而不能使针尖原子更加靠近样品原子。即使是非常刚硬的悬臂在样品上施加强力，针尖-样品间隙也不可能减少许多。但是，样品表面很可能变形。

2. 毛细力

由于通常环境下，在样品表面存在一层水膜，水膜延伸并包裹住针尖，就会产生毛细力，它具有很强的吸引力（大约为 10^{-8} N），使针尖接触于样品表面。毛细力的大小取决于针尖—样品间隙。针尖和样品一经接触，因为针尖—样品间隙是很难进一步压缩的，并且假定水膜是均匀的，所以毛细力应该是恒定的。

11.2.3 两种类型的原子力显微镜

1. 接触式 AFM

接触模式，也被称为排斥力模式，AFM 针尖与样品有轻微的物理接触。在这种工作模式下，针尖和与之相连的悬臂受范德瓦耳斯力和毛细力两种力的作用，两者的合力构成接触力。

当扫描器驱动针尖在样品表面（或样品在针尖下方）移动时，接触力会使悬臂弯曲，产生适应形貌的变形。检测这些变形，便可以得到表面形貌像。

AFM 检测到悬臂的偏转后，则可工作在恒高或恒力模式下获取形貌图像或图形文件。在恒高模式，扫描器的高度是固定的，悬臂的偏转变化直接转换成形貌数组。在恒力模式，悬

臂偏转被输入反馈电路，控制扫描器上下运动，以维持针尖和样品原子的相互作用力恒定。在此过程中，扫描器的运动被转换成图像或图形文件，如图11-5所示。

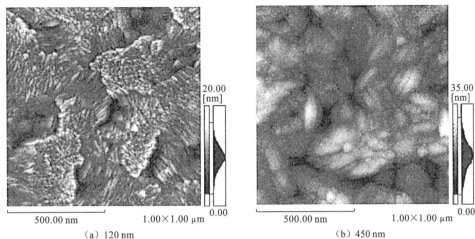

图 11-5　溅射过程中不同厚度的透明导电涂层氧化铟锡（tin indium oxide，TIO）的表面形貌像

恒力工作模式的扫描速率受限于反馈回路的响应时间，但针尖施加在样品上的力得到很好地控制，故在大多数应用中被优先选用。恒高模式常被用于获得原子级平整样品的原子分辨像，此时在所施加的力下，悬臂偏转和变化都比较小。在需要高扫描速率的变化表面实时观察时，恒高模式是必要的。

2. 非接触 AFM

非接触 AFM（NC-AFM）应用一种振动悬臂技术，针尖与样品间距处于几至数十纳米的范围。此范围在图 11-4 范德瓦耳斯曲线中标注为非接触区间。

NC-AFM 是一种理想的方法，因为在测量样品形貌过程中，针尖和样品不接触或略有接触。如同接触式 AFM，NC-AFM 可以测量绝缘体、半导体和导体的形貌。在非接触区间，针尖和样品之间的力是很小的，一般只有 10～12 N。这对于研究软体或弹性样品是非常有利的。另一优点是，像硅片这样的样品不会由于与针尖接触而引入污染。

下面讨论悬臂的共振频率和样品形貌变化的关系。刚硬的悬臂在系统的驱动下以接近于共振点的频率（典型值是从 100～400 kHz）振动，振幅则是几至数十纳米。共振频率随悬臂所受的力梯度变化，力梯度可由图 11-4 所示的力与间隙的关系曲线的微分得到。这样，悬臂共振频率的变化反映力梯度的变化，也反映针尖—样品间隙或样品形貌的变化。检测共振频率或振幅的变化，可以获得样品表面形貌信息。此方法具有优于 0.1 nm 的垂直分辨率，与接触式 AFM 是一样的。

NC-AFM 的作用力很弱，同时用于 NC-AFM 的悬臂硬度较大，否则较软的悬臂会被吸引至样品而发生接触。上述两个因素导致 NC-AFM 的信号很弱，故需要更高灵敏度的交流检测方法。

在 NC-AFM 中，系统监测悬臂的共振频率或振幅并借助反馈控制器提升和降低扫描器，同时保证共振频率或振幅不变，与接触式 AFM 相同（即恒力模式），扫描器的运动转换成图像或图形文件。

NC-AFM 不会产生在接触式 AFM 多次扫描之后经常观察到的针尖和样品变质的现象。

如前面提到，测量软体样品时，NC-AFM 比接触式 AFM 更具优越性。在刚性样品情况，接触和非接触模式，所得的图像看上去是一样的，但在刚性样品表面存在若干层凝结水时，图像是极不相同的。工作在接触模式的 AFM 会穿过液体层获得被液体淹没的样品表面图像，而非接触模式，AFM 只能对液体层的表面成像（图 11-6）。

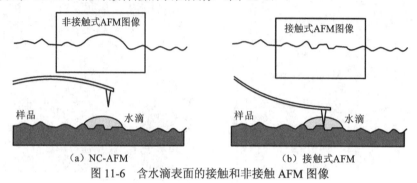

（a）NC-AFM   （b）接触式AFM

图 11-6   含水滴表面的接触和非接触 AFM 图像

11.3   其他扫描探针显微技术

事实上，STM、AFM 是众多扫描探针显微技术中的一部分。大多数商品化的仪器均为模块化结构，只需在标配的镜体上更换或增添少量的硬件就可实现功能的增加或转换。有时也利用软件来改变工作模式。本节讨论一些其他扫描探针显微技术。

11.3.1   磁力显微术

磁力显微术（magnetic force microscope，MFM）可对样品表面磁力的空间变化成像。MFM的针尖上镀有铁磁性薄膜，系统工作在非接触模式。通过检测随针尖—样品间隙变化的磁场引起的悬臂共振频率的变化（图 11-7），它可得到磁性材料中自发产生和受控写入的磁畴结构。

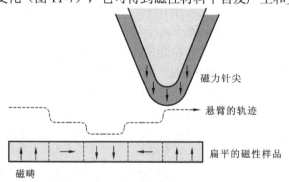

图 11-7   MFM 探测样品表面的磁畴

用磁力针尖获得的图像都包含着表面形貌和磁特性，哪一种效应起主要作用由针尖—样品间隙决定。与范德瓦耳斯力相比，原子间磁力在较大的间隙时仍保留一定量值。若针尖靠近表面，即处在标准的非接触模式工作区间，则图像主要含形貌信息。随着间隙增大，磁力效应变得显著。在不同的针尖高度下采集一系列图像是剥离两种效应的一种途径。由 MFM模式取得的硬盘磁记录结构像如图 11-8 所示，视场尺度是 15 μm。

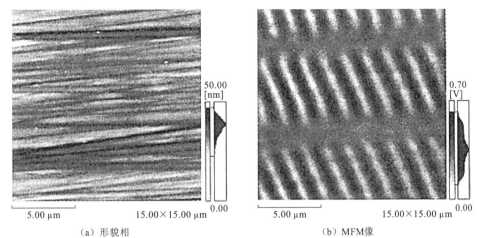

(a) 形貌相	(b) MFM像

图 11-8　硬盘磁记录单元的图像

11.3.2　力调制显微术

力调制显微术（froce modulation microscopy，FMM），是 AFM 成像技术的扩展，它可以确定样品的力学性能，也可以同时采集形貌和材料性质的数据。

在 FMM 模式，AFM 针尖以接触方式扫描样品，正向反馈控制回路保持悬臂的偏转处于恒定。此外，将一周期信号加在针尖或样品上。由此信号驱动产生的悬臂调制振幅随样品弹性而变，如图 11-9 所示。

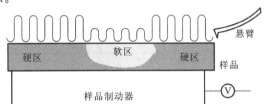

图 11-9　随样品表面力学性能改变的悬臂振幅

系统通过检测悬臂调制振幅的变化来形成力调制像，反映出样品弹性的分布。调制信号的频率设为数百赫兹，远高于正向反馈控制器设定的响应频率。所以可以区分开形貌和弹性信息，而且也可以同时采集到两种类型的图像。图 11-10（a）是接触式 AFM 的碳纤维高聚物复合材料的形貌像，图 11-10（b）是其 FMM 图像。

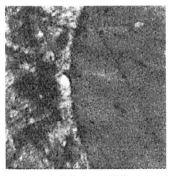

（a）接触式AFM图像　　　　　　（b）FMM图像

图 11-10　碳纤维高聚物复合材料图像

11.3.3 相位检测显微术

相位检测显微术（phase detection microscopy，PDM）也称为相位成像，这种技术借助测量悬臂振动驱动和振动输出信号之间的相位延迟（图 11-11），研究弹性、黏度和摩擦等表面力学性能的变化。当仪器在振动悬臂模式工作时，如 NC-AFM、间歇接触 AFM（IC-AFM）或 MFM 模式，通过检测悬臂偏转或振幅的变化测量样品形貌。当采集形貌像时，相位延迟也被检测到，所以形貌像与材料特性被同时得到。

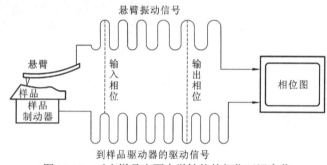

图 11-11　对应样品表面力学性能的相位延迟变化

图 11-12 给出了胶带样品的 NC-AFM 形貌像[图 11-12（a）]和 PDM 图像[图 11-12（b）]，PDM 图像提供了较形貌像更多的信息，揭示出胶带表面性能的变化。

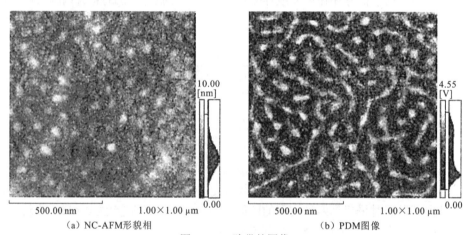

（a）NC-AFM形貌相　　　　　　　　（b）PDM图像

图 11-12　胶带的图像

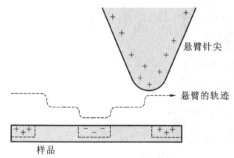

图 11-13　EFM 电荷畴结构的面分布像

11.3.4 静电力显微术

静电力显微术（electrostatic force microscopy，EFM）的原理是：在针尖与样品之间施加电压，其悬臂和针尖不与样品相碰，当悬臂扫描至如图 11-13 所示的静电荷时，悬臂偏转。

EFM 可以显示出样品表面的局部电荷畴结构，如电子器件中电路静电场的分布。正比于电荷密度的悬臂偏转幅度可以用标准的光束折射系统测量。

11.3.5 扫描电容显微术

扫描电容显微术（scanning capacitance microscopy，SCM）可对空间电容分布成像。像 EFM 那样，SCM 在针尖与样品之间施加电压，悬臂工作在非接触、恒定高度的模式，用一种特殊的电路来监测针尖与样品间的电容。因为电容取决于针尖和样品间介质的介电常数，所以 SCM 可以研究在半导体基片上介电材料厚度的变化，也可以观察亚表面电荷载流子的分布，例如得到离子注入半导体中掺杂物的分布情况。

11.3.6 热扫描显微术

热扫描显微术（scanning thermal microscope）又称 TSM 技术。TSM 是在针尖和样品不接触的条件下，测量材料表面的热导率。TSM 也可以同时采集形貌和热导数据。TSM 的悬臂由两种金属材料组成。悬臂的材料对热导率的不同变化作出响应，导致悬臂偏转，系统通过悬臂偏转的变化来获得反映热导率分布的 TSM 图像，同时悬臂振幅的变化构成非接触模式下的像。这样，形貌和局域热性质的变化信息被区分开，故可同时采集到两种类型的像。

11.3.7 近场扫描光学显微术

一般认为，光学显微镜的分辨率受到光波长的限制，只能达到 0.2 μm。近场扫描光学显微术（near-field scanning optical microscopy，NSOM）使用一种特殊的可见光扫描探针，将光学显微镜的分辨率提高了一个数量级。

NSOM 探针是一种光的通道，光源和样品间隙非常小，约为 5 nm。直径约几十纳米的可见光从探针狭窄的端部发散出来，从样品表面折回或穿过样品到达探测器。探测器在各测量点探测到光信号强度，构成 NSOM 图像。NSOM 图像具有 15 nm 的分辨率。

11.3.8 纳米光刻蚀技术

一般情况下，SPM 在得到表面图像时并不损伤表面，然而，通过用 AFM 施加过度的力或用 STM 施加高电场，可用于对表面进行修饰。现在已经有许多移动原子修饰表面的例子。此技术被称为纳米光刻蚀技术。图 11-14 给出使用此技术修饰后的抗蚀剂膜表面。

图 11-14　用纳米光刻蚀技术修饰后的抗蚀剂膜表面图像（视场为 40 μm）

11.4 微区扫描电化学分析技术

将扫描探针显微技术引入电化学测试方法中，就产生了扫描探针电化学技术，有时也称微区扫描电化学分析技术。传统的电化学测试方法局限于探测整个样品的宏观变化，测试结果只反映样品不同局部位置的整体统计结果，不能反映出局部的腐蚀及材料与环境的作用机理与过程。而微区探针能够区分材料不同区域电化学特性差异，且具有局部信息的整体统计结果，并能够探测材料/溶液界面的电化学反应过程。微区扫描电化学分析技术在电化学领域中是一个全新的概念，具有超高分辨率、非接触式、空间分析等特点。微区扫描电化学分析技术利用精密的扫描微电极系统，具有极高空间分辨率，在溶液中可检测电流或施加电流于微电极与样品之间，用于检测、分析或改变样品在溶液中的表面和界面化学性质。微区扫描电化学分析技术利用闭环 x、y、z 定位系统，可达到纳米级分辨率。微区扫描电化学分析技术包括：扫描电化学显微镜、扫描振动电极技术和扫描开尔文探针技术等。

11.4.1 扫描电化学显微镜

扫描电化学显微镜（scanning electrochemical microscope，SECM）是基于 STM 发展而产生出来的一种分辨率介于普通光学显微镜与 STM 之间的电化学原位测试新技术。是 Bard 等在 20 世纪 80 年代末提出和发展起来的一种电化学现场检测新技术。它是通过探针的电化学反应及该反应在基底间的正、负反馈来提供基底的电化学形貌。其分辨率直接依赖于探针的尺寸及其与样品之间的距离。Bard 等首次用 SECM 及微探针得到了高分辨图像。

SECM 的最大特点是可以在溶液体系中对研究系统进行实时、现场、三维空间观测，有独特的化学灵敏性。当 SECM 微探针在非常靠近基底电极表面扫描时，微探针的氧化还原电流具有反馈的特性，并直接与溶液组分、微探针与基底表面距离以及基底电极表面特性等密切相关。因此，扫描测量在基底电极表面不同位置上微探针的法拉第电流图像，即可直接表征基底电极表面形貌和电化学活性分布。SECM 不但可以测量探头和基底之间的异相反应动力学过程及本体溶液中的均相反应动力学过程，还可以通过反馈电信号描绘基底的表面形貌，研究腐蚀和晶体溶解等复杂过程。依赖于所使用的探针尺寸，目前 SECM 可达到的最高分辨率约为几十纳米。

1. SECM 的工作原理

SECM 的仪器装置采用双恒电势仪分别控制探针电势和基底（样品）电势（如果基底为导体），由压电晶体管控制探针在基底表面扫描，通过对探针电极的法拉第电流的控制和测量获得丰富的信息。

SECM 的工作原理示意图如图 11-15 所示。

通常采用超微圆盘电极（ultra-micro disc-electrode，UMDE）作为探针，当探针远离基底并施加极化电势时，$O + ne^- \longrightarrow R$ 反应发生，反应物 O 向探针上的扩散为非线性扩散 [图 11-15（a）]，达到的稳态极限扩散电流 $i_{T,\infty}$ 即超微圆盘电极上的稳态极限扩散电流，由超微圆盘电极的稳态电流公式可知：

$$i_{T,\infty} = 4nFD_O C_O^* a$$

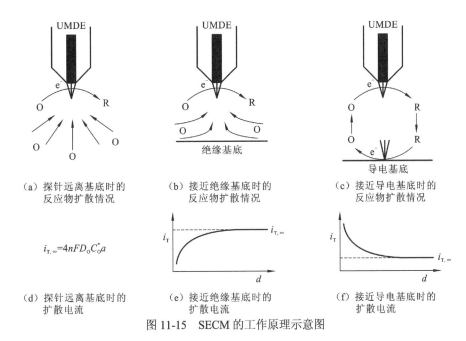

（a）探针远离基底时的
反应物扩散情况

（b）接近绝缘基底时的
反应物扩散情况

（c）接近导电基底时的
反应物扩散情况

$$i_{T,\infty}=4nFD_OC_O^*a$$

（d）探针远离基底时的
扩散电流

（e）接近绝缘基底时的
扩散电流

（f）接近导电基底时的
扩散电流

图 11-15　SECM 的工作原理示意图

式中：n 为探针上电极反应 $O+ne^- \longrightarrow R$ 所涉及的电子数；F 为法拉第常数；D_O 为反应物 O 的扩散系数；C_O^* 为反应物 O 的浓度；a 为圆盘探针电极的半径。

当探针移至绝缘样品基底表面时[图 11-15（b）]，反应物 O 从本体溶液向探针电极的扩散受到阻碍，流过探针的电流 i_T 会减小。探针越接近于样品，电流 i_T 就越小。这个过程常被称为"负反馈"。相应的扩散电流随针尖基底间距的变化情况如图 11-15（e）所示，这种探针电流 i_T 与探针基底间距 d 的函数曲线称为渐近曲线（approach curve），有时也称接近曲线。

如果样品基底是导体，那么通常将样品作为双恒电势仪的第二个工作电极，并控制样品的电势使得逆反应（$R \longrightarrow ne^- +O$）发生。当探针移至样品表面时[图 11-15（c）]，探针的反应产物 R 将在样品表面重新转化为反应物 O 并扩散回探针表面，从而使得流过探针的电流 i_T 增大。探针离样品的距离越近，电流 i_T 就越大。这个过程则被称为"正反馈"。相应的扩散电流随针尖基底间距的变化情况如图 11-15（f）所示。

探针电流为探针基底间距 d 以及在基底上进行的再生探针反应物 O 的反应速率的函数。

上述 SECM 的操作方式称为反馈模式（feedback mode）。

SECM 也可工作在收集模式（collection mode）。收集模式又可分为 SG/TC 方式和 TG/SC 方式。

在 SECM 的实验中，总反应局限于探针和样品间的薄层中。SG/TC（substrate-generation/tip-collection，基底产生/探针收集）方式是用样品电极来产生反应产物并以探针来收集，此时探针需被移至样品电极产生的扩散层内。这种方式被用于检测酶反应、腐蚀以及样品表面发生的异相过程等。当样品电极较大时，这种方式的应用具有某些局限性：①大的样品电极不容易达到稳态；②样品电极的较大电流会造成较大的 iR 降；③收集效率（即探针电流与样品电流之比）较低。因此，对于动力学测量，经常用探针来产生反应物而用样品电极来收集，这种方式称为 TG/SC（tip-generation/substrate-collection，探针产生/基底收集）方式。

2. 探针的制备

SECM 探针电极的设计和表面状态可显著影响 SECM 的分辨率和实验的重现性，用前需预处理，以获得干净表面。通常探针为被绝缘层包围的超微圆盘电极，常为贵金属或碳纤维，半径在微米级或亚微米级。制作时把清洗过的微电极丝放入除氧毛细玻璃管内，两端加热封口，然后打磨至露出电极端面，由粗到细用抛光布依次抛光至探针尖端为平面，再小心地把绝缘层打磨成锥形，使在实验中获得尽可能小的探针基底间距 d。有时也会使用半球面超微电极；而锥形的电极尖端因探针电流不随 d 而变化，故很少使用。

3. 探针的质量

SECM 的分辨率主要取决于探针的尺寸、形状及探针基底间距 d。能够做出小而平的超微圆盘电极是提高分辨率的关键所在，且足够小的 d 与 a 能够较快获得探针稳态电流。同时要求绝缘层要薄，减小探针周围的归一化屏蔽层尺寸 RG（$RG = r / a$，r 为探针尖端半径，a 为探针圆盘电极半径）值，以获得更大的探针电流响应；不过，RG 也不能太小，否则反应物会从电极背面扩散到电极表面，合理的 RG 值应为 10 以上。同时，应尽可能保持探针端面与基底平行，以正确反映基底形貌信息。

4. 测量模式

1）电流模式

该模式是基于给定探针、基底电势，观察电流随时间或探针位置的变化，从而获取各种信息的方法，又包括以下两种模式。

a. 变电流模式

（1）反馈模式。探针既是信号的发生源又是检测器。在探针接近基底的过程中，根据基底性质的不同会产生"正反馈"或"负反馈"。此时的归一化探针电流 $I_T(L) = \dfrac{i_T}{i_{T,\infty}}$ 与 d 有定量关系。RG ≥ 10 时，对导体和绝缘体基底分别有如下近似方程：

$$I_T(L) = 0.68 + \frac{0.783\,77}{L} + 0.331\,5 \exp\left(\frac{-1.067\,2}{L}\right) \quad （导体 0.70\%近似）$$

$$I_T(L) = \left[0.292 + \frac{1.515\,1}{L} + 0.655\,3 \exp\left(\frac{-2.403\,5}{L}\right) \right]^{-1} \quad （绝缘体 1.2\%近似）$$

式中：L 为归一化探针基底间距 $\left(L = \dfrac{d}{a} \right)$。

（2）收集模式。探针（基底）上施加电势得到电化学反应产物，基底（探针）电极上记录所收集的该物质产生的电流，根据收集比率得到物质产生/消耗流量图。

（3）暂态检测模式。单电势阶跃计时安培法和双电势阶跃计时安培法已用于 SECM 研究获取暂态信息。在探针上施加大幅度电势阶跃至扩散控制电势，考察还原反应并定义 t_c 为到达稳态的时间，则在绝缘体基底上 t_c 是 d^2/D_O 的函数，而在导体基底上 t_c 是 $d^2(1/D_O + 1/D_R)$ 的函数。

b. 恒电流模式（直接模式）

探针在基底表面扫描，固定探针基底间距，电流达到稳态时，检测探针在垂直方向上的变化，实现成像过程，得到基底的表面形貌信息。

2）电势法

微型离子选择性电极已被用作 SECM 的探针。此类探针仅传感基底附近浓度，而不产生或消耗电极反应活性物质。电极膜电势方程可用于浓度空间分布的计算，并确定探针基底间距范围。应注意的是，计算时需考虑探针对基底扩散层的搅动，且需假设基底上产生的物质是稳定的。

3）电阻法

液膜或玻璃微管离子选择性电极可用于没有电活性物质或有背景电流干扰的体系，也常用在生物体系中。在两电极之间施加恒电势，通过测量探针基底电极间的溶液电阻来获得空间分辨信息。探针电极内阻越小，该法灵敏度越高。可通过减小内部 Ag/AgCl 电极与探针孔之间的距离来提高灵敏度，也可利用探针阻抗与探针基底间距的关系对基底扫描，得到样品表面图像。

5. SECM 的应用

基于上述特性，SECM 已经应用于众多领域中。SECM 能被用于观察样品表面的几何形貌、化学或生物活性分布、亚单分子层吸附的均匀性，测量快速异相电荷传递的速率，测量一级或二级随后反应的速率，酶-中间体催化反应的动力学，膜中离子扩散，溶液/膜界面以及液/液界面的动力学过程。SECM 还被用于单分子的检测，酶和脱氧核糖核酸的成像，光合作用的研究，腐蚀研究，化学修饰电极膜厚的测量，纳米级刻蚀、沉积和加工等。SECM 的许多应用是其他方法无法取代的，或是用其他方法很难实现的。

1）样品表面扫描成像

将探针在靠近样品表面的水平面上扫描，并记录作为 x-y 坐标位置函数的探针电流 i_T，可得到三维的 SECM 图像。SECM 能被用于导体或绝缘体等各种样品表面的成像。对于性质均一的样品表面，探针电流 i_T 仅同探针与样品的间距 d 有关，所得 SECM 图像为样品表面的形貌图；若电极表面上分布有不同电化学活性的区域，则探针电流 i_T 可表征不同的化学活性分布。SECM 图像的分辨率取决于探针电极的直径，目前能够制作的最小探针的直径为 20～30 nm，SECM 图像分辨率相当于电子扫描显微镜的分辨率。

图 11-16 为用 2 μm 直径的 Pt 微盘电极在 $[Fe(CN)_6]^{4-}$ 溶液中得到的聚碳酸酯过滤膜的 SECM 图像，滤膜的平均孔径约为 10 μm。

图 11-17 和图 11-18 是一个玻璃棒中嵌有 Pt 丝的样品的 SECM 图像，前者使用 1 个 10 μm 直径的 Pt 微盘电极（RG=10）作为探针；后者使用 5 个 10 μm 直径的 Pt 微盘电极（电极间距为 120 μm）分别作为探针，成像用的电活性物质是 $[Ru(NH_3)_6]^{3+}$，利用导体 Pt 和绝缘体玻璃上的探针电流 i_T 差别来成像。

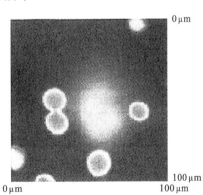

图 11-16 直径 2 μm 的 Pt 微盘电极在 $[Fe(CN)_6]^{4-}$ 溶液中得到的聚碳酸酯过滤膜的 SECM 图像

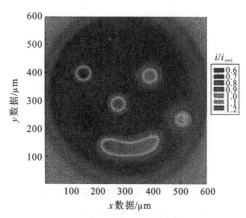

图 11-17 用 10 μm 直径的 Pt 微盘电极为探针在 [Ru(NH₃)₆]³⁺ 溶液中得到的玻璃中嵌 Pt 的样品的 SECM 图像

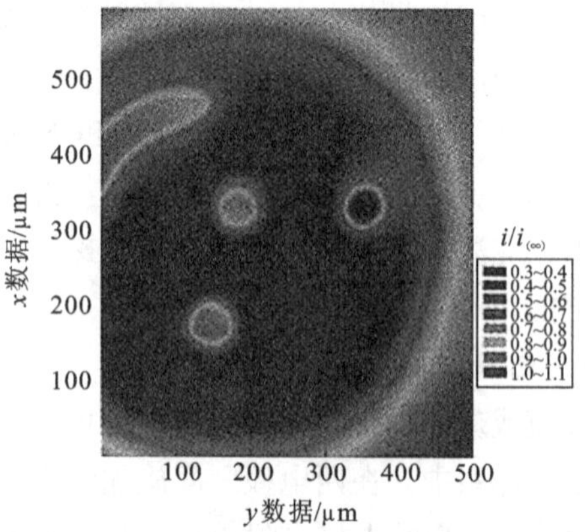

图 11-18 用 5 个 10 μm 直径的 Pt 微盘电极分别作为探针在 [Ru(NH₃)₆]³⁺ 溶液中得到的玻璃中嵌 Pt 的样品的 SECM 图像

2）异相电荷传递反应研究

为了进行异相电荷传递动力学研究，传质系数 m 必须接近或大于标准异相电荷传递速率常数 k^θ。对于暂态电化学测量法（如循环伏安法或计时电流法等），传质系数 m 约为 $(D/t)^{1/2}$，其中 t 是实验的时间尺度。为了测量快速反应，循环伏安法的扫描速率要提到非常高，如每秒 100 万伏。

用 SECM 也能进行各种金属、碳或半导体材料的异相电荷传递动力学的研究。

SECM 的探针可移至非常靠近样品电极表面，从而形成非常薄的薄层电解池，达到很高的传质系数。当薄层厚度 d 小于电极半径 a 时，传质系数为

$$m = \frac{D}{d}$$

当 d 小于 1 μm 时，传质系数相当于目前循环伏安法能达到的最高扫描速率。

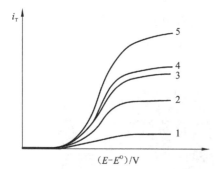

图 11-19　1.1 μm 半径的 Pt 探针电极在 5.8 mmol/L 二茂铁 +0.52 mol/L TBABF₄（导电盐）的乙腈溶液中的稳态伏安曲线

并且 SECM 探针电流测量很容易在稳态下进行，与快扫描循环伏安法等暂态方法相比，具有很高的信噪比和测量精度，也基本不受 iR 降和充电电流的影响，被广泛用于异相电荷转移反应及其动力学研究。

图 11-19 给出了探针电极在 5.8 mmol/L 二茂铁 +0.52 mol/L TBABF₄（导电盐）的乙腈溶液中的稳态伏安曲线。探针采用 1.1 μm 半径的 Pt 超微圆盘电极，曲线 1~5 分别对应归一化探针基底间距 $L = \dfrac{d}{a}$ 为 ∞、0.27、0.17、0.14、0.1。采用曲线拟合的方法，可以测得二茂铁在乙腈溶液中的标准反应速率常数为 $k^\theta = (3.7 \pm 0.6)$ cm/s。

3）均相化学反应动力学研究

基于收集模式、反馈模式的 SECM 及其与计时电流法、快扫描循环伏安法等电化学方法

的联用，可以测定均相化学反应动力学和各种类型的与电极过程偶联的化学反应动力学。

当 SECM 工作在 TG/SC 模式时，相当于旋转环盘电极的工作方式，特别适合于研究均相化学反应。并且，同旋转环盘电极相比，SECM 更具优势：SECM 可以很方便地研究不同材料的样品电极，而无须制备该种材料的环盘电极；SECM 的传质系数远大于目前旋转环盘电极所能达到的极限；在不伴随化学反应的电极过程中，TG/SC 模式的收集效率几乎可达100%，远高于旋转环盘电极。

假定在本体溶液中只有 O 存在，探针电极的电势足够负，O 会被还原成 R。而样品电极的电势足够正，使得 R 又会被氧化成 O。如果 R 稳定，探针电流由于样品电极上 O 的再生而得到增强，即"正反馈"过程。当工作在收集模式下时，收集效率 $|i_S/i_T|$ 为 1；如果 O 在探针电极上还原成 R 后，发生随后均相化学反应，R 不稳定而进一步生成无电活性的最终产物，则 O 不会在样品电极上再生，基底只起到阻挡探针反应物 O 扩散的作用，这时会观察到"负反馈"过程，探针电极上电流减小。当工作在收集模式下时，收集效率 $|i_S/i_T|$ 将小于 1。

对于一个给定的随后化学反应，探针上的电流行取决于探针和样品电极间的距离 d 和随后化学反应的速率常数 k：

当 $d^2k/D \gg 1$ 时，样品电极表现出绝缘体的行为，处于负反馈过程；

当 $d^2k/D \ll 1$ 时，样品电极表现出导体的行为，处于正反馈过程；

当 d^2k/D 接近于 1 时，可进行随后化学反应动力学的测量。

4）点蚀研究

近年来，利用扫描电化学显微镜对金属腐蚀的研究取得了一定的发展，针对金属腐蚀的几个过程，可以对腐蚀微观过程进行表征。当金属发生点蚀时，由于点蚀处的 Fe^{2+} 浓度高于其他区域，可以利用 SECM 技术通过检测该区域 Fe^{2+} 的电流变化进行清晰成像，进而了解金属的点蚀形成与发展过程。

图 11-20 给出了 304 不锈钢试样在 0.05 mol/L NaCl 溶液中浸泡不同时间下的 SECM 图像。304 不锈钢试样在 0.05 mol/L NaCl 溶液中浸泡 12 h[图 11-20（b）]后首先出现了一个电活性点，24 h[图 11-20（c）]后出现三个电活性点，但 48 h[图 11-20（d）]后仅存有两个电活性点，并形成点蚀。

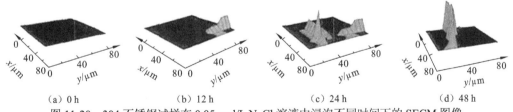

（a）0 h   （b）12 h   （c）24 h   （d）48 h

图 11-20　304 不锈钢试样在 0.05 mol/L NaCl 溶液中浸泡不同时间下的 SECM 图像

11.4.2　扫描振动电极技术

扫描振动电极技术（scanning vibrating electrode technique，SVET）是利用扫描振动探针（scanning vibrating probe，SVP）在不接触样品表面的情况下，检测样品在溶液中局部腐蚀电位的一种新技术。SVET 是在扫描参比电极技术（scanning reference electrode technique，SRET）的基础上发展起来的。SVET 具有比 SRET 更高的灵敏度，尤其是在信噪比方面，SVET 比

SRET 有较大的提高。SVET 最初是由生物学家用来测量生物系统的离子流量和细胞外的电流，直到 20 世纪 70 年代由 H.Isaacs 将该技术引入腐蚀研究中。该技术的引入对腐蚀领域产生了较大的影响，目前 SVET 在腐蚀研究尤其是局部腐蚀研究中得到了广泛的应用。SVET 以驱动微电极振荡的方式进行测量，获得金属样品表面腐蚀微区离子产生的整体电流密度信息。腐蚀反应的发生，必然伴随着金属离子及其他离子的流动，通过检测这些离子流动产生的电流密度，可以对腐蚀反应的性质（阴极或阳极反应）及腐蚀反应强度进行直观而精确的表征。SVET 利用振动电极、转变测量信号以及锁相放大器，消除微区扫描过程中的噪声干扰，从而有效地提高了测量精度和灵敏度。SVET 的最大特点是具有高灵敏度和非破坏性，可进行电化学活性测量。SVET 不仅能够监测不同环境或不同时间下腐蚀反应的性质，深入揭示腐蚀反应机理机制，还能够非常有效地评价各种防腐蚀措施的施用效果。

1. 基本原理

SVET 是指在使用 SVP，不接触待测样品表面的情况下，测量局部（电流、电位）随远离被测电极表面位置的变化，检定样品在溶液中局部腐蚀电位的一种先进技术。

SVP 系统具有高灵敏度、非破坏性、可进行电化学活性测量的特点。它可进行表面涂层及缓蚀剂的评级和局部腐蚀等方面的研究，如研究点蚀和应力腐蚀的产生、发展等。SVP 系统的测量原理是：电解质溶液中的金属材料表面存在局部阴阳极在电解液中形成离子电流，从而形成表面电位差，通过测量表面电位梯度和离子电流探测金属的局部腐蚀性能。假设电解液浓度均匀且为电中性，反应电流密度 i 由下式求得

$$i = \frac{\Delta E}{R_\Omega + R_a + R_c}$$

式中：ΔE 为阴阳极电位差；R_Ω 为电解液的电阻；R_a 和 R_c 分别为阳极和阴极的反应电阻。振动电极探测到的交流电压与平行于振动方向的电位梯度成正比，因此探测电压与振动方向的电流密度成正比。

浸入电解质溶液中的物体，活性表面将发生电化学反应，在此过程中会有离子电流的流动。离子电流的流动将导致溶液中产生电位的微小改变，SVET 主要是能够测量电位的微小变化情况。SVET 在不接触被测样品的情况下，通过微小振荡电极探针尖端感应发生在浸泡在介质中的金属表面氧化或还原反应中的氧化还原型离子，测得溶液中离子的电位梯度变化，并将测得的电位信号转化为相应的直流电流信号，显示微观尺度内的电流密度变化的技术。图 11-21 是溶液中电极表面的电压和电流分布原理图。

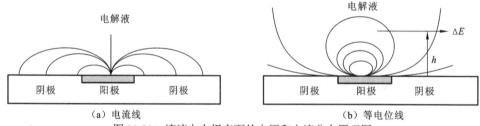

图 11-21　溶液中电极表面的电压和电流分布原理图

SVET 的测量装置如图 11-22 所示。一个压电控制装置控制 z 方向（与样品垂直）的探针振动，探针振幅为数十微米。微小的振动可以测量微小的电压信号（电位差）ΔE。探针上响应

（信号+噪声）由静电计获取，静电计获取的信号再输入锁相放大器。锁相放大器以同样振动频率为参考，从整个测量响应中抽出相应振动的微小的交流信号，消除微区扫描中的背景噪声，并依此测量下去。测量的电位和探针的位置被重置，就可以得到电压相对位移的数据图。

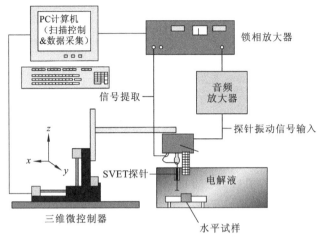

图 11-22　SVET 的测量装置示意图

在腐蚀金属的表面，氧化和还原反应常常在各自不同的区域发生，数量、尺寸大小都不同。在这些区域中，各自的反应性质、反应速率、离子的形成以及在溶液中的分布不同，这些都将造成离子浓度梯度，由于浓度梯度的存在将形成电位。用 SVET 进行测试时，微探针在样品表面进行扫描，用一个微电极测试表面所有点的电位差，另外一个电极作为参比电极。通过测量不同点的电势差，获得表面的电流分布图。

2. SVET 的应用

1）点蚀的研究

点蚀、微电偶腐蚀以及钝化膜的破坏和修复作用，对整个材料的腐蚀行为有重大影响。用 SVET 可以研究点蚀、微电偶腐蚀以及钝化膜发生改变时的微区电化学性能（图 11-23），从而能够更好地理解其发生机理，对进一步研究腐蚀有重要的意义。

2）电偶腐蚀

用 SVET 研究 Fe-Zn 的电偶腐蚀，发现锌铁偶合在一起时，活性阳极在局部区域发生溶解，而阴极点在 Zn 上发展，如图 11-24 所示。

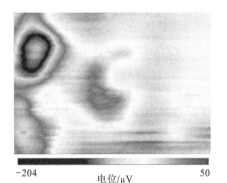

-204　　　　　电位/μV　　　　　50

图 11-23　点蚀过程的 SVET 结果

3）焊缝的腐蚀

在含 0.05 mol/L NaCl 的 pH 为 9.5 的 $Ca(OH)_2$ 溶液中，浸泡 17 min 后，焊缝部位（点）电流密度出现较高的正峰值，附近热影响区部分粗晶区电流密度为较低正值，其他部分为负值，保持钝化状态（图 11-25）。这表明焊缝接头的腐蚀反应强度强弱变化是：焊缝＞热影响区（粗晶区）＞热影响区（细晶区）和母材。

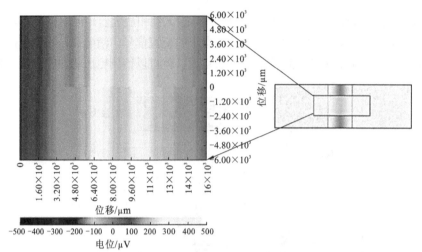

图 11-24　Fe-Zn 的电偶腐蚀 SVET 图

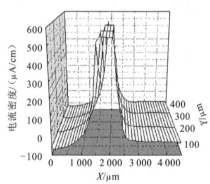

图 11-25　跨焊缝的微区电流密度分布

11.4.3　扫描开尔文探针技术

1. 扫描开尔文探针的工作原理

扫描开尔文探针（scanning Kelvin probe，SKP）是一种无接触、无破坏性的仪器，可以用于测量导电的、半导电的或涂覆的材料试样与探针之间的功函差。这种技术是用一个振动电容探针来工作的，通过调节一个外加的前级电压，可以测量出样品表面和扫描探针的参比针尖之间的功函差。功函和表面状况有直接关系的理论，使 SKP 成为一种很有价值的仪器，它在潮湿甚至气态环境中进行测量的能力，使原先不可能的研究变为现实。

SKP 在半接触工作模式下，采用二次扫描技术测量样品表面形貌和表面电位差信息。第一次扫描时，探针在外界的激励下产生周期性机械共振，在半接触模式下测量所得到的样品表面形貌信号被储存起来；第二次扫描时，依据第一次测量储存的形貌信号为基础，把探针从原来位置提高到一定高度，典型的数值为 5～50 nm，沿着第一次测量的轨迹进行表面电位的测量。在表面电位测量时，探针在给定频率的交流电压驱动下产生振荡。表面电位的测量采用补偿归零技术。当针尖以非接触模式在样品表面上方扫过时，由于针尖费米能级 E_{probe} 与样品表面费米能级 E_{sample} 不同，针尖和微悬臂会受到力的作用产生周期振动，这个作用力一般含有 ω 的零次项、一次项和二次项。系统通过调整施加到针尖上的直流电压 V_b，使得含

ω 一次项作用力的部分（该作用力与探针和样品微区的电子功函数差成正比）恒等于零，来测量样品微区与探针之间的电子功函数差。将针尖在不同位置(x, y)的形貌和归零电压信号同时记录下来，就得到了样品表面的形貌和对应接触电位差的二维分布图。该势差图像与样品成分的电子功函数联系起来，得到样品表面微区成分分布。

2. 扫描开尔文探针的应用

由于 SKP 能够不接触腐蚀体系测定气相环境中极薄液层下金属的腐蚀电位，为大气腐蚀研究提供了有力的工具。1987 年 Stratmann 首次将 SKP 技术应用于大气腐蚀的研究，测量了薄液膜下金属表面的电位分布，由 Mg、Al、Fe、Cu、Ni 和 Ag 6 种不同纯金属的开路电位与表面电位分布的关系曲线可以看出，薄液膜下金属的开路电位与表面电位存在线性关系。因此，由 SKP 可获得大气环境下金属表面的腐蚀信息。之后，Stratmann 等利用 SKP 研究了金属表面带缺陷的有机涂层的脱附现象，由于缺陷的存在，反应性的金属基体直接暴露于腐蚀性介质中，离子能够直接在金属/涂层界面处扩散，使得缺陷处和涂层/金属结合区产生电位差，形成电偶。缺陷处的金属基体作为腐蚀反应的阳极，阴极区发生氧气的还原反应，此反应破坏了涂层与基体之间的结合，导致了涂层的脱附。

功函数指的是将一个电子从导电材料内部刚刚移到此物体表面，并使其动能等于零时所需的最小能量。样品中材料的功函数值越小，说明该材料表面的电子越容易被取出，则该材料表面的耐蚀性能越差。图 11-26 所示为采用 SKP 得到的钢材在工业纯水中浸泡后的点腐蚀形貌图。将研究电极浸泡在溶液中，使用扫描振动探针在其表面进行扫描测量时，可以测得不同区域的电位值，在已知溶液电阻时，可根据欧姆定律算出电流值。SVP 系统灵敏度高且不具破坏性，可进行线性或面扫描，可以研究电极表面不同区域的局部腐蚀电流，局部腐蚀如点蚀的发生、发展等。图 11-27 为试验中得到的钢材在工业纯水中表面不同局部区域的腐蚀电流变化，连续进行监测，可以得到相应区域点腐蚀的变化规律。

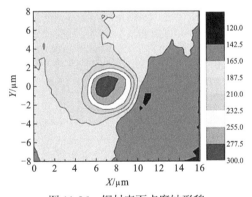 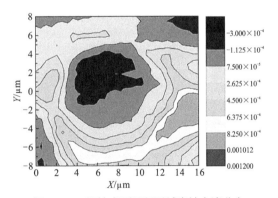

图 11-26　钢材表面点腐蚀形貌　　　　图 11-27　钢铁表面局部区域腐蚀电流分布

思考与练习

1. 简述扫描隧道显微镜的工作原理和应用。

2. 简述原子力显微镜的工作原理和应用。

3. 常用的扫描探针显微分析技术有哪些？

4. 简述中国科学家利用扫描隧道显微镜作出过哪些突出的工作。

5. 简述中国科学家利用原子力显微镜作出过哪些突出的工作。

6. 简述 SECM 的工作原理。

7. SECM 有几种工作模式？

8. 简述 SECM 在材料研究中的应用。

9. 简述 SVET 的工作原理。

10. 简述 SVET 在材料研究中的应用。

11. 简述 SKP 的工作原理及其在材料研究中的应用。

参 考 文 献

布伦特·福尔兹, 詹姆斯·豪, 2017. 材料的透射电子显微学与衍射学.吴自勤, 石磊, 何维, 等译. 合肥: 中国科学技术大学出版社.

高新华, 宋武元, 邓赛文, 等, 2017. 实用 X 射线光谱分析. 北京: 化学工业出版社.

胡皆汉, 2011. 实用红外光谱学. 北京: 科学出版社.

胡荣祖, 高胜利, 赵凤起, 等, 2018. 热分析动力学.2 版. 北京: 科学出版社.

黄继武, 李周, 2012. 多晶材料 X 射线衍射: 实验原理、方法与应用. 北京: 冶金工业出版社.

江超华, 2014. 多晶 X 射线衍射技术与应用. 北京: 化学工业出版社.

姜传海, 杨传铮, 2010. 材料射线衍射和散射分析. 北京: 高等教育出版社.

梁栋材, 2018. X 射线晶体学基础. 2 版. 北京: 科学出版社.

刘振海, 陆立明, 唐远旺, 2012. 热分析简明教程. 北京: 科学出版社.

刘振海, 陆立明, 唐远旺, 2016. 热分析简明教程. 北京: 科学出版社.

刘振海, 徐国华, 张洪林, 等, 2011. 热分析与量热仪及其应用.2 版. 北京: 化学工业出版社.

柳得橹, 权茂华, 2018. 电子显微分析实用方法. 北京: 中国计量出版社.

马爱洁, 杨晶晶, 陈卫星, 2018. 聚合物流变学基础. 北京: 化学工业出版社.

潘峰, 王英华, 陈超, 2016. X 射线衍射技术. 北京: 化学工业出版社.

彭昌盛, 宋少先, 谷庆宝, 2007. 扫描探针显微技术理论与应用. 北京: 化学工业出版社.

戎咏华, 2015. 分析电子显微学导论. 2 版. 北京: 高等教育出版社.

施明哲, 2015. 扫描电子显微镜和能谱仪的原理与实用分析技术. 北京: 电子工业出版社.

史铁钧, 2017. 高分子流变学基础. 北京: 化学工业出版社.

万立骏, 2011. 电化学扫描隧道显微术及其应用. 2 版. 北京: 科学出版社.

王光钦, 丁桂保, 杨杰, 2015. 弹性力学. 北京: 清华大学出版社.

王乃兴, 2015. 核磁共振谱学: 在有机化学中的应用.3 版. 北京: 化学工业出版社.

翁诗甫, 徐怡庄, 2016. 傅里叶变换红外光谱分析.3 版. 北京: 化学工业出版社.

吴国祯, 2014. 拉曼谱学: 峰强中的信息.3 版. 北京: 科学出版社.

徐柏森, 杨静, 2016. 电子显微技术与应用. 南京: 东南大学出版社.

徐勇, 范小红, 2014. X 射线衍射测试分析基础教程. 北京: 化学工业出版社.

徐征, 吴嘉敏, 郭盼, 2018. 核磁共振中的电磁场问题. 北京: 科学出版社.

杨峻山, 马国需, 2016. 分析化学手册(碳-13 核磁共振波谱分析). 3 版. 北京: 化学工业出版社.

杨序纲, 2015. 聚合物电子显微术. 北京: 化学工业出版社.

杨序纲, 杨潇, 2012. 原子力显微术及其应用. 北京: 化学工业出版社.

余同希, 邱信明, 2011. 冲击动力学. 北京: 清华大学出版社.

张汉辉, 郑威, 陈义平, 2011. 波谱学原理及应用. 北京: 化学工业出版社.

张静武, 2012. 材料电子显微分析. 北京: 冶金工业出版社.

张俊, 2017. 单晶 X 射线衍射结构解析. 合肥: 中国科学技术大学出版社.

赵天增, 秦海林, 张海艳, 等, 2018. 核磁共振二维谱. 北京: 化学工业出版社.

周维列, 王中林, 2007. 扫描电子显微学及在纳米技术中的应用. 北京: 高等教育出版社.

BHUSHAN B, 2013. 纳米技术手册:扫描探针显微镜: 第 3 册. 3 版. 哈尔滨: 哈尔滨工业大学出版社.

DINNEBIER R E, BILLINGE S J L, 2016. 粉末衍射理论与实践. 北京: 高等教育出版社.

EGERTON R F, 2011. 电子显微镜中的电子能量损失谱学. 2 版.段晓峰，高尚鹏，张志华，等译. 北京: 高等教育出版社.

SCHUBNELL M, 2018. 热分析验证. 上海: 东华大学出版社.

SILVERSTEIN R M, WEBSTER F X, KIEMLE D J, 2017. 有机化合物的波谱解析. 8 版. 药明康德新药开发有限公司分析部, 译. 上海: 华东理工大学出版社.

WAGNER M, 2011. 热分析应用基础. 陆立明, 译.上海: 东华大学出版社.

WILLIAMS D B, CARTER C B, 2015. 透射电子显微学. 2 版. 李建奇，等译. 北京: 高等教育出版社.

WILLIAMS D H, FLEMING I, 2015. 有机化学中的光谱方法. 6 版.王剑波, 施卫峰，译. 北京: 北京大学出版社.

附　　录

附表 1　化合物种类、基团与吸收频率的关系

基团或类别	范围/cm^{-1}（强度）	判属
乙炔基 RC≡C—	3 300～3 250（m～s）	v_{CH}，R≡H（3 320～3 300 cm^{-1}，CCl$_4$ 溶液）
	2 250～2 100（w）	$v_{C≡C}$，共轭使频率升高
酰卤类 $R—\overset{\overset{O}{\|\|}}{C}—R$		
脂肪的	1 810～1 790（s）	$v_{C=O}$
	965～920（m）	$v_{C—C}$
芳香的	1 785～1 765（s）	$v_{C=O}$［1 750～1 735 cm^{-1}（w）Ferrni 共振］
	890～850（s）	$v_{C—C}$
醛类 R—CHO	2 830～2 810（m）	v_{C-O-H}，δ_{C-H} 的泛频，费米共振
	2 740～2 720（m）	
	1 725～1 695（vs）	$v_{C=O}$，在 CCl$_4$ 溶液中稍高
	1 440～1 320（s）	$\delta_{H-C=O}$，脂肪醛类
烷基 R—	2 980～2 850（m）	v_{C-H}，几条吸收带
	1 470～1 450（m）	δ_{CH_2}
	1 400～1 360（m）	δ_{CH_3}
	740～720（w）	CH$_2$ 平面摇摆
酰胺类 伯酰胺—CONH$_2$	3 540～3 520（m）	v_{NH}，稀溶液，位移到 3 360～3 340，固态时为 3 200～3 180 cm^{-1}
	3 400～3 380（m）	
	1 680～1 610（vs）	$v_{C=O}$，（酰胺 I）
	1 650～1 610（m）	δ_{NH_2}，有时为一肩形带（酰胺 II）
	1 420～1 400（m～s）	v_{C-N}，（酰胺 III）
仲酰胺—CONHR	3 440～3 420（m）	v_{NH}，稀溶液，纯液体或固态时位移到 3 280～3 260 cm^{-1}
	1 680～1 640（vs）	$v_{C=O}$，（酰胺 I）
	1 560～1 530（vs）	v_{C-N}，（酰胺 III）
	1 310～1 290（m）	未能确定
	710～690（m）	未能确定
叔酰胺—CONR$_2$	1 670～1 640（vs）	$v_{C=O}$
胺类 伯胺—NH$_2$	3 460～3 280（m）	v_{N-H_2}，有些结构为宽带
	2 830～2 810（m）	v_{C-H}
	1 650～1 590（s）	δ_{NH_2}

基团或类别	范围/cm^{-1}（强度）	判属
仲胺—NHR	3 350～3 300（vw）	ν_{N-H}
	1 190～1 130（m）	ν_{C-N}
	740～700（m）	δ_{N-H}
氢卤化胺		
$RNH_3^+X^-$	2 800～2 300（m～s）	ν_{N-H}，几个峰
$R'NH_2R^+X^-$	1 600～1 500（m）	δ_{NH}，1 或 2 条带
α-氨基酸 $-\overset{NH_2}{\underset{\mid}{C}}-COOH$	3 200～3 000（s）	氢键的 NH_2 和 OH 伸缩，固态，宽峰
	1 600～1 590（s）	COO^-非对称伸缩
	1 550～1 480（m～s）	$\delta_{NH_3^+}$
（或—$CNH_3^+COO^-$）	1 400（w～m）	COO^-对称伸缩
铵盐 NH_4^+	3 200（vs）	ν_{N-H}，宽带
	1 430～1 390（s）	δ_{NH_2}，尖峰
酸酐类 $\overset{O}{\underset{O}{\overset{\|}{-C}}}\overset{}{\underset{\|}{}}\overset{}{-C}$	1 850～1 780（可变）	$\nu_{ssC=O}$
	1 770～1 710（m～s）	$\nu_{sC=O}$
	1 200～1 180（vs）	ν_{C-O-C}（环状酸酐频率更高）
芳香化合物	3 100～3 000（m）	ν_{CH}，几个峰
	2 000～1 660（w）	泛频和合频带
	1 630～1 590（m）及	$\nu_{C=C}$，强度可变
	1 520～1 480（m）	
	900～650（s）	CH 面外变形，1 或 2 条带，与取代有关
叠氮化物—$\overset{-}{N}-\overset{+}{N}\equiv N$	2 160～2 120（m）	$\nu_{N=N}$
溴代物 R—Br	700～550（m）	ν_{C-Br}
叔丁基$(CH_3)_3C-$	2 980～2 850（m）	ν_{C-H}，几条带
	1 400～1 390（m） 1 380～1 360（s）	δ_{CH_3}
碳二亚胺类 $=N=C=N-$	2 150～2 100（vs）	$N=C=N$ 非对称伸缩
羰基 $C=O$	1 870～1 650（vs, br.）	$\nu_{C=O}$
羧酸 R—COOH	3 550（m）	ν_{OH}（单体，稀溶液）
	3 000～2 400（s, vbr.）	ν_{OH}（固体和液态）
	1 760（vs）	$\nu_{C=O}$（单体，稀溶液）
	1 710～1 680（vs）	$\nu_{C=O}$（固体和液态）
	1 440～1 400（m）	ν_{C-O}/δ_{OH}
	960～910（s）	δ_{COH}
氯代物 R—Cl	850～650（m）	ν_{C-Cl}
重氮盐—$N\equiv N^+$	2 300～2 240（s）	$\nu_{N=N}$
酯类 R—CO—O—R	1 765～1 720（vs）	$\nu_{C=O}$
	1 290～1 180（vs）	$\nu_{ssC-O-C}$

基团或类别	范围/cm⁻¹（强度）	判属
醚类—C—O—C—	1 285～1 240（s）	v_{C-O-C}，烷基芳香醚类
	1 140～1 110（vs）	v_{C-O-C}，二烷基醚类
	1 275～1 200（vs）及	v_{C-O-C}，烯基醚类
	1 050～1 020（s）	
	1 250～1 170（s）	v_{C-O-C}，环醚类
氟代烷基类—CF₃，—CF	1 400～1 000（vs）	v_{C-F}
异氰酸盐—N＝C＝O	2 280～2 260（vs，br.）	$v_{asC=N=O}$
酮类 C＝O	1 725～1 705（vs）	$v_{C=O}$，饱和酮
	1 705～1 665（s）及	$v_{C=O}$ 及 $v_{C=C}$，α，β-不饱和酮
	1 650～1 530（m）	
	1 700～1 650（vs）	$v_{C=O}$，芳香酮类
	1 750～1 730（vs）	$v_{C=O}$，环戊酮类
	1 725～1 705（vs）	$v_{C=O}$，环己酮类
内酰胺类 $\begin{matrix} CH_2-NH \\ \vert \\ CH_2-C=O \end{matrix}$	695～655（m～s）	$\delta_{N-C=O}$
内酯类 $\begin{matrix} CH_2-O \\ \vert \\ CH_2-C=O \end{matrix}$	1 850～1 830（s）	$v_{C=O}$，β-内酯类
	1 780～1 770（s）	$v_{C=O}$，γ-内酯类
	1 750～1 730（s）	$v_{C=O}$，δ-内酯类
甲基—CH₃	2 970～2 850（s）	v_{C-H}（C—CH₃）
	2 835～2 815（s）	v_{C-H}（O—CH₃）
	2 820～2 780（s）	v_{C-H}（N—CH₃）
	1 385～1 375（m）	v_{CH_3}（C—CH₃）
	1 400～1 380（ms）及	v_{CH_3}（一个 C 上有几个 CH₃ 时）
	1 375～1 365（m）	
亚甲基—CH₂—	2 940～2 920（m）及	v_{C-H}（烷烃）
	2 860～2 850（m）	
	3 090～3 070（m）及	v_{C-H}（烯烃）
	3 020～2 980（m）	
	1 470～1 450（m）	δ_{CH_2}
腈类—C≡N	2 260～2 240（w）	$v_{C≡N}$，脂肪腈
	2 240～2 220（m）	$v_{C≡N}$，芳香腈
硝基—NO₂	1 570～1 550（vs）及	v_{N-O}，脂肪硝基化合物
	1 380～1 360（vs）	
	1 480～1 460（vs）及	v_{N-O}，芳香硝基化合物
	1 360～1 320（vs）	
	920～830（m）	v_{C-H}

基团或类别	范围/cm⁻¹（强度）	判属
肟类 =NOH	3 600~3 590（vs）	v_{O-H}，（稀溶液）
	3 260~3 240（vs）	v_{O-H}，（固体）
	1 680~1 620（w）	$v_{C=N}$
苯基 C_6H_5—	3 100~3 000（w~m）	v_{C-H}
	2 000~1 700（w）	在较厚样品时，有 4 条明显吸收带为泛频、合频带
	1 250~1 025（vs）	δ_{C-H}，（面内，5 条带）
	770~730（vs）	δ_{C-H}，（面外）
	710~690（vs）	环弯曲型
膦类—PH_2，—PH—	2 290~2 260（m）	v_{P-H}
	1 100~1 040（m）	δ_{P-H}
吡啶基—C_5H_4N	3 080~3 020（m）	v_{C-H}
	1 620~1 580（vs）及	$v_{C=C}$ 及 $v_{C=N}$
	1 590~1 560（vs）	
	840~720（s）	δ_{C-H}（面外，1 或 2 条，取决于取代基）
硅烷类—SiH_3—，—SiH_2—	2 160~2 110（m）	v_{Si-H}
	950~800（s）	δ_{Si-H}
硅烷类（全取代）	1 280~1 250（m~s）	v_{Si-C}
	1 110~1 050（vs）	δ_{Si-O-C}（脂肪的）
	840~800（m）	δ_{Si-O-C}
亚硫酸酯，盐类	1 440~1 350（s）及	$v_{S=O}$，共价硫酸酯
R—O—SO_2—O—R	1 230~1 150（s）	
R—O—SO_3—M	1 260~1 210（vs）	$v_{S=O}$，烷基硫酸酯
（M=Na^+，K^+等）	810~770（s）	
碘酸类—SO_2OH	1 250~1 150（vs, br.）	$v_{S=O}$
亚砜类 S=O	1 060~1 030（s, br.）	$v_{S=O}$
硫氰酸酯—S≡N	2 175~2 160（m）	$v_{C≡N}$
硫醇 S—H	2 590~2 560（m）	v_{S-H}
	700~750（w）	v_{C-S}
噻嗪 $C_3N_3Y_3$—（1，3，5 三取代）	1 550~1 510（vs）	环伸缩
	1 380~1 340（vs）	
	820~800（s）	δ_{C-H}（面外）
乙烯基 CH_2=CH—	3 095~3 080（m）及	v_{C-H}
	3 010~2 980（w）	
	1 645~1 605（m~s）	$v_{C=C}$
	1 000~900（s）	δ_{C-H}

范围/cm^{-1}	基团或类别	判属及说明
3 700~3 600	—OH 醇类（s），酚类（s）	v_{OH}，稀溶液
3 520~3 320	—NH$_2$ 芳香胺（s），伯胺（m），胺类（m）	v_{NH_2}，稀溶液
3 420~3250	—OH 醇类（s），酚类（s）	v_{OH}，液体和固体
3 370~3320	伯酰胺	v_{NH_2}，固体
3 320~3250	—NOH 肟类（m），C≡C—H（m）	v_{OH}，$v_{≡CH}$（尖峰）
3 300~3 280	—NHR 仲酰胺（s）	v_{NH} 多肽、蛋白质等
3 260~3 150	NH$_4^+$（胺盐）（s）	$v_{NH_4^+}$ 宽带
3 210~3 150	—NH$_2$ 伯胺（s）	v_{NH_2}，固体
3 200~3 000	—NH$_3^+$（氨基酸）（m）	很宽的峰
3 100~2 400	—COOH（很宽的峰）	宽带或一组弱谱带
3 110~3 000	芳香的 C—H，=CH$_2$ 及 $\underset{\quad}{\overset{H\qquad H}{C=C}}$	均呈中等强度
2 990~2850	C—CH$_3$（m）；—CH$_2$—（s）	—CH$_2$—有 2 条谱带
2 850~2 700	O—CH$_3$（m）；N—CH$_3$；醛类（m）	醛类有 2 条谱带
2 750~2350	—NH$_3^+$X$^-$	宽带
2 720~2 560	$\overset{O}{\underset{\|\|}{}}$ —P—O—H（m）	缔合的—OH 伸缩
2 600~2 540	S—H 烷基硫醇	在 Raman 光谱中强
2 410~2 280	P—H（m）膦	尖峰
2 300~2 240	重氮盐（m）	水溶液
2 280~2 220	—O—C≡N（s）；—C≡N（可变）	共轭时频率低
2 260~2 190	—C≡C—（w）	共轭或非末端位置
2 190~2 130	—CNS（m），—NC（m）	$v_{C≡N}$
2 180~2 100	Si—H（s）；$-\overset{-}{N}-\overset{+}{N}≡N$（m）	硅烷，叠氮化合物
2 160~2 100	R—C≡C—H（w~m）	
2 150~2 100	N=C=N（vs）	碳化二亚胺
2 000~1 650	苯基（w）	若干条带（泛频、合频）
1 980~1 950	—C=C=C—（s）	丙二烯衍生物
1 870~1 650	C=O	羰基化合物
1 870~1 830	β-内酯（s）	$v_{C=O}$
1 870~1 790	酸酐（vs）	$v_{C=O}$（非对称）
1 820~1 800	R—CO—X（s）	R 为芳基时频率低
1 780~1 760	γ-内酯（s）	$v_{C=O}$
1 765~1 725	酸酐（vs）	$v_{C=O}$（对称）

范围/cm⁻¹	基团或类别	判属及说明
1 750～1 730	δ-内酯（s）	$v_{C=O}$
1 750～1 740	酯类（vs）	饱和酯类（不饱和低 20 cm⁻¹）
1 740～1 720	醛类（s）	饱和醛类（不饱和醛低 30 cm⁻¹）
1 720～1 700	酮类（s）	饱和酮类（不饱和酮低 20 cm⁻¹）
1 710～1 690	羧酸类（s）	很宽
1 690～1 640	C＝N—（可变）	肟类和亚胺类
1 680～1 620	伯酰胺类	2 条谱带
1 680～1 650	亚硝酸酯	$v_{N=O}$
1 680～1 655	C＝C（H）三取代	三取代
1 680～1 660	C＝N—（m～s）	脂肪族席夫碱
1 670～1 655	叔胺（s）	芳香胺
1 670～1 650	苯基—C(=O)—（s）	苯酮衍生物
1 670～1 640	叔胺（s）	$v_{C=O}$
1 670～1 630	C＝C（m～s）	单或双取代
1 650～1 590	脲的衍生物	2 条谱带
1 640～1 620	C＝N—（m～s）	芳香席夫碱
1 640～1 610	亚硝酸酯 R—O—N＝O	硝酸酯 R—ONO₂ 也存在
1 640～1 580	—NH₃⁺（s）	氨基酸两性离子
1 640～1 530	β-二酮，β-酮酸酯（vs，宽）	螯合化合物
1 620～1 595	伯胺	δ_{NH_2}
1 615～1 605	乙烯醚类	$v_{C=C}$
1 615～1 590	苯基（m）	尖峰，有时弱，偶呈双峰
1 615～1 565	吡啶基	尖的双峰
1 610～1 580	氨基酸类（w）	δ_{NH_2}
1 610～1 560	羧酸盐（vs）	—C(=O)(O) 非对称伸缩
1 590～1 580	—NH₂ 伯烷基酰胺类（m）	酰胺 II 带，稀溶液
1 575～1 545	—NO₂（vs）	脂肪族硝基化合物
1 565～1 475	仲酰胺类	δ_{NH_2}，酰胺 II 带

范围/cm^{-1}	基团或类别	判属及说明
1 560~1 510	三嗪（s，尖峰）	环伸缩
1 550~1 490	—NO$_2$（s）	芳香基化合物
1 530~1 490	—NH$_3^+$（s）	氨基酸或盐酸盐
1 515~1 485	苯基（m）	尖峰，有时弱
1 475~1 450	—CH$_2$—（vs）；CH$_3$（vs）	CH$_2$剪式振动；CH$_3$非对称变形
1 440~1 400	羧酸（m）	δ_{OH}（面内），$\upsilon_{C=O}$（二聚体）
1 430~1 395	NH$_4^+$离子（m~s）	δ_{NH}
1 420~1 400	—CO—NH$_2$	伯酰胺
1 400~1 370	叔丁基（m）	2 条带
1 400~1 310	羧酸盐类（w）	—C 对称伸缩
1 390~1 360	—SO$_2$Cl（s）	非对称伸缩
1 380~1 370	C—CH$_3$（s）	δ_{CH_3}
1 380~1 360	C—（CH$_3$)$_2$（m）	2 条谱带
1 375~1 350	—NO$_2$（s）	脂肪族硝基化合物
1 360~1 335	—SO$_2$NH$_2$	磺酰胺类
1 360~1 320	—NO$_2$（vs）	芳香硝基化合物
1 335~1 295	S（vs）	砜类
1 330~1 310	—CH$_3$（vs）	连接在苯环上
1 310~1 250	—N=N（O）—（s）	氧化偶氮基
1 300~1 200	N→O（vs）	吡啶 N-氧化物
1 300~1 175	P=O（vs）	磷氧酸和磷酸酯类
1 300~1 000	C—F（vs）	脂肪族氟化合物
1 285~1 240	Ar—O（vs）	烷基芳香醚类
1 280~1 250	Si—CH$_3$（vs）	硅烷
1 280~1 240	C—C（s）	环氧化物
1 280~1 180	—C—N—（s）	芳香胺类
1 280~1 150	—C—O—C—（vs）	酯，内酯
1 255~1 240	叔丁基（m）	在 1 210~1 200 cm^{-1}也显吸收
1 245~1 155	—SO$_3$H（vs）	磺酸

范围/cm^{-1}	基团或类别	判属及说明
1 240~1 070	—C—O—C—（s~vs）	脂环化合物
1 230~1 100	—C—N—（s）	胺类
1 200~1 165	—SO$_2$Cl（s）	—SO$_2$—对称伸缩
1 200~1 025	C—OH（vs）	醇类
1 190~1 140	Si—O—C（s）	硅酮，硅烷
1 170~1 145	—SO$_2$NH$_2$	磺酰胺类
1 170~1 140	—SO$_2$—	砜
1 170~1 130	Ar—CF$_3$（s）	2 条吸收带
1 160~1 100	C=S（m）	硫羰基化合物
1 150~1 070	C—O—C（vs）	脂肪醚类
1 140~1 090	—C—O—H（s）	仲或叔醇类
1 120~1 030	—C—NH$_2$（s）	伯脂肪醇类
1 095~1 015	Si—O—Si（vs）；Si—O—C（vs）	硅酮，硅烷
1 080~1 040	—SO$_3$H（s）	磺酸
1 075~1 020	—C—O—C—（s）	乙烯醚类
1 065~1 015	CH—O—H（s）	环醇类
1 060~1 025	—CH$_2$—O—H（s）	伯醇类
1 060~1 045	S=O（vs）	烷基亚砜
1 055~915	P—O—C（vs）	脂肪吸收最强，频率最高
1 030~950	环振动（w）	很多环化合物都存在
1 000~970	—CH=CH$_2$（vs）	δ_{CH}（面外，非对称）
980~960	—CH=CH—（vs）	=C—H（面外变形，反式异构体）
960~910	—COH（可变）	δ_{CH}（面外，羧酸二聚体）
920~910	—CH=CH$_2$（vs）	δ_{CH}（面外）
900~875	CH$_2$=C（R,R）（vs）	δ_{CH}（面外）
890~805	1，2，3-三取代苯（vs）	δ_{CH}（面外，2 条谱带）
860~760	R—NH$_2$（vs，宽）	NH$_2$非平面摇摆，伯胺
860~720	—Si—C（vs）	硅化合物
850~830	1，3，5-三取代苯（vs）	δ_{CH}（面外）
850~810	Si—CH$_3$（vs）	v_{Si-C}

范围/cm^{-1}	基团或类别	判属及说明
835~800	—CH=C$\diagdown^{\diagup}$（m）	δ_{CH}（面外）
830~810	对-二取代苯（vs）	δ_{CH}（面外）
825~805	1，2，4-三取代苯（vs）	δ_{CH}（面外）
820~800	三嗪（s）	δ_{CH}（面外）
810~790	1，2，3，4-四取代苯（vs）	δ_{CH}（面外）
800~690	间-二取代苯（vs）	2 条吸收带
785~680	1，2，3-三取代苯类（vs）	2 条吸收带
770~690	单取代苯（vs）	2 条吸收带
760~740	邻-二取代苯（s）	δ_{CH}
760~510	C—Cl（s）	υ_{C-Cl}
740~720	—(CH$_2$)$_n$—（w，强度与 n 有关）	次甲基链的 CH$_2$ 平面摇摆
730~675	—CH=CH—（s）	顺式异构体